U0342842

结构设计

笔记

第二版

STRUCTURE DESIGN

周献祥／著

知识产权出版社

全国百佳图书出版单位

内容提要

本书是作者学习辩证逻辑后对结构设计活动进行反思的结晶，是作者的工程观在充沛条件下的理性展现。本书的内容及写作风格有别于国内常见的结构专业著作，具有鲜明的特色。全书以结构工程师的修养为核心，从理性分析的角度，详细论述了结构工程概念、结构设计理念、设计指导思想、对规范精神实质的把握、对结构体系可靠性的理解、降低结构造价的途径及技术措施、施工配合、创新理念、地震作用的规律性与复杂性、结构设计的艺术性以及怎样对待理论与工程实践的不一致性等方面的内容。作者将这些容易概念化、说理化的内容，融汇到实际工程中进行阐述，并从思辨的角度给出了作者的观点，表达了作者受到辩证逻辑启发后，在设计和科研活动中不极端地看待问题的感受，以及具体地分析问题的收获，体现出作者对圆融和品位的追求。

本书可供建筑结构设计、科研人员和大专院校师生以及施工、监理人员参考。本书是辩证逻辑与结构设计相结合的产物，也可供辩证逻辑研究人员及广大哲学爱好者参考。

责任编辑：张　冰　　　　责任校对：董志英

封面设计：常鸣义　　　　责任出版：卢运霞

图书在版编目（CIP）数据

结构设计笔记/ 周献祥著 . —2 版 . —北京：知识产权出版社，2013.7（2015.10 重印）
ISBN 978－7－5130－0973－7

Ⅰ. ①结…　Ⅱ. ①周…　Ⅲ. ①建筑结构—结构设计
Ⅳ. TU318

中国版本图书馆 CIP 数据核字（2011）第 244708 号

结构设计笔记　第二版
周献祥　著

出版发行：知识产权出版社有限责任公司		网　　址：http：//www.ipph.cn
社　　址：北京市海淀区马甸南村 1 号		天猫旗舰店：http：//zscqcbs.tmall.com
责编电话：010－82000860 转 8024		责编邮箱：zhangbing@cnipr.com
发行电话：010－82000860 转 8101/8102		发行传真：010－82000893/82005070/82000270
印　　刷：北京科信印刷有限公司		经　　销：各大网上书店、新华书店及相关专业书店
开　　本：787mm×1092mm　1/16		印　　张：25.5
版　　次：2008 年 4 月第 1 版　2013 年 7 月第 2 版		印　　次：2015 年 10 月第 4 次印刷
字　　数：365 千字		定　　价：68.00 元

ISBN 978-7-5130-0973-7

第二版序

　　本书是激情、思索和日积月累的产物。在我出版了《品味钢筋混凝土——设计常遇的混凝土结构机制机理分析》（以下简称《品味钢筋混凝土》）一书后，应出版社之约，我撰写了供刚毕业的大学生阅读和参考的《建筑结构施工图示例及讲解》，前者为理论性阐述，后者为施工图示例和讲解。在这两本书的基础上，便萌发了专门写一本关于结构设计思想和理念方面的书的激情与冲动。通过设计笔记这种形式，把我本人 20 多年的设计体会和设计心得，尤其是关于设计思想、设计理念方面的内容作了较为详细的阐述，真实展现了我对结构设计的所思、所想和所为。

　　本书的核心内容是工程师的修养，而工程师修养中，首推变通能力及其相应的技术处理，支撑这些变通能力的基础是辩证法。所以本书又在不同的场合，自然而然地引入辩证法，用辩证的观点、辩证的方法、辩证的思维来分析结构技术问题，辩证法也就成为本书的灵魂。有读者[1]认为本书是"哲学在结构设计工作中巨大指导作用的真实体现"，并对本书给出这样的评语："本书所具有鲜明的特色是用辩证逻辑思维的方法指导结构设计工作，是作者在长期结构设计实践中积累了丰富经验的同时，执著地、不间断地探索结构设计理念的结果。作者要求结构设计者具备一定的工程'修养'、提出'工程设计最忌讳的是一切从零开始'、'结构设计者——更重要的是要有一定的人文情怀'，说得多么好啊！本书的设计理念，对初入设计单位的大学、硕士、博士生们，起到很好的培训和启迪作用，其结构设计的内容部分，对工作 5 年以上有一定设计经验的人有很大的帮助和启发。文章概念清晰、目标明确、实例详尽、一气呵成。是专业类书中一本不可多得的好书。"然而，作者深知，本书在哲学上还是浅显了些，由于没有从一个完整的辩证逻辑体系上切入，她

[1] 当当网上对本书第一版的书评者。

还没有构筑出一个自成一家的辩证逻辑体系，只是在某些方面运用了辩证逻辑，但这些内容却构成了本书结构概念逻辑体系的特殊内涵。

将辩证逻辑引入结构设计领域是本书的一大特色。辩证逻辑有助于明晰结构概念，增强概念系统的严密性和完备性，扩展我们的视野。但是结构设计自身有其特定的逻辑体系，结构概念也不宜泛哲学化。在《哲学笔记》中，列宁摘录了莱伊《现代哲学》中的一段话："为什么哲学不可以成为一切科学知识的总的综合，不可以成为依靠已知之物的功能去设想未知之物、从而帮助发现未知之物并保持科学精神的真正方向的一种努力呢？"列宁对此的批语是："吹牛！"[1] 在《精神现象学中》黑格尔更是明确指出："科学只有通过概念自己的生命才可以成为有机的体系；在科学中，那种来自图式而被从外面贴到实际存在上去的规定性，乃是充实了的内容使其自己运动的灵魂。"[2] 因此，我们不应排斥哲学，也不能过分夸大哲学对结构设计的指导作用。

本书第一版出版后的第二个月就发生了汶川大地震。我在参加了汶川地震的抗震救灾工作并亲眼目睹了灾区的一些房屋破坏的现状后，对结构安全性和抗震性能的理解与以前有所不同，一直想对本书进行修改，加入一些新的内容。然而，"直木先伐，甘井先竭"[3]，由于有好事者未经作者和出版社的同意，擅自将本书制作成电子版供读者下载，致使初版销售受累，直至初版售罄，我才有机会对第一版进行系统的补充与修改。需要说明的是，在写作《品味钢筋混凝土》一书时，我并没有形成设计理论、设计表达和设计思想"三位一体"的写作计划，所以在该书中也介绍了一部分结构设计概念性、思想性的内容。为了体系上的完整性，我把这部分内容移植到本书中，这就是本书与《品味钢筋混凝土》有一小部分内容重复的原因。

汶川地震后，公众普遍关注什么样的结构是安全的。对这一问题，我想了很久，觉得很难作答。有人认为，符合规范的建筑是安全的，但实际上，在汶川地震中，按 2001 年版规范设计的不少建筑也同样遭受了严重破坏，只是破坏程度比起不符合规范的建筑物要相对轻些。因此，以是否符合规范作为判别标准是十分勉强的。但什么样的结构是不安全的，却容易回答得多，例如可以说存在明显

---

[1] 列宁，《哲学笔记》，人民出版社，1957 年版，第 443 页。

[2] 《精神现象学中》上卷，第 40 页。

[3] 《庄子·山木篇》。

质量缺陷的结构，抗震性能较差的结构，严重违反规范或多项指标不符合规范要求的建筑物是不安全的。也就是说，事物的肯定方面的含义是不确切的，而其否定方面的含义却是明确的。为何否定的东西或事物否定的方面、否定的因素反而是明晰而确定的呢？黑格尔说："引导概念自己向前的，就是前述的否定的东西，它是概念自身所具有的，这个否定的东西构成了真正辩证的东西。"[1] 在《逻辑学》的本质论中，黑格尔对事物的否定性作了进一步的阐述："只要在反思的思维方面有少许经验，就足以觉察到，如果某物是被肯定地规定的东西，那么，从这个基础出发继续前进，它立刻就会直接转化为否定的东西，反过来，被否定地规定的东西也会转化为肯定的东西。"[2] 在《哲学史演讲录》中黑格尔进一步指出："自我意识认识到它的肯定关系就是它的否定关系，它的否定关系就是它的肯定关系，换言之，这些相反的活动是相同的。"[3] 这就是事物发展的普遍规律，因为"否定的东西同样也是肯定的东西——否定是某种规定的东西，具有规定的内容，内部的矛盾使旧的内容为新的更高级的内容所代替"[4]。这就是否定的作用和必然。"凡是始终都只是肯定的东西，就会始终都没有生命。生命是向否定以及否定的痛苦前进的，只有通过消除对立和矛盾，生命才变成对它本身是肯定的。"[5] 人总是有一定的自尊心，一开始对否定意见可能不一定乐于接受，但应该承认反对和否定意见往往对自己的帮助更大[6]。因此，我认为结构工程师一定要虚心接受他人的审查和批评意见，甚至是否定意见。所以，在技术交流中回避矛盾未必是好事。黑格尔指出："通常对事物抱温情态度，只关心如何使事物不自相矛盾，在这里，也同在其他场合一样，却忘记了这种办法是解决不了矛盾的，它只是把矛盾转移到另外一个地方。"[7] 这些哲学原理虽与我们的一相情愿不一致，但却是实实在在的真理。如果说否定自己的设计是一种无奈，那么被工程自身的否定性（如质量缺陷引发事故）所否定，则简直是罪过了[8]。

从更广的角度来说，世界上的事情，正面的、好的、人们梦寐以求、热切期盼的事，尽管人们竭尽所能，祈求神灵保佑，为之努力、为之奋斗，却未必能够如愿以偿。一个人、一个集体的成功，抑或是一项目标的顺利实现，就像要使房子在强震中不倒一样，需要各方面都强劲、强势，需要具备很多突出的因素且不能有"短

[1] 《逻辑学》上卷，第 38 页。

[2] 列宁，《哲学笔记》，第 115 页。

[3] 《哲学史演讲录》第四卷，第 376 页。

[4] 列宁，《哲学笔记》，第 72 页。

[5] 《美学》第一卷，第 124 页。

[6] 辩证法的特征的和本质的东西不是单纯的否定，不是徒然的否定，不是怀疑的否定、动摇、疑惑……而是作为联系环节、作为发展环节的否定，它保持肯定的东西。（《哲学笔记》，第 195 页）

[7] 列宁，《哲学笔记》，第二版，第 113 页。

[8] 乔治·艾略特著《米德尔马契》第四章："我们做的事是我们给自己铸造的镣铐，虽然那铁是社会给我们的！"

板"，还需要付出不懈的努力，而失败往往是放任某一缺陷得以充分而自然发展的结果，只要存在一个以上的薄弱环节且得不到及时矫正和加强，失败就以某种必然性表现出来。因此，在某些场合人们不希望它出现、不希望它来临的、不好的、负面的事，即使你尽量防范，想方设法将各种苗头消灭在萌芽状态，但它还是必然地、不以人的意志为转移地"不期而至"，甚至如影随形。黑格尔指出："优秀的东西不但逃脱不了它的命运，注定了要被夺去生命夺去精神并眼看着自己的皮被剥下来蒙盖在毫无生命的、空疏虚幻的知识表面上；而我们还可以认识到，就在这种注定的命运本身之内，优秀的东西也在对于心情，如果不说是对于精神，施加着强力，同时还可以认识到，优秀的东西的优秀形式所具有的普遍性和规定性，就在这种注定的厄运里也正在展开形成着，而且唯其正在展开形成，这种普遍性才有可能被使用到表面上去。"❶个人的命运又如何呢？黑格尔说："假如我们进一步来观察世界历史个人的命运，我们可以知道他们的命运并不是快乐的或者幸福的。他们并没有得到安逸的享受，他们的整个人生是辛劳和困苦，他们整个的本性只是他们的热情。当他们的目的达到以后，他们便凋谢零落，就像脱却果实的空壳一样。他们或则年纪轻轻的就死了，像亚历山大；或则被刺身死，像凯撒；或则流放而死，像拿破仑在圣赫伦娜岛上。"❷黑格尔将世界历史人物的这种遭遇看做是历史的"嫉妒心"努力要毁谤那伟大和卓越，要寻出它们的缺点。宋朝的洪迈在《盛衰不可常》中说"东坡谓废兴成毁不可得而知。予每读历史，追悼古者，未尝不掩卷而叹。"❸恩格斯认为"人们通过每一个人追求他自己的、自觉期望的目的而创造自己的历史，却不管这种历史的结局如何，而这许多按不同方向活动的愿望及其对外部世界的各种各样影响所产生的结果，就是历史"，而且"历史进程是受内在的一般规律支配的"，他说："人们所期望的东西很少如愿以偿，许多预期的目的在大多数场合都彼此冲突，互相矛盾，或者是这些目的本身一开始就是实现不了的，或者是缺乏实现的手段的。这样，无数的个别愿望和个别行动的冲突，在历史领域内造成了一种同没有意识的自然界中占统治地位的状况完全相似的状况。行动的目的是预期的，但是行动实际产生的结果并不是预期的，或者这种结果起初似乎还和预期的目的相符合，而到了最后却完全不是预期的结果……我们已经

❶《精神现象学》上卷，第39页。

❷ 黑格尔著，王造时译，《历史哲学》，上海世纪出版集团，2001年8月第1版，第31页。

❸《容斋随笔》卷七。

看到，在历史上活动的许多个别愿望在大多数场合下所得到的完全不是预期的结果，往往是恰恰相反的结果，因而它们的动机对全部结果来说同样地只有从属的意义。"❶古人也有诗云："汉国河山在，秦陵草木深。暮云千里色，无处不伤心。"❷也许正因为好的、正面的事物，不是如"种瓜得瓜、种豆得豆"那样容易得到和必然出现，而且美的事物往往是短暂的，才显得好事的珍贵，才使得人们不时地赞叹美、欣赏美、创造美，才促使人们不懈地追求崇高的事业，珍惜健康、弘扬正气；也正是由于坏的、负面的事物，如灾难、疾病、人类灵魂的丑恶和歪风邪气等，是难以杜绝的，它就像杜甫所说的"魑魅喜人过"那样，以各种各样的形式、在人们最不希望它出现的时刻、在人们没有意识的时候出现，将人犯的过错、任性和傲慢一一展现出来。所以"预防为主"就成为防灾减灾、防病治病、以备战来制止战争等领域的指导方针，也就成为工程技术人员自觉的行为准则。但"预防为主"不一定就是墨守成规，工程是需要变通和创新的，从事工程技术设计时也难免会遇到自己不熟悉、其他人也不了解的情况，对于这类技术问题，要有敢为天下先的闯劲。《礼记》中说"未有学养子而嫁者也"，意思是没有必要等到女孩子学会了养育子女后才出嫁的。但工程是不容许失败的，"创新"要讲究科学，遵循科学精神，因为科学精神和科学方法比单纯的科学知识更重要，而科学精神和科学方法是具体的、实实在在的，不是抽象的和可有可无的。老子说："图难于其易，为大于其细。天下之难事，必作于易；天下之大事，必作于细。"❸细心是从事结构设计的基本素养，想当然、粗心大意、恃才标新或自视过高，往往是事故的苗头和根源，对工程中存在的问题不能有侥幸心理，更"玩"不起，这是结构设计职业的必然反映和职责使然。

周敏祥

2011 年 11 月 7 日 于总后建筑工程规划设计研究院

❶ 《路德维希·费尔巴哈和德国古典哲学的终结》，《马克思恩格斯选集》第 4 卷，第 243～244 页。

❷ 《容斋随笔》卷七。

❸ 《道德经》六三卷。

第一版序

15年前，我在一个旧书摊上偶然翻阅一本旧书——列宁的《哲学笔记》，便爱不释手，欣然买下，成为我时常阅读的经典著作之一。

《哲学笔记》让我迷惑："屠夫批判地变成了狗"❶；

《哲学笔记》使我惊奇："没有情欲❷，世界上任何伟大的事业都不会成功"❸；

《哲学笔记》促我学习："自然过程的外部必然性是我们的第一个导师，而且是最真实的导师"❹；

《哲学笔记》策我努力："只是人的狭隘性和他为贪图方便而趋于简单化的癖性，才使人以永恒性代替时间，以无限性代替从一个原因到另一个原因的永不终止的运动，以呆板不动的神代替不知休止的自然界，以永恒静止代替永恒运动"❺；

《哲学笔记》给我温暖："人类的一切交往都是建立在人们感觉的相同性这一前提之上的"❻；

《哲学笔记》催我奋进："伟人们之所以看起来伟大，只是因为我们自己在跪着。站起来吧！"❼；

《哲学笔记》令我惭愧：《哲学笔记》中辩证法的要素、辩证法的精华等辩证法的核心内容，我至今仍然理解得不透彻。

《哲学笔记》深邃的哲理深深地吸引着我，或许是我个人对哲理思考有所偏爱，20年的设计实践给予我一个明确的信念：结构设计离不开哲理思考，离不开合乎实际的分析和判断，而不仅仅是理论计算和画图。

在计算机普及以前，结构设计最大的难题就是结构计算，尤其是大型结构的计算。但在当今科技迅速发展的中国，计算手段得到了根本的改善，即使是最小的设计院，也配备有一体化计算程序，

❶❸❹❺❻❼《哲学笔记》中的很多内容是列宁摘录他人的言论，不一定是列宁本人的观点。这些内容分别引自：列宁，《哲学笔记》，人民出版社，1956年9月第1版，第3、238、473、43、356、13页。

❷"情欲"，《历史哲学》等著作中翻译成"激情"，但"激情"与"情欲"在德国古典哲学中的含义是不同的。康德在《判断力批判》中特地作了如下注释："激情（Affekte，也译作情操）和情欲（Leidenschaften，也译作癖性）有特定的区别。前者只关系到情感，后者则属于欲求能力，并是一切这样的倾向，它们使一切想通过诸原则来规定放肆的欲望发生困难或是不可能。前者是爆发的和无思虑的，后者是持续的和考虑过的；所以不满作为愤怒是一种激情，但是作为仇恨（复仇）却是一种情欲了。后者永不能够以及在任何关系中被称为崇高。因为在激情里任何的自由固然被阻滞了，而在情欲里却是被取消掉了。"

从多层到高层甚至是超高层，无论是砌体结构，还是钢筋混凝土结构、钢结构，都能计算。然而，一体化计算程序的普及没有明显提高我国结构设计质量，结构设计质量参差不齐的状况并没有得到根本的改善。为了防止低劣设计对工程质量产生不良影响，近年来，我国逐渐在全国范围内普及施工图审查制度，这项制度是在一体化计算程序全面普及近10年后实施的。施工图审查的重点就是结构设计方案、计算模型选取的合理性以及规范强制性条文的执行情况。这充分说明，概念分析和判断对提高结构计算的可靠性，改进设计质量有着十分重要的作用。马克思在《资本论》中有一段著名的论述：人的劳动与动物的本能活动，例如蜘蛛结网、蜜蜂筑巢不同，因为"在劳动过程结束的时候所获得的成果，早在劳动过程开始的时候就在劳动者的观念中存在了，即观念地存在了"。在结构设计初始阶段"观念地存在了"的设计思想、设计理念，是设计者水平的体现，是设计能力的直接反映。

当前，结构设计中比较普遍的现象就是中小型项目创新不足。造成这一状况的原因主要有三：

其一，是对创新的理解有偏颇。以为只有原始创新才是创新，对渐进式的创新重视不够。工程不是单纯的"科学的应用"，也不应是相关技术的简单堆砌和剪贴拼凑。工程创新的重要标志体现为"集成创新"。在工程创新活动中，根据创新的性能和程度可以划分为"突破性"创新和"渐进性"或"积累性"创新两大类。用钢筋混凝土取代砌体结构是创新；在砌体结构中增设构造柱以提高砌体结构的抗震性能也是创新；框架结构计算分析时，采用三维空间计算程序取代单榀框架计算，也应是创新。

其二，是对规范的依赖性过高。在我国，设计规范是强制性的，对于设计人员来说，规范就是法律，按照规范要求的设计即使有问题，设计人员也有可能不负任何法律责任；而不按规范要求的设计，即使理论先进、经济合理，一旦出问题也要责任自负。

其三，是结构设计理论相对贫乏。顾孟潮在《关于建筑理论结构框架的思考》❶一文中指出：理论是针对某个对象或者某个范围的定性、定量、定形态的知识体系，也是关于某个范围或对象的信息体系。它既解决"是什么"的问题，也解决"为什么"和"怎么办"以及"是非优劣"等问题。目前，结构设计理论对于"是什么"、

❶ 引自：《建筑学报》，2001 年第 10 期。

"为什么"和"怎么办"等问题的回答还不系统，我国对结构设计经济技术指标优劣的评比还缺乏常设机制。虽然在全国范围内有一些优秀设计评比活动，但参与评优的项目仅仅是少数，对于大量的设计项目还没有一套有效的"是非优劣"的评判机制。对于设计质量，只有出现重大质量事故时才暴露出设计质量的低劣，施工图审查也只审查不合理的部分，对好的部分不予置评。由于我国的设计收费是与工程造价挂钩的，工程造价越高设计收费越多，所以设计的经济性不能通过市场竞争来体现。我国结构设计规范的可靠度在国际上是比较低的，我们曾经骄傲地宣称我们设计的混凝土结构用钢量是国际上最经济的或者是比较经济的。可是，我们的一些钢筋混凝土结构的用钢量已超过国外同类钢结构建筑的用钢量。亚里士多德说："理论是能给人以最高福祉者，是有价值的事物中的最好者。"❶对照亚里士多德对理论的要求，我们的结构设计理论还比较单调，尚未达到它应有的境界。

❶ 引自：黑格尔，《小逻辑》，商务印书馆，1980 年 7 月第 2 版，第 29 页。

目前，建筑专业有关设计思想、设计理论和设计理念等方面的文章和著作较多，而有关结构设计理念、设计思想方面的文章和著作则相对少得多。随着抗震概念设计理念的普及，结构设计是艺术的观点已被普遍接受。结构设计的艺术性就是说结构设计成果既是确定的，又具有不确定的内涵。一个好的结构设计不能从计算中产生，又不能不从计算中产生，它必须既在计算中又不在计算中产生。结构计算之外的内涵是很丰富的，本书就结构工程师的修养、结构工程概念、结构设计理念、设计指导思想、对规范精神实质的把握、对结构体系可靠性的理解、降低结构造价的途径及技术措施、施工配合、创新理念、失败学的启示以及理论与工程实践的不一致性等，作了较为详细的论述。客观地说，我对这些内容的理解还不够透彻，甚至还有些偏颇。"云覆千山不露顶，雨滴阶前渐渐深"，本书的出版只代表我探索这些问题的执著以及对结构专业的热爱。❷叔本华说："把人们引向艺术和科学的最强烈的动机之一，是要逃避日常生活中令人厌恶的粗俗和使人绝望的沉闷，是要摆脱人们自己反复无常的欲望的桎梏。"我认为结构设计如果成天执著于计算和画图是比较沉闷的。我曾经系统地学习过经典弹性力学、有限元法和边界单元法，曾经执著于力学计算。在长期的结构设计实践中，我发现经典弹性理论的计算结果与钢筋混凝土结构实际受力状态之间存在

❷ 2000 年在华沙召开的、主题为"面向 21 世纪要求的工程教育和培训"的第五届世界工程教育大会上，对 21 世纪第六代工程师各方面的要求进行了排序，排在第一位的是要有"技术热情"。

明显的差异，例如钢筋混凝土双向板的实际承载力远高于经典弹性理论的计算结果。于是，我便开始探索简化了的塑性理论，结果发现塑性理论结果也未必与结构实际受力状态相一致，也只是"名义"上的计算结果。经过反复对照比较，我认为至少在现阶段，结构理论计算结果与结构实际受力状态之间的不一致是客观存在的，不是一两个模型的改进就可以解决的。但借助于工程概念和常规处理方法，工程师可以根据这些"名义"计算结果合理而又经济地处理结构设计所遇到的各种常见问题。要处理计算结果的名义效应和实际受力状态之间的不一致，必须结合实际工程❶，以丰富而厚实的实践经验、细致的理论分析和较强的逻辑判断能力，通过反复的比较才有可能逐渐接近真理。

　　哥白尼说："在人类智慧所哺育的名目繁多的文化和技艺的领域中，我认为必须用最强烈的感情和极度的热忱来促进对最美好的、最值得了解的事物的研究。"在本书定稿之际，我深切感受到在科学研究中受到美的激励而迸发出的热情是出于自然而持久的。德国数学家希尔伯特曾以诗一般的语言为我们描绘出科学研究那美好的境界："我们无比热爱的科学，已经把我们团结在一起。在我们面前它像一个鲜花盛开的花园。在这个花园的熟悉的小道上，你可以悠闲地观赏，尽情地享受，不需费多大力气，与彼此心领神会的伙伴同游尤其如此。但我们更喜欢寻找幽隐的小道，发现许多意想不到的令人愉悦的美景；当其中一条小道向我们显示这一美景时，我们会共同欣赏它，我们的欢乐也达到尽善尽美的境地。"目前，我还没有闻到希尔伯特"花园"中那盛开着的鲜花的芳香，但已确切地感受到探索的不易，正如亚里士多德所说："对自然真理的探索，正不容易，但也可说并不困难。世人固未尝有直入真理的堂奥，然人各有所见，迫集思广益，常能得其旨归，个别的微悟，似若有裨而终嫌渺小，或且茫然若失，但既久既众而验之，自古迄今，智慧之累积可也正不少了。因为真理像谚语的门户，没有人会错入，以此为喻，则学问不难。然人们往往获致一大堆的知识，而他所实际追求的那一部分确真摸不着头绪，这又显得探索非易了。"❷在本书某些章节中，作者尝试着采用技术散文体的格式来写作，畅快淋漓地表达我对结构设计思想探索的执著和对结构专业的喜爱。

❶《坛经》上说："佛法在世间，不离世间觉。离世觅菩提，恰如求兔角。"

❷ 引自：[古希腊] 亚里士多德，《形而上学》，卷二章一，商务印书馆，1959 年版，第 32 页。

感谢中央教育研究所钱国屏教授！是他以"风乍起，吹皱一池春水"的方式引领我进入辩证逻辑这一领域。我在以前的设计工作中对某些问题常感到迷惑，学了辩证逻辑思想方法后我慢慢地理清了思路❶，并有所感悟。也正是在辩证逻辑思想方法的指引下，我开始了本书的写作。在我长期的结构设计实践中，从国内外学者的著作中汲取了营养，本书直接或间接地引用了他们的部分成果（详见本书参考文献，有些来自网络的文献由于原创的网址不明确，故没有标注相应的文献出处），在此一并表示衷心感谢！感谢中国水利水电出版社和知识产权出版社对我的信任，鼓励我结合结构设计的实际情况撰写一本有特色的结构设计专业著作。坦率地说，本书的特色是够鲜明的了，只是限于作者水平，书中不妥之处，希读者指正。

周感祥

2007 年 10 月 27 日 于总后建筑设计研究院

❶ "料峭春风吹酒醒，微冷，山头斜照却相迎。"（苏轼，《定风波》）。

目　录

第一章
结构工程师的修养

大多数人一辈子都在做平凡的事情，重要的是如何将这些事情做的不平凡（Most of us are doing ordinary things in most of our lifetime, and what we can do is to make ordinary things great）。

——梭罗

结构设计是一门学问，涉及面非常广，工业与民用建筑，无所不及；结构设计有完善的规范体系、成熟的计算理论、能经受工程实践检验的计算程序、充足的试验成果和大量的工程经验总结，还有概念设计等先进的设计思想。尽管结构设计的规范是统一的，计算理论是一致的，甚至计算程序目前在国内也基本上是单一的，但在实际工程中，依据同一理论、同一规范体系，针对某一特定的建筑物，不同计算程序的计算结果是不一样的；不同的设计单位或同一设计单位的不同设计者，甚至同一设计者在不同的年龄段，所设计的作品也是不同的，有时相差还很大，其差别常超出计算精度范围。由此可见，结构设计的依据看似非常严密而有体系，但实际上，如果将结构设计的依据作为科学的体系来看待，还有许多不足。

此外，随着结构计算软件和 CAD 技术的不断完善，制图方法中采用的平面表示法和各种标准图相继得到完善，以及国家体制改革尤其是住房制度的改革，由租住公房向个人购房转变，结构设计中存在的热点问题也随之发生变化，即结构整体内力计算和分析非常容易实现，而且出图速度快，节点及其他细部表达也大为减少，图纸量大为减少，长期困扰设计者的一些问题已得到较好的解决，同时以前不那么重要的问题却上升为困扰设计者的热点和难点问题。例如，钢筋混凝土结构尤其是住房的裂缝控制问题，既要经济又要安全可靠，既要满足规范又要充分满足用户的各种合理的，抑或是合情而不合理的需求，施工配合越来越复杂，等等。这些都要求结构设计者具备一定的工程修养。中医历来重视医德修养和医学伦理，自古就有"医乃仁术"之说，从《内经》认为"上医医国，中医医人，下医医病"，将治病、救人和济世看作三位一体，到孙思邈《大医精诚》问世，详述为医必备之行操，历代医家都强调为医者要以德为本，以仁爱之心治病救人。当前，在设计活动中贯彻"以人为本"❶的思想已逐渐成为共识，中医学倡导的学医之道要"上知天文，下知地理，中知人事"；行医之道要"入国

❶ 中国文化的基本精神主要包括四项基本观念：天人合一，以人为本，刚健有为，以和为贵。

问俗，上堂问礼，临病人问所便"，都值得我们结构工程师学习和借鉴。

第一节
结构工程师的基本修养

建筑学家安东尼·安东尼亚德斯说[133]："建筑需要有能力的综合主义者、有能力的分析者和有能力的片断工笔者。如果设计不是你的自然倾向，不要失望。你可能更适合于成为一个分析师。遵循你的倾向，因为建筑需要你。"建筑的综合性和复杂性，相应地必然要求结构工程师具备一定的知识和能力。比尔·阿迪斯说："结构的方方面面都是相关联的，而结构工程师是唯一了解它们之间关系的人。"结构工程师不是人人都可为之的，需要具备一定的修养。

一、独自承担结构设计的能力

对于刚毕业参加工作的大学生，最现实的问题是如何快速地独立完成设计任务。万事开头难，独立承担结构设计是工程师走向成熟的第一步。对于他们来说，从事结构设计时首先要学会结构选型，即根据设计任务书以及建筑专业和设备专业提供的条件图，选取抗侧力结构体系，确定承重构件尺寸。只有结构体系确定了，相应的构件布置完成了，才可能计算荷载并上机采用程序计算，然后依据计算结果进行施工图设计。按李渔《闲情偶寄》的话说，就是要会"立主脑"、"减头绪"、"密针线"。一些大学生毕业1年多了，一个简单工程的施工图都不能独自完成，而大多数大学生毕业3个月后即可独自挑大梁。其最大的差别就是前者过于谨慎，放不开手脚，也就深入不下去，相应的工程概念也建立不起来。列夫·托尔斯泰说，正确的道路是这样：吸取你的前辈所做的一切，然后再往前走。工程设计最忌讳的是一切从零开始，学会选型的最佳途径就是参考一些文献资料，例如，中国建筑工业出版社出版的《建筑结构构造资料集》，以及本书作者于中国水利水电出版社、知识产权出版社出版的《建筑结构施工图示例及讲解》[89]等。

据作者本人的经历，设计思路的逐渐形成和工程概念的逐步建立，是工程师成长的必经之路。尤其是工程概念的建立，不是一朝一夕所能及的，现举例说明如下。

根据《建筑抗震设计规范》（以下简称为《抗震规范》）（GB 50011—2010），在8度抗震设防区，25～60m的框架剪力墙结构，框架抗震等级为二级、剪力墙为一级，于是根据程序计算结果，剪力墙墙肢水平分布筋面积和连梁箍筋面积都很大，如果完全按照计算结果配筋，剪力墙墙肢水平分布筋有选用 $\phi 20$ 的，连梁箍筋有配 $\phi 16@100$ 的，这种配筋方式，虽

然与计算结果相符，但实际效果并不好。因为剪力墙的理论计算公式都是
建立在小直径钢筋的模型试验基础上的，试验用钢筋一般不会超过 $\phi12$，钢
筋直径增大后，对墙的延性肯定有不利影响。因此，作者主张剪力墙墙肢
水平分布筋直径一般不大于 $\phi14$，墙较厚时可配三层。同样，连梁箍筋直径
一般也不大于 $\phi14$，太粗的钢筋，不仅不便于施工，而且连梁在强震下是允
许先屈服的，连梁太强有可能造成墙肢先屈服，对抗震反而不利。这类问
题理论上没错，但工程概念上总觉得不顺，这就是常说的工程概念问题。

图 1-1 为常见的电梯井平面示意图，其中电梯信号接线盒预留洞
刚好在暗柱 AZ1 的位置处（见图 1-1），且肯定要切断 AZ1 主筋 2 根
甚至 4 根。对此，有人认为不行，因为暗柱钢筋不能切断，而作者认
为问题不大，其原因有三：

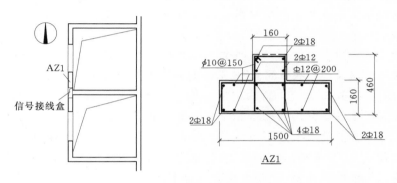

图 1-1 电梯井平面示意

（1）对于图示两个以上电梯井并列布置的箱体剪力墙构件，在南
北向水平力作用下，剪力墙结构的整体变形特征是以弯曲型变形为主，
其截面受力特性基本符合平截面假定，即截面应力边缘最大，中和轴
处理论上为 0，也即在电梯井道交会处的墙肢弯曲应力很小，不必配太
多太强的钢筋，现有程序给出的 AZ1 位置处的配筋是偏大的。

（2）电梯信号接线盒的位置接近于楼层的中间，对于框剪结构，
大致位于楼层水平力作用下的反弯点位置处，弯矩较小；对于剪力墙
结构底部几层，虽然其弯矩分布不存在类似于框架结构中的反弯点，
但由于剪力墙结构的弯矩是由楼层中所有墙肢共同承担的，信号接线
盒的墙体削弱相对于整个楼层的剪力墙来说，其影响很小，可以忽略。

（3）剪力墙暗柱与框架柱是有区别的。剪力墙暗柱严格来说是属
于边缘构件，在受力机理与框架柱不完全一致。设置边缘构件，主要
是为了改善墙体的抗剪移能力。此外，试验研究表明，设置边缘构件
的剪力墙与矩形截面墙相比，极限承载力约提高 40%，极限层间位移
角可增大 1 倍，耗能能力增大 20% 左右，且有利于提高墙体的稳定性。
但由于电梯信号接线盒预留洞位置正好处于 AZ1 的中间，对 AZ1 的抗剪

移能力影响不大，对极限承载力的削弱是客观存在的，但由于它正好位于墙肢弯曲应力较小的部位，所以对整体结构安全的影响不大。

因此，作者认为，电梯信号接线盒预留洞处 AZ1 的主筋可以切断，但必须采取加筋等补强措施，尤其是切断的箍筋要封闭。

与电梯信号接线盒预留洞相类似的还有住宅剪力墙结构是否允许穿墙洞的问题。住宅结构中，住户在装修过程中免不了要改装管道或增设空调等设备，这时常常要在承重剪力墙中开设 $\phi250mm$ 左右的穿墙洞，有的结构工程师认为不行，因为它破坏了承重墙。作者认为，对这类问题应具体分析，不宜反应过度。如果穿墙洞在墙肢较长且避开暗柱的部位开设，对整体结构的安全影响有限。原则上，伤及承重墙肯定不是好事，但结构的安全性也不至于娇惯到不能动一根毫毛的绝对境地。记得在我小的时候，几个小孩儿在一起玩耍之际，长辈们给我们讲了一个"一粒黄豆打死一个人"的故事，提醒我们玩耍的时候要小心。故事说的是，有两个小朋友在打斗，其中的一个人拿起一粒黄豆开玩笑说"我打死你"，随即向对方扔出一粒黄豆，对方为了躲避飞过来的这颗黄豆，将头往后一仰，正巧碰到墙壁上的一颗钉子，钉子穿破他的后脑勺而死于非命。这个故事对我的启发很大，它告诫我们涉及安全的事千万不可大意。莎士比亚说过，"审慎尤胜勇猛"；古语说："力能胜贫，谨能胜祸。"但为了避免事故的发生，分析事故发生的可能性更重要，"杞人忧天"也不值得学习。"一粒黄豆打死一个人"的事例是极少数，同样，开一穿墙洞就垮塌一栋建筑物的概率也是很小的❶。预制空心板开洞时允许损伤一根肋，整体性比预制空心板更好的剪力墙也允许有限度的损伤。英国《钢筋混凝土》一书的作者 A. L. L. Baker 说："一位工程师不仅仅是一个可靠的应力计算者，更应该是一个有魄力、足智多谋，能判断失误的设计者。"[70]

这类问题常见的还有：梁、板、柱截面尺寸的确定，计算结果的分析判断，以及计算结果异常的处理等。例如，作者曾见过一个工程的施工图，梁断面 $300mm \times 550mm$，计算所需钢筋面积 $12cm^2$，实配钢筋 $6\phi16$。这种配筋方式理论上也没错，但有经验的工程师可能会配 $4\phi20$ 或 $3\phi22$，因为这样可以一排布筋，而 $6\phi16$ 必须两排布筋，截面的有效高度 h_0 降低且第二排钢筋对施工也不方便。再如，有一工程，剪力墙的水平分布筋和竖向分布筋均为 $\phi10@200$，而拉筋配 $\phi6@500$，这样的话，拉筋就拉不到水平分布筋和竖向分布筋的相交点上，拉筋的作用相对较弱，但如将拉筋改为 $\phi6@400$ 或 $8\phi600$，则拉筋刚好可以在水平分布筋和竖向分布筋相交点上设置（见图 1-2），钢筋网的刚度可有明显的加强。规范并没有严格要求拉筋必须在水平分布筋和竖向分布筋相交点上设置，原则上拉筋钩住水平分布筋即可，但从增加钢筋网的刚度角度考虑，在

❶ 概率论上有一个"小概率事件的实际不可能性原理"，指的是"概率很小的随机事件在个别试验中是不可能发生的"。但当试验次数很多时，该原理就不适用了。此外，从该原理可得出如下结论："如果随机事件的概率接近于 1，则可以认为在个别试验中这一事件必然发生。"

水平分布筋和竖向分布筋相交点上设置拉筋比较好，尤其是当水平筋直径较小时，拉筋弯钩时一用劲水平筋即弯曲。

图1-2 拉筋布在分布筋交叉点上

二、追求结构设计技术经济指标优越性的能力

英国的约翰·S. 斯科特在他的《土木工程》一书中说过一段有点意味的话[104]："一个言谈粗俗的美国人，他可能是一位土木工程师，曾经说过：'工程师就是能用一元钱做出任何傻瓜要花两元钱才能做的事的人。'这句话对于土木工程或房屋结构来说是特别恰当的。"（An earthy American, who was probably a civil engineer, said 'An engineer is a man who can do for one dollar what any fool can do for two.' This is particularly true for civil engineering or building structures.）

在我刚毕业参加工作时，有一位老同志审核我的施工图，看到我的楼板配筋完全按照计算书的计算结果配筋，未留有余量，在他让我改图之前，他说了一番令我铭记终身的话："对于结构工程师来说，现浇板的配筋，当他刚从学校毕业时，他用 $\phi6$；当他被评为工程师时，他用 $\phi8$；当他被评为高级工程师时，他用 $\phi10$；而当他快要退休时，他用 $\phi12$。"这略显夸张的描述，确实使我常思考结构设计理论体系的严密性。据作者了解，一般的审查，甚至是结构施工图审查，目前对于多配钢筋的，基本上不提修改意见，而对于配筋量偏小的，一般均要提修改意见，其主要原因就在于结构安全性只可偏保守，而不应偏于不安全。说实在话，在我所接触的结构工程师中，被评为高级工程师后，计算可以用 $\phi6$ 的，实际配筋时还用 $\phi6$ 作为受力钢筋的的确不多。作为有经验的工程师，实际配筋通常要比计算结果略微放大一些，然而又不至于比计算结果放大很多。当然，也不用讳言，确实有少数结构工程师的实际配筋偏保守。而从目前的规范修订情况来看，原先可用 $\phi6$ 配筋的，新规范只能用 $\phi8$ 甚至是 $\phi10$ 了，$\phi6$ 大部分情况只适用于构造配筋。令人费解的是，原先用 $\phi 6$ 配筋的大量工程历经几十年而维持正常使用，即实践证明是有效的，为何被否定呢？技术的进步是以先进的取代落后的，难道钢筋用量越多就是越先进吗？

文献［61］根据 21 世纪后一些建筑专业网站如建筑工程造价网发布的典型建筑工程技术指标中的用钢量指标，统计出住宅类混凝土结构的用钢量（见表 1-1）、综合楼和商厦类混凝土结构的用钢量（见表 1-2）。从中可以看出，结构的用钢量相差很大，这其中当然有自然条件的不一致，例如抗震设防烈度、地基承载力和使用功能等方面的差别，但不可否认，也有工程师设计技术水平的区别，也就是说结构工程师的修养的不同。据了解，韩国汉城 SK 总部大楼，36层，160m 高，钢结构，钢支撑加外框筒，用钢量为 $132kg/m^2$；美国纽约时代广场办公楼，48 层，221.5m 高，钢结构，用钢量为 $117kg/m^2$。这两个工程都位于台风和飓风区，其所受的水平力不亚于我们的 8 度地震设防区。

表 1-1　　　　　　　　住宅类混凝土结构的用钢量　　　　　　　单位：kg/m^2

框 架			剪力墙		框架-剪力墙
1~6 层	7~11 层	多于 12 层	小高层	高层	高层
25~40	35~50	50~60	25~50	55~75	40~85

表 1-2　　　　　　综合楼和商厦类混凝土结构的用钢量　　　　　单位：kg/m^2

结构形式	框 架		剪力墙	框架-剪力墙		框（筒）-筒
	多层	高层	高层	高层	超高层	
综合楼	30~60	50~100	70~120	50~120	145~210	55~105 (45~95)
商厦	40~100	50~120	65~140	65~140	70~225	60~110

此外，混凝土等级的选取目前也存在一些误区。例如，梁板混凝土等级，无论是从强度还是从耐久性角度考虑，C25 是最合适的。有经验的工程师都知道，混凝土提高一个等级，对现浇板的配筋几乎没变化，对梁的正截面和斜截面配筋的影响也较小。而混凝土等级提高后，出现混凝土早期收缩裂缝的几率增加很多。一些工程由于采用预应力梁，梁板混凝土等级一般不低于 C40，据作者的经验，这些工程楼板均出现不同程度的混凝土早期收缩裂缝，如图 1-3 所示。《韩非子·外储说右上》给我们讲了一个"狗猛酒酸"的故事。宋人有酤酒者，升概甚平，遇客甚谨，为酒甚美，悬帜甚高，然而不售，酒酸。怪其故，问其所知间长者杨倩，倩曰："汝狗猛耶？"曰："狗猛则酒何故而不售？"曰："人畏焉！或令孺子怀钱挈壶瓮而往酤，而狗迓而龁之，此酒所以酸而

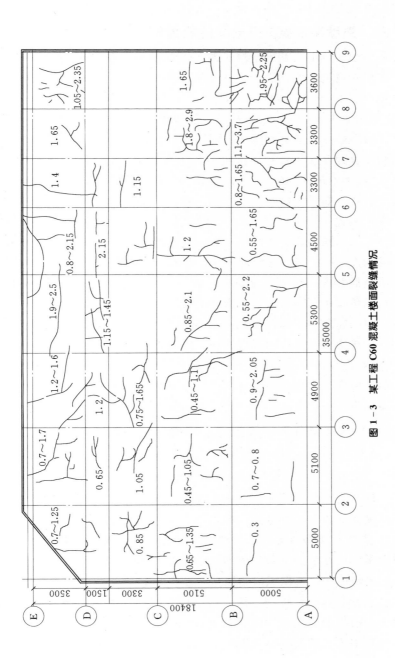

图 1-3 某工程 C60 混凝土楼面裂缝情况

不售也。"为了避免混凝土等级选取中"狗猛酒酸"的现象出现,从经济性、耐久性以及减少和控制混凝土出现早期收缩裂缝的角度考虑,梁板混凝土等级以 C25 为最佳。

三、熟悉和掌握规范含义的能力

孙思邈在《千金方·序列·大医习业第一》中说:"若不读五经,不知有仁义之道;不读三史,不知有古今之事;不读诸子,睹事则不能点而促之;不读《内经》,则不知有慈悲喜舍之法;不读《庄》、《老》不能任真体运,则吉凶拘忌,触深而生。至于五行休王,七曜全文,并须探赜。若能见而学之,则于医道无所滞碍,尽善尽美矣。"我们结构工程师要从事设计,读规范是不可或缺的。北宋著名理学家程颐说:"读《论语》,有读了全然无事者,有读了后其中得一两句喜者,有读了后直不知手之舞之,足之蹈之者。"我们读规范时,曾有"得一两句喜"抑或"读了后直不知手之舞之,足之蹈之"的境界吗?林同炎教授在《结构概念和体系》一书中慎重地指出:"当你用规范的条文进行结构设计时,必须记住两个字:小心。"规范只是提供结构设计所具有的最低要求,是规范编制之时的科技水平的体现和工程经验的总结,规范条文永远滞后于技术水平的发展。黑格尔说:"形而上学只能寻求经验的完备性,和符合语言习惯的字面分析的正确性,而没有考虑到这些规定自在自为的真理性和必然性。"❶因此,一个有经验的工程师,在学习规范时应熟悉了解规范条文的真正含义,并力求吃透规范条文的精神实质,直达规范条文"自在自为的真理性和必然性"。现举例说明如下。

(一)按简支计算的梁端部上部构造钢筋设置问题

《混凝土结构设计规范》(以下简称为《混凝土规范》)(GB 50010—2002)[9]第 10.2.6 条❷:"当梁端实际受到部分约束但按简支计算时,应在支座区上部设置纵向构造钢筋,其截面面积不应小于梁跨中下部纵向受力钢筋计算所需截面面积的 1/4,且不应少于两根。"第 10.1.7 条❸:"现浇楼盖周边与混凝土梁或混凝土墙整体浇筑的单向板或双向板,应在板边上部设置垂直于板边的构造钢筋,其截面面积不宜小于板跨中相应方向纵向钢筋截面面积的 1/3……上述上部构造钢筋应按受拉钢筋锚固在梁内、墙内或柱内;嵌固在砌体墙内的现浇混凝土板……沿板的受力方向配置的上部构造钢筋,其截面面积不宜小于该方向跨中受力钢筋截面面积的 1/3;沿非受力方向配置的上部构造钢筋,可根据经验适当减少。"这两个条款的内涵是值得仔细分析的,现以梁端实际受到部分约束但按简支计算的梁为例,举一个简单的算例说明如下。

❶《小逻辑》,第 102 页。

❷《混凝土规范》(GB 50010—2010)第 9.2.6 条延续了此项规定。

❸《混凝土规范》(GB 50010—2010)第 9.1.6 条延续了此项规定,但文字表述略有不同。

【**算例 1-1**】　砌体结构中有一承受均布荷载 q 的钢筋混凝土梁，梁两端支承在 240mm×240mm 的钢筋混凝土构造柱上，梁跨为 l、梁截面尺寸为 $b×h$，混凝土强度等级为 C25。根据设计习惯，这根梁一般均简化为两端简支的简支梁［见图 1-4（a）］，跨中弯矩 $M_中=ql^2/8$，相应的配筋为 A_{s1}。根据《混凝土规范》（GB 50010—2002）第 10.2.6 条[●]："当梁端实际受到部分约束但按简支计算时，应在支座区上部设置纵向构造钢筋，其截面面积不应小于梁跨中下部纵向受力钢筋计算所需截面面积的 1/4，且不应少于两根。"而事实上，梁支座区上部负筋的配置应与梁和构造柱之间的相对刚度有关，而不仅仅与梁跨中下部纵向受力钢筋有关。为此，作者将梁和构造柱看作一个刚架［见图 1-4（b）］，根据《建筑结构静力计算手册》[13]中的表 8-4 计算出刚架支座负弯矩 $M_1=M_2$，再求得由 $M_1=M_2$ 所对应的刚架支座负筋 A_{s2}，并进而求得简支梁跨中配筋的 1/4 与按刚架支座负弯矩求得的负筋实际值的比值。当梁跨、梁截面尺寸及梁承受的荷载变化时，两者比值的变化情况分别列于表 1-3～表 1-5。

● 对应于《混凝土规范》（GB 50010—2010）第 9.2.6 条。

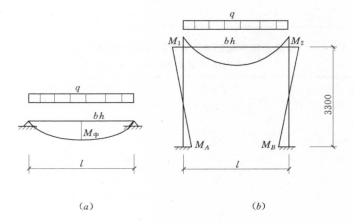

图 1-4　计算简图

（a）简支梁模型；（b）刚架模型

表 1-3　　　简支梁跨中配筋 $A_{s1}/4$ 与刚架支座负筋实际值 A_{s2} 的比值（梁高 $h=l/12$ 并取整时）

梁跨	梁截面尺寸		均布荷载 q （kN/m）	简支梁跨中弯矩 $M_中$ （kN·m）	简支梁跨中配筋 A_{s1} （mm²）	刚架支座负弯矩 M_1 （kN·m）	刚架支座负筋 A_{s2} （mm²）	$\dfrac{A_{s1}/4}{A_{s2}}$
l(m)	b(m)	h(m)						
4.2	0.20	0.35	30	66.1500	841.77	−21.8819	243.41	0.865
4.5	0.20	0.40	30	75.9375	805.54	−20.9661	198.26	1.016
4.8	0.20	0.40	30	86.4000	942.39	−24.7615	235.73	0.999

梁跨	梁截面尺寸		均布荷载 q (kN/m)	简支梁跨中弯矩 $M_中$ (kN·m)	简支梁跨中配筋 A_{s1} (mm²)	刚架支座负弯矩 M_1 (kN·m)	刚架支座负筋 A_{s2} (mm²)	$\dfrac{A_{s1}/4}{A_{s2}}$
l(m)	b(m)	h(m)						
5.1	0.20	0.45	30	97.5375	908.89	−23.4139	193.77	1.173
5.4	0.20	0.45	30	109.3500	1043.77	−27.2171	226.39	1.153
5.7	0.20	0.50	30	121.8375	1012.27	−25.5325	187.81	1.347
6.0	0.20	0.50	30	135.0000	1145.63	−29.2951	216.34	1.324
6.3	0.20	0.55	30	148.8375	1115.68	−27.3593	181.10	1.540
6.6	0.20	0.55	30	163.3500	1247.84	−31.0492	206.17	1.513
6.9	0.25	0.60	30	178.5375	1176.93	−24.3301	145.43	2.023
7.2	0.25	0.60	30	194.4000	1297.03	−27.4000	164.05	1.977
7.5	0.25	0.65	30	210.9375	1276.98	−25.3261	138.85	2.299
7.8	0.25	0.65	30	228.1500	1396.46	−28.2846	155.28	2.248
8.1	0.25	0.70	30	246.0375	1377.04	−26.1817	132.57	2.597
8.4	0.25	0.70	30	264.6000	1496.00	−29.0282	147.15	2.542
8.7	0.25	0.75	30	283.8375	1477.11	−26.9207	126.64	2.916
9.0	0.25	0.75	30	303.7500	1595.62	−29.6573	139.64	2.857

表 1 − 4　　　简支梁跨中配筋 $A_{s1}/4$ 与刚架支座负筋实际值 A_{s2}
的比值（梁高 $h=l/15$ 并取整时）

梁跨	梁截面尺寸		均布荷载 q (kN/m)	简支梁跨中弯矩 $M_中$ (kN·m)	简支梁跨中配筋 A_{s1} (mm²)	刚架支座负弯矩 M_1 (kN·m)	刚架支座负筋 A_{s2} (mm²)	$\dfrac{A_{s1}/4}{A_{s2}}$
l(m)	b(m)	h(m)						
4.2	0.20	0.30	30	66.1500	1142.54	−26.9000	371.12	0.770
4.5	0.20	0.30	30	75.9375	1467.07	−31.7000	446.06	0.822
4.8	0.20	0.35	30	86.4000	1204.63	−30.5000	346.82	0.868
5.1	0.20	0.35	30	97.5375	1456.72	−35.4100	408.02	0.892
5.4	0.20	0.40	30	109.3500	1282.75	−33.4600	323.66	0.991
5.7	0.20	0.40	30	121.8375	1502.46	−38.3700	374.65	1.003
6.0	0.20	0.40	30	135.0000	1779.92	−43.6700	430.87	1.033
6.3	0.20	0.45	30	148.8375	1569.66	−40.6900	344.89	1.138
6.6	0.20	0.45	30	163.3500	1809.07	−45.8900	391.92	1.154
6.9	0.25	0.50	30	178.5375	1535.49	−36.6000	270.29	1.420
7.2	0.25	0.50	30	194.4000	1710.97	−41.0300	304.15	1.406
7.5	0.25	0.50	30	210.9375	1906.01	−45.7700	340.69	1.399
7.8	0.25	0.55	30	228.1500	1790.60	−41.6500	277.10	1.61600
8.1	0.25	0.55	30	246.0375	1973.96	−46.1600	308.06	1.602
8.4	0.25	0.60	30	264.6000	1874.69	−42.0300	253.71	1.847
8.7	0.25	0.60	30	283.8375	2049.35	−46.3000	280.16	1.829
9.0	0.25	0.60	30	303.7500	2239.67	−50.8300	308.37	1.816

表 1-5　　　　简支梁跨中配筋 $A_{s1}/4$ 与刚架支座负筋实际值 A_{s2}
的比值（梁高 $h=l/15$，荷载变化）

梁跨	梁截面尺寸		均布荷载 q	简支梁跨中	简支梁跨中	刚架支座	刚架支座	$\dfrac{A_{s1}/4}{A_{s2}}$
l(m)	b(m)	h(m)	(kN/m)	弯矩 $M_{中}$ (kN·m)	配筋 A_{s1} (mm²)	负弯矩 M_1 (kN·m)	负筋 A_{s2} (mm²)	
4.2	0.20	0.30	20	44.1000	657.55	−17.9330	239.18	0.687
4.2	0.20	0.30	30	66.1500	1142.54	−26.9000	371.12	0.770
4.2	0.20	0.30	35	77.1750	1520.86	−31.3380	440.96	0.862
6.0	0.20	0.40	20	90.0000	991.75	−29.1100	279.32	0.888
6.0	0.20	0.40	30	135.0000	1779.92	−43.6700	430.87	1.033
6.0	0.20	0.40	35	157.5000	2661.39	−50.9500	510.25	1.304
7.2	0.25	0.50	25	162.0000	1362.62	−34.1900	251.97	1.352
7.2	0.25	0.50	30	194.4000	1710.97	−41.0300	304.15	1.406
7.2	0.25	0.50	40	259.2000	2579.59	−54.7100	410.45	1.571
9.0	0.30	0.60	30	303.7500	2129.16	−44.2100	266.09	2.000
9.0	0.30	0.60	40	405.0000	3107.50	−58.9400	357.22	2.175
9.0	0.30	0.60	50	506.2500	4477.85	−73.6800	449.73	2.489

　　由表 1-3～表 1-5 可见，当梁跨及梁承受的荷载较小时，根据《混凝土规范》（GB 50010—2002）第 10.2.6 条[❶]所配置的梁支座区上部负筋偏小；而当梁跨及梁承受的荷载较大时，根据《混凝土规范》（GB 50010—2002）第 10.2.6 条所配置的梁支座区上部负筋偏大，而且梁跨越大，《混凝土规范》（GB 50010—2002）第 10.2.6 条所要求配置的梁支座区上部负筋富余量越多，这是没必要的，因为图 1-4（b）所示的刚架模型在理论意义上是准确的模型，在使用阶段梁支座负弯矩只会比弹性理论计算值小，而不会比弹性理论计算值大，多配的钢筋几乎没有其他用途。因此，作者主张在充分理解规范中条文的确切含义的基础上，灵活应用，不可拘泥于条文的框框，而应掌握条文的实质内涵。

（二）关于多孔砖房屋的层高限值问题

　　《抗震规范》（GB 50011—2001）第 7.1.3 条[❷]规定"多孔砖房屋的层高不应超过 3.6m"，而《多孔砖砌体结构技术规范》（JGJ 137—2001）第 5.1.4 条却规定"多孔砖房屋的层高不应超过 4m"，两者不一致。为何出现这种不一致，文献中尚无明确的解释，作者认为可以从以下几方面来理解：

　　（1）规范关于砌体结构的一些数据是在宏观震害调查和经验总结的基础上提出的，不是严格意义的理论计算和模型试验结果的总结。例如，《抗震规范》（GB 50011—2001）第 7.1.2 条关于砌体结构房屋

❶ 对应于《混凝土规范》（GB 50010—2010）第 9.2.6 条。

❷ 《抗震规范》（GB 50011—2010）第 7.1.3 条也有类似规定，但未明指多孔砖房屋。

的层数和总高度限值的条文，明确说明了层数的限制是基于宏观震害调查，而高度的限制是基于计算分析、震害调查和足尺模型试验。因此，对于砌体结构的某些经验数据，由于是人为规定的，没必要对具体数字太认真。再如，该规范第 7.1.2 条规定的房屋总层数一般认为是不可以超的，至于总高度一般认为可以有一定的波动幅度，如规范规定 8 度抗震设防区总高度 18m，当实际房屋的总高度为 18.4m 时，只要计算能满足要求，应该说问题也不大。对于层高限值，作者以为也可以有一定的波动幅度。

（2）《抗震规范》（GB 50011—2001）第 7.1.4 条❶的条文说明指出："如考虑砌体房屋的整体弯曲验算，目前的方法即使在 7 度时，超过三层就不满足要求，与大量的地震宏观调查结果不符。"表明当满足构造要求时，砌体结构一般是不需要验算整体弯曲的。同时，《抗震规范》（GB 50011—2001）第 7.2.3 条❷指出："砌体墙段的层间等效侧向刚度的计算应计及高宽比的影响：高宽比小于 1 时，可只计算剪切变形；高宽比不大于 4 且不小于 1 时，应同时计算弯曲和剪切变形；高宽比大于 4 时，等效侧向刚度可取 0.0。"这表明砌体房屋总高度与总宽度的比值、墙段的高宽比是确定房屋和墙段是弯曲变形还是剪切变形为主的主要依据。因此，作者认为，限制房屋的层高，主要是为了限制砌体房屋尤其是墙段的弯曲变形，因为层高越大，层间墙段的高宽比越大，弯曲变形越明显，剪切变形相应越小。在汶川地震中，层高较高的砌体结构在楼层的中下部或窗间墙的上下端确实产生了水平裂缝，如图 1-5 所示。墙体水平裂缝的出现主要有两种可能：一种可能是整体弯曲作用，类似于悬臂梁根部的受力裂缝或剪力墙底部塑性铰区的裂缝；另一种可能是竖向地震作用致使墙体开裂。在汶川地震中，竖向地震作用致使结构物出现破坏性损毁的实例是有的，作者曾在安县发现以竖向地震作用为主的破坏形态。其主要破坏特征是：顶层损毁比下部严重，且裂缝分布呈现楼层性、群体性的特征，也就是说，墙体开裂不仅仅是少数墙肢而是沿整个楼层均有不同程度的分布、墙体水平裂缝不只是出现在某一栋建筑中，周围同类型的建筑物也有类似的破坏形式。根据这些特征分析，图 1-5 中的几个实例均不是竖向地震作用为主的破坏形态。至于多孔砖砌体结构的最大层高是 3.6m 还是 4m，应具体分析层间墙段的高宽比，如果层高超过 3.6m 后大部分墙段的高宽比小于 1，作者认为可以按 4m 作为最大层高，反之应按 3.6m 作为最大层高。

（3）当层高超过规范限值而计算又能满足规范要求，且层数比规范允许的层数小得多时，可按《抗震规范》（GB 50011—2001）第 10.3.4 条❸的要求设置竖向间距不大于 3m 的圈梁，对墙体进行加强。

图 1-5　汶川地震中典型的几例砖砌体水平裂缝照片

(*a*) 江油某医院砖墙水平裂缝；(*b*) 都江堰某宿舍楼转角处砖墙水平裂缝；
(*c*) 都江堰某厂房带壁柱砖墙水平裂缝；(*d*) 都江堰某内框架砖房外墙窗间墙水平裂缝

四、按施工图审查的要求规范完善结构设计文件的能力

自从施工图审查成为我国工程建设的一项基本制度以来，结构设计文件（含施工图、计算书及相关技术资料）通过施工图审查机构的审查成为工程设计和建设的一个环节，自然也成为结构设计工作的一部分。建设部第 134 号令《房屋建筑和市政基础设施工程施工图设计文件审查管理办法》第十一条指出："审查机构应当对施工图审查下列内容：（一）是否符合工程建设强制性标准；（二）地基基础和主体结构的安全性；（三）勘察设计企业和注册执业人员以及相关人员是否按规定在施工图上加盖相应的图章和签字；（四）其他法律、法规、规章规定必须审查的内容。"以前工程师关注的是结构设计的经济性、技术的合理性和可靠性，现在结构设计文件还必须符合审查要求，而且由于结构专业的特殊性，很少有设计文件一次审查即合格的，因此还应根据审查意见修改设计。施工图和其他设计文件经过设计单位自行审核、审定之后，送交第三方审查时，为何还出现比较多的审查意见呢？这与工程设计的特点有关，这些特点也从另一侧面说明了施工图审查制度设置的必要性。

（一）工程设计的本质特征

工程设计以实施为目的，以没有重大缺陷为根本。《孟子·告子

上》曰："五谷者，种之美者也；苟为不熟，不如荑稗。夫仁亦在乎熟之而已矣。"在传统的农业社会，既然是谷，只有当它成熟时，才是可供人食用的谷物，否则就是连稊（"荑"通"稊"）、稗都不如的废物、弃物。在现代风险社会，工程设计也同样存在成熟性的问题，如果设计方案不被采纳，那仅仅是方案而已，产生不了效益，顶多只是为下一个工程作技术储备。如果设计存在技术缺陷，其结果小则影响使用，大则危及安全，甚至酿成大祸，这种设计连废物都不如，这种责任是我们工程师永远也担当不起的，这种情况更是我们永远也不想见到的，所以工程设计必须经得起各种检验。

1. 工程设计的特点

工程活动是有目的、有组织、有计划的人类行为，它既不是设计者的本能活动，也不是简单的"条件反射性"行为。在现代工程活动中，设计工作是一个起始性、定向性、指导性的环节，具有特殊的重要性。工程设计是在工程理念的指导下进行的智力活动，是属于工程总体谋划与具体实现之间的一个关键环节，是技术集成和工程综合优化的过程，它要求工程师以工程可实施的方式为具体的工程建设项目提供切实可行的、经济的解决方案，设计工作生动地体现了工程师的智慧和主动性、创造性。设计实质上是将知识转化为现实生产力的先导过程，在某种意义上也可以说设计是对工程构建、运行过程进行先期虚拟化的过程。设计中包括了对多种类型知识的获取、加工、处理、集成、转化、交流、融合和传递。从知识的范畴方面看，设计知识活动包含了那些无法用语言表达、但又意义重大的"隐性知识（tacit knowledge）"[117]。

乔治·戴特（George E. Dieter）在《工程设计》一书中用了四个"C"来概括工程设计的基本特点[117]：

（1）创造性（creativity）。工程设计需要创造出工程建设之前不存在的甚至不存在于人们观念中的新东西。

（2）复杂性（complexity）。工程设计总是涉及具有多变量、多参数、多目标和多重约束条件的复杂问题。

（3）选择性（choice）。在各个层次上，工程设计者都必须在许多不同的解决方案中做出选择。

（4）妥协性（compromise）。工程设计者常常需要在多个相互冲突的目标及约束条件之间进行权衡和折中。

2. 工程设计的创造性

工程设计工作突出地表现了工程活动与科学活动的重大区别和工程活动的特征。工程设计是一种创造性的思维活动。通常人们以为科学研究是具有创造性、需要表现创造力的活动，而"工程设计"不过是"理论"的一种机械"应用"罢了，这种看法是对设计的性质和特点的严重误解。工程设计与科学研究这两种活动在创造性的表现形式上是有重大区别的，但两者在需要创造性这一点上是没有区别的。有些人拘泥于科学评价标准并且据此错误地理解评价创造性的标准，从而否认设计工作需要创造性和设计成果表现出了创造性，这种观点和看法无论从理论方面看还是从现实方面看都是错误的。工程设计的创造性不但常常表现在它所体现出的一些"规律"可以被推广、可以被普遍运用方面，而且工程设计的创造性还常常表现在它所体现出来的"独特个性"方面——这些"独特个性"的某些方面往往是不能机械模仿、普遍推广的。

3. 工程设计问题求解的非唯一性

J. F. Blumrich 在《Design Science》中说[117]："设计是为先前不曾解决的问题确定合理的解析框架，并提供解决的方案，或者是以不同的方式为先前解决过的问题提供新的解决方案。"因此，可以把工程设计看作问题求解的过程。由于科学研究也可以被看成是一个问题求解的过程，于是这里就出现了一个"新问题"——"科学问题的问题求解"和"工程问题的问题求解"两者之间有何不同呢？其根本性不同就在于工程设计中的问题求解具有非唯一性。

在实际工程中，设计面对的往往是一些"不确定性定义"（ill-defined）或具有"不确定性结构"（ill-structured）的问题。确定性定义或具有确定性结构的问题，通常具有清晰的目标、唯一正确的答案以及明确的规则或解题步骤，比如求解一元二次方程式。而不确定性定义或具有不确定性结构的问题则具有如下的一些特点[117]：

（1）对问题本身缺乏唯一的、无可争议的表述。问题初步设定时，目标常常是含混不清的，而且许多约束和标准也不明确。问题产生的背景相当复杂和棘手，很难清晰地理解，例如在结构设计使用年限内，结构可能遭遇的地震作用就是一个复杂的问题。在解答问题的过程中，可以先试着对问题进行一些尝试性的表述，但这些表述通常是不稳定的，会随着对问题本身理解的深入而发生变化。

需求分析是工程设计的起点，它为随后的设计活动设立了目标、边界和范围，而工程设计的最终目的则是给出在工程上可以实现的解决问题的详细方案。

在很多情况下，需求方对工程设计和建设提出的要求可能是含混不清的，而且对不同的利益相关者提出的需求之间甚至可能相互冲突。这就要求工程的设计者对这些较为笼统或相互矛盾的需求进行合理而精练的概括、平衡和取舍，将与需求相关的问题进行透彻的分析，进而对工程设计所面临的问题给出一个准确、明晰的描述，这是以工程的方式来解决问题的出发点。

在需求分析阶段，设计师不但应该完成对设计问题的准确表述，而且应该明确对工程项目的各种约束条件和该项目需要达到的功能性指标。优秀的工程设计者往往能够发现真正的需求和问题所在，而不至于因为对需求和问题的不当把握和理解而从一开始就将潜在的新颖或优化的解决方案排除在外。对需求及其相关问题的深入而准确的分析能够为后面的设计提供正确的方向和有益的启示。而经验不足的设计者往往在尚未吃透问题之前就着手思考解决之道，急于根据一些似是而非的问题展开设计，这样的倾向，加上对相关任务的草率理解，很容易误导工程设计者将时间和精力用于解决错误的问题，或者是没有对准问题的核心，没有对准问题的全部。

在需求分析阶段，工程的设计者除了对用户需求要有一个相当准确而深刻的了解，还需要明确其他一些对工程设计的约束和要求。例如，整个工程项目的成本、预算、工期、工程的使用年限或产品的生命周期等，都是在随后的设计阶段需要加以满足的约束条件。在工程的建造和使用中可能涉及的法律法规和道德伦理方面的问题及相关规定，也需要在需求分析阶段加以澄清。此外，对工程设计所需要实现的总体目标和需要达到的技术经济指标、主要功能、安全性、稳定性、可靠性、可维护性等，也需要给出定性的界定和定量的描述。

（2）对问题的任何一种表述都包含不一致性。具有不确定性结构的问题通常包含内在的冲突因素，其中的许多冲突因素需要在设计的过程中加以解决，而在解决问题的过程中又可能产生新的冲突因素。

（3）对问题的表述依赖于求解问题的路径。要理解面临的问题究竟是什么，需要或明或暗地参照有哪些可行的解决问题的手段和方式，对解题之道的把握影响着对问题本身的把握。尝试性地提出解决方案可以成为理解问题的重要手段，例如工程设计中常针对具体的工程项目提出一种或几种可选的结构方案。一些技术或非技术上的难点，以及可能会涉及的一些不确定的领域，只有在试图解决问题的过程中才会暴露出来，而许多先前未曾注意到的约束条件和标准也会在不同方案的评估中涌现。

（4）问题没有唯一的解答。对同一个问题存在着不同的有效解决方案，不存在唯一的、客观的判断对错的标准和程序，但不同的方案在不同方面可以有优劣之分，如有的侧重于经济性，有的侧重于技术的先进性。

工程设计的非唯一性还在于设计过程和环节的不确定性。不同产业、不同类型、不同规模、不同产品、不同国家乃至不同企业的工程在进行具体的工程设计工作时，其具体过程、具体流程和具体环节会有很大的差别。虽然也有一些学者尝试着对工程设计的工作环节或"设计流程"进行过概括和分析，并且他们的具体分析和具体观点也是有参考价值的，但他们之间的具体看法确实差别很大，例如，仅在布希莱利的一本书中就列举了对设计过程的三种不同的看法[117]。这些不同的看法各有所见、各有优点，但又很难统一起来。需要强调指出的是，所有的"设计流程"都是一个从"概念设计"（conceptual design）"逐步落实"或"逐步具体化"为"最终图纸"或"最终方案"的过程，但这个过程绝不是一个简单的"线形推进"的过程，在"设计流程"的不同环节或步骤之间常常需要进行多次的"反馈"，在不同的设计部门或"设计要素"之间常常需要进行反复的"协调"和"讨论"，否则，很难获得一个满意的"设计结果"。工程设计的结果应该是明晰和规范的，而不能留下疏漏和"缺环"。

4. 工程设计中的共性与个性的关系

工程设计是一个复杂的过程，其中有许多难以处理的关系，如何认识和把握共性与个性、科学性与艺术性的关系常常是问题的核心和关键。在认识和处理这些关系问题时，任何极端化、片面化的观点和做法都是不合适、不恰当的。

一方面，必须承认工程设计是有一般性规律和规则可循的，应该承认必须在实践经验的基础上深入反思、概括、提炼和升华，努力发现和掌握有关工程设计的一般规律和方法，并且在工程实践中努力运用和发展这些一般原则、规律和方法。另一方面，也必须承认任何具体工程项目的设计都不可避免地具有自身的特殊性和独特个性，必须承认任何工程项目的设计都是具有"唯一性"和"个性化"特色的设计，这也就是为什么人们常常把设计视为"艺术"而不是科学的根本原因。

由于一般性的、规律性的、共性的事物和内容常常表现为"可说的"、"可编码的"甚至是"程序性"的知识，从而催生了一体化结构计算程序。而特殊性的、个性化的事物和内容常常表现为"隐性"的、"不可编码"的知识，而"隐性"知识的重要性又常常被人忽视甚至被某些人所否认。工程设计中，设计师的直觉和洞察力是很重要的，好的设计更离不开设计者的直觉、天分、灵感和经验。许多案例告诉我们，所谓设计师的天才、灵感、直觉、洞察力，其最常见的表现形式和基本内容之一就是体现在设计师对工程项目设计的"独特个性"的"独特认识"、"个性化"认识与把握上。因此，特别强调工程设计中"个性化"问题，不是无的放矢的，而是有很强针对性的。

但是，我们也不应把工程设计的"个性化"和"艺术性"夸大到不适当的程度，而否定工程设计的一般性和规律性。正像艺术创作并非完全无章可循一样，正像对艺术创作规律和方法的探索有助于更好地理解艺术和进行艺术创作一样，我们也必须承认对工程设计规律和方法的研究必将有助于提高工程设计的水平，有助于工程设计者提高工程设计的质量和效率，增强分析问题的能力，扩展所能解决问题的尺度和范围，有助于设计师创造性地解决所面临的问题，降低在设计过程中忽视和遗漏一些重要因素的几率，有助于加速年轻工程师的成长和培养，促进工程设计、建造、开发和维护过程中各方的沟通与协作，以及对工程设计活动本身的管理。

此外，工程设计通常是由一个团队而不是个别人来承担的，而设计团队的构成也是多样化的，来自不同的专业，具有不同的实践背景，设计者、管理者和客户之间存在着复杂的互动关系，包括交流、沟通和妥协，都给理解工程设计的过程特点带来了新的问题。可以看出，在这一对于设计工作的新的理解中，专业设计人员和非专业设计人员的交流、互动、对话、协调已经成为搞好设计工作的新的关键。有人提出需要将工程设计作为"社会过程"来理解，这个观点是有实际意义的[117]。

5. 工程设计工作中创新性与遵守规范的关系

创新是工程设计的灵魂，设计工作需要创新也必须创新，没有创新精神的设计必定是平庸的甚至是拙劣的。然而结构设计又是一项必须遵循和依照有关"设计规范"进行的工作，一般是不允许违反有关设计规范的，因为结构设计规范往往是凝结了许多试验、实践经验、地震灾害等惨痛教训的结果，是成熟经验的总结。因此，在设计过程中，既要重视创新性又不能忽视规范性，并把规范性与创新性统一起来。一方面，必须强调严格遵循设计规范，尤其是必须满足设计规范中的强制性条文，不允许轻率地把设计规范置于脑后而不顾；另一方面，又应该在必要时，以非常严肃的态度，提出切实可行的技术措施和可靠依据（试验研究、技术鉴定、专题论证等），依照严格的标准"突破""现有设计规范"藩篱的约束，果断地创新，积极采用新结构、新技术、新材料。此外，国家有关部门还应该及时根据新的时代背景、新的需求、结合新的知识修订原有的设计规范。

（二）结构设计文件的完整性和规范性

结构工程师关注的往往是结构设计是否经济合理、安全可靠，是否满足使用和施工要求，对设计文件的完整性和规范性并没有一个明确的要求，而由设计单位自行掌握。施工图审查是根据法律、法规、规章、技术标准与规范，对施工图进行结构安全和强制性标准、规范执行情况等进行的独立审查。根据建设部第 134 号令，结构设计文件（含施工图、计算书及相关技术资料）的完整性和规范性成为审查内容的一部分，所以设计文件的不规范、技术资料的不完整，在施工图审查意见中所占的比例较大，常见的有以下几个方面。

1. 技术资料不完整

（1）总说明太简单、粗略。总说明中设计依据、材料质量要求、施工验收要求等不完整。2004 年 8 月北京市规划委员会发布的《北京市建筑工程施工图设计文件审查要点》（以下简称《要点》）对结构总说明的要求是："结构设计总说明应包括：①本工程结构设计的主要依据；②设计 0.00 标高所对应的绝对标高值；③建筑结构的安全等级和设计使用年限，混凝土结构的耐久性要求和砌体结构施工质量控制等级；④建筑场地类别、地基的液化等级、建筑抗震设防类别、抗震设防烈度（设计基本加速度及设计地震分组）、建筑场地类别和钢筋混凝土结构的抗震等级；⑤人防工程的抗力等级；⑥扼要说明有关地基概况，对不良地基的处理措施及技术要求、抗液化措施及要求、地基土的标准冰冻深度；⑦采用的设计荷载，包含风荷载、雪荷载、楼面允许使用荷载、特殊部位的最大使用荷载标准值；⑧所选用的结构材料的品种、规格、性能及相应的产品标准，当为钢筋混凝土结构时，应说明钢筋的保护层厚度、锚固长度、搭接长度、搭接方法，并对某些构件或部位的材料提出特殊要求。"

《要点》对设计依据的要求是："设计所采用的地基承载力等地基土的物理力学指标、抗浮设计水位、抗震设防烈度（设计地震加速度）、设计地震分组、建筑场地类别应与审查合格的《岩土工程勘察报告》一致；结构设计中涉及的作用或荷载，应符合规范规定。"在实际送审图中，缺少抗浮设计水位，缺少地基的液化等级及抗液化措施，缺少地基土的标准冻深，以及设计地震分组、建筑场地类别与勘察报告不一致等现象经常发生。在荷载方面，阳台、消防楼梯及其门厅与规范要求不一致，轻隔墙荷载漏算或取值偏小也是常有的。建筑结构的安全等级和设计使用年限，混凝土结构的耐久性要求和砌体结构施工质量控制等级也经常会出现遗漏，尤其是在耐久性方面，规范的要求比较多，包括环境类别、最大水灰（胶）比、最小水泥用量、最低混凝土强度等级、最大氯离子含量、最大碱含量，以及混凝土保护层厚度等，在设计图中的表述往往不全面。其实最简单也是最可靠的办法就是在确定混凝土结构的环境类别后，其他要求和做法根据环境类别引用规范条文和相应的国家标准图集。

在材料方面，主要有四种情况：

1) 主要结构材料性能指标不符合《抗震规范》（GB 50011—2010）第 3.9.2 条、第 3.9.3 条及第 13.3.4 条的要求。

2) 标注不规范，如加气混凝土砌块等级应标 A2.5、A3.5 而不是

MU2.5、MU3.5；钢筋等级应标 HPB235 级钢、HRB335 级钢，而不是 I 级钢、II 级钢等。

3）钢结构构件的防火、防锈性能，如耐火极限、防火涂料的类型、厚度及检验要求；钢构件的除锈方法、除锈等级及防腐涂料的类型、性能和涂层厚度；结构加固材料性能要求标注不全，《混凝土结构加固设计规范》（GB 50367—2006）第四章对加固常用材料，如水泥、混凝土、钢材及焊接材料、纤维和纤维复合材、结构加固用胶黏剂、混凝土裂缝修补材料、阻锈剂等均有明确规定。其中，第 4.4.1 条对纤维复合材的品种和性能，第 4.4.2 条对结构加固用的纤维复合材的安全性能，第 4.5.2 条对承重结构用的胶黏剂的安全性能检验，第 4.5.3 条、第 4.5.5 条、第 4.5.6 条对改性环氧树脂胶粘剂的安全性能，第 4.5.8 条对结构加固用的胶粘剂的毒性检验等，以及第 4.4.3 条、第 4.4.6 条、第 4.7.4 条、第 12.2.4 条等条文均属于强制性条文。第 12.2.6 条规定："承重结构植筋的锚固深度必须经设计计算确定；严禁按短期拉拔试验值或厂商技术手册的推荐值采用。"这一条也是强制性条文，对制止目前施工中存在的不规范行为有一定的引导作用。实际工程中，不少加固企业就是按短期拉拔试验值或厂商技术手册的推荐值确定植筋的锚固深度。

4）选用国家和地方政府禁止使用的材料（如实心黏土砖），要求采用预拌砂浆的地方未特别标明，指定生产厂、供应商等。《中华人民共和国建筑法》第五十七条规定，建筑设计单位对设计文件选用的建筑材料、建筑配件和设备，不得指定生产厂、供应商。设计者应关注建设部关于建设领域推广应用新技术、新产品，严禁使用淘汰技术与产品的《技术与产品公告》。

（2）计算书不完整。结构设计计算书应包括输入的结构总体计算总信息、周期、振型、地震作用、位移、结构平面简图、荷载平面简图、配筋平面简图；地基计算；基础计算；人防计算；挡土墙计算；水池计算；楼梯计算等。

实际工程中，钢筋混凝土结构中经常缺少以下几方面内容：①超筋超限信息；②$0.2Q_0$ 调整信息；③框架结构弹塑性变形验算；④剪力墙底部加强部位轴压比等文件输出。此外，钢结构计算书也较粗略，缺少节点验算、板件宽厚比验算等。构件计算方面，常缺楼梯、挡土墙、挑檐等的计算书。

在提交的设计文件中，对计算结果的分析判断是设计工作的薄弱环节，有的甚至根本就没做。原则上，所有计算机计算结果，应经分析判断确认其合理、有效后，方可用于工程设计。因此，在实际工程中，应加强以下三方面的分析判断：

1) 计算模型的简化与处理，是否符合工程的实际情况。

2) 所采用软件的计算假定和力学模型，是否符合工程实际。

3) 复杂结构进行多遇地震作用下的内力和变形分析时，是否采用了不少于两个不同的力学模型的软件进行计算，并对其计算结果进行分析比较。

（3）图纸不完整。这类问题常常出现在基础、地下室、斜屋面和建筑立面造型等部位。基础的集水坑、排水沟以及地下室下夹层、地下室顶板高差变化处等，如不画详图或作特殊说明，常容易出现错、漏、碰缺等差错。在斜屋面，屋脊标高、斜屋板起坡点位置、坡度、斜梁设置及其与屋面板的关系等，往往标注不清或交代不详。现在建筑造型往往比较丰富，相应的节点做法也比较复杂，如不画大样容易出纰漏。

此外，框架结构中的构造柱不一定每个部位都标注，可以统一说明，但特殊部位构造柱设置要求应标注，否则容易遗漏或设置不当。

（4）缺少地质勘察报告。有可能做了勘察，但报告没有及时提供给审图机构。

2. 设计文件不规范

（1）引用过期的规范、图集。《要点》要求设计采用的工程建设标准和设计引用的其他标准（含图集）应为有效版本。

（2）表达不规范或易引起歧义。如基本风压、基本雪压，有的图纸中写成"风荷载"、"雪荷载"，这看似文字表达不严谨，但基本风压与风荷载概念上相差很大，因为风荷载不仅与基本风压有关，还与房屋的高度、体型系数、地面粗糙度等有关。再如，钢筋的混凝土保护层厚度，应明确是受力纵筋还是最外层钢筋的保护层厚度。

此外，还有一些对图集的含义理解得不够充分。例如，基础梁、板的底面和顶部高度均不同时，高、低交接处的过渡做法，如果采用倒楼盖法计算，则可以根据梁柱节点传力模式，从柱边起45°放坡，相应于图集04G101—3第37页梁底面和顶部均有高差的做法及第41页板底面和顶部均有高差的板变截面做法；如果是按内力平衡法计算的，则应按梁（板）截面等断面要求，从顶部变截面处起，梁（板）底部顺延一倍的梁（板）高度后，按45°放坡开始变高度，相应于图集04G101—3第44页的板变截面做法。

3. 概念含糊

（1）选型不当。如采用单跨框架结构、框剪结构只在一个方向设置剪力墙、多层砖混结构层高超过3.6m或3.9m、多层砖混结构横墙间距大于《抗震规范》（GB 50011—2010）第7.1.5条限值等。

（2）计算参数选取不当。常见的有以下几种情况：

1) 周期折减系数取值偏高。《高层建筑混凝土结构技术规程》第4.3.17条规定："当非承重墙为砌体墙时，高层建筑的计算自振周期折减系数可按下列规定取值：框架结构0.6～0.7、框架-剪力墙结构0.7～0.8、剪力墙结构0.8～1.0"。实际工程计算时，大部分工程框架结构均大于0.7，框架-剪力墙结构取0.8、0.85甚至取0.9，剪力墙结构取0.9～1.0。均为规范建议数值的上限或大于上限，有的工程一旦出现位移限制超规范或超筋数目较多时，往往为了图省事，人为调大周期折减系数。

2) 现浇楼盖框架梁刚度增大系数取值与实际楼板作为翼缘的作用不符，《混凝土规范》（GB 50010—2010）实施前，大部分工程均按中间梁取增大系数2、边跨梁取增大系数1.5计算，没有真实反映梁板相对尺寸对梁刚度增大的变化情况（见表1-6）。该表中T形梁翼缘宽度按 $b+12h_f$ 考虑。

表 1-6　　梁高度不同时矩形梁与 T 形梁的惯性矩及其比值

梁宽 b(mm)	梁高 h(mm)	板厚 h_f(mm)	矩形梁 I_1	T 形梁 I_2	I_2/I_1
300	500	100	3125000000	8025000000	2.57
300	550	100	4159375000	10334375000	2.48
300	600	100	5400000000	13000000000	2.41
300	650	100	6865625000	16040625000	2.34
300	700	100	8575000000	19475000000	2.27
300	750	100	10546875000	23321875000	2.21
300	800	100	12800000000	27600000000	2.16
300	850	100	15353125000	32328125000	2.11
300	900	100	18225000000	37525000000	2.06
300	950	100	21434375000	43209375000	2.02
300	1000	100	25000000000	49400000000	1.98
300	1050	100	28940625000	56115625000	1.94
300	1100	100	33275000000	63375000000	1.9
300	1150	100	38021875000	71196875000	1.87
300	1200	100	43200000000	79600000000	1.84

3) 剪力调整信息 $0.2Q_0$ 设置上限值2.0。《抗震规范》（GB 50011—2010）第6.2.13条指出："侧向刚度沿竖向分布基本均匀的框架-抗震墙结构和框架-核心筒结构，任一层框架部分承担的剪力值，不应小于结构底部总地震剪力的20%和按框架-抗震墙结构、框架-核心筒结构计算的框架部分各楼层地震剪力中最大值1.5倍二者的较小值。"因此，设置上限值将使某些楼层框架部分承担的剪力值小于规范要求的数值，偏于不安全。

4) 采用SATWE程序计算并考虑地下室填土效应时，地下室土水平抗力系数的比例系数 MI 取值较随意，或偏大，或偏小，有的设计者通过人为调整 MI 大小来满足地下室侧移刚度与首层侧移刚度的规范要求。MI 系数来自《建筑桩基技术规范》（JGJ 94—2008）表 5.7.5 中的地基土水平抗力系数的比例系数 m。由于地下室周边都是回填土，该规范表 5.7.5 中，稍密回填土的 $m=6\sim14$。

5）刚性楼盖假定。计算楼层位移时，采用刚性楼盖假定，而计算结构配筋时，则不应采用强制刚性楼板假定。对于刚性楼盖假定，根据国外的有关规定，楼盖周边两端位移不超过平均位移 2 倍的情况称为刚性楼盖，超过 2 倍则属于柔性楼盖。因此，2001 年版及 2010 年版抗震设计规范说明中提到的刚性楼盖，并不是刚度无限大。

（3）施工方式不清楚。有的工程将建筑立面造型做成封闭式的，根本无法拆除模板；有的工程柱子箍筋配得很密，每一根纵筋均设箍筋或拉筋，造成柱子混凝土浇筑困难。

4．实际配筋小于计算值

实际配筋小于计算值是最常见也是差错最多的部分。常见的问题集中在以下方面：①梁、柱箍筋及剪力墙连梁箍筋实配小于计算，尤其是框架结构节点核心区箍筋实配数量小于计算值的情况经常出现；②梁、柱、剪力墙约束边缘构件及剪力墙连梁等构件的纵筋实配量小于计算值；③独立柱基、基础梁板、楼板等的实际配筋量小于计算值。

5．规范理解和执行有误

（1）梁箍筋的配置问题。当纵向钢筋配筋率大于 2％时，框架梁箍筋没有按规范的要求增大箍筋直径。《抗震规范》（GB 50011—2010）第 6.3.3 条第 3 款规定，框架梁端箍筋加密区的长度、箍筋最大间距和最小直径应按表 6.3.3 采用，"当梁端纵向受拉钢筋配筋率大于 2％时，表中箍筋最小直径数值应增大 2mm"。由于这一条，在现行的程序数据检查中没有给出相应的提示信息，常常被设计者所忽略，成为施工图审查中常见的问题。

（2）底部加强区。《抗震规范》（GB 50011—2010）第 6.1.10 条规定："抗震墙底部加强部位的范围，应符合下列规定：底部加强部位的高度，应从地下室顶板算起。部分框支抗震墙结构的抗震墙，其底部加强部位的高度，可取框支层加框支层以上两层的高度及落地抗震墙总高度的 1/10 二者的较大值。其他结构的抗震墙，当房屋高度大于 24m 时，底部加强部位的高度可取底部两层和墙体总高度的 1/10 二者的较大值；房屋高度不大于 24m 时，底部加强部位可取底部一层。当结构计算嵌固端位于地下一层的底板或以下时，底部加强部位尚宜向下延伸到计算嵌固端。"但是在确定结构的嵌固部位时，应根据规范的要求，计算侧向刚度比，《抗震规范》（GB 50011—2010）第 6.1.14 条要求地下室顶板作为上部结构的嵌固部位时，"结构地上一层的侧向刚度，不宜大于相关范围地下一层侧向刚度的 0.5 倍"，《高规》（JGJ 3—2010）第 3.5.2 条第 2 款也有相应的规定，但比值的量值与《抗震规范》（GB 50011—2010）略有不同。只有当侧向刚度比满足规范这一要求，且其他构造符合《抗震规范》（GB 50011—2010）第 6.1.14 条的相关要求时，才可以将地下一层顶板作为上部结构的嵌固部位，否则应相应向地下一层底板或以下延伸，在这种情况下底部加强部位的高度，仍应从地下室顶板算起，但加强部位的层数在底部两层和墙体总高度的 1/10 二者的较大值的基础上，将地下一层也作为底部加强部位。

（3）基本构造不符合规范要求。经常出现的有以下问题：

1）梁、柱、剪力墙边缘构件箍筋间距不符合《抗震规范》（GB 50011—2010）第 6.3.3 条、第 6.3.7 条、第 6.3.9 条、第 6.4.5 条的要求，尤其是一至三级剪力墙的边缘构件箍筋竖向间距，常大于规范要求的 100mm 或 150mm。

2）柱、剪力墙最小配筋率不符合《抗震规范》（GB 50011—2010）第 6.3.7 条、第 6.3.8 条、第 6.4.3 条、第 6.4.5 条的要求，尤其是角柱和剪力墙边缘构件，配筋达不到规范要求的最小配筋率的现象相对较多，剪力墙竖向分布筋还有一种情况是在计算时设置了一个配筋率，而实际配筋小于计算设定的配筋率。

3）梁端上下筋的比例不符合规范的要求。《抗震规范》（GB 50011—2010）第 6.3.3 条第 2 款规定，梁端截面的底面和顶面纵向钢筋配筋量的比值，除按计算确定外，一级不应小于 0.5，二、三级不应小于 0.3。梁配筋的计算结果是根据梁的弯矩来进行计算的，梁端截面的底面和顶面纵向钢筋配筋量的比值不一定符合规范的这一比例要求，而且程序给出数据检查中往往没有给出相应的提示，所以实际工程施工图中这类问题比较多。

4）框架节点核芯区箍筋实配小于计算。《抗震规范》（GB 50011—2010）第 6.3.10 条要求："一、二、三级框架节点核芯区配箍特征值分别不宜小于 0.12、0.10 和 0.08，且体积配箍率分别不宜小于 0.6%、0.5% 和 0.4%。柱剪跨比不大于 2 的框架节点核芯区，体积配箍率不宜小于核芯区上、下柱端的较大体积配箍率。"因此，一些框架结构尤其是层数不多、柱轴压比较小的框架的计算结果中，常常出现框架节点核芯区配箍计算数值大于柱子上、下柱端箍筋加密区的计算值，而设计者往往只注意到柱子的箍筋计算结果而忽略节点核芯区的计算结果。

（4）构造钢筋缺失。例如，对于现浇挑檐、雨罩、女儿墙等外露

挑檐板

挑檐板裂缝仰视

图 1-6　北京某工程挑檐板裂缝照片

结构，《混凝土规范》（GB 50010—2010）第 8.1.1 条要求其伸缩缝间距不宜大于 12m。这一条主要是为了防止女儿墙等外露结构在温度、湿度变化作用下裂缝开展过宽的构造措施。现浇挑檐、雨篷等悬挑板，从抵抗静载、活载的角度考虑，只需要配筋负弯矩筋就可以了，但从控制悬挑板在温度、湿度变化作用下的裂缝宽度而言，仅限制其伸缩缝间距还不足以控制裂缝的开展，因此作者认为，还应配置双层钢筋，在板的底部配置构造钢筋，以限制裂缝的开展。图 1-6 为北京某两层建筑的挑檐板裂缝照片，该工程建于 1989 年，挑檐悬挑 600mm，由于只配负弯矩钢筋，致使板底出现很宽的裂缝，局部已经断裂，很难修补，不得不拆除后改砌筑女墙。

（5）独立柱基础的台阶宽高比小于 2.5。《建筑地基基础设计规范》（GB 50007—2011）第 8.2.11 条❶指出，基础底板的配筋应按抗弯计算确定，在轴心荷载或单向偏心荷载作用下底板受弯可按下列简化方法计算：对于矩形基础，当台阶的宽高比小于或等于 2.5 和偏心距小于或等于 1/6 基础宽度时，任意截面的弯矩可按规范给出的式 8.2.11-1 和式 8.2.11-2 计算。这是对基础刚度的要求，也是便于混凝土浇筑的需要。

❶《北京地区建筑地基基础勘察设计规范》（DBJ 11—501—2009）中第 8.3.4 条同此。

五、与施工方密切配合的能力

施工配合是设计工作的一个重要环节。施工配合的好坏体现在多方面，既有单纯的设计交底、图纸差错的纠正和隐蔽验收，又有双方合作配合的内容，现举设计、施工双方合作的典型实例说明如下。

（一）减少和控制早期收缩裂缝的综合措施

1. 问题的由来

近年来，在一些工程中，基础底板、地下室外墙及现浇楼板出现早期收缩裂缝的比例有较大幅度的增加。2000 年 3 月《混凝土结构设计规范》管理组召开"混凝土结构裂缝"研讨会的纪要指出："混凝土结构裂缝之多，触目惊心，下决心减少和抑制混凝土裂缝发展，已是推动住房货币化进程中刻不容缓的政治任务。"大体上说，这些裂缝出现的规律如下：

裂缝平行

角部裂缝

(a)　　　　　　　　　　(b)

图 1 - 7　现浇混凝土楼板早期收缩裂缝的分布规律
(a) 楼板收缩裂缝平行于短边；(b) 楼板角部收缩裂缝

（1）一般在拆模时就发现，常常是贯通缝，只要板面有水，板底即渗水，有水迹（见图 1 - 7）。

（2）裂缝往往平行于板的短边，见图 1 - 7（a）。这与荷载作用下的裂缝分布完全不一致，荷载作用下板底裂缝以垂直于板短边的居多。在房屋的四角，也常常开裂，见图 1 - 7（b）。

（3）开裂部位的混凝土强度一般均不低于设计要求的等级。

这类裂缝的最大危害在于观感差、引起渗漏而影响正常使用，其中楼板裂缝对正常使用的影响最大。由于结构的破坏和倒塌往往是从裂缝的扩展开始的，所以裂缝常给人一种破坏前兆的恐惧感，对住户的精神刺激作用不容忽视。有无肉眼可见的裂缝是大部分住户评价住宅质量好坏的主要标准，而墙体和楼板裂缝是住户投诉住房质量的主要缘由之一。据报道，1999 年住户（业主）入住投诉率比 1998 年增加了 44%，而2000 年则比 1999 年增加了 136%。

据统计，现浇钢筋混凝土结构构件出现早期收缩裂缝的常见部位按出现的几率排序大致为：地下室外墙大于基础底板，基础底板大于楼层楼板[18]。地下室外墙和基础底板一般均双层配筋且配筋率远大于楼层楼板，其厚度至少为 200mm，比一般的楼板厚得多，而其开裂的几率反而高于楼层楼板，说明单纯增加楼层楼板的板厚或提高板的配筋率均不是减少现浇板出现早期收缩裂缝的最有效措施。

2. 混凝土早期收缩裂缝增多的主要原因

20 世纪 80 年代末以前，在民用建筑中，混凝土早期收缩裂缝出现的几率是比较小的，自 20 世纪 90 年代初以来，随着我国泵送流态混凝土施工工艺的逐步推广，工程中出现早期收缩裂缝的比例逐渐增多，说明钢筋混凝土结构早期收缩裂缝的增多与泵送及商品混凝土的广泛使用是有一定的对应关系的。曾有一典型的工程，采用商品混凝土，一层顶板混凝土浇筑至楼层的约 2/3 时，由于特殊的原因使商品混凝土供应不上，临时采用现场搅拌混凝土浇筑余下部位。拆模后发现采用商品混凝土的部位，混凝土早期收缩裂缝较多，而现搅混凝土部位则基本未裂。泵送流态混凝土由于流动性及和易性的要求，以及坍落度增加、水灰比增大、水泥标号提高、水泥用量增加、骨料粒径减小和外加剂增多等诸多因素的变化，导致混凝土的收缩及水化热作用都比以往的低流动性混凝土大幅度增加，例如过去的流动性混凝土及低流动性混凝土的收缩变形约为 $2.5 \times 10^{-4} \sim 3.5 \times 10^{-4}$，而现在泵送流态混凝土的收缩变形约为 $6.0 \times 10^{-4} \sim 8.0 \times 10^{-4}$，收缩变形值大为增加[18]。

收缩变形导致结构开裂的机理十分简单，即在给定的环境中，不受约束的混凝土都有潜在的一定程度的收缩。这种不受约束的自由收缩是不会导致构件开裂的，问题是几乎所有实际工程中的混凝土结构或构件都毫无例外地存在约束，约束限制混凝土收缩，因而产生收缩拉应力，当收缩拉应力达到或超过混凝土凝结硬化过程那一刻的极限拉应力时，就会产生开裂。在混凝土凝结硬化过程中，混凝土的极限拉应力是随时间的推移而变化并趋于平稳直至稳定的变量，而混凝土的抗拉极限强度非常低，仅为抗压强度的 1/10 左右。影响干缩的主要因素有：混凝土拌和成分的特性及其配合比、环境的影响、设计和施工等。此外，施工中不合理地浇筑混凝土，例如，在施工现场重新加水改变稠度而引起收缩值增大。周围环境的相对湿度极大地影响着收缩的大小，相对湿度低则收缩值增大。

由于产生早期收缩裂缝部位在温度、外荷载和徐变等共同作用下，裂缝宽度不断变化，修补较困难，采用化学灌浆修补后不久，裂缝往往又重新出现。因此，为减少和控制裂缝的危害程度，应倡导从源头上采取综合措施来减小混凝土的收缩变形值、控制现浇板出现早期收缩裂缝。混凝土结构裂缝是由混凝土材料、施工、设计和管理等综合因素造成的，必须进行综合治理才有成效。因此，要减少和控制混凝土早期收缩裂缝，仅从施工的角度解决不了问题，仅从设计的角度更解决不了问题，必须由设计牵头，设计、施工密切配合才能解决问题。

3. 减少和控制混凝土早期收缩裂缝的设计技术措施

（1）合理选取构件截面最小尺寸。对收缩影响最大的设计参数是钢筋用量和混凝土构件的尺寸、形状以及表面积与体积的比值。在相同的周围环境中，混凝土表面积与体积的比值越大，构件的收缩变形值也越大。对于混凝土表面积与体积的比值较大的楼板，其最小厚度不宜小于 80mm；对于筏板基础，垫层厚度不宜小于 70mm，底板厚度不宜小于 200mm，底板下最好做一道柔性防水层，以减弱地基对基础底板的约束程度，减少混凝土收缩拉应力。

（2）合理选取混凝土强度等级。提高混凝土强度等级，势必增加水泥用量或提高水泥强度等级，混凝土的收缩及水化热作用也随之增加。水泥用量的增加及水泥强度等级的提高，对混凝土抗压强度的增长较大，而其抗拉强度则变化甚微，因而产生钢筋混凝土结构的早期收缩裂缝的几率反而随之增大，所以在满足耐久性要求的前提下，应尽量采用中低档混凝土强度等级（C25～C30），以减少混凝土的收缩及水化热作用。

（3）加强薄弱环节减少应力集中效应。由于泵送流态混凝土的收缩变形及水化热作用均比以往的低流动性及预制混凝土大幅增加，为避免和减少钢筋混凝土结构的早期收缩裂缝，对结构和构件的凹角等薄弱部位应采取相应的补强措施，减少应力集中。图1-8为塔楼基础底板尖角（阴角）处减缓应力集中的补强做法。

（4）适当增配构造钢筋。配筋能减少混凝土的收缩作用，因为钢筋能起约束作用。《混凝土规范》（GB 50010—2002）已将受弯构件的最小配筋率由0.15%提高到0.20%[1]。适当增配构造钢筋有利于防止结构裂缝的出现。例如，现浇板中内埋电管较多的部位适当配置构造钢筋（见图1-9），增大板孔洞边的加强筋，以及不规则板角隅应力集中区的配筋（见图1-10），特别是地下室外墙墙体水平筋应特别加强，不少文献建议其配筋率宜大于0.50%。

[1] 《混凝土规范》（GB 50010—2010）延续了这一做法。

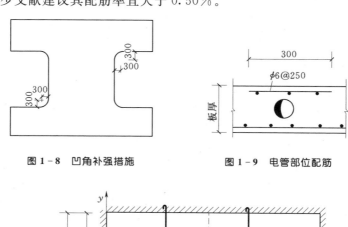

图1-8　凹角补强措施　　　　　图1-9　电管部位配筋

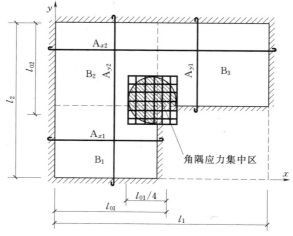

图1-10　板角隅应力集中区配筋

（5）增设施工后浇带。混凝土收缩变形的大小与时间有关。从长达 30 年的综合研究中获得的平均数据可知，在前 20 年中，约 50％的干缩是在头两个月内产生的，而将近 80％的干缩是在第一年内完成的。因此，在结构的长度方向，每隔 20～30m 设一道 800mm 宽后浇带，将楼层划分为若干流水作业段，待该部位混凝土浇灌 45～60d 并完成大部分收缩变形后，用比原设计高一等级、坍落度为 30～80mm 的流动性补偿收缩混凝土浇灌密实，并确保湿养不少于 14d。

（6）减少结构所受到的约束程度。混凝土收缩变形的大小与结构所受到的约束程度有关，不受约束的自由收缩是不会引发开裂的。因此，减少结构所受到的约束程度，有助于减少混凝土收缩变形值，进而可以减少和控制混凝土早期收缩裂缝。最常见的措施就是在基础底板设置卷材防水材料，以减少基础地板与地基之间的摩擦力。

4. 减少和控制混凝土早期收缩裂缝的施工措施

（1）优化配合比。混凝土组成材料的合理选择和配合比优化设计，可以控制混凝土的干缩变形量和增长速率，减少微观裂缝数量，并提高混凝土的抗裂性能。

混凝土拌和成分的特性及其配合比是影响混凝土干缩的主要因素之一。混凝土硬化时，混凝土基料中一些过剩自由水蒸发导致体积减小，称为收缩。体积减小发生在混凝土硬化以前，称为塑性收缩；在混凝土已经硬化以后，主要是由于水分损失而引起的体积减小，称为干缩。对于路面、桥梁和平板等构件，塑性收缩和干缩的可能性比温度收缩、碳化收缩大得多。混凝土干缩是不可避免的，除非混凝土完全浸泡在水中或处于相对湿度为 100％的环境中。因此，在设计和施工过程中，都必须考虑收缩的不利影响。干缩产生的真实机理是复杂的，一般认为当混凝土表面暴露在干燥状态下，混凝土首先失去自由水，若继续干燥，则导致吸附水损失，无约束的水泥浆的体积改变和水化产物 C—S—H 键之间的引力增大而导致收缩。吸附水层的厚度随着含水量的增大而增厚，因此含水量越高，收缩越大。

混凝土拌合物的总用水量对干缩的影响如图 1－11 所示。

图 1－11 中，以混凝土拌合物的水泥用量为 380kg/m³ 为例，若总用水量 190 kg/m³，水灰比（W/C）为

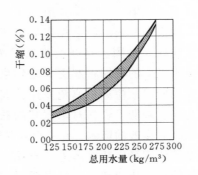

图 1－11 混凝土拌合物总用水量对干缩的影响

阴影面积为从大量不同配合比的拌合物中获得的数据，资料来源于美国《混凝土国际设计与施工》1998 年第 4 期

0.50，混凝土的平均干缩率为 0.06%；若总用水量为 145 kg/m³，水灰比(W/C) 为 0.38，混凝土的平均干缩率为 0.03%，收缩值减少 50%。因此，要将混凝土的干缩值减少到最小，就必须保持尽可能低的总用水量。当水灰比不变时，水和水泥用量即水泥浆量对于泵送状态及收缩都有显著的影响，因为水泥浆自身的收缩值高达 385×10^{-4}。例如，当水灰比不变，水泥浆量由 20%（水泥浆量占混凝土总量比）增大到 25%，混凝土的收缩值增大 20%；如果水泥浆量增大到 30%，则混凝土的收缩值增大 45%[18]。因此，在保证可泵性和水灰比一定的前提下，应尽可能地降低水泥浆量。搅拌站和施工单位应根据结构强度需要和流动度的要求确定较低的坍落度，根据施工季节及运输距离选择一定的出厂坍落度和送到浇筑地点的坍落度，并根据现场坍落度信息，随时调整搅拌站水灰比。由于泵送混凝土的流动性要求与混凝土抗裂要求相矛盾，应选取在满足泵送的坍落度下限条件下，尽可能降低水灰比。为降低用水量，保证泵送的流动度，应选择对收缩变形有利的减水剂。研究结果指出，掺加中等范围减水剂和高效减水剂可大幅度减少总用水量，因而可减少干缩。而掺加氯化钙、磨细粒状高炉矿渣和某些火山灰时，混凝土的干缩增大，应尽量少用。

水泥品种对收缩的影响主要体现在矿物组成和细度两个方面。不同水化产物失水时的收缩不同，其次序为 $C_3A > C_3S > C_2S > C_4AF$。此外，所有碱含量高的水泥收缩值都较大。一般认为，不同品种水泥对混凝土收缩影响的大小顺序是：大掺量矿渣水泥＞矿渣水泥＞普通硅酸盐水泥＞早强水泥＞中热水泥＞粉煤灰水泥[31]。

粗骨料对干缩的影响有两层意思：一层意思是，提高粗骨料的用量，可使混凝土拌合物的总用水量及水泥浆量相应减少，从而减小混凝土的干缩；另一层意思是，由于粗骨料的约束作用减少了水泥浆的干缩。粗骨料的约束作用取决于骨料的类型和刚度、骨料的总量和最大粒径。坚固、坚硬的骨料，例如白云石、长石、花岗石和石英等，对水泥浆的收缩将起更大的约束作用。而砂岩和板岩对水泥浆的约束作用较弱，应尽量避免使用。同时，应避免使用裹有黏土的骨料，因为黏土降低了骨料对水泥浆的约束作用。骨料体积含量对混凝土的收缩具有显著的影响。在完全自然养护条件下，胶凝材料浆体组成确定，以骨料等量代替浆体进行收缩试验表明：混凝土干缩伴随骨料体积含量的增大持续减小，但当混凝土中骨料体积含量较低时，增大骨料体积含量，混凝土收缩量的减少并不显著；而当骨料体积含量从 66% 增大到 68% 时，对混凝土收缩的影响最为敏感，收缩值显著降低；而当骨料体积含量大于 68% 以后，减少混凝土收缩的作用又开始趋缓[31]。因此，骨料体积含量一般应大于 68%。目前，国内商品混凝土生产所使用的碎石普遍存在粒度分布集中、中间粒级少的特点，2.5～10mm 粒级的骨料含量不足，使骨料的堆积孔隙率增大，骨料体积含量受到限制，使混凝土的收缩变形值偏大。建议在条件允许时，根据粗骨料的级配情况，掺加一定比例 5～16mm 的瓜子片对粗骨料进行优化，提高混凝土骨料的体积含量，减少混凝土的收缩值。

砂石的含泥量对于混凝土的抗裂强度与收缩的影响很大，我国对含泥量的规定比较宽，但实际施工中还经常超标。砂石骨料的粒径应尽可能大些，以达到减少收缩的目的。以砂的粒径为例，有资料表明，采用细度模数为 2.79、平均粒径为 0.381 的中粗砂，比采用细度模数为 2.12、平均粒径为 0.336 的细砂，每 $1m^3$ 混凝土可减少用水量 20～35kg，减少水泥用量 28～35kg。

砂率过高意味着细骨料多、粗骨料少，收缩作用大，对抗裂不利。砂率一般不宜超过 45%，以 40%左右为好。砂石的吸水率应尽可能小一些，以利于降低收缩。

减水剂对水泥石收缩的影响有两方面：一方面，减水剂可有效降低水的表面张力，有减少收缩的作用；另一方面，由于包裹水的释放，减水剂使水泥石孔隙分布细化，有增大水泥石收缩的趋势。两者的共同作用决定水泥石收缩的变化，而作用的结果与减水剂的种类、掺量等有关。表 1-7 和表 1-8 给出的是试验结果[31]。

表 1-7　　　　掺加减水剂对水泥石圆环开裂时间的影响

减水剂的 种类、掺量	未掺减水剂	萘系减水剂 0.50%（粉剂）	三聚氰胺系减水剂 2%（液剂）
开裂时间（h）	22	18	14
	39	23	—
	32	21	—
试验条件	水灰比 0.32，温度（20±2）℃，湿度（60±5）%，P•O42.5 水泥		

表 1-8　　　　减水剂掺量对水泥石开裂时间的影响

序　号	1	2	3	4	5	6
减水剂掺量（%）	0.30	0.40	0.50	0.60	0.70	0.80
开裂时间（h）	21.5	15	15	15	7	7
试验条件	水灰比 0.30，温度（20±2）℃，湿度（60±5）%，萘系减水剂					

由此可见，减水剂会对混凝土的抗裂性能产生不利的影响。因此，在高强混凝土中，减水剂对混凝土的初期龄期抗裂性能更为不利，这也就是高强混凝土容易开裂的主要原因之一。而且，水灰比越小，减水剂的不利影响就越大。

粉煤灰是泵送混凝土的重要组成部分。由于粉煤灰的火山灰活性效应及微珠效应，具有优良性质的粉煤灰（不低于Ⅱ级），在一定掺量下（水泥重量的15%～20%），其强度还有所增加（包括早期强度，见表1-9），密实度也增加，收缩变形有所减少，泌水量下降，坍落度损失减少。但当粉煤灰的掺量增大到25%时，强度有所降低。

表1-9　　　　　　　粉煤灰、UEA及减水剂的不同掺量
对混凝土（C60）强度的影响[53]

编号	水泥 C（kg/m³）	粉煤灰 F 掺量（%）	UEA 掺量（%）	减水剂 掺量(%)	水胶比 W/(C+F+U)	坍落度（mm）	抗压强度（MPa）		
							7d	28d	60d
1	481	15	0	0.55	0.300	140	52.5	68.0	80.0
2	447	15	0	0.55	0.305	160	57.6	72.2	83.0
3	433	15	0	0.55	0.310	180	56.8	71.3	82.0
4	421	20	7	0.60	0.305	110	52.8	69.0	81.3
5	408	20	7	0.60	0.310	130	51.7	71.9	76.1
6	453	20	7	0.60	0.309	160	54.2	68.5	71.1
7	382	25	10	0.65	0.307	110	41.9	62.6	77.2
8	425	25	10	0.65	0.300	140	48.6	59.3	81.3
9	474	25	10	0.65	0.304	150	41.8	59.2	62.3

表1-10　　　　　　粉煤灰、粉煤灰减水剂双掺对
水泥石开裂性能的影响[31]

序号	水灰比	减水剂 掺量（%）	粉煤灰 掺量（%）	开裂 时间（h）	备　注
1	0.32	—	—	22	
2	0.32	—	20	91	Ⅰ级粉煤灰
3	0.32	0.5	0	18	萘系减水剂
4	0.32	0.5	20	91	Ⅰ级粉煤灰、萘系减水剂
5	0.32	2	0	14	三聚氰胺系减水剂
6	0.32	2	20	91	Ⅰ级粉煤灰、三聚氰胺系减水剂
7	0.32	—	—	39	
8	0.32	—	15	55	Ⅰ级粉煤灰
9	0.32	0.5	—	23	萘系减水剂
10	0.32	0.5	15	39	Ⅰ级粉煤灰、萘系减水剂
11	0.32	—	15	87	Ⅰ级粉煤灰
12	0.32	—	25	111	Ⅰ级粉煤灰
13	0.32	—	35	>240	Ⅰ级粉煤灰
14	0.32	—	45	>240	Ⅰ级粉煤灰

序号	水灰比	减水剂掺量（%）	粉煤灰掺量（%）	开裂时间（h）	备　注
15	0.32	0.5	—	24	Ⅰ级粉煤灰、萘系减水剂
16	0.32	0.5	15	42	Ⅰ级粉煤灰、萘系减水剂
17	0.32	0.5	25	>240	Ⅰ级粉煤灰、萘系减水剂
18	0.32	0.5	35	>240	Ⅰ级粉煤灰、萘系减水剂
19	0.32	0.5	45	>240	Ⅰ级粉煤灰、萘系减水剂
20	0.32	—	15	27	Ⅱ级粉煤灰
21	0.32	—	25	62	Ⅱ级粉煤灰
22	0.32	—	35	71	Ⅱ级粉煤灰
23	0.32	—	45	74	Ⅱ级粉煤灰
24	0.32	0.5	15	27	Ⅱ级粉煤灰、萘系减水剂
25	0.32	0.5	25	74	Ⅱ级粉煤灰、萘系减水剂
26	0.32	0.5	35	95	Ⅱ级粉煤灰、萘系减水剂
27	0.32	0.5	45	>120	Ⅱ级粉煤灰、萘系减水剂

由表 1-10 可见，同等条件下，不掺减水剂时，粉煤灰替代水泥的替代率越大，水泥圆环试件开裂时间不断延长，掺量越高越有利于提高混凝土初龄期的抗裂性能，当粉煤灰替代率达到一定值（25%～35%）后趋于稳定。减水剂的颗粒分散作用能使水泥石孔隙均化和细化。Ⅰ级粉煤灰与减水剂双掺时，若粉煤灰替代率较低，减水剂的孔隙细化作用抵消了部分粉煤灰孔隙粗化作用，粉煤灰的抗裂缝效果降低；当粉煤灰替代率较高时，减水剂的孔隙细化作用被粉煤灰孔隙粗化作用抵消。减水剂的孔隙均化作用则有利于粉煤灰的均匀分布，使水泥粗化孔隙孔径分布集中，反而有利于提高水泥石的抗裂性能。Ⅱ级粉煤灰与减水剂双掺时，减水剂的孔隙细化作用可有效修正粉煤灰孔隙粗化作用，减少水泥石的早期收缩，在所有掺量下均有利于提高水泥石的初龄期抗裂性能，但抗裂效果不如Ⅰ级粉煤灰。此外，采用粉煤灰与减水剂掺入混凝土的"双掺技术"可取得降低水灰比、减少水泥浆量、提高混凝土可泵性的良好效果，特别是可明显延缓水化热峰值的出现，降低温度峰值。

对大体积混凝土应优先采用矿渣水泥或掺入矿渣掺合料。矿渣掺合料等量取代水泥，能起到降低黏度和大幅度提高强度的作用，据文献资料介绍，主要有以下三方面的原因：

1）形貌效应。掺合料颗粒形状大多为珠状，在集料间起着滚珠的作用，润滑集料表面，从而改善混凝土的流动性。

2）微集料效应。掺合料比较细，能够填充在集料的空隙及水泥颗粒之间的空隙中，使得颗粒级配更趋理想化，达到较密实状态，减少了用水量。

3）火山灰效应。这是掺合料对混凝土贡献最大的效应。掺合料本身不具有活性或活性很低，不能起到胶凝作用，但其中有部分活性 SiO_2、Al_2O_3 等，在碱性环境下，受到激发，可表现出胶凝性能。水泥中有调凝作用的石膏，水化后能产生碱石灰，在这样的环境中，掺合料的活性成分发生反应，生成具有胶凝能力的水化硅酸钙、水化铝酸钙和水化硫铝酸钙，提高了混凝土的强度。

掺合料这三个效应即润滑、细化孔隙和胶凝作用同时作用，使水化热降低，坍落度损失减少，碱度降低，后期强度仍有所增长，达到改性的目的。

（2）施工缝的加强措施。为缩短施工周期、便于模板周转、减少夜间施工扰民以及缓解混凝土收缩和水化热对结构的不利影响，在结构楼层中留设施工缝和后浇带是不可避免的。由于施工缝两侧混凝土浇灌的时间差，引起施工缝两侧混凝土的收缩变形不一致，因而易在施工缝处形成一条贯通裂缝而影响使用，因此施工缝处应采取相应的加强措施，尽量减少和避免在施工缝处形成贯通裂缝而影响使用。常见的加强措施有以下几种：

1）加强配筋。对楼板，施工缝部位应设双层钢筋且钢筋间距以 $100\sim150$mm 为宜；加密剪力墙水平筋间距，以 $100\sim150$mm 为宜；梁的箍筋也应适当加密。

2）优化混凝土配合比。若条件允许，施工缝两侧各 2m 范围内的混凝土采用特殊的配合比，即在满足泵送要求的前提下，尽量选用较低的坍落度值，降低水灰比、减少水泥用量、增大粗骨料的粒径和提高骨料的用量，添加 UEA 等微膨胀剂配置补偿收缩混凝土，并加强养护，做到湿养不少于 14d。

3）界面剂。界面剂的抗拉强度大于素水泥浆 1 倍以上，使用合适的界面剂有助于增加施工缝处新老混凝土接合面的黏结力，减缓混凝土在新老混凝土接合面处开裂的可能性。

4）施工缝构造。采取上述措施后，施工缝处因混凝土早期收缩而形成贯通裂缝的可能性大为降低，但在温度、徐变等的作用下，仍有可能形成贯通裂缝。为减少和避免施工缝处贯通裂缝渗漏水而影响使用，对于现浇板可采用企口缝（见图 1-12），避免裂缝处渗漏水。

图 1-12 企口缝示意

5）施工缝位置的选择。上下楼层施

工缝的平面位置应错开一段距离，避免沿竖向形成上下贯通的通缝而出现薄弱环节集中在竖向同一断面。由于施工缝毕竟是薄弱部位，在选择施工缝的位置时，应尽量避开厨房、卫生间等经常处于潮湿环境的部位。

（3）混凝土养护不充分对收缩的影响。国外由于研制开发了减小混凝土收缩的外加剂（其主要成分为聚氧化烯烃烷基醚与低醇类次烷基醇的加成物），所以其泵送流态混凝土的收缩变形值能得到有效地控制。国内由于缺乏类似的外加剂，虽然通过添加 UEA 等微膨胀剂，可从某种程度上减少混凝土的收缩变形，但由于 UEA 等的限制膨胀率指标是在水养 14d 的情况下获得的，如果养护条件跟不上，则其限制膨胀率明显降低而失去减少混凝土收缩变形的作用。工程实践中，出现添加微膨胀剂对防裂无效，甚至反而开裂更甚，并产生后期强度倒缩等的事例时有发生[52]。因此，目前减少混凝土收缩变形的主要措施还是应加强混凝土的养护。正常级配的混凝土，根据养护条件的不同，其混凝土极限拉伸 ε_p 一般为 $0.5\times10^{-5}\sim2.0\times10^{-4}$[18]。而当混凝土的收缩变形值大于混凝土极限拉伸 ε_p 时，混凝土即开裂。研究表明，当混凝土内外温差为 10℃ 时，产生的冷缩变形约为 1.0×10^{-4}，而当混凝土内外温差为 $20\sim30$℃ 时，产生的冷缩变形约为 $2.0\times10^{-4}\sim3.0\times10^{-4}$。因此，如果按控制混凝土的收缩变形值为指标进行换算，则泵送流态混凝土的养护要求即相当于大体积混凝土的养护要求。但实际工程中，对于大体积混凝土一般都能严格按规范规定的要求进行特殊的养护，以控制混凝土的内外温差和收缩变形值，但对泵送流态混凝土的养护，通常仍采用过去流动性及预制混凝土的养护要求，这是目前设计和施工单位容易忽视的一个关键因素。混凝土表面的相对湿度关系到混凝土表面蒸发速度或失水程度，当混凝土刚开始失水时，首先失去的是较大孔径中的毛细孔隙水，相应的收缩值较小。

图 1-13 表示固体水泥浆的干缩量与失水比例的关系[55]。由图 1-13 可见，当失水率从 0 增加到 17%（相应的相对湿度从 100% 降至 40% 左右）时，收缩量约为 0.6%。若失水量继续增加，则收缩量迅速增加（对应于图 1-13 中陡然下降折线段），因为这一阶段的收缩多为胶体孔隙水散失所致。这就是工程实践中当某些部位混凝土养护不当时，发生大面积

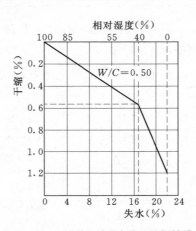

图 1-13　水泥浆干缩量与失水比例关系

干缩龟裂裂缝的主要原因。文献［31］给出了相对湿度、失水类型与收缩量的关系，如表 1 - 11 所示。美国 ACI305 委员会 1991 年发表的《炎热气候下的混凝土施工》中指出，混凝土入模温度高、环境气温高、风速大、环境相对湿度低和阳光照射引起混凝土表面水分蒸发快是产生混凝土早期干缩裂缝的原因，混凝土早期干缩开裂的临界相对湿度如表 1 - 12 所示。由此可见，虽然自然养护的形式为浇水，但对混凝土收缩直接有影响的是混凝土表面的相对湿度。因此，混凝土浇筑成型后及时覆盖很重要，因为仅浇水，未必能达到表面相对湿度的要求。浇水养护的要诀是：不发白、均匀且不间断❶。有的工程也浇水而且浇水量也很大，但混凝土就是开裂，其主要原因是时机没掌握好。时机的掌握主要表现为以下三个方面：

❶ 参见《高强混凝土应用技术规程》(JGJ/T 281—2012)第 7.7.1～7.7.7 条。

1）初次浇水时间偏晚，一旦混凝土表面发白，混凝土表面与其内部的毛细管通道被堵绝，再浇水，水很难由毛细管通道进入混凝土内部，对其凝固所需水的补充作用不大。

2）浇水不能间断，间断后表面与其内部的毛细管通道同样被堵绝。

3）浇水如果不均匀，以出现局部薄弱部位而率先开裂，也不能达到防裂的目的。

表 1 - 11　　　　　　　　　相对湿度、失水类型与收缩量

相对湿度（％）	100～90	90～40	40～20	20～0	0 和升温
失水类型	自由水和毛细水	毛细水	吸附水	层间水	化合水
收缩量	无收缩或很小	大	较大	很大	很大

表 1 - 12　　　　　　　混凝土早期干缩开裂的临界相对湿度

混凝土温度（℃）	40.6	37.8	35.0	32.2	29.4	26.7	23.9
相对湿度（％）	90	80	70	60	50	40	30

（4）其他措施。混凝土非荷载因素引起的裂缝还很多，其控制措施如表 1 - 13 所示。

表 1 - 13　　　　　　　　　非荷载裂缝及其控制措施

序号	裂缝类型	控制措施
1	塑性坍落裂缝	混凝土初凝前两次振捣、分批浇筑
2	塑性裂缝	两次抹光、养护、覆盖防风吹、日晒
3	水化热裂缝	低水化热水泥、控制混凝土入模温度、掺加缓凝剂、人工冷却、分批浇筑
4	温度收缩裂缝	设置温度缝、温度钢筋；采取保温措施减少温差
5	冻融裂缝	提高混凝土早期强度，保温措施，掺加引气剂、防冻剂和早强剂
6	钢筋锈蚀裂缝	提高混凝土的密实度、保证钢筋保护层厚度、阻锈剂

续表

序号	裂缝类型		控 制 措 施
7	沉降裂缝		设置沉降裂缝、加固地基
8	化学反应膨胀裂缝	安定性不良	水泥安定性检测、控制
		碱-骨料反应	控制水泥碱含量、控制骨料活性氧化硅含量、掺加活性矿物质掺合料、掺加碱-骨料反应抑制剂
		硫酸盐侵蚀	采用抗硫酸盐水泥,提高混凝土密实度,掺加引气剂,防水剂和矿物掺合料,混凝土加保护层

以上从工程应用的角度分析探讨了减少混凝土早期收缩裂缝出现的几率,以及控制不可避免的混凝土早期收缩裂缝危害程度的综合技术措施。它再次表明,裂缝控制技术是设计、施工共同的任务,必须双方协作才能见效。

(二) 楼梯折角配筋

当折板楼梯在如图 1-14 (a) 所示的内折角 A 处于受拉区时,为避免内折角 A 处的混凝土开裂,一般应将钢筋断开,如图 1-14 (a) 所示。但在实际工程中,若施工现场已按图 1-14 (b) 所示将钢筋连通,此时,要么返工重新按图 1-14 (a) 施工,要么采取其他措施。其他措施也是有的,就是图 1-14 (b) 所示的在上层筋与下层筋之间增设拉筋。该拉筋应能承受纵向受拉钢筋的合力,具体计算方法见《混凝土规范》(GB 50010—2010) 第 9.2.12 条。重新返工费时废料,相对来说还是图 1-14 (b) 的做法比较现实,施工方也容易接受。

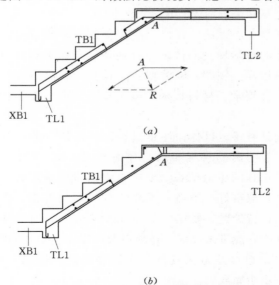

图 1-14 折板楼梯两种配筋模式

(a) 正常配筋;(b) 现场处理的配筋模式

第二节
结构工程师成功的基本要素与科学修养

在工程活动中，人的主观能动性常常集中而突出地表现在工程设计之中。工程设计是属于工程总体谋划与具体实现之间的一个关键环节，是技术集成和工程综合优化的过程。因此，设计工作是一个影响到工程活动的"全过程"和"全局"的起始性、渗透性、贯穿性环节，设计工作具有特殊的重要性。成功的设计是工程顺利建设和成功运行的前提、基础和重要保证；平庸的设计预示着平庸的工程；而拙劣、错误的设计等于在设计阶段"预先"为工程"埋"下"隐患"，而这些"定时炸弹"在此后的工程活动中是随时可能发生"爆炸"的，必然导致未来工程的失败[117]。设计的优劣取决于设计者的技术素质和科学修养。

一、结构工程师的基本素质

1. 工程的特征和结构工程的基本属性

美国万尼瓦尔·布什（Vannevar Bush，1890～1974年）于1937年在《科学》杂志上发表的"The Engineer and His Relation to Government"（工程师及其与政府的关系）一文中说："工程师实际上决定了政府工作的效率和社会发展的面貌。"广义来说，工程是现代文明、社会经济运行和社会发展的重要内容和重要组成部分。工程的特征，可以概括为以下几个方面[117]：

（1）工程是有原理的。任何一个工程的实施都有相应的自然科学原理，是一定的科学理论的体现，特别是复杂的关键性技术、技术群的应用，更是这样。例如，阿波罗登月计划，就离不开空气动力学的理论指导和航天技术、材料技术、电子技术、自动控制技术等的综合应用。

（2）工程是有特定目标，注重过程、注重效益的。工程项目都有其特殊对象、有明确的目标要求、有确定的步骤、阶段和资金投入。工程的质量是工程的生命所在。要把工程的目标确定好、工程项目设计好、完成好，取得好的效益，不是一件容易的事情。我们之所以要用很长的时间进行论证、要花2000亿元的资金、17年的工夫来修建三峡工程，就在于它能带来发电、通航以及两岸人民安全的巨大效益。

（3）工程是通过建造实现的。无论是建房、造船、修桥、铺路，都是要通过一步步完成的。

（4）工程是要与环境协调一致的。大型工程的实施，都会对自然生态系统产生一定的影响，工程和环境构成了一对矛盾。必须充分考虑到工程活动可能引起的环境问题。我们必须走绿色化之路^❶，使工程活动的经济效益、环境效益和社会效益协调优化。

（5）工程是在一定边界条件下集成和优化的。工程是一个复杂的组织系统或社会化系统，有工程指挥中心，有技术攻关人员，还有大批施工建设者等。一个工程往往有多种技术、多个方案、多种路径可供选择。如何利用最小的投入获得最大回报，取得良好的经济效益和社会效益，这就要求工程努力实现在一定边界条件下的集成和优化。在工程的设计、施工过程中，努力寻求和实现"在一定边界条件下集成和优化"是一个核心性的问题。

一般说来，结构工程具有下述四个基本属性^[109]：

（1）综合性。建造一项工程设施一般要经过勘察、设计和施工三个阶段，需要运用工程地质勘察、水文地质勘察、工程测量、土力学、工程力学、工程设计、建筑材料、建筑设备、工程机械和建筑经济等学科以及施工技术、施工组织等领域的知识，还要掌握电子计算机和力学测试等技术。因而，结构工程是一门范围广阔的综合性学科。古希腊哲学家亚里士多德说："求知是人类的本性……在业务上看，似乎经验并不低于技术，甚至于有经验的人较之有理论而无经验的人更为成功。理由是：经验为个别知识，技术为普遍知识，而业务与生产都是有关个别的事物的。因为医生不为'人'治病，他只为'苏格拉底'或其他各有姓名的治病，而这些恰巧都是'人'。倘有理论而无经验，认识普遍事理而不知其中所涵个别事物，这样的医师常是治不好病的；因为他所要诊治的恰真是些'个别的人'。我们认为知识与理解属于技术，不属于经验，我们认为技术家较之经验家更聪明（智慧由普遍知识产生，不从个别知识得来）；前者知其原因，后者则不知。凭经验的，知事物之所然而不知其所以然，技术家则兼知其所以然之故。我们也认为每一行业中的大匠师应受到尊敬，他们比之一般工匠知道的更真切，也更聪明，他们知道自己一举足一投手的原因；所以我们说他们较聪明，并不是因为他们敏于动作而是因为他们具有理论，懂得原因。一般说来，这可算是人们有无理论的标记，知其所以然者能教授他人，不知其所以然者不能执教；所以，与经验相比较，技术才是真知识；技术家能教人，只凭经验的人则不能。"^❷对照亚里士多德的要求，结构工程师既要有经验，又必须具备充实的理论修养。

（2）社会性。结构工程是伴随着人类社会的发展而发展起来的。它所建造的工程设施反映出各个历史时期社会经济、文化、科学和技术发展的面貌，因而结构工程也就成为社会历史发展的见证之一。远古时代，人们就开始修筑简陋的房舍、道路、桥梁和沟洫，以满足简单的生活和生产需要。后来，人们为了适应战争、生产和生活以及宗

❶ 参见国家标准《绿色建筑评价标准》(GB/T 50378—2006)及《民用建筑绿色设计规范》(JGJ/T 229—2010)。

❷ 亚里士多德，《形而上学》，商务印书馆，1991年版，第1～3页。

教传播的需要，兴建了城池、运河、宫殿、寺庙以及其他各种建筑物。许多著名的工程设施显示出人类在这个历史时期的创造力。例如，中国的长城、都江堰、大运河、赵州桥和应县木塔，埃及的金字塔，希腊的帕提农神庙，罗马的给水工程、科洛西姆圆形竞技场（罗马大斗兽场）以及其他许多著名的教堂、宫殿等。产业革命以后，特别是到了 20 世纪，结构工程得到突飞猛进的发展。现代结构工程不断地为人类社会创造出崭新的物质环境，成为人类社会现代文明的重要组成部分。

（3）实践性。结构工程是具有很强实践性的学科。在早期，结构工程是通过工程实践，总结成功的经验，尤其是吸取失败的教训发展起来的。达·芬奇在他的笔记中写道："真正的科学能够改变认识的经验结果，并因此使争议平息，它们并不向研究者提供梦想，而是永远不断地在最初的真理及公认的定理基础上，通过科学的步骤[1]得出结论。"从 17 世纪开始，以伽利略和牛顿为先导的近代力学同结构工程实践结合起来，逐渐形成材料力学、结构力学、流体力学和岩体力学，并作为结构工程的基础理论的学科。这样，结构工程才逐渐从经验发展成为科学。在结构工程的发展过程中，工程实践经验常先行于理论，工程事故常暴露出未能预见的新因素和技术缺陷，触发新理论的研究和发展。至今，不少工程问题的处理，在很大程度上仍然依靠实践经验。

结构工程技术的发展之所以主要凭借工程实践而不是凭借科学试验和理论研究，有两个原因：一个原因是有些客观情况过于复杂，难以如实地进行室内试验或现场测试和理论分析。例如，地基基础及地下工程的受力和变形的状态及其随时间的变化，至今还需要参考工程经验进行分析判断。另一个原因是只有进行新的工程实践，才能揭示新的问题。例如，只有建造了高层建筑、高耸塔桅等工程，高层建筑、高耸结构的抗风、抗震问题成为主要的技术难题，才促使这方面的理论和技术得到进一步发展。

（4）技术、经济和建筑艺术上的统一性。人们力求最经济地建造一项工程设施，以满足使用者的特定需要，其中包括审美要求。而一项工程的经济性又是和各项技术活动密切相关的。工程的经济性首先表现在工程选址、总体规划方面，其次表现在设计技术和施工技术水平方面。工程建设的总投资，工程建成后的经济效益和使用期间的维修费用等，都是衡量工程经济性的重要方面。这些技术问题联系密切，需要综合考虑。

在结构工程的长期实践中，人们不仅对房屋建筑艺术给予很大注意，取得了卓越的成就；而且对其他工程设施，也通过选用不同的建

[1] 陆机，《文赋》："抚空怀而自惋，吾未识夫开塞之所由"。

筑材料，例如采用石料、钢材和钢筋混凝土，配合自然环境建造了许多在艺术上十分优美、功能上又十分良好的工程。古代中国的万里长城，现代世界上的许多电视塔和高层建筑，都是这方面的例子。

艺术和科学是人类在精神领域最高层次的探索活动，它们一直在两个不同的领域独立行进。达·芬奇发现了它们之间深刻的内在联系，而且使这种结合在他的身上完美地体现出来。我们不能指望像达·芬奇那样，既是天才的艺术家，又是杰出的科学家，但我们可以学习达·芬奇从艺术家的角度看待科学，以科学家的思想方式审视艺术，使科学与艺术融合在一起的思考方式和考虑问题的角度。

2. 结构工程师的基本素质

结构工程师的基本素质是与结构工程的基本属性相一致的。作者在《建筑结构施工图示例及讲解》一书中总结作者十几年的结构设计经验，认为结构工程师应具备以下基本修养[89]：

（1）工程师必须会选型。一个项目结构设计的合理性往往取决于选型的优、劣，它是设计者理论素养、工程经验和设计思想的综合反映。

（2）考虑问题的全面性、综合性。结构设计的全面性和综合性不仅体现在结构选型、结构布置时要综合考虑建筑专业、设备专业对结构的各种要求，还要考虑施工，以及使用过程中的一些不利因素和可能的使用功能变化。结构设计太保守、太浪费不合适，但使用功能稍有变化就得加固也不宜提倡，因为这种做法是另一种形式的浪费。

（3）变通的能力。结构工程师要处理的问题是很多的，有些问题是可以预见的，有些问题可以采用常规的方法解决，而大量的是需要工程师凭理论、经验和判断解决的。

我国著名的工程师茅以升提出工程师成功有六个要素：第一个品行、第二个决断、第三个敏捷、第四个知人、第五个学识，第六个技能。80年前茅以升就讲到工程师要有这六项品行。当然更简单一点说工程师就是要会做人和做事。怎么做事呢，一是要会思考要做正确的事，第二是要能正确的把这个事做好。茅以升对工程师的六项素质概括起来讲就是实事求是。实事求是这四个字，茅以升从五个角度来分析，第一个是对工程的态度；第二个是工程师的任务也是实事求是；第三为强调理论；第四为强调实践，解决问题的过程当中强调实践，第五为强调理论与实际结合。茅以升从实事求是这四个字挖掘出五个方面的含义，这里也提醒我们工程师要有这样的品性。茅以升强调工程师要会做人和实事求是的作风，这在今日的社会环境下尤为重要。

二、结构工程师的科学修养

在科学创造过程中，理论的探索，首先是方法的探索。只有科学方法的创新，才带来划时代的科学理论的诞生，伟大的科学家和伟大的哲学家都在科学方法的形成和进化中起着独特作用。近代科学的奠基人伽利略和牛顿，在构筑经典力学的巍峨大厦时，成功地使数学与实验、假设与验证、归纳与演绎、分析与综合诸方法珠联璧合、相得益彰。达尔文的生物进化论、巴甫洛夫的条件反射理论蕴涵的科学的思想方法广泛地渗透到哲学和社会科学领域，成为人们观察和处理问题的独到的维度或视角。

1. 科学方法与科学精神

20世纪英国著名的哲学家、数学家、散文作家和社会活动家罗素认为，"科学方法虽然在其精细的形式上显得颇为复杂，在本质上却相当简单。它就是观察事实，使观察者能够发现那些支配着所要研究的事实的普遍规律。"

如果说对于自然现象的好奇心是科学探索最重要的原动力之一，那么社会需求则为工程设计提供了最基本的驱动源。在科学活动和科学方法论中，"抽象"的科学假设——它是不考虑"现实性"的——在各种关于科学方法论的学说中具有重要地位；而在工程活动中，"现实"的需求——不是"抽象"的——具有基础性的地位。因此，工程设计方法不同于一般的科学方法，我们必须正视二者在来源、性质、过程、特点、目标等方面存在的许多根本性区别，不应割裂二者的联系。法国花匠最早发明的钢筋混凝土与现代结构工程上广泛使用的钢筋混凝土结构之间存在着本质的区别。如果没有大量的试验研究和理论分析，以及在此基础上的大量的工程建设经验的总结和升华，钢筋混凝土不可能得到如此广泛的应用。物理学家费曼说："学过科学以后，你周围的世界仿佛就变了样子。"可以毫不夸张地说，正是在科学方法的指导下，科学研究的广泛深入、科学计算方法的逐渐成熟造就了今天的钢筋混凝土结构。因此，工程设计必须讲究科学方法、遵循客观规律、弘扬科学精神。印度民族领袖、圣雄甘地说有七种东西可以摧毁我们[118]：一是不劳而获，二是昧心享乐，三是没有人格的知识，四是没有道德的商业，五是没有人性的科学，六是没有牺牲的宗教，七是没有原则的政治。在今天的工程建设领域重大腐败案件增多，且性质恶劣，建筑工程安全事故不断，工程建设不讲科学，职业道德缺失等现象不时发生的社会环境下，尊重科学、弘扬科学精神非常有必要。

科学精神是人们在长期的科学实践活动中形成的共同信念、价值标准和行为规范的总称。竺可桢先生在1941年发表的《科学之方法与精神》中首先按历史顺序讲述了科学方法的演变，然后他说[99]："提倡科学，不但要晓得科学的方法，而尤贵在乎认清近代科学的目标。近代科学的目标是什么？就是探求真理……也就是科学的精神"。科学精神就是指由科学性质所决定并贯穿于科学活动之中的基本的精神状态和思维方式，是体现在科学知识中的思想或理念。它一方面约束科学家的行为，是科学家在科学领域内取得成功的保证；另一方面又逐渐地渗入大众的意识深层。关于科学精神，百度文库给出以下14个方面的特征：

（1）执著的探索精神。根据已有知识、经验的启示或预见，科学家在自己的活动中总是既有方向和信心，又有锲而不舍的意志。

（2）创新、改革精神。这是科学的生命，科学活动的灵魂。

（3）虚心接受科学遗产的精神。科学活动有如阶梯式递进的攀登，科学成就在本质上是积累的结果，科学是继承性最强的文化形态之一。

（4）理性精神。科学活动须从经验认识层次上升到理论认识层次，或者说，有个科学抽象的过程。为此，必须坚持理性原则。

（5）求实精神。科学须正确反映客观现实，实事求是，克服主观臆断。

（6）求真精神。在严格确定的科学事实面前，科学家须勇于维护真理，反对独断、虚伪和谬误。

（7）实证精神。科学的实践活动是检验科学理论真理性的唯一标准。

（8）严格精确的分析精神。科学不停留在定性描述层面上，确定性或精确性是科学的显著特征之一。

（9）协作精神。由于现代科学研究项目规模的扩大，须依靠多学科和社会多方面的协作与支持，才能有效地完成任务。

（10）民主精神。科学从不迷信权威，并敢于向权威挑战。

（11）开放精神。科学无国界，科学是开放的体系，它不承认终极真理。

（12）功利精神。科学是生产力，科学的社会功能得到了充分的体现，应当为人类社会谋福利。

（13）可重复和可检验。科学是正确反映客观现实的真理。研究客观规律（在一定条件下，就必然出现的事情）就应具备可重复、可检验原则。因此掌握规律就可以预测和改造客观事物。例如，经济学就应该研究物质交换的本质规律，而不是经济现象。

（14）实践精神：离开实践，科学毫无意义和真实性。

竺可桢先生认为科学家应有以下科学态度。第一，不盲从，不附合，依理智为归。如遇横逆之境遇，则不屈不挠，不畏强御，只问是非，不计利害。第二，虚怀若谷，不武断，不蛮横。第三，专心一致，实事求是，不作无病之呻吟，严谨整饬，毫不苟且。

中国科学院李曙光院士说:"科学家的声誉不等于知名度,可以用公式这样表示:科学家的声誉＝学问＋为人。"[51]科学家的声誉与他所从事的科研事业以及个人长远利益息息相关:同行合作、成果可信度、研究项目的获得甚至评奖选票等,都受科学家声誉好坏的影响。所以说,科学家不要追求名利,但要爱惜声誉。

李曙光院士还指出:科学家应具备六种品格,它们分别是诚实、认真、尊重前人工作、合作精神、自我反省精神和开阔的胸怀[51]。这六种基本品格将直接影响到科学家的声誉。维护科学家的声誉,解决学风浮躁和学术不端问题,不能仅靠体制、环境等外因推动,还必须加强科学家个人修养。

诚实是科学研究的最基本要求,科学家必须讲诚信,不能造假,不能剽窃,不能未经同意发表别人尚未发表的成果。

探求真理必须认真。科研工作要始终贯彻"三严"精神——严肃、严格和严密,即在研究过程中要有严肃的工作态度、严格的求证精神和严密的工作方法。

要尊重前人工作(劳动成果),永远记住我们是站在巨人肩膀上攀登。在应用前人数据、模型和结论时应注明出处;在科学思想或试验工作中受惠于他人要在文章中予以说明。

科学家要有合作精神,因为现代科学事业是集体事业,一项成果的取得必须依赖于一个团队的工作。在团队工作中,不能只想当主角,不愿当配角;不能只计较付出,不去想收获;应当为共同的科研目标坦诚合作。

要有海纳百川的胸怀,关心培养和扶持年轻人,并与持不同观点的人和平共处。

李曙光院士说,要时刻清醒"我们都在瞎子摸象"[51]。探索真理的长河不可穷尽,每一阶段的研究成果只具有相对真理性,因此我们不可故步自封,要以开放心态不断反省自己的工作,才能与时俱进,不断创新。1803年,英国化学家约翰·道尔顿为解释化学试验的现象,提出了一种新的理论——原子论,认为"元素是由更小的粒子组成的"。这一理论立刻传扬开来。但是,原子论最大的问题是无法验证,毕竟粒子并不能用人的肉眼直接看到。当时尚未出现能够目睹粒子的工具,化学家只能从一些线索去推测粒子的状况。连伟大的迈可·法拉第都认为,在没有更好的理论之前,只能把原子论当成一个魅力十足的假说。

1827年,苏格兰植物学家罗伯特·布朗在研究山字草时,碰巧看到浮在水面上的花粉动个不停。布朗起初以为花粉在水面上晃动是因为它是活的,是花粉在游动。可是,并不只有花粉会在水面上晃动,普通灰尘浮在水面上也是一样。布朗偶然发现的这种现象，后来被人称为"布朗运动"。布朗认为，这个现象可能和某种物理定律有关。可是，他始终找不出理由来解释这种运动。后来，其他学者也不断提出过种种解释，但总是难以令人信服。直到 1863 年，才出现了一个能被普遍接受的说法：水面上的花粉运动是粒子冲撞花粉造成的。根据原子论，水的分子是由氢原子和氧原子组成，它们总是不停地运动，所以会和花粉产生冲突。它们撞到花粉的旁边时，就会把花粉往反方向推，再撞到花粉的另一边时，就又把花粉推回来。这样的情况不断发生，花粉也就不断在水面上晃动。布朗和其他学者刚开始探讨浮在水面上晃动的花粉时，只看到花粉在动，却想不出原因，后来终于从它的动作领会到似乎有什么东西在撞击它。进而认识到用分子彼此的冲突来解释这个现象是最贴切的。

这样，"布朗运动"成为一个契机，使许多学者明白了道尔顿的原子论是正确的。

我国爆炸力学专家、中国科学院院士郑哲敏认为，现代科学精神的精髓就是古希腊时代传承下来的"自由探索"的精神。在这种精神的指引下，欧洲历史的发展，经历了文艺复兴、现代科学等多次对人类文化影响深远的"质变"。纵观我国自身的历史发展和文化传承，因"探索"而引发的质变相对不足，探索精神的相对薄弱，是造成我国科学创新不足的核心问题。

2. 怀疑精神与发现问题

我国北宋著名思想家张载曾说，"可疑而不疑者不曾学，学则需疑"；又说，"于不疑处有疑，方是进矣"。这两句话是颇有启发性的。这里所说的"疑"就是许多科学家、思想家都强调的怀疑精神[1]。"善疑"应是科学家的一种素养，是培养发现问题的本领所必需的。一般说来，知识越多，发现问题的能力也应该越强，然而，事实上，人们的知识与其发现问题的能力却往往不是总成正比的。发现问题的本领——找到已知与未知的交界处的本领是需要加以培养和锻炼的。

未知的东西，无论处于哪种形态，都常常与已知的东西相混杂，而且会被某种已知的知识帐幕所掩盖，它不可能以"现成"的问题面貌呈现在人们面前。所以，为了发现问题，揭示未知，必须"善疑"，"善疑"就是不应"可疑而不疑"，而且要有根据地"于不疑处有疑"。

恩格斯在《资本论》第二卷序言中，论述了马克思为什么能做出剩余价值理论这样的重大贡献。他指出，马克思就是"在前人认为已有答案的地方，他却认为只是问题所在"。恩格斯把马克思研究剩余价值理论的经过同化学史上拉瓦锡发现氧气的经过作了类比之后写道："在剩余价值理论方面，马克思与他的前人的关系，正如拉瓦锡与普利

[1] 胡适："对人事可疑处不疑，对原则不疑处存疑。"

斯特列和舍勒的关系一样，在马克思以前很久，人们就已确定我们现在称为剩余价值的那部分产品价值的存在，同样也有人已经多少明确地说过，这部分价值是由什么构成的，也就是说，是由占有者不付等价物的那种劳动的产品所构成的。但是到这里人们就止步不前了……都为既有的经济范畴所束缚。"而马克思却不受旧的经济范畴所束缚，他根据面对的经济事实，研究了全部既有的经济学，明确提出剩余价值概念。马克思成为第一个详尽地阐述了剩余价值的实际形成过程的人，并由此展开对资本主义经济的研究，剩余价值概念为解决经济学的许多复杂问题提供了钥匙，使经济理论发生了革命。马克思的这一研究过程，正是"于不疑处有疑，方是进矣"的一个很好的范例。

结构工程中，类似的情况也很多。例如，《抗震规范》(GB 50011—2010)第5.2.5条要求抗震验算时，结构任一楼层的水平地震剪力应不小于规范规定的楼层最小地震剪力❶。对于某些楼层水平地震剪力小于规范规定的楼层最小地震剪力的调整，一些程序采用简单的放大系数方法，对这些楼层的水平地震剪力进行放大，操作简便。但从设置调整系数本身的意图来看，规定楼层最小地震剪力的目的在于弥补因结构周期较大时，根据反应谱下降段取值算出的楼层水平地震剪力值过小，产生楼层水平地震剪力值过小的原因是结构周期偏长❷。因此，有学者认为简单乘以放大系数的方法❸，不符合规范要求，提出这一疑问是有道理的，因为这一做法没有从源头上解决问题。但在实际工程中，要通过调整结构的自振周期来满足最小楼层水平剪力值，也是不容易做到的[137]。

可见，无论研究自然现象，还是研究社会现象，无论是自然科学，还是社会科学，要想做出新的发现，新的理论贡献，都需要有怀疑精神，善于根据事实"于不疑处有疑"，找出问题之所在。中国古代的许多思想家在这方面都有深刻的认识。除张载外，明代著名学者陈献章曾说："前辈谓学贵知疑，小疑则小进，大疑则大进。疑者，觉悟之机也。一番觉悟，一番长进。"明末清初的学者黄宗羲也说："小疑则小悟，大疑则大悟，不疑则不悟"。所谓的"悟"，首先是要悟出问题。在我国历来把博学多识的人称为"有学问"的人，学问者，不但能学，更贵能多问，即具有问题意识。

提倡怀疑并不是胡乱猜疑，怀疑精神也不是无根据地"怀疑一切"，而是有根据地发现问题。这种怀疑精神的重要性，是来自人类认识经验的总结和科学研究规律的总结，具有现实的方法论功能。在结构设计领域，由于目前地震预测可靠性不高、防灾减灾技术还存在一些薄弱环节，当下尤其要提倡对防震减灾技术的怀疑精神，不宜盲目崇拜权威和规范。

❶ 剪重比 λ 体现了该楼层剪力与该楼层重力荷载代表值的比率，超限高层尤其在7度 $0.15g$、8度 $0.20g$ 及其以上的强震区不易满足。

❷ 《抗震规范》第5.2.5条条文说明及《高规》第4.3.12条条文说明中均指出：对于长周期结构，地震动态作用中的地面运动速度和位移可能对结构的破坏具有更大影响，但是规范所采用的振型分解反应谱法尚无法对此作出合理估计。出于结构安全的考虑，增加了对各楼层水平地震剪力最小值的要求。

❸ 减小重量和提高刚度是改善剪重比的常用手段，相对而言，减轻建筑重量是更有效、更有利的途径。单纯地提高结构刚度满足 λ_{min} 的同时，也放大了地震作用，对结构带来更大负担。目前 λ_{min} 的取值与场地类别无关，当场地不好时，反而容易满足 λ_{min} 的要求，道理上似乎不通。

3. 学习风气决定价值取向

清朝著名史学家和教育家章学诚（1738～1801 年）提出"为学之要，先戒名心；为学之方，求端于道"，他还指出"世之言学者，不知持风气，而惟知徇风气"，因而造成历代学术的积弊。所谓"持风气"，是开创一代新的学术风貌或者挽救业已颓败的学术风气；而"徇风气"则是受固有学术风气左右而盲目追随世俗毁誉。无论任何时代，"世俗风尚，必有所偏"，学术流弊问题都会存在。只有开创学术风气之人深究学术真谛，洞悉前人学术中的利弊得失，才能有针对性地抨击其流弊，扭转前人的失误，形成自己的学术主张。而附庸风气之人看到开风气者对前人的批评，知其然而不知其所以然，以为前人学术果真一无是处，于是变本加厉攻击前人，导致了学术发展失衡的弊端[116]。

治学"徇风气"的危害之一是容易形成门户之见，出现永无休止的门户之争。例如汉唐经学重注疏而略义理，宋明理学重义理而略征实，清代考据学重征实而略文采，各有优劣，如果彼此尊重，交互取用，则会促进学术发展；倘若"各分门户，交相讥议，则义理入于虚无，考证徒为糟粕，文章只为玩物"，全被视作没有价值。20 世纪中后期，结构规范体系有苏联体系、美国体系和欧洲体系，苏联体系与欧美体系相差较大，我国的"74 规范系列"完全照搬苏联的规范体系，片面强调节省材料，致使目前一些工程的使用功能的扩展受到限制，从全寿命期的使用价值来说不是最优的。但完全学习和模仿欧美规范，我们的财力尚未达到，从"89 规范系列"开始，我们逐步吸收和融会了欧美规范的合理内容，才产生了既与国际规范体系接轨，又具有一定特色的设计规范体系。

"徇风气"的危害之二是治学失去宗旨，"天下不复知有自得之真学"，最终导致学术衰亡。后人要纠正前人学术偏颇，只有具有自得之真学问，开创新学风，成为能够主持风会的学术主流；而学术末流偏徇流俗风尚，走向掇拾猥琐或者腾驾空虚的末路，逐渐偏离学术发展的正确轨道。章学诚鉴于"末流失其本"，"而趋之者但袭其伪"的危害，主张区分学术发展的主流和末流，继承和发扬前人学术主流中积极正确的一面，抛弃前人学术末流中偏颇失误的一面，推动学术沿着正确的方向发展。工程师的科学修养就包含对自然和人文的批判性理解。不要以为科学家和工程师就不需要人文素养，那只是一个科学工匠，成不了学术界的领袖。学术领袖必须是一个人格上非常完整的人。一流的科学家和工程师都有深厚的人文素养，甚至连社科工作者都为之惊叹。

章学诚认为学术风气决定着人们的价值取向，人们受学术风气的影响，所作所为反过来又作用于社会。良好的学术风气能够促进社会历史发展，文化繁荣昌盛；腐败的学术风气会使人们误入歧途，阻碍社会历史和学术文化的发展。他特别强调"君子之学，贵辟风气，而不贵趋风气也"，因为无论任何社会，"学业不得不随一时盛衰而为风气，当其盛也，盖世豪杰竭才而不能测其有余；及其衰也，中下之资抵掌而可以议其不足"。学者治学应当懂得补偏救弊的道理，其责任在于把握学术发展的脉搏，"所贵君子之学术，为能持世而救偏"，不应该偏徇世俗风气，加重学术偏颇倾向。治学补偏救弊，可以保证学术良性发展。而在补偏救弊的过程中，还要指出正确的发展方向，达到"君子立言以救弊，归之中正而已矣"的效果，避免走向另一个极端，产生新的流弊。章学诚打了一个风趣的比喻，把仅仅着眼于祛弊的做法视为"担薪去半，而欲恤樵夫之力"，而把矫治过度的做法视为"倍用偏枯之药，而思起死人"，指出这都是不正确的行为。这两种行为，在工程界也不少见。如为图省事而造成材料用量的增加（最典型的是梁配筋选用程序自动导出结果，造成钢筋规格过多，搭接量大），并反过来因造价高而多收设计费；对复杂构件，不进行细致的计算而粗放地以"算不清、多配筋"敷衍了事等。

学者治学要有定见，"君子学以持世，不宜以风气为重轻"，只有不随风气为转移，才能做出真正的学问，并以学业作为挽救学术积弊的中流砥柱，"学业者，所以辟风气也。风气未开，学业有以开之；风气既弊，学业有以挽之"。治学自觉挽救颓败学风，不仅需要有预见学术发展趋势的卓识，而且需要有为学术而献身的勇气。只有这样，才能促进学术乃至社会正常发展[116]。文艺复兴以前的意大利虽然也有画论著作，但大多是叙述画坊的生产技术经验的。在中世纪，画家的身份等同于作坊主，绘画创作则被视为工艺制作，关于绘画的理论基本上都是些如何给羊皮打底、如何切制鹅毛笔之类的内容，谈透视和人体比例的则寥寥无几，关于绘画性质、美学依据等的论述更是无从谈起。这种状态一直持续到文艺复兴时期。在文艺复兴这个伟大的时代，随着对古希腊艺术文化的再发现和重新检视，许多经典艺术品被重新诠释，艺术理论开始在人本主义思想和科学方法的双重影响下蓬勃发展。人本主义者们重拾自柏拉图时代便提出的"艺术摹仿自然"的学说，并以此作为自己艺术创作和审美构思的行动纲领，艺术创作的对象也由虚无缥缈的天堂转向了人间的现实生活，达·芬奇正是这样一位"艺术摹仿自然"学说的忠实信奉者和实践者。在其著名艺术理论著作《芬奇论绘画》中，达·芬奇高扬理性的大旗，倡导艺术应像镜子一样忠实反映自然，艺术家应以理性为指导去反映自然，作品既要源于自然又要高于自然，这些观点实际上构成了其美学思想的总纲。与此相映的是，达·芬奇这一时期的作品，无论是《蒙娜丽莎》

还是《最后的晚餐》，都无不以人性战胜神性、理性高于神权为创作思想，"艺术摹仿自然"的美学信条在这些作品中均得到了完美的贯彻[129]。

章学诚治学提倡"持风气"而反对"徇风气"，确定了"吾之所为，则举世所不为者，如古文辞，近虽为之者鲜，前人尚有为者；至于史学义例、校雠心法，则皆前人从未言及"的研究领域，主动身体力行，纠正学术风气的偏颇，倡导补偏救弊的学理，发挥了"为千古史学辟其蓁芜"和"为从此百千年后史学开蚕丛"的经世作用。其历史意义已经超越了乾嘉时期特定的时代与空间，显示出历久而弥新的学术价值，对今天的学术研究仍然具有极为重要的启示。今天重温章学诚的治学见解，对于当前的学术研究和医治急功近利的浮躁风气会有所裨益[116]。

4. 工程设计方法与科学方法的异同

科学方法论与工程设计方法论的不同还突出地表现在"科学证明"和"工程设计"这两个核心方法和概念的不同上。在科学方法论中，"证明"是指向和服务于科学理论的；在工程方法论中，"设计"是指向和服务于产品和工艺的。

佩西·希尔（Percy Hill）曾对科学方法与设计方法进行了比较[117]，如图1-15所示。

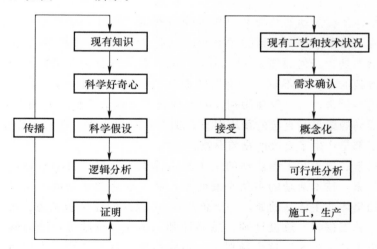

图1-15 科学方法与设计方法的比较

对于工程设计工作来说，虽然我们必须承认科学知识和科学方法的重要性，但是应该更加强调的是：那些仅仅具有一般科学知识和掌握一般科学方法的人不可能承担和完成真正的工程设计任务，也不可能做出真正合格的工程设计。对于工程设计来说，真正的核心问题是必须掌握与科学方法不同的工程设计方法和具有工程设计的能力。

第三节
结构工程师的创新能力

英国 Bill Addis 说："创造力和创新是结构工程师对设计的贡献。"[70] 结构设计是一个创造性的工作，每个工程都有与其他工程的不同之处，但不同不等同于创新，创新能力是工程师修养的重要体现。创新是人类文明进步的本质特征和独有品格。依靠创新，人类摆脱了史前的愚昧时代，迈进文明的门槛；依靠创新，人类社会不断发展进步。当今世界，创新，尤其是科学技术的创新，已经成为国家发展的动力源，成为民族兴旺的助推器。因此，作者认为创新能力的培养也应是工程师修养的主要内容。

一、工程与科学和技术的相互关系

人们常把科学与技术、技术与工程混为一谈，其实它们是不能混为一谈的。科学、技术和工程是三类不同的社会活动，它们之间既有相互联系，又有本质区别。李伯聪认为科学活动的核心是发现，技术活动的核心是发明，工程活动的核心是建造，是直接的物质生产活动。三种不同的社会活动产生三种不同的结果或"产品"。科学发现的结果是科学概念、科学理论、科学规律；技术发明的结果是技术专利或技术方法；工程活动的结果是直接的物质财富。从社会学和经济学的角度来看，科学活动所得到的成果是社会所"公有"的"精神财富"，科学成果不是为任何科学家所"私有"的，而是"公有"的；而技术发明所得到的专利就不是"公有"的而是"私有"的了，学习科学知识时不需要付费，可是要使用别人的专利技术时就必须付"专利费"了；工程活动的结果是直接的物质财富，例如，三峡工程、西气东输工程，其结果都是产生了直接的物质财富。

科学、技术和工程活动的主角和主体也不一样。科学活动的主角是科学家，技术活动的主角是发明家，而工程活动活动的主角是一个复杂的集体或主体（例如，一个企业），工程共同体中包括总指挥、总经理、总工程师、总设计师、总会计师、工人、技师等，陈昌曙教授还提出了"工程家"这个新概念。不同性质的社会活动，不但有不同的主体，而且它们的制度安排也是不一样的。

承认科学、技术、工程是三种不同的社会活动，绝不意味着否认他们之间的联系及相互转化。相反，指出这是三种不同的社会活动，反而可以更加突出它的转化关系和转化过程。许多人认为工程问题仅仅是工程自身的问题，殷瑞钰认为，工程问题在很大程度上是个社会问题。这突出表现在工程的政策、决策和实施上。应该特别注意的是，经济活动、工程活动的"目的"都是要实现相互关系非常复杂的"多目标"而不是单纯实现某一个"单目标"，而要进行"多目标"决策往往是一件很困难的事情。在进行决策时如果仅仅看到了一个"单目标"而"忘记"了还有必须实现的其他目标，难免会出现不利的甚至是危险的后果。在政策层面上，科学政策、技术政策、工程政策、产业政策是有不同的性质和内涵的。

从科学向技术的转化是一个大的问题，而从技术到工程的转化则是一个更复杂、更重要的过程。认识技术和工程的相互关系时，我们必须同时看到两个方面。第一，没有无技术的工程，从而必须重视技术。第二，没有纯技术的工程，工程中不但包括技术因素，还包括管理因素、经济因素、制度因素、社会学因素、伦理学因素等，技术的评价标准和工程的评价标准是有很大不同的。罗杰·斯克鲁登在《建筑美学》中说："建筑更为明显的特征就是它的地域性。"不同的民族有不同的建筑形式；不同的地域（同一种民族或不同民族）有不同的建筑形式和风格。每个民族或地域，在不同的历史时期都有不同的建筑形态；时代不同，建筑也有不同的潮流特征。

从科学与工程关系的角度考虑，工程的发展将不可避免地受到科学和技术的深刻影响，如果将人类认识和改造世界的规律，应用到人工自然的辩证发展过程，同样有一个由原始的朴素的向自觉的科学的改造自然界上升的过程。朴素的经验上升为自觉的实践阶段的一个必要的环节，就是经验必须首先上升为科学，再由科学转化为实践。由科学而实践，不仅仅要解决一个人的认识是否达到客观真理的问题，还要解决一个改造自然的活动是否有利于人类，是否有利于改造者的利益的问题，即是否体现出主体的价值问题。人们最早的治水活动，如鲧的治水是完全失败的活动。大禹治水，虽然获得了某些成功，但只是局部的成功。甚至直到清康熙年间，靳辅和陈潢的治水，也只是取得阶段性的成功，并未能完全根除黄河的灾害。科学的治水是近代科学出现以后的事情。严格地讲，直到现代中国，在治水的问题上，这一自觉地科学改造大自然的活动，还仅仅是一个漫长过程的开始[117]。

二、工程创新的特点和规律

大力提倡工程创新，首先应认识和掌握工程创新的特点和规律。虽然在现实情况下每项工程都有各自的具体情况和特色，但从总体上看，工程创新作为一种概念而言，还是有一些共性的特点和规律的，对此简要讨论如下。

（一）工程创新是集成性创新

工程的本质和基本特点在于"系统性"、"复杂性"、"集成性"和

"组织性"。工程不是单纯的"科学的应用",也不应是相关技术的简单堆砌和剪贴拼凑。各类优秀的工程追求的是在对所采用各类技术的选择和集成过程中、对各类资源的组织协调过程中,追求集成性优化,构成优化的工程系统,因此,工程创新的重要标志体现为"集成创新"。

工程的集成创新往往体现在以下三个层次上[79,80]。

第一个层次是技术要素层次,工程创新活动需要对多个学科、多种技术在更大的时空尺度上进行选择、组织和集成优化。这就是说工程不可能只依靠单一技术,在进行工程创新时,如果只有单项的技术创新成果,而缺乏与之相配合的相关技术的协同支撑,就不能达到预期的工程效果,甚至可能酿成工程失败。因此,在工程创新活动中,必须高度重视集成创新,特别是自主集成创新,才能真正收到"创新"的实效。

第二个层次是要在工程创新活动中,将技术要素与经济、社会和管理等要素进行在一定边界条件下的优化集成。在工程活动中,常常涉及人流、物质流、能量流和信息流等方面的问题,这是由于各类工程活动不仅是技术活动方面的集成优化,而且必须是在工程总体尺度上对技术、市场、产业、经济、环境、社会以及相应的管理进行更为综合的优化集成。工程活动实际上是在一定社会、经济条件下对诸多要素的集成和优化的过程,某一工程往往有多种技术、多个方案和多种实施路径可供选择。工程创新就是要在发展理念、发展战略、工程决策、工程设计、施工技术和组织、生产运行优化等过程中,努力寻求和实现适合于每一工程自身特点的集成和优化,这应是一个核心思想和命题。在这一工程创新过程中,并不一定依靠基础科学层面上的"原始性"创新,或者说没有基础科学层面上的"原始性"创新也能实现工程创新。

第三个层次是工程理念或工程观,是工程活动的出发点、归宿,是工程活动的灵魂。许多工程在正确的工程理念指导下留名青史,但也有不少工程由于工程理念的落后殃及后世。在构建和谐社会的大背景下,以科学发展观为指导原则从事工程建设需要新的工程观。这种工程观就是要体现以人为本,人与自然、人与社会协调发展的核心理念。

(二) 既要重视"突破性"创新,又不能忽视"渐进性"创新

在工程创新活动中,根据创新的"性能"和"程度"可以划分为"突破性"创新(又称为"革命性"创新)和"渐进性"创新(又称为"积累性"创新)两大类型。在工程创新活动中,我们不但要重视突破性的创新活动,而且必须重视渐进性的创新活动[80]。

著名科学家贝尔说："时常离开前人踏平的道路，走进森林，你一定会发现前所未见的某样新东西。"在实际生活中，人们往往有意无意地轻视渐进性创新的作用和意义，这在理论上和实践上都是有害的。一方面，"突破性"创新显得特别引人注目，因为其中体现了创新发明人高妙的才智和巨大的价值，理应受到高度重视；另一方面，更多的工程创新是通过"渐进性"的积累、改进过程实现的。在创新过程中，由于工程具有集成优化的特征，渐进性创新具有非常重要的作用和意义，在这个日臻完善的过程中，如果单个来看，很多进步都不具备特别振奋人心之处，但是集成优化达到一定水平后，也会出现"更新"、"改型"和"换代"的创新成果[80]。我们只要对比一下"最初发明的计算机"和"经历了不断改进的计算机"就很容易发现，经过不断改进而实现的目前每秒计算量在计算机所有贡献中所占的比例肯定超过了初创时期的99%。在武器发展史上，英国人最先用最完善的步枪即恩菲耳德式步枪装备了所有步兵，这种步枪是米涅式步枪稍加改良而成的，它的优点在克里木战争中完全得到了证实，并且在因克尔芒会战中挽救了英军。我国建筑业每年生产约15亿立方米混凝土，约消耗掉5亿吨水泥、17亿立方米石子和10亿立方米砂子。混凝土在现场搅拌时，水泥、石子和砂子散落、遗撒等浪费现象较为普遍。近年来，在建筑业普遍推广了混凝土集中搅拌的商品混凝土技术，不仅节约了大量的水泥、石子和砂子，而且商品混凝土厂家技术水平高，混凝土质量更有保证，取得了较好的经济技术综合效益。因此，在强调开展工程创新活动上，必须正确认识和处理好"突破性"创新和"渐进性"创新的意义和价值，这既是一个"理论问题"，同时又是一个需要在理念和政策层面上把握好的"现实问题"。

世界各国的工业化和现代化的发展历程就是一个不断进行工程创新的过程，工程创新直接决定着一个国家的发展状况。在近现代历史上，英国是第一个实现工业革命的国家。在第一次产业革命中，英国涌现出了瓦特等发明家和阿克赖特等企业家，原来的手工工场制度演变为现代工厂制度。由于率先实现了集群性的工程创新，英国成为"世界工厂"。在这样的经济基础上，英国成为当时的世界第一强国。后来，美国也通过走工程创新之路而成为世界强国。

（三）在不同专业、不同类型的工程中，工程创新的特点和表现形式有所不同

在我国经济生活中曾出现"不搞技术改造是等死，搞技术改造是找死"的现象。从工程创新的角度来看，出现这种现象不是偶然的。其主要教训是：绝不能误以为技术进步"必然等于"工程创新，应该注意有

时很可能出现技术上取得进步而在"工程评价"上却意味着失败的情况。工程的特点是系统性、复杂性和集成性。同时，工程的类型又是多种多样的，不同专业、不同地区、不同国家和不同历史发展阶段的工程，具有不同的"边界条件"。我们强调每项工程都应创新，但在创新方法、创新的表现方式和具体特点上却是有所不同的[79]。例如，航天工程、基因工程领域的工程创新与土木建筑、水利水电领域的工程创新的表现形式和创新特点显然会有很大差别。在设计、管理和评价不同类型的工程创新时，应该有不同的工程创新评估体系和专业指标体系，不应该用一种模式、一张表格来机械地衡量，否则可能会出现某些误导性的认识出现，甚至使工程创新沦为形式主义或"空洞的口号"。

创新曾经被有些人看作是一种"偶发"的行为，后来，随着经济的发展、制度的演进与研究的深入，人们终于认识到：在现代社会，工程创新已经成为一种"常规性"和"常规化"的行为。工程活动是复杂的社会活动，它包含多种成分和因素，例如经济因素、技术因素、科学因素、管理因素、伦理因素、心理因素、政治因素、美学因素以及其他社会因素等。于是，工程创新就有了多方面的具体内容和多种不同的表现形式：工程理念创新、工程观念创新、工程规划创新、工程设计创新、工程技术创新、工程经济创新、工程管理创新、工程制度创新、工程运行创新、工程维护创新以及工程"退出机制"创新（例如，矿山工程在资源枯竭后的"退出机制"）等。在工程创新中，树立新的工程理念是一个根本性的问题。在工程活动中，我们必须树立"工程造福人民"、"在工程中建立和谐的人际关系"和"工程与环境和谐"三个理念。

人类的战争史就是一部创新和变革永远唱主角的历史。武器天生为战争，而战争又催生了武器。武器技术的发展推动着战争的变革，而每一个时代也推出了自己的品牌。冷兵器时代，将农耕用的大刀和斧头变成了士兵的武器；火器时代，将化学家的试剂和探险家的气球推入了战场；机械化战争，又由拖拉机演化出了坦克，将飞机起降的机场也搬上了军舰；在信息化时代的今天，计算机病毒成了网络战的利器，并不会爆炸的石墨也成了炸弹家族的一员，激光、微波和次声也都在战争中粉墨登场，计算机高手敲击键盘和鼠标便可毙敌于千里之外。翻开历史的画卷，没有钢铁的搏杀，没有 TNT 的爆炸，然而那些非武器的"武器"精彩的客串，却在战争史上留下了可圈可点的一笔：曹操灵机一动，演出望梅止渴的杰作；关云长水淹七军；周公瑾火烧赤壁；陆伯言火烧连营气得刘备魂归白帝；田横拉出了田间的黄牛摆出了火牛阵；刘邦用四面楚歌逼楚霸王走上了绝路；苏联军队用探照灯和扩音器打通了进军柏林的道路。在第 4 次中东战争中，一名埃及军官突发奇想，用高压水枪冲刷以色列在苏伊士运河东岸修筑的巨大沙堤，仅用 9 小时，就在沙堤上打开了 60 多个缺口，架设 10 座浮桥和 50 个门桥渡场。在战斗打响后的 24 小时，埃军 10 万人和 1020 辆坦克以及 1.35 万部车辆通过运河，从而轻而易举地突破了"巴列夫"防线——这条以色列自诩的"中东马其诺防线"。高压水枪不是武器，但它却成了埃军制胜的秘密武器。

三、技术创新的特点

所谓技术创新，并非单指技术领域内的活动，而是涵盖了经济活动中能产生新效益的各方面。20 世纪初，奥地利学者熊彼得全面地研究了人类的创新活动，分析了创新与社会经济增长的关系，首次提出了系统的创新理论。他在 1912 年的著作《经济发展理论》中提出，技术创新是企业家对生产要素的新组合，这种组合包括[81]：①开发出一种新的产品或者提供一种产品新的质量；②采用一种新的生产方法；③开辟一个新的市场；④获得一种原材料或制成品的新的供应来源；⑤实现一种新的组织形式。熊彼得的创新概念涵盖内容是十分广泛的，包含了一切可能提高资源配置效率的活动，这些活动可能与技术直接相关，也可能与技术不直接相关，但其目的是要产生效益，获取利润。

我国 1999 年技术创新大会后，党中央、国务院发布的《关于加强技术创新、发展高科技、实现产业化的决定》中提出，技术创新是"指企业应用创新的知识和新技术、新工艺，采用新的生产方式和经营管理模式，提高产品质量，开发生产新的产品，提供新的服务，占据市场并实现市场价值"。该决定中的表述与熊彼得的论述在精神上是完全一致的。

从上述创新的定义中，我们可以看出，创新有两个突出的特点：非必须首创和必须有经济效益[44]。

（1）创新不等于创造发明。创造发明必须是首创，因此申请专利要经过查新程序，即检查以前是否有人做过相同或相类似的工作，如果有则不能被授予专利。但就创新而言，只要是企业没有采用过的新技术、新方法和新工艺，没有生产过的新产品，对企业来说就是创新。

（2）创新必须要带来经济效益。创新是要由市场来检验的，一种产品或经营管理方式，无论技术上有多完善、多先进，如果不能带来效益，就不能被称为创新。其实，各国授权的大多数专利发明，由于生产成本、生产工艺等因素的制约，是不可实现的。这些没有经过工程化、产品化，未能经受市场检验，不能带来利润的发明，就不是创新。同时，一种新制度、新方法，即使没有太多的技术内容，如果能为企业带来效益也是创新。美国的戴尔公司在计算机全球生产经营的过程中，创造出了一种新的组织和营销方式，使 IBM、惠普等其他著名计算机公司几乎难以招架，这当然也是创新。

关于"科技创新"的提法，目前科学技术界在概念上还存在争议。"科技"是中国自创词，在外文中只用"科学和技术"，但找不到"科技"的对应翻译，通常不宜笼统称为"科技创新"，而明确提技术创新。科学和技术之间有密切关系，但它们是两个不同的概念，各有其内涵、外延和特点。用"科技"来概括，虽然从文字上看是简洁了，但也容易混淆两者之间的区别，造成误解。

四、原始创新、集成创新和引进消化吸收再创新

创新有多种分类。从创新的内容来看，可分为原始创新和模仿创新；从创新的方式来看，可分为单项创新和集成创新。

顾名思义，所谓原始创新就是指前无古人地提出创意和思想，经过一系列研究活动，最终形成新产品、新工艺和新方法，并取得效益。模仿创新或称为跟随性创新，也不是单纯"依样画葫芦"，而是在原有基础上加以改进提高。要知道，单纯的仿制不仅难以超越被模仿对象，往往连原有水平都达不到。不但不能带来经济效益，甚至还可能成为"过街老鼠"般的假冒伪劣产品。

集成创新就是将各个已有的单项技术或其他要素有机地组合起来，构成一个新的产品或经营管理方式。即使每个单项并没有新的成分，集成组合起来也可能产生新的功能，或开发出新的产品。集成也分为纵向集成和横向集成。纵向集成就是要将链中各个环节有机地整合成一个整体，这本身就是一个创新活动。目前，我们在工程链的组织和管理上还存在很大的缺陷，同时在各个环节中，我国最薄弱的是产品设计和工艺制造技术。横向集成指不同的专业领域之间的集成。以发射成功的神舟六号飞船为例，飞船的研制成功，需要材料技术、发动机动力技术、设计制造技术、电子信息技术、空间生活保障技术和安全技术等各个方面的配合。

想要将自主创新搞好，首先要弄清自主的含义。从字面上看，"自主"就是自己做主的意思。所谓"自己"，从企业创新的角度来看，当然是指企业；从国家层面来看，是指国内资本控制的企业群体。所谓"做主"，并不意味着一切都要自己做，而是要起主导作用。主导的内容包括[81]：①项目选择，即要根据市场需求确定项目；②资金筹集；③经济技术指标的确定；④组织方式的确立；⑤确定研发的时限进度。在实际生活中，通常对"自主创新"含义的理解上有走极端的倾向，认为"自主创新"就是"一切都要自己做"，使得很多同志虽有好的设想和创意，但如果在实现自己的设想和创意的某些环节上自己做不了，只好忍痛割爱。因此，正确地理解"自主创新"的含义，具有现实意义。

十六届五中全会明确提出自主创新类别包括原始创新、集成创新和引进消化吸收再创新三类。这三类自主创新中，原始创新的难度最大，将它放在首位是必需的。但从数量上来说，鉴于我国目前的科技实力和经济实力，原始创新不可能，也不应该占很大比重。从发达国家的经验上看，也没有一个国家的原始创新能在创新整体中占有很大比重。

"深研博物、躬行农政"、"学贯中西创伟功"的徐光启是明清以来代表中国文化不断发展、艰难前行的最重要的代表。侯外庐先生曾把徐光启列为明清"实学"的代表，竺可桢称之为"中国的培根"，当代学术界更是公认他为近代"中西文化会通第一人"。上海能够成为近代科学文化的中心，中西文化交流的枢纽，与徐光启的贡献直接相关。1608年，也就是徐光启47岁那年，他的父亲去世了。徐光启护送父亲的灵柩回上海守丧。路上看到江南遭受200年来少见的大水灾，农田被淹，稻谷无收。洪水过后，紧接着是饥荒。徐光启目睹灾情严重，心急如焚。他想寻找一种能帮助农民度荒的高产粮食作物，使人民群众摆脱饥饿。一次偶然的机会，一位从福建莆田来的客人带来了一些甘薯，告诉徐光启说这是福建出产的东西，不怕干旱，不怕台风，产量比稻麦高出几倍，能解决农民半年的口粮，闽广一带农民均赖此为生。徐光启听后，决心立即在上海试种。种植的地点就是徐家自家的农田（现在的桑园街）。甘薯长势不错，秋后产量喜人。徐光启留心观察，把种植的心得体会编成《甘薯疏》，在江南推广种甘薯的技术。这就是徐光启《甘薯疏序》所说的"岁戊申（1608年），江以南大水，无麦禾，欲以树艺佐其急，且备异日也。有言闽、越之利甘薯，客莆田徐生为予三致其种，种之，生且蕃，略无异彼土。"本来只在福建沿海种植的甘薯得以在江浙一带推广。1613年初冬，徐光启在朝中因与大臣政见不合，遂告病到天津闲住。在天津，他继续试种甘薯。由于北方天气寒冷，娇嫩的秧苗很容易冻坏，甘薯也因为霜冻无法储藏。他先是利用保温技术把秧苗带到北方，再挖地窖储存甘薯，成功地将这一高产农作物品种介绍到北方。今天的北方仍然在使用地窖储存甘薯。

甘薯（又称为苕、红苕、红薯和番薯等）并不是徐光启首先从国外直接引种到国内的。《中国大百科全书》"农业卷"上说"（甘薯）16世纪末叶从南洋引入中国福建、广东，而后向长江流域、黄河流域及台湾等地传播"。唐启宇《中国作物栽培史稿》[1]上说："甘薯分两路传入中国，一路是十六世纪末从吕宋传入福建，从漳、泉而北渐及莆田、长乐、福清，由之向北传播，十七世纪初到达江南松沪等地，向南传播到达广东。十七、十八世纪传入河南、山东、河北、陕西等省。""甘薯传入的另一来源是十八世纪从越南传入广东电白。"可是，徐光

[1] 农业出版社,1986年。

启在大灾过后的上海试种成功，并编撰《甘薯疏》，为甘薯的推广种植和储存，起到了很大的促进作用，是引进消化吸收再创新的典型代表。

引进消化吸收再创新是各国尤其是发展中国家普遍采取的方式，在当今经济全球化步伐加快的情况下尤为重要。这也是我国最为薄弱的环节之一。

同时，引进设备所带来的技术也是有层次的，包括生产技术、设备运行技术、产品开发技术、产品设计技术和测试检验技术等。应该说，多数企业比较好地掌握了生产和运行技术，但至于其他技术，尤其是设计技术，企业消化得很少。至于产品开发技术一般来说对方是不肯转让的。

我们当前的主要任务应该是花大力气加强对已引进技术项目的消化吸收、改进提高。这是花钱较少、效果较好的路子。今后也还要继续引进，但应做好消化吸收再创新工作。

以上三种类型的自主创新中，在我国现阶段，集成创新和引进消化吸收再创新应该是大量的。除了量上的区别，一般说来，原始创新的源头在高校和科研机构，之后才有企业的介入。而集成创新与引进消化吸收再创新主要在企业，因此企业的创新活动主要应是后两种类型。

提升创新能力，首先要改变经济、技术"两张皮"的现状，其根本方法就是要从体制上将技术和科学分开，让技术和经济紧密地结合到一起。对企业而言，要制定相应的政策和管理规定，在引进中，要在确定项目时就提出具体的消化吸收再创新任务，这样才能真正"买到"技术，才能保证企业的可持续发展。

发达国家的经验一再证明，依靠技术进步是解决经济发展中资源和环境瓶颈约束的根本途径。特定的国情和需求，决定了我们必须走创新型发展道路。提高自主创新能力，已成为推进结构调整和转变经济增长方式的中心环节。

五、工程创新实例举要

"什么是科学？钻进去就是科学。科学在哪里？就在你的鼻子底下。"事实上，科学史上的许多发明、发现的获得，往往是从日常生活中的一件小事、人们司空见惯的某种现象中受到启发，然后进行联想、钻研，最后引出惊人的成果的。教堂天花板上的吊灯被风吹得来回摆动，伽利略从中悟出了摆的等时性；水烧开后顶起了壶盖，引起了瓦特的好奇和联想，进而发明了蒸汽机……军事领域的创新也是如此：邓尼兹看到成群野狼袭击猎物的景象，突受启发，制定了潜艇进攻时的"群狼战术"；麦克阿瑟从青蛙跳跃的动作中得到启示，发明了"蛙跳战术"；刘伯承元帅在抗日战争中创造的"狼的战术"、"麻雀战术"

等，也都是留意动物某些行为的结果。可见，在日常生活中，只要处处留心，人人都能发现科学的火花，捕捉到创新的机遇。这就要求我们在工程创新中养成处处留心的习惯。薛暮桥在文章中这样剖析自己："经济学家有价值的学术观点，既不可能产生于书斋里的冥思苦想，也不可能产生于忙忙碌碌而毫无思考的实际工作，而只能产生于扎实理论同艰苦实践之间的结合。"[1]

不过，养成处处留心的习惯也并非易事，非有求知的渴望、钻研的耐心不可。要将火花烧成烈火，机遇转化为创新成果，仅做一个有心人是不够的，还要善于联想、刻苦钻研、学习，积累丰厚的知识功底，培养积极进取的战斗精神。科学发展的生长点在于科学自身逻辑发展与社会需求的交叉点上。心理学家杜威在《我们怎么思考》一书中提出了人类创造性思维的"五步骤"经典模式：①感到某种困难的存在；②认清是什么问题；③收集资料，进行分类，并提出假说；④接受或抛弃试验性的假说；⑤得出结论并加以评价。现举几个工程创新的典型实例来说明工程创新的特点。

（一）以色列一道反坦克壕击毁叙利亚 250 辆坦克

1973 年 10 月 6 日，是穆斯林的斋月节，又是犹太教的赎罪日，阿拉伯国家埃及和叙利亚分别从西、北两面同时对以色列突然发起进攻，拉开了第 4 次中东战争的序幕。在北线，装备着 800 辆苏制 T-62 新式坦克的 3 个叙利亚装甲旅引导着 3 个叙利亚步兵师，直奔戈兰高地掩杀过来。这种 T-62 坦克装备着当时世界上口径最大的坦克炮和最新型的红外观测仪，装甲防护也是当时世界上一流的。面对滚滚而来的铁甲洪流，防守戈兰高地的以色列军队仅拥有 60 辆美军在第二次世界大战中用过的"谢尔曼"型坦克。不料，装备先进的叙军坦克车队竟被挡在了戈兰高地的一条反坦克壕沟之前，让处于明显弱势的以军逃过一劫。

帮助以色列成功化解叙利亚方面压倒性装甲优势而取得胜利的这道反坦克壕，口宽 6m、底宽 4m、深达 9m，看似简单，实藏玄机：形似古老，内有奥妙，且颇多创新之道。按一般构筑反坦克壕的方法，挖掘出的土应堆在两侧。但以军却一反常规，将积土全部堆在己方一侧，并垒成了一道 2m 多高的松软土堤。这一细微而巧妙的做法就让进攻的叙军伤透了脑筋：用推土机填平它吧，由于积土全部堆在以军一侧，而叙利亚一侧戈兰高地是结实的火山熔岩地，推土机挖不动硬地，无土可填。无奈中叙军只得将坦克填入壕中，可填入壕中的坦克仅有 2m 多高，壕深却有 9m，白白折损了不少坦克后，依旧不能跨越这道"鸿壕"。最后，叙军只得用坦克架桥车架设车辙桥，可是又因为壕的另一端的土堤高出了 2m 多，架起的桥一头高一头低，且高的一端搭在松软土堤上，使得过桥坦克左摇右晃，动不动就翻入壕中。侥幸开过

❶ 中国青年报，2005 年 8 月 2 日。

去的坦克命运更加悲惨，因为跨越土堤时车体向上爬坡，将装甲薄弱的底部暴露在外；当越过土堤下坡时，又把脆弱的顶部显露无遗。"抬头露肚、低头露背"，给了以军两次绝佳的瞄准射击良机，成了反坦克炮的"活靶子"。经过4天的战斗，叙军不仅未能前进半步，反而在反坦克壕沟两侧，丢下了250辆坦克和260辆装甲车。以军的这一道反坦克壕成功地阻止了叙军的攻势，为援军的到来赢得了时间。

当以军转入反攻时，推土机轻而易举地将积土推入壕中搭成"土桥"，保障部队迅速通过发动进攻。战后，这道反坦克壕成了名噪一时的"戈兰壕"。

这一成功战例告诉我们，防御设施的优劣有时不在于如何坚固和雄伟，而在于巧妙。创造性地进行思维，运用高超的谋略，就能找到以"土"克"洋"、以劣胜优的制胜之道。

（二）减少住宅日照间距的创新思路

住宅楼之间的间距以满足日照要求为基础，综合考虑采光、通风、消防、防灾、管线埋设和视觉卫生等要求确定。住宅日照标准，对于老年人住宅不应低于冬至日日照2小时，地区不同日照要求也有所区别，但住宅日照最低不应低于冬至日日照1小时。北京地区纬度低，冬季日照在12月22日冬至前后只有26°30′。根据这一日照坡度，竖杆后得1/2的杆影。20世纪50年代总图设计时，在居住建筑的日照、卫生间距上，明确为从头排住宅楼后檐口起至二排的间距为檐高的2倍。根据苏联专家推荐的算法，居住建筑的日照间距为头排建筑后檐口高度至二排建筑首层室内地面高度的2倍。由于住宅楼的首层入口通常设在北边，实际上阳光是从南边窗户照进室内的，所以日照间距可以改为头排建筑后檐口高度至二排建筑首层窗台高度的2倍。这样，由于窗台的高度一般为0.9～1.2m，因此根据这一思路，居住建筑的日照间距可以减小1.8～2.4m，同时仍能保证居住建筑的日照要求，这对于人多地少的中国来说意义非常巨大。这一设想是20世纪50年代由建筑大师张镈提出的[82]。2006年3月1日实施的《住宅建筑规范》（GB 50368—2005）第4.1.1条明确指出日照时间计算起点为底层窗台，表明张镈大师的计算方法已得到公认。

（三）人民大会堂顶棚设计

解放战争初期，毛泽东在延安就说过，革命成功以后，一定要建设一个"万人礼堂"，使党的领导人能和群众一起商量国家大事。周恩来一直牢记毛泽东的这一愿望。20世纪50年代，在确定建设人民大会堂时，他就提出人民大会堂要能容纳万人。可是，在设计时专家们犯难了。要容纳1万人，体积必须10倍于普通的礼堂和剧场，空间这么大，如果设计不好，人坐在里面就会感到渺小和压抑。

在一次研究设计方案的会议上，周恩来了解到专家们的担心，便从日常生活现象里提出一个发人深省的问题。他说[82]：人站在地上，并不觉得天有多高。站在海边，也不觉得很远，落霞与孤鹜齐飞的诗句是对在水连天、天连水的环境的描写，应该是一种启发，为什么不从水天一色和满天星斗方面出发去作抽象的处理？随后，周恩来拿起铅笔，在纸上画了一个不规则的扁圆形的顶棚图，请大家考虑在设计上能不能利用这个视错觉。他说：天空是没有直角的，大海也看不到界限。我们的万人大会堂能不能也搞成水天一色、浑然一体？周恩来的生动比喻，使搞过几十年设计的老专家们豁然开朗。他们按照周恩来的建议，将礼堂内部设计成"水天一色"的形式，顶棚与墙面圆角相交，成穹隆形状，并在三周暗灯槽上作偏心椭圆形的调整以校正主席台上的视错觉。这样，从顶棚到墙面，上下浑然一体，使人感觉既不压抑又不空旷。建成后的万人大礼堂宽76m，长60m，高33m。主席台台面宽32m，高18m。万人大礼堂共分3层，设有近万个软席座位。礼堂顶棚呈穹隆形与墙壁圆曲相接，顶部中央巨大五角星灯，周围有镏金的70道光芒线和40个葵花瓣，与顶棚500盏满天星灯交相映，如图1-16所示。

图1-16 人民大会堂万人大礼堂

（四）硫磺岛美军妙用水泥克日地堡

1945年2月19日晨，美军出动22万人的兵力，对只有2万名日军守卫的硫磺岛发起了进攻。可是战斗进行得十分艰苦，美军付出了伤亡2.6万人的代价，持续苦战了36天，却难以彻底扫清日军的堡垒。

硫磺岛是一个火山岛，岛上到处都是火山熔岩形成的天然熔洞，而且火山熔岩极为坚硬。岛上的日军便以天然熔洞为主体，构筑了以地下坑道阵地为主，混凝土工事与天然岩洞有机结合，并有交通壕相互连接的防御工事。当美军兵力前来围剿一个洞口时，日军便从地下迅速转移到另一个出口，从背后或侧翼打击围攻刚才那个洞口的美军。仅仅在一个早上，美军就伤亡了 2000 多人。此后，每天都有大量的美军死于来自火山熔洞里射出来的子弹。

硫磺岛战役的报道传回到美国。正当美军各级指挥官苦于无计可施时，一位负责建筑工程的技术人员却提出了一个看似有点滑稽的建议：用混凝土攻克这些地堡。他注意到日军的连环地堡虽然坚固，但却存在着一个致命的弱点，那就是它的出入口非常狭小，如果把坦克改装成推土机，推着混凝土，对地堡出入口实施封闭，就可以避免敌人重复使用，而且可以逐一封堵，将敌人闷死在洞里，这样不仅可以大大减少炮弹的消耗，而且还可以减少伤亡，尽快结束战斗。

第二天，硫磺岛战场上出现了与前几天截然相反的场面：地面上不再是炮声隆隆、杀声四起、火光冲天，大量的水泥等建材被运送上岸，搅拌机也随之高速运转起来。许多坦克被改装成推土机，将一批批混凝土送到一个个被构筑成地堡的火山岩洞口。就这样，美军轻而易举地将 180 个地堡变成了日军的坟墓。成千上万吨炮弹和万余名陆战队员的生命为代价无法攻克的堡垒被几百吨混凝土征服了。此后，向前推进的美军再也不必要防范那些随时可能从身后的熔洞里出现的敌人的袭击，战场伤亡率迅速下降，并很快将岛上的日军清剿完毕，取得了硫磺岛战役的最终胜利[83]。

（五）我国水稻稻谷总产量增加的四个大台阶——技术创新与工程创新的有机结合

水稻是我国的主要粮食作物，从事稻作生产的农户接近农户总数的 50％，全国有 60％以上的人口以稻米为主食。除食用外，稻米还有多种用途。目前，直接食用的稻米约占 84％，工业用、饲料用约占 10％。

20 世纪初，我国稻作面积约 1400 万公顷。随着人口的增加，到 20 世纪 40 年代末，稻作面积增加到 2500 万公顷，以单季稻为主，产量仅为 $1\sim1.5t/hm^2$。新中国成立以来，稻作研究和水稻生产获得了巨大发展。1949～2001 年，水稻种植面积由 2571 万公顷增加到 2882 万公顷，增长了 11.2％；稻谷单产从 $1.89t/hm^2$ 增加到 $6.16t/hm^2$，增长了 226％；稻谷总产量从 4864 万吨增加到 17758 万吨，增长了 265％。其间，因播种面积扩大和单产增长对总产量增加的贡献效率分别为 5.8％和 94.2％。

从稻谷总产量的增加趋势看，我国水稻生产上过四个大台阶。20 世纪 50 年代，稻谷总产量的增加主要靠播种面积的增加，种植面积由 1949 年的 2571 万公顷增加到 1958 年的 3190 万公顷，增加了 619 万公顷；单产从 $1.9t/hm^2$ 增加到 $2.5t/hm^2$；稻谷总产量从 4864 万吨增加到 8085 万吨。自 20 世纪 60 年代初开始，大面积推广矮秆良种，产量逐年增加，至 70 年代中期的 1975 年，单产超过 $3.5t/hm^2$，总产量超过 12500 万吨，又上一个台阶。20 世纪 70 年代后期，杂交水稻开始大面积推广，到 80 年代中期的 1986 年，杂交水稻已占全国稻作播种面积的 50%，全国单产突破 $5t/hm^2$，总产量超过 17000 万吨，上了第三个台阶。自 20 世纪 90 年代中期以来，大批高产、优质、多抗的常规品种和三系、二系新杂交组合先后育成和推广，在 20 世纪末的 1999 年，单产达到 $6.34t/hm^2$，总产量达到 19849 万吨，上了第四个台阶。特殊优异种子的利用和科技创新，推动中国水稻生产快速而稳步上升。

可见，我国水稻产量逐步提高的四个大台阶是一个技术创新和工程创新有机结合的典型实例。杂交水稻育种技术的成功及播种面积的大面积推广，是我国技术创新的一个光辉典范。但不容否认，自 1949 年以来所提倡和普及的耕作方式的改变❶、适度密植（20 世纪 50 年代党和国家领导人的公开讲话中曾多次提到适度密植问题）、推广抗倒伏的矮秆良种、化肥和农药的大面积推广使用等这些渐进式的改进和创新，对提高水稻产量也有着不可磨灭的贡献，其中耕作方式的改变、适度密植等就属于典型的工程创新范畴。根据前述文献资料，水稻单产，1949 年是 $1.9\ t/hm^2$，1975 年单产超过 $3.5t/hm^2$，平均增产 $1.6t/hm^2$；到 80 年代中期的 1986 年，杂交水稻已占全国稻作播种面积的 50%，全国单产突破 $5t/hm^2$，平均增产 $1.5t/hm^2$。根据贡献因子分析，1975～1990 年，水稻单产每公顷增加了 2.08t，其中，杂交水稻的推广占贡献率的 49.0%，常规品种改良和更新占 11%，农业制度创新占 22.3%，增加投入和生产技术进步占 17.7%。中国稻米总产量的增加主要是由于技术进步、单产提高而引起。

❶ "我看中国就是靠精耕细作吃饭。"《毛泽东文选》第七卷，第 307 页。

第二章
结构理论计算结果的名义效应

> 须菩提，如来说第一波罗蜜，即非第一波罗蜜，是名第一波罗蜜。
>
> ——《金刚经》

相对于设计院其他专业的工程师，结构工程师的工作作风要严谨和细致得多。这有两方面的因素：一方面，肩负着的安全责任，使得结构工程师在结构设计的各个环节都不能有任何人为的疏忽和超越规范、结构理论或试验成果之外的个人主观意志的自由发挥；另一方面，大学时代的理论力学、材料力学、结构力学和弹性力学等课程的严格训练，练就了结构设计者娴熟的计算分析能力，习惯于用数字说话。但凡事物极必反，结构工程师在许多场合却又表现得比设计院其他专业的工程师更教条、更固执，作者以为其主要原因就是结构工程师对计算结果太过于执着。其实，尽管我们每天的计算所采用的力学公式是正确的，但计算参数只是在统计意义上的数理表述，我们习惯说的楼面荷载、风荷载和地震作用，都是概率统计意义上的结果，我们作为设计依据的材料强度指标也是概率统计意义上的结果，地基承载力也同样是建立在大量以往工程经验基础上的控制性指标。结构分析的计算简图是简化了很多次要因素后的结果，构件截面设计所取用的公式是半经验半理论的。总之，结构设计过程中所得到的内力和变形计算结果，与结构的实际内力和变形绝大多数情况下是不一致的；结构设计计算书上的构件配筋数据与实际需要之间也是不吻合的。也就是说，结构设计计算书上的结果只是名义上的结果，与实际情况在绝大多数情况下是不一致的，这就是结构计算结果的名义效应。结构计算结果的名义效应是普遍存在的，现分述如下。

第一节
结构地震反应的不确定性

根据以往地震经验，概括起来，地震期间导致建筑物破坏的直接原因可分为以下三种情况[16]：①地震引起的山崩、滑坡、地陷、地面裂缝或错位等地面变形，对其上部建筑物的直接破坏；②地震引起的砂土液化、软土震陷等地基失效，对上部建筑物所造成的破坏；③建筑物在地面运动激发下产生剧烈震动过程中因结构强度不足、变形过大、连接破坏、构件失稳或整体倾覆而破坏。由于地震作用是惯性作用，既与地面运动特性有关，也与结构的自振周期等动力特性有关。而现行建筑抗震设计规范所取用的地震作用参数是理论化的结果，与实际可能发生的地震作用相差较大。具体地说，地震作用存在以下几个方面的不确定性和变异性。

一、在地震作用下，地面运动存在不确定性

（一）地震的成因与类型不同

根据地震的形成原因，地震可分为构造地震、火山地震、陷落地震和诱发地震等四种类型[105]。

1. 构造地震

由构造运动所引发的地震称为构造地震（tectonic earthquake）。此种地震约占地震总数的 90%，世界上绝大多数震级较大的地震均属此类。此类地震的特点为活动频繁，延续时间长，影响范围广，而破坏性也最大。因此，构造地震多为地震研究的主要对象。例如，1976 年的唐山大地震及 1999 年 9 月 21 日台湾省南投县集集镇地震（简称为"9·21"集集大地震）均属此类。

2. 火山地震

由火山活动所引起的地震称为火山地震（volcanic earthquake）。由于火山活动时，岩浆及其挥发物质向上移动，一旦冲破火山口附近的围岩时即会产生地震。此类地震有时发生在火山喷发前夕，可成为火山活动的前兆；有时直接伴随火山喷发而发生。通常，火山地震的强度多不太大、震源也较浅，因此其影响的范围也较小。此类地震为数不多，约占发生地震的 7%，主要见于现代火山的分布地区。

3. 陷落地震

石灰岩地区，经地下水溶蚀后常可形成许多地下坑洞，如果坑洞不断地扩大，最后导致坑洞的上覆岩石突然陷落，由此所引起的地震称为陷落地震（depression earthquake）。此类地震震源极浅，影响范围很小，约占发生地震的 3%，主要见于石灰岩及其他易溶岩石地区如煤田发达的地区。

4. 诱发地震

由人为因素所引起的地震称为诱发地震。例如水库地震和人工爆破地震等。水库地震为由水库蓄水而诱发的地震。由于水库蓄水后，厚层水体的静压力作用改变了地下岩石的应力，加上水库中的水沿着

岩石裂隙、孔隙和空洞渗透到岩层中，形成润滑剂的作用，最后导致岩层滑动或断裂，并进而引起地震。这种地震的起因为水库的压力，但地震形式属于断层地震。地下核爆炸时产生的短暂巨大压力脉冲，也可诱发原有的断层再度发生滑动因而造成地震。

由此可见，由于地震的成因与类型不同，地震对建筑物的作用相差很大，目前还难以通过计算进行模拟。

(二) 地震效应不同

地震所产生的直接和间接作用，称为地震效应。它可反映地震的强度。地震效应主要包括由地震所引起的地表位移、断裂，地震所造成的建筑物和地面的毁坏（如地面倾斜、土壤液化、不均匀沉降和滑坡等），以及水面的异常波动（如海啸和湖啸）等。现将主要的地震效应简述如下。

1. 地裂

由地震所产生的裂缝称为地裂；若经位移后产生错开，即可形成断层。但也有裂缝产生后随即关闭者，也有后来为泥沙所充填而成为砂岩脉。例如，1783 年 Calabria 地震时，在地面发生平均宽约 3m、长约 30km 大的地裂。而"9·21"集集大地震，沿车笼蒲断层产生长达 80km 的大断裂带。

2. 山崩

因地震而产生山崩甚为普遍。1920 年 12 月 16 日宁夏海源地震，在甘肃会宁、静宁、固原一带即有山崩相伴。再如，"9·21"集集大地震，南投诸多地区亦有大规模的山崩产生。汶川地震也一样。

3. 海啸

地震若发生于大海之中，往往可使海水造成巨波袭击海岸，称为海啸 (tsunamis)。海啸是一种具有强大破坏力的海浪。这种波浪运动引发的狂涛骇浪，汹涌澎湃，它卷起的海涛，波高可达数 10m。海啸大多发生于地震后，但也有发生于地震之前的。地震所产生的海啸，其影响有时可分布于整个大洋海面。数 10 年前，日本北海道发生的地震海啸，其余波达到美国的旧金山市。1755 年，葡萄牙里斯本 (Lisbon) 地震，浪高约 20m，6 分钟时间即造成 6 万多人死亡。2004 年 12 月 28 日晚 11 时许，印度尼西亚苏门答腊岛附近发生里氏 8.2 级地震，引发海啸导致大量人员伤亡。据中新网 2005 年 6 月 26 日援引据路透社报道，政府和卫生官员提供的数据表明，印度洋海啸遇难失踪人数为 232010 人。

2011 年 3 月 11 日，日本东北地区宫城县发生 9.0 级强烈地震，引发约 10m 高海啸（见图 2-1），并造成福岛第一核电站发生核危机，造成 25 年来世界上最严重的核事故，核辐射影响日本北部和东部大片地区。

图 2-1 日本 9.0 级地震引发的海啸（网络照片）

4. 泥火山

剧烈地震所产生的裂缝，有时可见到泥沙随着水喷出高达丈余。喷出口有的呈圆形，有的呈狭长状，若泥沙堆积在出口旁，形状与火山相似，称为泥火山。

（三）地震的烈度不同

地震烈度为地震对地面和建筑物的影响或破坏程度。地震烈度往往与地震的震级、震中距离及地震深度有关。

震级是指地震释放能量大小的等级。一次地震只有一个震级，一般以其主震震级为代表。地震震源释放出来的弹性波能量越大，震级也就越大。弹性波能量可用其振幅大小来衡量，因此，震级可用地震仪上记录到的最大振幅来测定。

强烈地震所释放出的总能量十分巨大。例如，一次 7 级地震的能量，相当于近 30 个 2 万吨原子弹的能量；一次 8.5 级地震的能量，相当于 1000 万千瓦的大型发电厂连续 10 年发电量的总和。震级和能量不是单纯的比例关系，而是对数关系。震级相差 1 级，能量约相差 32 倍。低于 2 级的地震，人们感觉不到，称为微震；2～4 级的地震，称为有感地震；5～6 级以上的地震，开始引起不同程度的破坏，称为强震；7 级以上的地震，称为大震。1960 年 5 月 22 日在南美智利西海岸发生的 8.9 级大地震，以及 2011 年 3 月 11 日日本宫城县 9.0 级大地震为目前记录到的特大地震。

一般震级越大，震中区的烈度也就越高；距震中区越近，烈度越高；震源深度越浅，地表烈度越高，震源深度越深，地表烈度也就越低。但实际也不全是这样，表 2-1 是 1999 年 9 月 21 日凌晨 1 时 47 分 12.6 秒中国台湾省南投县集集镇附近发生强烈地震的地震加速度记录[25]。由表 2-1 可见，地面所记录的地震加速基本上与震中成一定的比例关系，但也不全是这样分布，例如，距震中 37.77km 的侨孝小学地面所记录的地震加速度就比距震中 85.25km 处的大河小学小，更比距震中 94.43km 的峨眉小学小很多。

表 2-1　中国台湾"9·21"集集大地震的地面加速度记录

测站名	震中距离(km)	垂直向最大加速度	南北向最大加速度	东西向最大加速度 (10⁻³ m/s²)	测站位置 东经 度	东经 分	北纬 度	北纬 分	台湾技术规则,规范地震分区 1963~1970 年规则术规则分区	1971~1985 年技术规则分区	1986 年规范地震分区
苗栗狮头山	87.62	122.02	391.43	305.29	121	0.03	24	37.78	强烈	中震	二区
大同小学	77.11	81.94	207.98	247.52	120	48.46	24	33.28	强烈	中震	一区乙
狮潭小学	76.32	353.08	511.72	463.32	120	54.83	24	32.5	强烈	强震	一区乙
大河小学	85.25	261.04	399.38	291.66	120	56.32	24	37.19	强烈	中震	一区乙
侨孝小学	37.77	178.0	241.94	273.42	120	41.41	24	10.77	中度	中震	三区
光正小学	38.38	193.98	438.68	348.66	120	44.4	24	11.88	中度	中震	三区
建国小学	40.02	120.88	132.08	224.78	120	40.16	24	11.64	中度	中震	三区
忠信小学	34.74	153.3	208.16	256.90	120	39.85	24	8.38	中度	中震	二区
雾峰小学	25.57	257.8	563.22	774.42	120	41.46	24	3.54	中度	中震	二区
健民小学	27.60	230.58	312.66	488.86	120	43.18	24	5.50	中度	中震	二区
石冈小学	46.74	519.42	363.94	501.60	120	45.94	24	16.68	中度	强震	一区乙
龙泉小学	46.24	76.2	157.38	248.58	120	32.38	24	11.81	中度	中震	二区
双冬小学	14.39	415.54	639.0	517.82	120	47.29	23	59.16	中度	中震	二区
国姓小学	20.46	274.66	370.5	465.3	120	50.94	24	2.45	轻度	中震	二区
南光小学	18.70	270.18	368.4	585.94	120	57.7	23	57.64	轻度	中震	二区
草屯小学	19.70	223.88	257.32	325.34	120	40.67	23	59.01	中度	中震	二区
南投小学	15.25	275.38	420.02	340.1	120	40.54	23	54.47	中度	中震	二区
水里小学	5.96	171.0	302.48	439.7	120	50.73	23	48.74	中度	中震	二区

续表

测站名	震中距离 (km)	垂直向最大加速度	南北向最大加速度 ($10^{-3}\,\mathrm{m/s^2}$)	东西向最大加速度	测站位置 东经 度	分	北纬 度	分	台湾技术规则,规范地震分区 1963~1970年规范分区	1971~1985年技术规则分区	1986年规范地震分区
头社小学	8.28	383.82	416.96	579.78	-120	53.65	23	50.38	中度	中震	三区
台中 TCU	35.01	129.26	182.5	221.08	120	40.8	24	9.0	中度	中震	三区
日月潭 SML	9.01	311.76	422.82	989.22	120	54.0	23	52.8	中度	中震	三区
鱼池 TYC	6.52	190.2	255.32	347.82	120	51.6	23	54.0	中度	中震	三区
峨眉小学	94.43	250.8	684.52	366.54	121	0.82	24	41.49	强烈	中震	三区
丰南中学	43.80	164.02	253.56	207.80	120	42.54	24	14.5	中度	强震	一区乙
丰东中学	44.33	173.28	168.98	298.36	120	43.25	24	14.95	中度	强震	一区乙
同安小学	24.62	166.52	193.5	222.98	120	36.78	23	58.8	中度	中震	三区
新街小学	13.54	334.96	610.76	983.0	120	41.06	23	52.7	中度	中震	三区
蒲雅小学	23.54	110.36	207.44	202.24	120	35.7	23	55.34	中度	中震	三区
民和小学	51.59	138.82	254.68	221.2	120	32.66	23	27.92	强烈	强震	一区甲
大埔小学	66.58	97.74	749.9	223.88	120	35.0	23	17.8	强烈	强震	一区甲
山昌小学	32.92	335.5	233.16	624.16	120	36.33	23	37.96	中度	强震	一区甲
兴昌小学	39.82	157.56	293.62	282.98	120	31.73	23	36.86	强烈	强震	一区甲
竹崎小学	46.45	91.1	243.26	243.62	120	32.68	23	31.28	强烈	强震	一区甲
龙山小学	44.30	106.24	244.34	245.6	120	35.04	23	31.2	强烈	强震	一区甲
三和小学	44.19	104.38	199.6	266.96	120	28.71	23	36.45	强烈	强震	一区甲

表 2-2 中国为台湾"9·21"集集地震中各测站的地震记录取样时间区段最大频率内所对应的频率[25]。由该表可见，TCU068 测站、TCU102 测站、TCU052 测站的地震波含有非常低的低频震动。此外，测站在三个方向的卓越周期也相差很大，如 TCU047 测站、TCU078 测站等。场地卓越周期虽然也有 4.8s（台中县雾峰乡）、甚至 9.099s（台中县石冈乡）的记录，但一般在 0.2～1.0s，这与多层和小高层建筑的自振周期基本接近，这是多层和小高层建筑破坏甚至倒塌比较多的主要原因。

表 2-2   台湾"9·21"集集地震各测站的地震记录取样时间区段最大频率内的对应频率

测站代号	震中距离（km）	位置	垂直向卓越频率（Hz）	南北向卓越频率（Hz）	东西向卓越频率（Hz）
TCU095	94.43	新竹县峨眉乡	5.3233(0.188)	4.6265(0.216)	1.8677(0.535)
TCU047	85.25	苗栗县三湾乡	12.1948(0.082)	1.6968(0.589)	1.8433(0.543)
TCU045	76.32	苗栗县狮潭乡	1.8677(0.535)	4.895(0.204)	2.124(0.471)
TCU068	46.74	台中县石冈乡	0.2563(3.90)	0.1221(8.19)	0.1099(9.099)
TCU102	44.33	台中县苴原市	0.3906(2.56)	0.3906(2.56)	0.6836(1.463)
TCU052	38.38	台中市北屯区	0.1465(6.826)	0.5493(1.82)	0.4028(2.483)
TCU049	37.77	台中市北屯区	0.6714(1.489)	1.2573(0.795)	0.8789(1.138)
TCU067	27.60	台中县大里乡	0.2197(4.55)	2.5757(0.388)	0.415(2.41)
TCU065	25.57	台中县雾峰乡	0.2197(4.55)	1.6357(0.611)	0.2075(4.819)
TCU075	19.70	南投县草屯镇	0.3174(3.151)	2.0386(0.491)	0.2808(3.561)
TCU129	13.54	南投县名间乡	0.9399(1.064)	3.2227(0.31)	3.186(0.314)
TCU122	21.59	彰化县二水乡	0.3052(3.277)	2.8809(0.347)	1.4771(0.677)
CHY024	—	云林县林内乡	0.30525(3.277)	0.1709(5.85)	2.1118(0.474)
CHY101	32.11	云林县古坑乡	0.3296(3.034)	1.0864(0.92)	1.355(0.738)
CHY028	32.92	云林县古坑乡	0.5859(1.707)	1.1963(0.836)	2.8198(0.355)
TCU072	20.46	南投县国姓乡	0.9399(1.064)	1.3916(0.718)	1.4282(0.7)
TCU071	14.39	南投县草屯镇	9.5703(0.105)	4.0283(0.248)	3.8208(0.262)
TCU089	6.52	南投县鱼池乡	0.8423(1.187)	0.9399(1.064)	3.0151(0.332)
TCU084	9.01	南投县鱼池乡	2.1362(0.468)	1.0864(0.92)	1.1353(0.881)
TCU079	8.28	南投县鱼池乡	3.0762(0.325)	4.8218(0.207)	1.3062(0.766)
TCU078	5.96	南投县水里乡	7.8003(0.128)	3.6499(0.274)	1.5381(0.65)

注 表中括号内的数据为频率的倒数。

台湾的强震观测起步很晚，但发展很快。台湾省气象局在 1991～1997 年，执行了为期 6 年的"强震观测计划"，1998 年继续推行"强震动观测第二期计划——建置强震速报系统"，截至 1999 年，在台湾全省共布设了 637 个自由场地强震观测台站和 16 个桥梁台站所组成的强地面运动观测网络。除台湾省气象局外，台湾某研究院地科所约有 400 个自由场地强震观测台站。台湾地震引起的强烈地面运动，已被这些台站中的绝大多数完好地记录下来，可以说为全世界提供了一大批大震级强震地面运动记录。"9·21"集集大地震震后 3 个月，台湾省气象局向全世界的地震研究同行公布了这次地震的若干个自由场地数字化强震仪的记录，这是目前正式公布的这次地震的第一批记录。台湾在建筑物和桥梁上已安装了 55 个强震观测台阵，其中 35 个台阵记录到了这次主震，其他机构的一些台站也在这次地震中记录到一部分记录。在台湾省气象局公布的有主震记录的 422 个台站中，约有 45 个台站记录到水平方向峰值地面运动加速度大于 $0.2g$[85]。我国内地的强震观测工作始于 20 世纪 60 年代，但是由于地震区分布广，仪器数量不够，至今还只记录到为数不多的中强地震。大于 $0.2g$ 的地震加速度记录寥寥无几。在"9·21"集集大地震中，在自由地面和结构物上取得的这些强震记录为地震研究和抗震设计提供了宝贵的资料。

汶川地震中，据《"5·12"汶川地震房屋建筑震害分析与对策研究报告》介绍，在四川卧龙地区获取的峰值加速度记录达 $0.9g$，在江油获取的峰值加速度记录达 $0.7g$，地震所产生的峰值加速度大于 $0.4g$ 的区域达到 $350km^2$。

由此可见，规范给出的地震分区设防烈度、场地类别、设计地震分组和地震影响曲线是理论化了的成果，与实际地震作用的差别很大。目前，人类已记录到地震的最大加速度峰值已高达 $1.0～2.0g$。台湾"9·21"集集大地震地面断裂的规模在世界地震史上也是罕见的。从地震断层的现场开挖工地上可以了解到活动断层的活动速率及其与地震发生过程的关系。根据现场开挖推算的"9·21"集集大地震的重现期应为 300～400 年，与历史记载基本符合。在建筑和桥梁结构抗震设计方法和标准方面，中国的台湾省受美国和日本的影响比较大，新建工程都已考虑地震作用，但由于震区的地震力超过设计标准，震害相当严重，老旧房屋和建筑质量很差的房屋破坏则更为严重。"9·21"集集大地震以后，台湾的地震分区作了一些调整。例如，台湾"交通部门"将桥梁抗震设计分区由原规范的四区改为二区，震区的水平加速度系数也分别由 $0.18g$、$0.23g$、$0.28g$ 和 $0.33g$ 修正提高为 $0.23g$、$0.33g$。"9·21"集集大地震所在的南投县大部分地区和其他强震区的设计地震系数均有所提高。各类结构的抗震设计规范大多进行了修改，对细部构造和质量控制提出了许多加强措施[85]。

二、抗震设计的不确定性

除地面运动的不确定性外，工程设计方面主要有以下不确定因素[6]。

（一）结构分析的影响

影响结构自振周期和动力反应的有以下因素：质量分布不均匀，基础与上部结构共同工作，节点非刚性转动；偏心、扭转及 $P-\Delta$ 效应；柱轴向变形及非结构墙体刚度的影响等。节点非刚性转动的影响可达 5%～10%，高层建筑中柱轴向变形可使周期加长 15%，加速度反应降低 8%；$P-\Delta$ 效应可使位移增加 10%；至于非结构墙体刚度的影响就更大，是分析时不能忽视的。

（二）材料的影响

混凝土弹性模量，随着时间的增长可比施工刚完成时降低 50%，在应变增大时还可继续降低。这意味着周期可能增长 25%，加速反应减少 10%。

钢筋混凝土构件的惯性矩 I 一般按毛截面计算，这是不正确的。竖向及侧向荷载的不同，都会影响中和轴的位置。

柱子配筋的不同可以使周期相差达到 40% 左右。

（三）阻尼系数的变化

钢筋混凝土的阻尼系数一般为 2%，但当受震松动后可达 20%～30%。而阻尼系数只要从 2% 提高到 10%，可使计算周期相差 50% 左右。

（四）基础差异沉降的影响

按一般荷载设计的框架结构，若地震剪力为 0.1W（W 为重力荷载代表值），当基础差异沉降为 10mm 时，可能造成框架在竖向荷载及地震作用组合后的弯矩达 70% 的误差，而此误差一般在设计中未予考虑。

（五）地基承载力

考虑地震的随机性及短期突然加载的影响，地基承载力的取值往往提高 30%～50%，这种人为的估计也带来设计上的差异。再加上地面运动可能的误差，其综合产生的误差幅度更大。

由于存在上述五大不确定因素，在实际工程设计中，对某一局部过分精细的计算意义不大。因此，我们应当充分吸取地震经验和教训，运用现代技术，在基本理论、计算方法和构造措施等多方面，提出新的措施，进一步提高建筑的抗震技术水平。

第二节
结构理论计算结果的不唯一性

一、平面交叉梁体系与连续梁计算结果之间的差异性

主次梁体系是工业与民用建筑中最常见的结构体系之一。传统的内力简化计算方法是忽略主、次梁之间的相互作用，将主梁和次梁均简化为一维问题各自独立计算：次梁按连续梁，主梁依据支承条件按连续梁或框架结构进行内力计算。但事实上，主次梁体系为一不等断面的平面交叉梁系，是一呈空间受力状态的超静定结构，主、次梁断面尺寸相对关系变化时，主、次梁的内力和变形也随着改变。如图2-2所示，周边简支的15.6m×9m的平面区格，横向9m跨为主梁，纵向设置两根次梁，混凝土为C20，板面荷载 $q=6.5\text{kN/m}^2$，为了便于与连续梁计算结果作比较，双向板传给次梁的梯形荷载近似地按均布荷载考虑，板传给主梁的荷载仍按

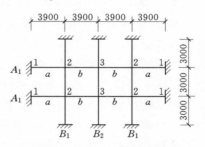

图2-2 平面交叉梁系计算简图

三角形荷载考虑。表2-3给出了主、次梁断面尺寸变化时，按平面交叉梁系的有限元计算程序算出的次梁内力，计算时不考虑梁扭转变形的影响。

由表2-3可见，将主、次梁体系简化为一维问题来分析是有条件的。当主、次梁的断面尺寸相差不大时，将主、次梁体系简化为一维

表 2-3　　　　　　　　　　次 梁 内 力

主梁断面（mm×mm）	次梁断面（mm×mm）	次梁弯矩(kN·m)				次梁剪力(kN)			
		M_a	M_b	M_2	M_3	Q_1	$Q_{2左}$	$Q_{2右}$	$Q_{3左}$
300×900	200×400	39.66	20.88	−20.63	−37.44	45.90	56.48	46.88	55.50
300×900	200×300	35.24	16.71	−31.69	−34.70	43.06	59.31	50.41	51.96
300×900	200×260	33.05	15.78	−35.15	−33.11	42.17	60.20	51.71	50.66
250×750	100×150	31.46	14.53	−41.12	−29.64	40.64	61.73	54.13	48.24
250×750	250×650	91.10	105.8	+70.34	+39.12	69.22	33.15	43.18	59.19
300×900	300×800	95.66	113.0	+76.77	+47.46	70.87	31.50	43.67	58.70
300×900	150×200	31.92	14.73	−39.97	−30.38	40.94	61.44	53.65	48.73
3000×9000	200×400	30.83	14.23	−42.71	−28.66	40.24	62.14	54.79	47.59
按连续梁计算[13]		30.74	14.37	−42.72	−28.35	40.23	62.14	54.87	47.50

问题来分析与按不等断面的平面交叉梁系的有限元计算结果之间的差异相当大，其支座弯矩甚至由负弯矩变为正弯矩，其变化幅度已大于《钢筋混凝土连续梁和框架考虑内力重分布设计规程》（CECS 51：93）规定的调整幅度一般不宜超过 25% 的限值。从理论的准确性来说，有限元结果更精确，但大量的实际工程却都是按连续梁的计算结果进行截面设计的，这些工程已正常使用了几十年，至今仍未听说某一工程由于采用连续梁计算而需加固，说明按连续梁计算次梁内力的方法是可靠的。出现两种计算结果虽相差较大但都是可靠的现象，说明结构塑性内力重分布现象是普遍存在的，结构实际受力状况与弹性理论计算结果有出入。

二、现浇钢筋混凝土双向板塑性与弹性计算结果的两重性

图 2-3 所示典型板算例表明（见表 2-4），除 B_2 的 M_1 外，无论是跨中还是支座，按塑性铰线理论确定的弯矩系数均小于相应弹性方法的弯矩系数[14]，即弹性理论的安全储备过大，而塑性铰线理论更接近于实际受力状态。苏联的试验结果[2]（见表 2-5）、东南大学的冷轧双翼变形钢筋混凝土双向板的试验结果[62]（见表 2-6）均佐证了这一结论。1955 年 A. J. Ockleston 发表了南非一栋三层钢筋混凝土原型结构的破坏性试验结果，实测破坏荷载比按塑性铰线理论求得的理论值高 3～4 倍[7]，说明塑性铰线理论计算结果是有一定安全储备的经验性结果，而非纯塑性理论上限解。因此，美国 ACI 规范和英国 CP110 规范都不主张采用纯弹性理论方法设计，而采用建立在试验基础上的经验系数法。美国 G. P. Manning 说："混凝土并非弹性均质材料，其受力理论并不十分明确。试图寻求'百分之百的计算精确度'，无疑是在浪费时间和金钱。"[70]

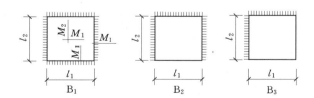

图 2-3 典型板算例计算简图

表 2-4　　典型板弹性理论与塑性铰线理论弯矩系数对照

$\frac{l_2}{l_1}$		跨中 M_1		跨中 M_2		支座 M_{I}		支座 M_{II}	
		弹性	塑性	弹性	塑性	弹性	塑性	弹性	塑性
1.0	B_1	0.021	0.017	0.021	0.017	0.051	0.024	0.051	0.024
	B_2	0.026	0.020	0.021	0.020	0.060	0.028	0.055	0.028
	B_3	0.028	0.025	0.028	0.025	0.068	0.035	0.068	0.035

续表

$\dfrac{l_2}{l_1}$		跨中 M_1		跨中 M_2		支座 M_I		支座 M_{II}	
		弹性	塑性	弹性	塑性	弹性	塑性	弹性	塑性
1.50	B_1	0.035	0.031	0.017	0.014	0.075	0.043	0.057	0.019
	B_2	0.027	0.033	0.046	0.015	0.076	0.046	0.095	0.021
	B_3	0.048	0.044	0.027	0.019	0.102	0.062	0.077	0.027
1.80	B_1	0.040	0.036	0.014	0.011	0.081	0.050	0.057	0.016
	B_2	0.025	0.038	0.055	0.012	0.077	0.053	0.107	0.016
	B_3	0.055	0.051	0.026	0.016	0.112	0.071	0.078	0.022

注 表中，塑性计算时，取固支边支座弯矩与跨中弯矩的比值 $\beta=1.4$；弹性方法计算时取泊松比 $\nu=0.2$。

表 2-5   周边固定板的极限荷载

平板尺寸			极限荷载 q_u（kN）		$\dfrac{\text{塑性理论值 } q_u^l}{\text{试验值 } q_u^t}$	$\dfrac{\text{弹性理论值 } q_u^e}{\text{试验值 } q_u^t}$
板厚（mm）	边长 l_1（m）	边长 l_2（m）	试验值 q_u^t	塑性理论值 q_u^l		
121	2.0	2.0	434.0	395.0	0.910	0.664
80	2.0	2.0	270.2	248.0	0.918	0.670
122	2.0	2.0	426.2	378.0	0.883	0.644
81	2.0	2.0	275.3	237.0	0.860	0.628
122	2.0	2.0	416.2	385.0	0.926	0.675
81	2.0	2.0	263.8	235.0	0.890	0.650
121	3.0	2.0	462.2	381.0	0.825	0.507
121	4.0	2.0	531.5	428.0	0.805	0.520

表 2-6   冷轧双翼变形钢筋混凝土双向板的极限荷载

试件编号	f_y（N/mm²）	试验值 q_u（N/m²）	塑性理论值 q_u^l（N/m²）	$\dfrac{\text{试验值 } q_u^t}{\text{塑性理论值 } q_u^l}$
B601	360	16.73	9.73	1.72
	400	16.73	10.90	1.53
B502	400	19.51	8.87	2.20
	360	19.51	9.91	1.97

三、双向板与单向板的分界界限的模糊性

《混凝土规范》（GB 50010—2010）第 9.1.1 条[●]规定：四边支承板当长边与短边长度之比 $l_2/l_1 \leqslant 2$ 时，应按双向板计算；当 $2 < l_2/l_1 < 3$ 时，宜按双向板计算，如按沿短边方向受力的单向板计算时，应沿长

● 《混凝土规范》（GB 50010—2002）第 10.1.2 条与此相同。

边方向布置足够数量的构造钢筋；当 $l_2/l_1 \geqslant 3$ 时，可按沿短边方向受力的单向板计算。这就出现了一个问题，即当 $2 < l_2/l_1 < 3$ 时，究竟是属于双向板还是单向板？

关于双向板与单向板的分界线，根据弹性理论，对于四边支承板，当两个方向计算跨度之比 $l_2/l_1 = 2$ 时，在长跨 l_2 方向分配到的荷载小于 6%，但分配到长跨 l_2 方向板带跨中弯矩分配率却大于 20%。现以承受均布荷载四边简支板为例，若记跨中最大挠度 $f = \alpha \dfrac{q l_1^4}{B_c}$，最大弯矩 $M_{1max} = \beta_1 q l_1^2$、$M_{2max} = \beta_2 q l_1^2$，将其系数 α、β_1、β_2 列于表 2-7[4]。

表 2-7　　　　　均布荷载作用下四边简支矩形板计算系数

l_2/l_1		1.0	1.5	1.8	2.0	3.0	4.0	∞
α		0.0443	0.0843	0.1017	0.1106	0.1336	0.1400	0.1422
β_1	$\nu = 0.3$	0.0479	0.0812	0.0948	0.1017	0.1189	0.1235	0.1250
	$\nu = 0.2$	0.0442	0.0784	0.0927	0.1000	0.1184	0.1234	0.1250
	$\nu = 0.0$	0.0368	0.0727	0.0884	0.0965	0.1173	0.1231	0.1250
β_2	$\nu = 0.3$	0.0479	0.0500	0.0479	0.0464	0.0404	0.0384	0.0375
	$\nu = 0.2$	0.0442	0.0427	0.0391	0.0368	0.0287	0.0261	0.0250
	$\nu = 0.0$	0.0368	0.0282	0.0214	0.0175	0.0052	0.0015	0.000

注　表中泊松比 $\nu = 0.2$、$\nu = 0.0$ 结果系作者根据 $\nu = 0.3$ 结果换算得出的。

当 $l_2/l_1 = 2$ 时，对于混凝土结构，泊松比 $\nu = 0.2$，四边简支板 $M_1 = 0.100 q l_1^2$，$M_2 = 0.0368 q l_1^2$，$M_2/(M_1 + M_2) = 26.9\%$；对于四边固支板，$\nu = 0.2$ 时，由手册[14]查表得 $M_1 = 0.04076 q l_1^2$，$M_2 = 0.0118 q l_1^2$，$M_2/(M_1 + M_2) = 22.45\%$，表明 $l_2/l_1 = 2$ 时，仍具有双向板的传力性质。而当 $l_2/l_1 = 3$ 时，由表 2-7 可知，其最大挠度与 $l_2/l_1 = \infty$ 时的结果相差 6.4%、最大弯矩与 $l_2/l_1 = \infty$ 时的结果相差在 10% 左右。因此，以 $l_2/l_1 = 3$ 作为双向板与单向板的分界线更合适。由于目前国内结构设计手册中均没有给出 $2 < l_2/l_1 < 3$ 时的塑性理论计算参数，作者根据《建筑结构静力计算手册》[13]的公式，导出了塑性理论计算参数，适合于 $1 \leqslant l_2/l_1 \leqslant 3$，详见文献 [47] 附录。

值得一提的是，表 2-7 中，当 $l_2/l_1 = \infty$ 时，$M_{1max} = q l_1^2/8$、$M_{2max} = \nu q l_1^2/8$，与单向板的内力平衡条件并不一致。

可见，单向板和双向板的分界线是相对的，对于四边支承板，纯粹的、完全由一个方向传力的单向板是不存在的。由于目前国内的弹性理论或塑性理论计算手册均未给出 $2 < l_2/l_1 < 3$ 时的计算参数，所以绝大部分的设计均将 $2 < l_2/l_1 < 3$ 时按单向板设计。《混凝土规范》（GB 50010—2002）实施前，工程实践中通常根据《简明建筑结构设计手

册》[12]，在垂直受力方向单位长度上分布钢筋一般为 $\phi6@250$ 或 $\phi6@200$，也有按 $\phi6@300$ 配的，这些工程均能满足承载力和正常使用两种极限状态，所以从工程设计的角度来说，$2<l_2/l_1<3$ 时按单向板来设计也是完全没问题的。美国 ACI 规范指出：板的体系可用满足平衡和几何协调条件的任何方法设计，只要该法使截面的承载力至少等于所要求的承载力并满足位移控制等适应性要求。也就是说，在 $2<l_2/l_1<3$ 时，究竟是按单向板还是按双向板来设计，完全取决于配筋方式：如果按双向板方式来配筋，则它是双向板；如果按单向板方式来配筋，则它是单向板。在这里，配筋方式成了划分单向板和双向板的依据。

由上述三个例子可见，结构设计常见的钢筋混凝土梁、板结构的内力计算结果和计算方法并不唯一，正如英国 Ove Arup 所说的："结构设计是一门艺术，没有唯一解。只有不断地探索去寻求相对的最佳，而无绝对的最优。"[70]

四、地基反力分布的不均匀性

结构设计时一般均假设地基反力均匀分布或线性分布，但事实上，地基反力的分布是不均匀的。《高层建筑箱形与筏形基础技术规范》（JGJ 6—2011）附录 E 中给出了地基反力系数。表 2-8、表 2-9 分别列出了该规范中最简单的矩形平面黏性土、砂土地基的地基反力系数。

由表 2-8 可知，最大反力系数为 1.381，最小为 0.800，最大反力系数/最小反力系数＝1.381/0.8000＝1.726。由表 2-9 可知，最大反力系数为 1.5875，最小为 0.7175，最大反力系数/最小反力系数 1.5875/0.7175＝2.2125。可见，实际的地基反力不可能是均匀分布的。此外，据《高层建筑箱形与筏形基础技术规范》（JGJ 6—2011）第 6.3.7 条条文说明介绍，国内大量的测试表明，箱形基础顶、底板钢筋实测应力一般只有 $20\sim30\mathrm{N/mm^2}$，最高的也不过 $50\mathrm{N/mm^2}$，远低于考虑上部结构参与工作以后箱形基础顶、底板钢筋的设计应力值。

表 2-8　　　　黏性土地基的地基反力系数($L/B=1$)

1.381	1.179	1.128	1.108	1.108	1.128	1.179	1.381
	0.952	0.898	0.879	0.879	0.898	0.952	1.179
		0.841	0.821	0.821	0.841	0.898	1.128
	对		0.800	0.800	0.821	0.879	1.108
				0.800	0.821	0.879	1.108
					0.841	0.898	1.128
				称		0.952	1.179
							1.381

表 2-9 　　　　　 砂土地基的地基反力系数(L/B=1)

1.5875	1.2582	1.1875	1.1611	1.1611	1.1875	1.2582	1.5875
	0.9096	0.8410	0.8168	0.8168	0.8410	0.9096	1.2582
		0.7690	0.7436	0.7436	0.7690	0.8410	1.1875
	对		0.7175	0.7175	0.7436	0.8168	1.1611
				0.7175	0.7436	0.8168	1.1611
					0.7690	0.8410	1.1875
				称		0.9096	1.2582
							1.5875

五、基础沉降计算结果与实际沉降观测结果之间的差异性

(一) 桩基础沉降实测值与计算沉降的对比

结构设计时，基础沉降计算结果与实际沉降观测结果之间的差异性是比较大的。文献 [17] 给出了 28 个工程实例采用 4 种计算方法计算出的计算沉降量和相应的实测结果（见表 2-10）。

根据以上 28 个工程实例计算与实测的统计分析，桩基础最终沉降量计算方法一般可参照方法 3 进行，但当桩群布置较为稀疏或桩基础形式与实体深基础假定有较大出入时，应按方法 4 进行估算[17]。

(二) 大型油罐软土地基 PHC 桩复合地基沉降实测与计算沉降对比

上海市杨浦区某工程，拆除原 12 个 1000m³ 油罐改建 4 个 10000m³ 大型油罐，经技术论证、经济对比采用 PHC 桩复合地基。根据本工程岩土工程勘察报告，场地自天然地面以下埋深 35m 范围内，自上而下依次为以下 7 个地质层：

1. 第四系全新统上段 （Q_4^3）

本场地包括①、②层。

(1) 第①层根据土性差异可分为①$_{1a}$和②$_{1b}$两个亚层。

1) 第①$_{1a}$层素填土，灰黄色，结构松软，主要以黏性土为主，夹有细小碎石，主要分布在拟建场地的南面。

2) 第①$_{1b}$层杂填土，杂色，结构密实，主要成分为钢渣，其直径一般大于 2cm，现场用钢钎、镐开挖不动。该层分布在现有油罐区，为原油罐区地基，层平均厚度 5.5m。

(2) 第②$_3$层黏质粉土，灰色，滨海至河口相沉积，由松散至稍密，中等压缩性，含云母，土质不均，其中 J4 孔附近夹较多黏性土，本场区仅在 G3 孔 （约 2.6~2.9m 深处）、G4 孔 （约 3.10~3.40m 深

表 2 - 10　　桩基础实测与计算沉降对比

工程名称	桩设计尺寸及数量					基础平面尺寸(m×m)	单桩荷载(kN)	承台底附加压力(kPa)	实测沉降量(mm)	计算沉降量(mm)			
	类型	桩径(m)	桩长(m)	入土深度(m)	根数(根)					方法1	方法2	方法3	方法4
俱乐部	混凝土方桩	0.45	31.9	34.3	235	19×38	850	251	215	385	323	246	210
某宾馆	混凝土方桩	0.45	40.5	44.3	400	31×29	1330	313	161	370	317	219	192
某住宅	混凝土方桩	0.45	24.0	26.0	174	24×26	685	271	182	171	119	121	150
某大楼	混凝土方桩	0.45	24.0	27.1	207	15×41	576	172	197	297	279	207	187
某大楼	混凝土管桩	0.55	40.9	43.6	92	14×42	1160	202	96	83	57	49	28
某公寓	混凝土管桩	0.61	50.0	52.2	205	43×30	1750	360	72	171	102	97	81
某住宅	混凝土方桩	0.45	8.0	9.9	270	24×26	470	213	285	426	398	497	480
某住宅	混凝土方桩	0.45	24.5	26.4	174	24×26	800	283	136	413	322	291	178
某住宅	混凝土方桩	0.45	26.0	27.9	212	13×46	724	186	103	259	200	178	100
某住宅	混凝土方桩	0.40	15.4	16.9	206	22×50	380	123	337	270	—	232	116
某住宅	混凝土方桩	0.40	13.5	16.7	176	18×54	350	119	233	153	—	132	83
某大楼	混凝土方桩	0.45	26.0	30.0	82	13×26	160	169	97	92	67	62	70
某公司	混凝土方桩	0.40	24.0	27.9	177	22×33	410	106	101	118	121	81	54
某烟囱	圆木桩	0.25	20.0	22.0	54	D=9.0	1740	145	210	171	102	130	94
某煤塔	灌注桩	0.40	20.8	23.0	220	20×21	3920	210	317	321	252	239	222
某医院	圆木桩	0.26	16.8	19.1	630	22×64	230	108	315	307	288	249	295
某公寓	圆木桩	0.28	18.3	23.5	290	16×34	250	103	335	314	282	232	256

续表

工程名称	类 型	桩 设 计 尺 寸 及 数 量				基础平面尺寸(m×m)	单桩荷载(kN)	承台底附加压力(kPa)	实测沉降量(mm)	计算沉降量(mm)			
		桩径(m)	桩长(m)	入土深度(m)	根数(根)					方法1	方法2	方法3	方法4
某冷库	混凝土管桩	0.49	25.3	27.0	640	48×60	750	141	325	312	274	218	281
某住宅	钢管桩	0.61	44.0	45.0	69	32×18	1710	184	14	227	175	134	44
某冷库	混凝土方桩	0.45	19.0	20.5	360	41×41	670	113	272	381	339	299	297
某饭店	混凝土方桩	0.40	18.5	19.4	212	45×18	374	94	257	250	221	201	161
某新村	混凝土方桩	0.40	17.0	18.0	76	17×26	419	99	47	161	137	134	112
某工程	混凝土方桩	0.45	30.0	33.7	53	D=19.85	374	25	3	7	6	5	17
某冷库	混凝土方桩	0.45	16.0	17.3	1020	72×49	494	128	314	469	446	399	292
某住宅	混凝土方桩	0.40	22.0	24.1	224	36×17	385	172	153	302	231	220	232
某饭店	混凝土方桩	0.40	24.0	27.0	227	30×22	593	192	79	324	257	226	162
某大楼	混凝土方桩	0.40	29.0	32.2	271	76×15	712	140	50	135	81	83	101
某大楼	混凝土方桩	0.45	36.0	39.4	160	46×19	1183	246	127	304	271	186	141

注 表中的计算方法是：

方法1为不考虑荷载沿桩身扩散，是基底位于桩尖平面的实体深基础法。

方法2为考虑了荷载沿桩身按$\phi/4$角(ϕ为桩入土深度范围内各土层的内摩擦角在深度加权平均值)扩散，也是基底尖位于平面的实体深基础法，但压缩层下限取附加压力为等于土的自重应力的20%。

方法3为考虑深度修正的实体深基础法，这个方法计算沉降量比实测值偏大的现象，其原因是桩尖入土深度起着主导作用。

方法4为从单桩出发考虑桩群桩作用的沉降计算方法，它是建立在常用的单向压缩分层总和法基础上的一种沉降估算法。

处）见到薄层灰色淤泥粉质黏土。摇震反应中等，无光泽反应，干强度、韧性低，该层在场地内遍布，层平均厚度 8.7m。

2. 第四系全新统中段（Q_4^2）

本场地钻至第④层。

(1) 在本场区未见第③层灰色淤泥质粉质黏土。

(2) 第④层淤泥质黏土，灰色，滨海至浅海相沉积，饱和，流塑，高等压缩性，含有机质斑点，土质均匀。偶夹有薄层粉性土。无摇震反应，光泽反应光滑，干强度高，韧性高。该层在场地内遍布，层平均厚度 7.95m。

3. 第四系全新统下段（Q_4^1）

本场地钻及第⑤层。

(1) 第⑤层黏土，灰色，滨海、沼泽相沉积，饱和，软塑，高等压缩性，含有机质、云母、贝壳碎片、半腐殖质及泥质结核，土性均匀。无摇震反应，光泽反应光滑，干强度、韧性高。该层在场地内遍布，层平均厚度 4.9m。

(2) 第⑦层砂质粉土，草黄至灰色，河口至滨海相沉积，饱和，由中至密实，中偏低等压缩性，含云母、铁锈斑纹，土质较均匀，切面粗糙，摇振反应迅速，无光泽反应，干强度低，韧性低。该层在场地内遍布，层平均厚度 5.3m。

(3) 第⑧层黏土，灰至黑灰色，滨海至浅海相沉积，饱和，软塑，高等压缩性，含有机质条纹，夹少量粉性土，无摇震反应，光泽反应光滑，干强度、韧性高。该层在场地内遍布。本层钻至 55.30m 未穿。

根据工程地质勘察报告，本工程持力层为 5.5m 厚的钢渣层，承载力特征值根据原 1000m³ 油罐的荷载推定为不大于 120kPa，而油罐自重＋油重＋基础自重＝195kN/m²，地基承载力不足，需要对地基进行处理或采用桩基础。根据勘察报告，钢渣层其钢渣直径一般大于 2cm，现场用钢钎、镐开挖不动，预制桩难以沉桩，钻孔灌注桩成孔有困难［见图 2-4（a）］。而钢渣层平均 5.5m 厚、场地地下水位埋藏较浅，要将钢渣层挖去显然是不经济的，工期也较长。因此，本工程的最大难点就是如何穿透钢渣层对地基进行加固，补偿承载力的不足、减小沉降。为此建设单位特地采用现场招标的方式，邀请 4 家岩土公司参与穿透钢渣层施工方案投标，最终确定采用 800t 静压桩设备用直径 500mm 的钢套筒穿透钢渣层，从而达到引孔的目的。现场试验表明，当静压桩机具压至 600t 时即可穿透钢渣层，经多方案比较，最后采用 PHC 桩复合地基[84]。图 2-4（b）为 PHC 桩沉桩工序完成后桩、土的现状。根据勘察报告建议值并结合实际经验，PHC 桩复合地基沉降计算结果如表 2-11 所示。

(a)

(b)

图 2 - 4　钢渣现状及处理后的地基表面照片
(a) 钢渣现状照片；(b) 打完 PHC 桩后的地基土

表 2 - 11 　　　　　　　　　　PHC 桩复合地基沉降计算结果

基础宽度 b（m）	28m				附加压力 p_0（kPa）			190kPa	
z_i	z_i/b	α_i	$z_i\alpha_i$	$\Delta z_i\alpha_i$	E_{si}	p_0/E_{si}	ΔS_i	$\Sigma\Delta S_i$	$\Delta S_i/\Sigma\Delta S_i$
6.00	0.214	0.2495	1.497	1.497	22.7	8.370	12.530	12.530	1.000
10.80	0.386	0.2478	2.676	1.179	8.4	22.619	26.673	39.203	0.680
19.00	0.679	0.2350	4.465	1.789	7.7	24.580	43.967	83.170	0.529
24.20	0.864	0.2300	5.566	1.101	15.8	12.041	13.257	96.427	0.137
28.80	1.029	0.2234	6.434	0.868	6.1	31.148	27.034	123.460	0.219
33.50	1.196	0.2149	7.199	0.765	10.6	17.925	13.716	137.177	0.100
55.00	1.964	0.1766	9.713	2.514	3.7	50.802	127.709	264.886	0.482
56.00	2.000	0.1746	9.778	0.065	3.7	50.802	3.282	268.168	0.012

$$压缩模量当量值 \overline{E_s} = \frac{\sum\limits_{i=1}^{n}\Delta A_i}{\sum\limits_{i=1}^{n}\dfrac{\Delta A_i}{E_{si}}} = 6.89, p_0 \geqslant f_{ak}, 则 \psi_s = 0.73。油$$

罐边缘最终沉降量值 $S = 268.2 \times 0.73 = 195.79$mm，预计的油罐中心点计算沉降量为 450mm 左右。而油罐安装工程结束后进行了试水，最大水位 17.2m，满载 24h，油罐边缘最大沉降量 55.0mm，理论与实测值相差较大。

六、结构计算简图的粗略性

混凝土结构的分析比较复杂，原因是组成混凝土结构的钢筋及混凝土两种材料的性能差别很大。钢筋是弹性材料，但在屈服后呈现弹塑性性能。混凝土在拉、压作用下强度相差很大；在不同应力水平下分别呈现弹性和塑性性能；达到强度峰值还有应力下降段；在产生裂缝后更成为各向异性体。因此，钢筋混凝土结构在荷载作用下的受力变形过程十分复杂，是一个变化的非线性过程。由于混凝土结构的上述特性，在设计时很难通过简单的运算直接求出相应的荷载作用效应。在实际工程设计中，就存在着各种不同的混凝土结构分析方法。它们对不同的结构，从不同的角度进行结构分析，力图求得能反映结构实际受力状态的效应，以进行科学合理且具有一定精度的设计。

结构分析的基本要求是：根据已经设立的结构方案确定合理的计算简图，选择不利的荷载或作用组合，通过计算分析，准确地求出结构内力，以便进行截面计算并采取可靠的构造措施。为了便于计算，结构分析时应采取各种简化手段和近似假定，还应根据实际情况提出计算模型并配套给出相应的构造措施。计算的最终结果还应校核和修正。所有这些假设、模型、手段和措施都必须有可靠的理论依据或试验验证。

结构分析的主要内容如下[30]。

（一）荷载作用效应

混凝土结构按承载力极限状态计算和按正常使用极限状态验算时，应按《建筑结构荷载规范》（GB 50009）及《抗震规范》（GB 50011）规定的相应荷载组合进行结构效应分析。当结构可能遭遇撞击、爆炸和火灾等偶然作用时，尚应按国家有关标准的要求进行相应的结构分析。

结构在施工和使用阶段，有多种受力工况时，应分别进行结构分析并确定其可能的最不利的荷载效应组合。一般情况下，应对结构整体进行荷载作用效应分析，必要时应对其中的某些受力特殊的部位进行更详细的力学分析，以确保结构的安全。

（二）结构计算简图

确定混凝土结构的计算简图时应注意以下事项：

（1）计算简图应能代表结构的体形和几何尺度。

（2）边界条件和连接方式（刚接、弹性嵌固、铰接和简支等）应能反映结构的实际受力状况，并应有相应的构造措施加以保证。

（3）截面尺寸和材料性能应能符合结构的实际情况。

（4）荷载的数值、位置及组合与结构的实际受力情况吻合。

（5）考虑施工偏差、初始应力及变形位移状况，并对计算简图加以适当的修正。

（6）根据结构的特点和受力状况，计算简图可以作适当的简化或近似假定，但应有理论或试验依据，或者具有可靠的工程经验。

（7）计算结果应能符合工程设计所必需的精度要求。

（三）结构分析的基本条件

任何结构分析均应满足力学平衡条件和变形协调条件，并采用合理的材料或构件单元的本构关系。钢筋混凝土由于是两种材料的组合，其性能相差较大。混凝土在拉、压作用下的本构关系不一致，混凝土在开裂前基本处于弹性阶段，在开裂后则处于弹塑性阶段，其本构关系也不一致。因此，钢筋混凝土的本构关系一般由试验确定或选用成熟的模式再由试验确定它的参数来加以标定。

七、温度应力计算的特殊性

《荷载规范》（GB 50009—2012）第 9 章给出了温度作用的设计计算规定。但实际工程中还很少有按此规定进行设计计算的。主要原因是温度作用如果按现有的程序计算，计算出来的结果与实际情况不符，也不好配筋。北京有一个项目，属于超长结构，纵向长度 138m，设计时考虑 20℃ 温差、构件刚度按弹性刚度的 50% 考虑进行计算，其结果板中双层双向统配 $\phi14@200$ 的钢筋只承担了 50% 左右的温度应力，还需要采用微膨胀混凝土来消除剩余的温度作用所产生的拉应力。按理说，实际工程所遇到的温差可能要大于 20℃，但如温差考虑过大（如25℃），设计就更不好处理了。

产生这一现象的主要原因是温度变化是一个渐变的过程，温差产生的应力也应有一个逐渐发展变化的过程，而设计计算把它作为一次性作用来考虑，这就与实际情况不符了。

就温度作用来说，构件所处环境的温度变化在极短的时间内发生超过 10℃ 以上的剧烈温升或温降的可能性不是很大，一般的温度变化可能就在 10℃ 左右，而在这一幅度的温度作用下，构件实际上通过混凝土、砌体等内部的微裂缝、预制构件连接处的开裂等渠道，逐渐将温度应力消解和平衡了，在后续的温差作用下，又消解和平衡一部分，这与一次性温度降低或升高 20℃ 是不同的。温度作用下构件的逐渐取得自平衡的效应目前计算程序还难以准确模拟，这就是温度作用目前设计遇到的困境。

由于温度作用下构件应力能够逐渐取得自平衡，所以并不是结构平面长度（一般是纵向）越长温度应力越大，它在理论上有一个界限值，只是这个界限值理论上很难算出来，因为影响因素太多，主要与材料、结构型式、结构平面的刚度及平面形状、上下层的刚度比（体现约束程度）、施工时的温度与湿度、温度应力传递途径等有关，也正因为影响因素多且错综复杂，也比较难以通过对实际建成的工程的统计得出比较明确的结论。因此，《混凝土规范》（GB 50010—2010）第 8.1.1 条关于伸缩缝设置的要求是比较粗略的规定，满足规范要求的不等于就解决了温度应力作用问题。当然反过来也同样，伸缩缝设置不满足规范要求的建筑，未必一定是裂得一塌糊涂，更不能说 150m 长的建筑就一定比 80m 长的建筑伸缩作用更大、更显著，超过一定的界限它的影响是差不多的（出现分段平衡现象）。它的应力自平衡情况是有一定规律的，这一规律与长度在一定的范围内还是成正比的，但不总是成正比。

但温度作用在工程上体现得非常明显，它不是可有可无的设计因素，更不是可以忽略的因素。

第一，是女儿墙。几乎所有的女儿墙都有裂缝，只是程度不同而已，所以《混凝土规范》（GB 50010—2010）第 8.1.1 条要求挑檐、雨篷等外露结构局部伸缩缝间距不大于 12m。根据这一情况，与之配套的设计，混凝土女儿墙应双层配筋以抵抗温度收缩作用，尤其是转角处，应力易集中，更易开裂。而且必须建立一个概念，就是即使配筋了女儿墙仍然也要开裂的，配筋只是限制裂缝的扩展。有一工程，建于 1988 年，挑檐悬挑 600mm，单面配筋，无配筋的一面（底层）开裂且只有一条很宽的裂缝（见图 1-6），观感差，最后只能拆除重新修复。设想一下，如果当时设计时按双面配筋，情况可能就会好得多。

第二，结构平面的形状也是重要的。一字形、没有凹凸的平面，温度作用较大，平面中有凹凸的，相当于长距离管线工程中的 Ⅱ 形伸缩器，温度应力相对较小。

第三，屋面保温和外墙保温也很重要，它是限制使用期间温度变化的主要因素。

第四，施工期间的措施，如设置后浇带，加强混凝土的养护措施，限制大体积混凝土的温差不超过 25℃，拆模板时控制温差等均对控制温度作用有明显的效果。

总之，温度作用是一个复杂的问题，仅靠计算来实现对温度作用的控制，目前还不现实。但温度应力计算还是有用的，主要是通过计算分析其应力分布，而且不同工程之间也可以通过计算来进行比较，从而找出规律。但将计算结果用于设计，则要考虑其适用性，分析其结果是否反映实际情况，不宜一概而论。

八、强度定义的多样性

新西兰 T. Paulay 和 R. L. Williams 教授指出，在确定一个理想的能量耗散机理体系之前，先要规定各种强度的定义[37]。

（一）理想强度

一个截面的理想强度或标志强度，是根据理论上的截面破坏性能而确定的，它基于所假定的截面几何形状、实际配筋量及规定的材料强度，例如规范规定的混凝土抗压强度 f_c' 和钢筋的屈服强度 f_y。

（二）可靠强度

考虑到强度特性的变化及破坏性质和后果的不同，只有部分理想强度能可靠地抵抗荷载规范中的荷载。因此，要引用强度降低系数 ϕ

来求可靠强度，即

$$可靠强度 = \phi \times 理想强度$$

（三）超限强度

大量震害和试验证明，结构实际的抗震能力要大于其设计抗震能力。超限强度是计及可能存在着超过理想强度的各种因素。这包括实际的钢筋强度高于规定的屈服强度及在大变形下由应变硬化而提高的强度，实际的混凝土强度高于规定值，截面尺寸会大于原设计，受弯构件中因混凝土受到侧向约束而提高其轴向抗压强度，以及附加的构造钢筋参与受力等因素。

（四）各种强度间的关系

根据新西兰生产及实际供应的 275 级钢筋，可应用下列关系确定构件的强度：

$$可靠强度 = 0.9 \times 理想强度$$
$$超限强度 = 1.25 \times 理想强度$$
$$超限强度 = 1.39 \times 可靠强度$$

应该说，上述三种强度的定义还是有它的实际意义的，可惜的是国内还没有研究者根据国产钢筋给出相应的各种强度间的换算关系。

第三节
结构理论计算结果名义效应的设计对策

自实行住房商品化及设计安全责任终身制后，结构设计人员的责任增大了，所需要解决问题的深度和广度都比以前更大了。在这种现实面前，设计人员谨慎些是可以理解的。但有些场合，一些设计人员又过于谨慎了。例如，办公楼、住宅使用活荷载为 $2.0kN/m^2$，如果用户局部使用荷载超过 $2.0kN/m^2$，如 $2.3kN/m^2$，遇到这种情况时，有的同志说需要加固，因为使用荷载超出规范给出的荷载标准值。规范中荷载分项系数是 1.2，如果一点都不能超，何必要设置这个大于 1 的分项系数？再说，实际工程中，当用户堆放物品的重量超过 $2.0kN/m^2$后，未必有问题。国内外有关钢筋混凝土原型结构的破坏性试验结果表明，实测破坏荷载均大于按塑性铰线理论求得的理论值。而 Ocklesten 在监督旧医院工作时发现，很难用竖向加载的办法去破坏一块四周与其他板相连的板[3]。这些都说明实际结构尤其是现浇混凝土结构是有一定的安全储备的（对于预制空心板楼盖，则应慎重些）。对于梁来说，《混凝土规范》（GB 50010—2010）第 5.2.4 条规定跨中可以按 T 形截面进行截面设计，但目前国内的计算程序均按矩形截面考虑，实际配筋均有一定的安全储备。据说毛泽东曾跟赵朴初开玩笑说："佛经里有些语言很奇怪，佛说第一波罗蜜❶，即非第一波罗蜜，是名第一波罗蜜。佛说赵朴初，即非赵朴初，是名赵朴初。看来你们佛教还真有些辩证法的味道。""佛说"、"即非"、"是名"就是《金刚经》的主题，整部《金刚经》反复讲述的就是这一主题，在《金刚经》的最后，佛说了一首偈子："一切有为法，如梦幻泡影，如露亦如电，应作如是观。"结构计算结果、规范给出的限值不至于是"如梦幻泡影，如露亦如电"，然而，根据目前的技术水平，虽然计算手段已经很先进，可以精确到小数点后几十位，但结构计算结果只是名义上的结果，与实际情况在绝大多数情况下不一致，结构计算结果的名义效应是客观存在的。马克思在《资本论》第三卷第七篇中说："如果事物的表现形式和事物的本质会直接合而为一，一切科学就都成为多余的了。"❷

结构计算结果的名义效应实际反映出的是逻辑推理中真实性与正确性的相互关系问题。目前的结构计算形式上是正确的，但由于预先进行了各种简化处理，使得它的计算条件与实际情况并不完全一致，这就造成了结构计算结果不能反映结构的实际受力状况。

本章分析理论与实际之间的差异性，其目的不仅仅在于阐述差异性本身，而在于讨论对这类差异所持的态度。作者主张对这类差异应持以下态度。

（1）我们要尊重计算结果，并学会千方百计地利用现有的理论成果进行合理的计算。因为现今的计算理论是人类长期的工程建设经验、理论分析成果和试验结论的综合反映，是人类智慧的结晶。黑格尔说过："当一种哲学被推翻的时候，其中的原则并没有失去，失去的只是这种原则的绝对性和至上性。"我们所反对的只是将理论计算结果和规范条文视为一条不可逾越鸿沟的这种绝对性和至上性，而在大多数情况下，按照理论计算结果和规范条文的要求进行设计，至少在目前仍然是一种正确而明智的选择。

（2）我们要学会分析计算结果的可靠性和准确性，尤其要充分理解计算结果只是相对真理性。不要以为计算结果即是真理，不能有丝毫的放松和变通余地，如果是这样的话，结构的安全性隐患就是一个普遍的问题了，因为结构实际情况与计算假定之间或多或少总存在这样那样的差别。结构体系能够历经风、雨、地震等各种自然的作用，以及人为使用荷载的各种变化的考验，至少说明结构体系是具有一定抵抗意外作用能力的，绝不至于像宋玉东家之子那样"增之一分则太长，减之一分则太短；著粉则太白，施朱则太赤"❸娇惯和精细。

（3）我们要重视概念设计。亚里士多德说："一切皆混，唯有理性

❶ 波罗蜜，Puramita，是印度观念到"彼岸"之意。

❷ 《马克思恩格斯全集》第 25 卷，第 923 页。

❸ 宋玉，《登徒子好色赋》。

❶ ［古希腊］亚里士多德，《形而上学》，商务印书馆，1991 年版，第 21 页。

独净不混。"❶既然理论计算目前还不完善，那么建立在人们理性基础上的概念分析和判断就不可或缺，尤其是在一体化计算程序非常普及的今天更应强调概念设计的重要性。概念设计不是凭空产生的，容柏生在一次讲座中指出，概念设计的主要依据和来源有：①深刻理解各种结构的工作原理和力学性质；②熟悉各类结构的设计原则；③掌握各种计算机程序的适用范围、力学模型、处理原则和开关使用等；④丰富的工程经验，包括积累的直接经验和间接吸收的间接经验。通过概念设计可以做到：①保证正确的设计方向，即方向要对头；②符合外部条件，使设计经济合理；③发现并解决设计中的问题；④判断设计结果的正确性；⑤促进创新，提高设计质量。创新发明不是盲目的，是通过原理分析使之与外部条件相适应。新设计源于概念、合乎逻辑。

（4）在设计阶段，我们应有意识地加强重点部位和重要构件。正因为结构计算与实际地震作用、实际正常使用条件存在不一致，构件设计时一般均留有一定的富余量或对构件相对强弱关系进行人工干预。根据"小震不坏、中震可修、大震不倒"的抗震设计原则，在强烈地震作用下要求结构处于弹性状态是没必要的，也是不经济的。通常的做法是在中等烈度的地震作用下允许结构某些杆件先屈服，出现塑性铰，使结构刚度降低，塑性变形加大，当塑性铰达到一定数量时，由于结构自振周期延长，虽然结构承受的地震作用不再增加或增幅较小，但结构变形却迅速增加。为了使抗震结构具有能够维持承载能力而又具有较大的塑性变形能力，设计时应遵循"强剪弱弯"、"强柱弱梁"和保证主要耗能部位具有足够延性性能的设计原则。

《混凝土规范》（GB 50010—2010）第 11.3.1 条和第 11.3.6 条是通过控制混凝土受压区高度、规定最小配筋率、梁上部和下部纵筋的比例关系以及梁端箍筋配置要求等措施，以确保梁端塑性铰区具有足够的塑性铰转动能力。该规范第 11.3.2 条、第 11.4.1 条～第 11.4.5条主要是通过各种内力调整系数，确保"强剪弱弯"和"强柱弱梁"设防目标的实现，其实质则是调整梁端箍筋和纵筋、梁纵筋和柱纵筋、柱箍筋和纵筋之间的相对比例关系，使结构在较强或更强地震作用下形成梁端塑性铰出现较早、较普遍，柱端塑性铰出现较迟、数量相对略偏少，且不致形成明显的"楼层柱铰机构"的塑性耗能格局，并通过塑性耗能避免在较强地震作用下的结构严重损伤和在更强地震作用下发生危及人身安全的局部或整体失效。同样，在剪力墙结构底部一定高度范围内设置塑性铰区，通过内力调整使其他部位不出现屈服，而在塑性铰区内采取加强横向分布钢筋和边缘构件的配筋等措施，防止剪切破坏，提高剪力墙的变形能力，从而增强结构防倒塌的抗震性能，即可通过调整上下楼层的配筋相对关系，有目的地利用各楼层刚度分布和塑性内力重分布来控制薄弱层或薄弱部位，使之不致发生过大弹塑性层间变形，达到既有足够的变形能力，又不使薄弱层转移。

在正常使用条件下，为确保常规荷载作用下的结构安全，对非地震区的梁、板、柱、墙或地震区的楼板等构件设计时一般也应留有一定的富余量。至于富余量留多少合适，则是工程师水平的体现。

（5）人类在工程建设历史上确实经历过一系列惨痛的教训，要认真吸取工程建设史上设计、施工、管理和使用过程中失败的教训，避免悲剧重演。邻国日本近年来时兴起了"失败学"。从政府官员到企业界人士，都在关心如何不"失败"。不少企业界人士还纷纷加入了"失败学会"，"失败学"逐渐兴旺起来。实践证明，"从成功中学得少，从失败中学得多"，世界闻名的三大事故就是典型代表：

1）1940年，美国华盛顿州的塔克马新建成了一座索桥，但建成才4个月就被每秒19m的横风所摧毁。后来的分析表明，桥梁被毁是横风引起的自感应震动造成的。这一原理清楚以后，带动了索桥技术的飞跃发展。日本明石海峡大桥能承受每秒80m的狂风，这其中也包含了塔克马索桥的教训。

2）1952年，德·哈维兰彗星号喷气式飞机问世后名噪一时，但在其后不久连续发生坠落事故。后来才知道是当时并不知晓的金属疲劳的原理在作怪，波音公司吸取了教训，将高空中的金属疲劳知识应用于新飞机的开发，结果波音公司的产品席卷了世界飞机市场。

3）第二次世界大战期间，美国制造的"解放"号万吨运输船接连受到破坏，调查发现是由于钢在0℃以下失去伸缩性，出现"冷脆"现象造成的，这一失败促进了以后的钢铁利用技术，特别是焊接技术的飞跃发展。

由此可见，将失败转化为成功的关键是正视失败，并将失败中隐藏着的发展基因发掘出来。恩格斯指出："在黑格尔那里，恶是历史发展的动力借以表现出来的形式。这里有双重意思，一方面，每一种新的进步都必然表现为对某一神圣事物的亵渎，表现为对陈旧的、日渐衰亡的、但为习惯所崇奉的秩序的叛逆，另一方面，自从阶级对立产生以来，正是人的恶劣的情欲——贪欲和权势欲成了历史发展的杠杆，关于这方面，例如封建制度的和资产阶级的历史就是一个独一无二的持续不断的证明。"❶恩格斯这里主要指的是历史发展方面的规律，其实其他方面也同样，古往今来，人们往往偏重对成功经验的吸取，而疏于对失败教训的探寻。对国人而言尤其如此。失败分为"好的失败"和"不好的失败"。"好的失败"是指在遭遇未知之事时，即使充分注意也难以避免的失败，如果能从这种失败中认真总结经验，往往能开拓人类未知的新领域；"不好的失败"是指不该失败的失败，如不负责

❶《马克思恩格斯选集》第4卷，第233页。

任、玩忽职守所导致的失败。对"不好的失败"必须严惩，但要将追查原因和追究责任这两者区分开来，善意对待当事人，帮助他鼓足勇气战胜失败，不再重犯。学习"失败学"，目的是通过对失败成因的分析，让人们少走弯路，将事故消灭在萌芽状态。美国人海因里希在分析工伤事故的发生概率时发现，在一件重大灾害的背后有29件轻度灾害，还有300件有惊无险的体验。海因里希将此提升为保险公司的经营法则，即"海因里希法则"。这一法则可完全用于"失败学"上，即在一件重大的失败事故背后必有29件"轻度投诉程度"的失败，还有300件潜在的隐患。对结构设计而言，可怕的是对潜在性失败毫无觉察，或是麻木不仁，结果导致无法挽回的失败。因此，一方面，我们不主张对计算结果的过分依赖和将规范作为"圣旨"来看待的消极行为；另一方面，我们更应防备各种可能的潜在的隐患，避免重大事故的发生。

（6）面对地震、海啸、洪水等自然灾害，我们要以敬畏之心，谋取尽可能多的应对策略。康德说："高耸而下垂威胁着人的断岩，天边层层堆叠的乌云里面挟着闪电与雷鸣，火山在狂暴肆虐之中，飓风带着它摧毁了的荒墟，无边无界的海洋，怒涛狂啸着，一条巨大河流的一个高高的瀑布，诸如此类的景象，在和它们相较量里，我们对它们抵拒的能力显得太渺小了。但是假使发现我们自己却是在安全地带，那么，这景象越可怕，就越对我们有吸引力。我们称呼这些对象为崇高，因它们提高了我们的精神力量越过平常的尺度，而让我们在内心里发现另一种类的抵抗的能力，这赋予我们勇气来和自然界的全能威力的假象较量一下。"[1]虽然现阶段人类抵抗自然的能力比康德生活的年代大大提高了，但与自然的威力相比，我们仍然还是"渺小"的。2004年印度洋地震及其引发的海啸、2005年美国"卡特里娜"飓风、2008年汶川地震、2010年海地里氏7.3级地震、2011年日本宫城县里氏9.0级特大地震等特大自然灾害，均造成大量的人员伤亡和财产损失。这充分说明，人类还不具备完全"抵抗"自然灾害的能力，我们只能在一次一次的失败中"勇于"面对自然的挑战，以"智"和"巧"取胜。对结构设计者来说，我们应正确看待结构计算、构造和规范，它们都只是相对正确的和有条件的。

夏威夷大学哲学系的成中英教授认为，人类的思维方式可以区分为三种："一是两者兼取（both - and），二是两者取一（either - or），三是两者皆不取（neither - nor）"。列宁说："认识是思维对客体的永远的、无止境的接近。自然界在人的思想中的反映，要理解为不是'僵死的'，不是'抽象的'，不是没有运动的，不是没有矛盾的，而是处在运动的永恒过程中，处在矛盾的发生和解决的永恒过程中。"[2]作者主

[1] 康德，《判断力批判》，第28节。

[2] 《哲学笔记》第二版，第165页。

张在理论分析与概念判断之间、在理论分析与以往经验之间、在防备各种可能的潜在的隐患与适当考虑实际使用环境的变化之间，倡导"两者兼取"的包容态度，既要防备和控制潜在的隐患，也没必要对可能发生的隐患反应过度，毕竟现有的结构体系都不是完美无缺的，钢筋混凝土结构是允许带裂缝工作的，砌体结构的裂缝更多，应充分发挥人的主观能动作用，作出合理的判断。否则，如果各自偏于一隅，因为理论与实践的不一致，而否定设计理论的可靠性；或者因理论的发展，可有一比较精确的计算方法，而完全否定以前被实践证明了的简化计算方法；或者因为实际使用要求与理论计算结果之间稍有偏差就进行加固改造，这些做法对广大设计者和用户来说都是一种悲哀。作者崇尚理论研究，也尊重从实践中总结出的经验，更欣赏人类理性的分析和判断。"什么是真理？一般来说，真理是反映自然界的意识和意识所反映的自然界之间的符合。"[1]黑格尔说："和概念不符合的实在，是单纯的现象，是主观的、偶然的、随意的东西，而不是真理。"[2]"真理就是由现象、现实的一切方面的总和以及它们的（相互）关系构成的。"[3]追求缩小设计理论与设计理论所反映的现实之间差异的路还很长，很长。

[1] 《列宁全集》第14卷，第136页。

[2] 《哲学笔记》第二版，第163页。

[3] 《哲学笔记》第二版，第166页。

第三章
钢筋与混凝土共同工作的机理

作诗不论长篇短韵，须要词理具足，不欠不余，如荷上洒水，散为露珠，大者如豆，小者如粟，细者如尘，一一看之，无不圆成。

——宋·周密《浩然斋雅谈》

钢筋混凝土自诞生以来，在结构工程中得到了广泛的应用。钢筋混凝土作为复合材料，是延性材料钢筋与脆性材料混凝土的有机结合，但延性材料除钢筋外，其他材料如铜、合金等，抗拉强度也高、延性也好，为何没有开发出"铜丝混凝土"或"合金混凝土"呢？这就是说钢筋与混凝土有其特殊的共同工作机理，其他材料难以替代。钢筋与混凝土表现出良好的共同工作性能主要得益于两方面：一方面，是两种材料自身的天然因素；另一方面，是人们的发掘和改进工作。人们通过试验和理论分析，总结出了一整套发挥钢筋与混凝土各自特长的共同工作理论体系及相应的配筋构造，大大提高了钢筋混凝土结构的可靠性，改善了钢筋混凝土结构的受力性能。例如，梁的正截面配筋的适筋梁，抗震结构的"强剪弱弯、强柱弱梁、强节点弱构件"，钢筋的锚固、搭接、弯起和截断等构造做法以及设置合适的受力钢筋混凝土保护层等。如果没有这些理论体系和构造做法，钢筋混凝土结构的可靠性是很差的。宋代周密《浩然斋雅谈》云："作诗不论长篇短韵，须要词理具足，不欠不余，如荷上洒水，散为露珠，大者如豆，小者如粟，细者如尘，一一看之，无不圆成。"钢筋与混凝土两种材料的结合已达到了佛家"圆成"、"圆融"的境界。

第一节
钢筋与混凝土两种材料共同工作的天然因素

钢筋与混凝土两种材料之所以能有效地结合在一起共同工作，主要是因为这两种材料具备以下三个条件：

（1）钢筋与混凝土之间存在着黏结力，使两者能结合起来，因而在外荷载作用下，结构中的钢筋与混凝土协调变形，共同工作。否则，如果钢筋受拉后会在混凝土内滑移，梁截面中受拉钢筋的拉力与受压混凝土的压力将不能组成力偶以承受梁中的弯矩，这样两种材料虽结合在一起却无法发挥共同受力作用。因此，两种材料之间具有黏结力，是两者能够共同工作的先决条件。光圆钢筋的黏结强度由三部分组成：

1）混凝土中水泥凝胶体与钢筋表面的化学胶着力。

2）钢筋与混凝土接触面间的摩擦力或握裹力；混凝土在凝结时产生收缩，因而钢筋产生压力。

3）钢筋表面粗糙不平的机械咬合作用。

光圆钢筋的黏结强度，在滑动前主要取决于化学胶着力，发生滑移后取决于摩擦力和机械咬合力。变形钢筋改变了钢筋与混凝土间相互作用方式，极大地改善了黏结作用。虽然胶着力和摩擦力仍然存在，但变形钢筋的黏结强度主要为钢筋表面凸出的肋与混凝土的机械咬合力。

（2）钢筋和混凝土两种材料的温度线膨胀系数很接近，钢材为 1.2×10^{-5}，混凝土为 $1.0 \times 10^{-5} \sim 1.5 \times 10^{-5}$。这样，当温度变化时，两者之间不会产生较大的相对变形，因而两者之间的黏结力不致遭到破坏。否则，由于两者之间的相对变形过大而发生滑移，使两者不能结合在一起，或因变形不协调而引起材料破坏或混凝土开裂而出现过宽的裂缝。因此，钢筋和混凝土两种材料的温度线膨胀系数基本相同，是两者能够共同工作的必要条件。

（3）钢筋位于混凝土中，混凝土对钢筋起到了保护和固定位置的作用，使钢筋不易发生锈蚀；受压时钢筋不易失稳；在遭受火灾时，不致因钢筋很快软化而导致整体破坏。因此，在钢筋混凝土中，钢筋表面必须留有一定厚度的混凝土作为保护层，这是保持两者共同工作的必要措施。

在实际工程中，经常出现两个影响钢筋与混凝土共同工作的情况：

（1）焊接焊渣未清除。搭接接头采用电弧焊，焊条表面涂有焊药，它起到保证电弧稳定、使焊缝免致氧化，并产生熔渣覆盖焊缝以减缓冷却速度的作用。由于焊渣是很松散的杂物，附着在焊缝的表面阻断

图 3-1　焊接焊渣未清除及混凝土浮浆未清理

了钢筋与混凝土的化学胶着力、握裹力以及机械咬合作用的正常发挥。

（2）施工缝处混凝土浮浆没有清理，同样影响钢筋与混凝土的化学胶着力、握裹力以及机械咬合作用的正常发挥，如图3-1所示。

焊渣的清除、混凝土浮浆的清理看似小节，实则对钢筋与混凝土的共同工作影响很大，钢筋隐蔽验收时应作专项检查。

第二节
保证钢筋与混凝土两种材料共同工作的技术措施

一、防止锚固失效

砖石结构抗震性能差，例如，在日本1891年的浓尾地震中，当时在日本流行的砖石结构大厦和工厂遭受了巨大的灾害，生命财产损失严重。为此，必须找出替代砖石结构的新型抗震材料。日本曾尝试在砖墙缝里放入加强钢筋，由于圆钢施工困难，又采用在砖墙缝里放置扁钢的加强措施，这在当时的日本是相当普及的[32]。1906年，旧金山大地震中，旧金山的很多建筑物遭受了破坏，然而旧金山市金门公园里的一个钢筋混凝土拱形建筑物，虽然受到损伤，却没有倒塌，仍然完整地残存着。这一事实让看惯了砖石结构遭受地震严重破坏的两位前去调查震害的日本学者大为惊奇，在他们随后的抗震材料研究报告中，将钢筋混凝土作为礼物带回了日本。这项工作急剧地推动了日本钢筋混凝土的研究和革新，确定了梁柱刚接的抗震框架体系，在构造方面，推荐了钢筋应有弯钩的做法。然而，在1923年的日本关东大地震中，美式设计的端部不设弯钩的变形钢筋和梁里使用卡昂式特殊钢筋（Kahn bar）的建筑物，无一例外地遭受了严重的破坏。例如，七层高的内外大厦，是当时日本最高的钢筋混凝土结构，在这次地震中完全倒塌，仅残留一面后墙。内外大厦被震坏的主要原因是卡昂筋没有弯钩锚固失效所致。卡昂筋是美国造的特制品，是一种附有箍筋的钢筋，可同时承受拉伸和剪切，而且所有的钢筋都不设弯钩。与此相反，钢筋端部设有弯钩，且完全由钢筋锚固的刚接框架构成的日本式建筑，却表现出很好的抗震性能。同时，这也证实了这种日本式建筑在震后随之发生的火灾中，具有良好的防火性能。此后，作为城市建筑的新宠儿，无论是抗震还是防火性能，钢筋混凝土结构都受到了广泛的推崇，使得钢筋混凝土结构以其他国家从未有过的广度和速度深深地扎根于日本[32]。

由此可见，黏结和锚固是钢筋与混凝土形成整体并共同工作的基础。在常用的结构材料中，锚固是钢筋混凝土所特有的构造措施，设计和施工时必须保证不发生锚固破坏，防止钢筋在受力后被拔出或产生较大的滑移。

二、防止脆性破坏的技术措施

组成钢筋混凝土结构的钢筋及混凝土两种材料的性能差别很大。钢筋是弹性材料，但在屈服后呈现弹塑性性能。混凝土在拉、压作用下强度相差很大；在不同应力水平下分别呈现弹性和塑性性能；达到强度峰值还有应力下降段；在产生裂缝后更成为各向异性体。由于混凝土结构的上述特性，在设计时必须采取相应的措施保证两种材料共同工作。

根据我国《建筑结构可靠度设计统一标准》（GB 50068—2001），混凝土结构应满足安全性、适用性和耐久性三方面的要求。安全性是指结构能承受在正常施工和使用时，可能出现的各种荷载和变形，在偶然事件，如地震、爆炸等发生时和发生后，保持必须的整体稳定性，不致发生倒塌。适用性是指结构在正常使用过程中具有良好的工作性能。耐久性是指在设计使用年限内，在正常的维护条件下，必须保持适合于使用，而不需要进行维修加固。为了达到安全性、适用性和耐久性三方面的要求，钢筋混凝土结构中的钢筋与混凝土在设计使用期内必须保持共同工作。钢筋混凝土结构设计区别于砌体结构、钢结构的最大特点是，除了确定构件截面尺寸、强度等级和构件间的连接方式等外，还必须标注钢筋连接方式、钢筋的锚固长度及做法、受力主筋混凝土保护层厚度以及特殊部位（如主次梁相交处、内折梁）的加筋做法等，这些要求看似互不相干，其实都是为了一个共同的目的，即保证钢筋与混凝土的共同工作。

（一）适筋梁破坏、超筋梁破坏、少筋梁破坏以及构件截面的延性

试验表明，由于纵向受拉钢筋配筋率的不同，受弯构件正截面受弯破坏形态有适筋梁破坏、超筋梁破坏和少筋梁破坏三种。适筋梁是最能说明钢筋与混凝土共同工作机理的，因为适筋梁破坏特点是纵向受拉钢筋先屈服，受压区混凝土随后压碎。因此，它既充分发挥了钢筋抗拉性能好的特点，又发挥了混凝土受压性能好的特长，将两种材料的优势都发挥出来了。而超筋梁的破坏特点是混凝土受压区先压碎，纵向受拉钢筋不屈服，钢筋应力尚小于屈服强度，虽然此时梁仍处于弹性工作阶段，裂缝开展不宽，延伸不高，梁的挠度也不大，但由于受压区边缘纤维已达到混凝土受弯极限压应变值，梁已告破坏。比较适筋梁和超筋梁的破坏，可以发现两者的差异在于适筋梁的破坏始于受拉钢筋的屈服，属于延性破坏，而超筋梁的破坏始于受压区混凝土的压碎，它是在没有明显预兆情况下的突然破坏，属于脆性破坏。超筋梁由于受拉钢筋配置过多，破坏时钢筋不屈服，钢筋受拉性能没有

得到充分的发挥，因而没有形成良好的共同工作机制。少筋梁由于受拉钢筋配置过少，一旦开裂，受拉钢筋立即达到屈服强度，有时迅速经历整个流幅而进入强化阶段，在个别情况下，钢筋甚至可能被拉断。少筋梁破坏时，裂缝往往只有一条，不仅开展宽度很大，且沿梁高延伸较高。少筋梁裂缝一出现即告破坏，其承载力取决于混凝土的抗拉强度，属于脆性破坏类型，故在土木工程中一般不允许采用；但在水利工程中，由于其截面尺寸很大，为了经济的缘故，有时也允许采用少筋梁。也就是说，对于有些构件，尽管配筋率很低，但只要裂缝出现后不迅速扩展，也未必属于少筋梁。因此，对于构件截面高度很大的构件，例如厚度较大的柱下单独基础，就没有最小配筋率的要求，只需满足承载力验算及最小直径和最大钢筋间距要求即可，否则钢筋用量太大。这一点《建筑地基基础设计规范》（GB 50007—2002）编制组的有关成员已作了明确的答复，也经受了大量实际工程的考验。[❶] 同时，必须指出，上述最小配筋率定义只适用于构件截面尺寸是由承载力控制的这一情况。对于基础底板等构件，当截面尺寸是由冲切或剪切控制时，上述最小配筋率的概念不适用。因为在这种情况下，若按上述最小配筋率的规定，会出现在荷载一定的情况下，构件截面尺寸越大，配筋反而需要越多的不合理现象。

此外，根据作者的理解，最小配筋率的要求是由单向受力状态下推导而得的。对于双向板等双向受力构件，如果双向板的一个方向已按单向板计算且板厚选取满足变形控制条件，那么另一个方向只要配构造钢筋就可以了，也可不必考虑最小配筋率的要求。因为《混凝土规范》（GB 50010—2002）第 10.1.2 条[❷]规定：四边支承板当长边与短边长度之比 $l_2/l_1 \leqslant 2$ 时，应按双向板计算；当 $2 < l_2/l_1 < 3$ 时，宜按双向板计算，如按沿短边方向受力的单向板计算时，应沿长边方向布置足够数量的构造钢筋；当 $l_2/l_1 \geqslant 3.0$ 时，可按沿短边方向受力的单向板计算。根据本书第二章的分析，当 $2 < l_2/l_1 < 3$ 时，理论上应该属于双向板，因为根据弹性理论，对四边支承板，当两个方向计算跨度之比 $l_2/l_1 = 2$ 时，在长跨 l_2 方向分配到的荷载小于 6%，但分配到 l_2 方向板带跨中弯矩分配率却大于 20%。由于目前国内的弹性理论或塑性理论计算手册均未给出 $2 < l_2/l_1 < 3$ 时的计算参数，所以绝大部分的设计均将 $2 < l_2/l_1 < 3$ 时按单向板设计。《混凝土规范》（GB 50010—2002）实施前，工程实践中通常根据《简明建筑结构设计手册》[12]，在垂直受力方向单位长度上分布钢筋一般为 $\phi6@250$ 或 $\phi6@200$，也有按 $\phi6@300$ 配的，这些工程均能满足承载力和正常使用两种极限状态。而 $\phi6@250$ 或 $\phi6@200$ 的配筋一般均达不到规范规定的最小配筋率的要求，但这些工程也均经受了实践的考验。

❶ 《建筑地基基础设计规范》（GB 50007—2011）第 8.2.1 条及第 8.2.12 条给出了独立柱基最小配筋率及其计算方法，设计应以规范修编后的最新版本为准。

❷ 对应于《混凝土规范》（GB 50010—2010）第 9.1.1 条。

此外，从概念上分析，当双向板非主要受力方向上配筋率小于最小配筋率时，它受荷开裂以后传力途径自然向单向板转变，不会出现少筋梁式的破坏。可是，《混凝土规范》（GB 50010—2002）第 10.1.8 条❶却要求："当按单向板设计时，除沿受力方向布置受力钢筋外，尚应在垂直受力方向布置分布钢筋。单位长度上分布钢筋的截面面积不宜小于单位宽度上受力钢筋截面面积的 15%，且不宜小于该方向板截面面积的 0.15%。"这比《混凝土规范》（GBJ10—1989）的要求严格得多，这一要求是依据双向板的内力分析结果而提出的。既然在短跨方向的配筋已完全满足承载力极限强度要求了，且其正常使用极限状态也为《混凝土规范》（GB 50010—2002）实施前的大量工程实践所证实，长跨方向还需满足最小配筋率吗？例如，当单向板的板跨为 4.0m 时，不同的设计者所采用的板厚在 100～140mm 波动。当板厚为 100mm 时，分布筋面积为 150mm²，需配 $\phi6@180$；而当板厚为 140mm 时，分布筋面积为 210mm²，却需配 $\phi6@130$。出现了板厚越厚，所需配筋越大的现象。这种现象如果是因为荷载较大而引起的，则是合理的，而这一变化已经可以从"单位长度上分布钢筋的截面面积不宜小于单位宽度上受力钢筋截面面积的 15%"这一要求得到体现。但如果板厚波动现象是由于设计者的经验、设计习惯等人为因素造成的（这种情况非常普遍），就引起逻辑关系上的不顺了。此外，这一配筋要求也造成同一楼层板筋规格过多。至于近年来较多出现的楼板早期收缩裂缝，其裂缝绝大部分是平行于长跨方向和四角，增配长跨方向钢筋对减少早期收缩裂缝未必如人所愿。由于板属于量多面广的构件，《混凝土规范》（GB 50010—2002）的这一条规定必然引起用钢量大幅度的增加。该规范这一修订的必要性值得商榷。

❶ 对应于《混凝土规范》（GB 50010—2010）第 9.1.7 条。

武藤清[32]将强度和延性看作钢筋混凝土抗震的基点。结构、构件或截面的延性是指从屈服开始至达到最大承载能力或达到以后而承载力还没有显著下降期间的变形能力。延性通常用延性系数来表达。对于结构、构件或截面，除要求它们满足承载力外，还要求它们具有一定的延性，其目的在于：①有利于吸收和耗散地震能量，满足抗震要求；②防止发生像超筋梁那样的脆性破坏，确保生命和财产安全；③在超静定结构中，能更好地适应地基不均匀沉降和温度收缩作用；④使超静定结构能够充分地发挥内力重分布，并避免配筋疏密悬殊，便于施工，节约钢材。

影响受弯构件延性系数的主要因素是：纵向钢筋配筋率、混凝土极限压应变、钢筋屈服强度及混凝土强度。纵向受拉钢筋配筋率增大，延性系数减小；纵向受压钢筋配筋率增大，延性系数增大；混凝土极限压应变增大，延性系数提高。大量试验研究表明，采用密排箍筋能增强受压混凝土的约束，提高混凝土的极限压应变；混凝土等级提高，而钢筋屈服强度适当降低，也可使延性系数增大有所提高。

（二）"强剪弱弯"和"强柱弱梁"与配筋方式

在 1948 年的福井地震中，福井市六层的大和百货大楼被震垮了，震害调查发现一层柱的纵向钢筋全部脱落，梁端部钢筋也被拔出[32]。在 1968 年的十胜冲地震中，太平洋北岸各城市的很多公共建筑和学校遭受了不同程度的震害。其中，陆奥市市政厅三层办公楼的最上层内部柱子的混凝土完全飞出，钢筋迸开，建筑物的一端损害严重；三泽商业中专学校震前在旧楼的左边扩建了一段，扩建部分的左边在地震中被震坏，一层完全拦腰破坏，而旧楼的柱子则出现明显的剪切型 X 形裂缝；八户高等专业学校由于柱子两侧有翼墙而形成短柱，其走廊部分的柱子震害比三泽商业中专更严重，有些危险的地方已损毁。这说明柱子两侧有翼墙时，由于柱子的有效长度小，其负担的剪力就大，形成地震力集中，容易产生 X 形裂缝而导致脆性破坏[32]。在 1971 年圣弗尔南多地震中，洛杉矶市郊外的欧丽布友医院一层震害严重，柱子倾斜了 600mm 而遭受破坏。医院正门厅左边的 L 形角柱遭受了严重的破坏，混凝土全部迸裂，而其他一些柱子由于设置了螺旋箍筋，才勉强抵抗住了地震。与角柱相比，由于螺旋箍筋发挥了抗震效能，充分发挥了钢筋混凝土的延性，才实际上承受了 600mm 大的变形。而 L 形角柱虽然纵筋较大，但因混凝土全部剥落而在承载力上不能起任何协同作用而破坏。这就清楚地说明，没有充足的箍筋约束作用，就不能发挥纵筋的效力。在 1975 年的大分地震中，九重湖饭店遭受了很大的破坏，东南边一层陷落，与西边四层相比，看起来像三层楼，由于箍筋约束不足，一层柱子混凝土迸裂[32]。

上述地震破坏实例表明，实际产生的地震作用远远超出规范所规定的水平力。因此，当建筑物的强度不足以承担更大的地震作用时，延性对建筑物的抗震就具有很重要的作用。特别值得注意的是，当柱子发生脆性破坏时，其建筑物都无一例外地遭受严重灾害，而柱子破坏的主要原因就是抗剪不足，造成混凝土和钢筋分离而不能共同工作。为了防止柱子钢筋与混凝土分离，最重要的措施就是设置抗剪箍筋，阻碍柱子内部的混凝土发生裂缝和剥落，且牢牢地约束住混凝土，日本知名抗震专家武藤清认为这是钢筋混凝土的抗震诀窍[32]。为了使抗震结构具有能够维持承载能力而又具有较大的塑性变形能力，设计时应遵循"强剪弱弯"、"强柱弱梁"和保证主要耗能部位具有足够延性性能的设计原则，详见《混凝土规范》（GB 50010—2010）第十一章。

（三）防止短柱脆性破坏的配筋方式

剪跨比 $\lambda \leqslant 2$ 的柱称为短柱。国内外历次震害调查和模拟试验结果均表明，短柱容易发生沿斜裂缝截面滑移、混凝土严重剥落等脆性破坏。图 3-2 为汶川地震中的短柱破坏照片。

图 3-2 框架结构典型的短柱破坏照片
（a）江油某医院内小亭短柱破坏；（b）江油太白楼走廊短柱破坏；
（c）框架楼梯间短柱破坏；（d）短柱剪切破坏

短柱的破坏特点是裂缝几乎遍布柱全高，斜向裂缝贯通后，强度急剧下降，破坏非常突然。当同一楼层同时存在长柱和短柱，且不具有较强的剪力墙或无剪力墙时，常由于短柱率先失效，而导致建筑物的局部乃至整体倒塌。因此，在抗震设计实践中，应首先设法不使短柱成为主要抗震构件，当无法避免使用短柱时，应采取以下措施：

（1）在适当的部位设置一定数量的剪力墙，增加一道抗震防线和增强抗倒塌能力。

（2）尽可能采用高强混凝土，以减小柱子截面尺寸，加大剪跨比 λ。

（3）采取有效的配筋方式和合理的构造措施，以增强短柱的抗剪承载能力和变形能力，防止发生以混凝土破坏为先导的脆性破坏，使它转化为像普通柱那样以钢筋屈服为先导的有预兆的延性破坏。《混凝土规范》（GB 50010—2010）第 11.4.17 条给出的有效约束的配筋方式有：井字形复合箍和螺旋箍，并要求箍筋体积配筋率不小于 1.2% 或 1.5%（9 度抗震设防一级抗震等级时）。

（4）限制柱子轴压比；控制剪压比使 $V_c \leqslant 0.15 f_c b h_0 / \gamma_{RE}$。

（5）柱箍筋全高加密。

（6）尽量减小梁的截面高度，减小梁对柱的约束程度。

上述措施是目前工程中常用的方法。此外，还有以下更有效的措施。

1. X 形短柱配筋

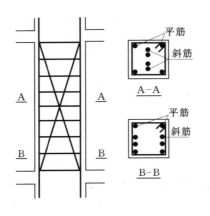

图 3-3　短柱 X 形配筋

黏着型破坏和剪切型破坏是短柱常见的两种脆性破坏形式，是震害的根源所在。短柱发生黏着型破坏的条件是剪跨比小、受拉纵筋配筋率大、配筋根数较多或采用直径大、根数少的纵筋配筋方法。短柱发生剪切型破坏的条件是剪切承载力小于弯曲承载力。如果将部分纵筋沿柱身对角线方向呈斜向交叉状布置（见图 3-3），纵筋内移，这样既可避免密排纵筋造成排列困难及可能引起的黏着型破坏，斜筋平行于柱截面的水平分量又可以增加纵筋的剪切承载力。同时，X 形纵筋的位置变化正好与框架柱反对称的弯矩分布图相一致，可以减小中部的抗弯承载力，纵筋的承载能力得到了充分利用，有利于满足"强剪弱弯"的抗震设计要求。试验结果表明，配置 X 形筋短柱产生若干条裂缝后最终发生弯曲破坏[45]。X 形筋不仅提高了剪切承载力，而且可避免出现黏着型破坏，并具有良好的延性和耗能能力。

2. 一分为四的短柱配筋

将短柱用隔板分为四个小柱的配筋方式，如图 3-4 所示。也就是将位于楼层上、下梁之间的方柱，用石棉板（试件 S-2）或石膏板（试件 S-3）分为四个截面相等的小柱，而梁柱节点核心区仍采用原断面（S-1 截面）。由于小柱截面尺寸为原柱的一半，剪跨比 λ 提高约 1 倍。胡庆昌等[6,38]通过试验研究表明，这种分割方式可以将短柱转变为长柱，而且具有足够的承载能力、良好的塑性变形性能和耗能能力，加隔板后的柱抗剪强度不低于整截面柱，而其抗弯强度则略低于整截

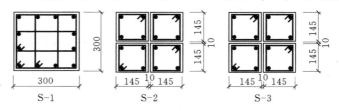

图 3-4　一分为四的短柱配筋模式

面柱。试验结果表明，分割材料石膏板优于石棉板，即试件 S-3 的抗震性能优于试件 S-2。

此外，在钢筋混凝土短柱内设置型钢，将钢筋混凝土短柱变成钢骨混凝土短柱，也是一种改善短柱抗震性能的有效措施。

三、确保传力途径不间断

《抗震规范》（GB 50011—2010）第 3.5.2 条"结构体系应具有明确的计算简图和合理的地震作用传递途径"。同样，要使作用于钢筋混凝土受弯构件上的竖向荷载能向支座传递，必须具备以下三个条件：

（1）在构件与支座交接处，必须有相应的传力机制，将荷载传至支座。

（2）在跨中相邻截面之间也应具备互相传递荷载的机制。由于跨中不同位置的内力通常是各不相同的，要将荷载向支座传递，只有相邻截面之间具备互相传递内力的机制，才能保证传力途径不间断。

（3）在梁柱交接处的节点核心区应建立良好的机构，使其不能先于其所连接的构件而失效。以钢筋混凝土框架梁为例，如图 3-5 所示，在支座和跨中截面均作用有弯矩和剪力（忽略轴向变形）。为此，在跨中和支座截面处均须配置抗弯纵筋和抗剪箍筋，有时也采用弯起钢筋抗剪。在支座处，纵筋必须按要求锚固在支座内［详见《混凝土规范》（GB 50010—2010）第 9.3.4 条~第 9.3.7 条］；在跨中，为了确保传力途径不间断的要求，钢筋的弯起［详见《混凝土规范》（GB 50010—2010）第 9.2.8 条］、截断［详见《混凝土规范》（GB 50010—2010）第 9.2.3 条］和搭接［详见《混凝土规范》（GB 50010—2010）第 9.3.5 条］必须符合要求。

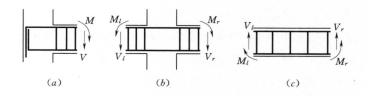

图 3-5　框架梁传力途径示意

（a）边跨支座；（b）中跨支座；（c）两跨中

四、改善混凝土的材料性能

钢筋混凝土结构的缺点是：自重较大，强度偏低，抗裂性较差，受拉及受弯构件在正常使用时往往带裂缝工作。预应力技术、钢管混凝土以及混凝土外加剂的广泛应用是改善混凝土材料缺陷的三次大革命。

（一）预应力技术

预应力混凝土是指通过张拉埋设在混凝土结构中的高强钢材，有意识地在混凝土结构或组合构件内建立起一种定量和定性的永久内力和内应力，以达到人为地改进结构或组合构件在不同使用条件下的性能和强度。由于混凝土的抗压强度高，而抗拉强度低，所以人为地顶着混凝土张拉预应力钢筋可以使混凝土处于预压应力状态，用来抵消由外荷载在混凝土构件截面上产生的拉应力。林同炎教授认为，钢筋混凝土与预应力混凝土之间的区别在于：钢筋混凝土是将混凝土与钢筋两者简单地结合在一起，并让它们自行地共同工作；预应力混凝土是将高强钢筋与高强混凝土能动地结合在一起，使两种材料均产生非常好的性能。因此，预应力混凝土反映了人们对混凝土中的协同工作认识和运用过程的深化。正因为预应力混凝土是通过张拉高强钢筋主动对混凝土进行施压，所以它具有以下与普通钢筋混凝土截然不同的三个特性[70]：

（1）预应力混凝土使混凝土变成弹性材料。由于外荷载所产生的截面拉应力全部或部分被预应力所抵消，从而在正常使用状态下混凝土可能不开裂，而只要混凝土不开裂，混凝土构件就可以按弹性材料来分析。

（2）预应力使高强钢筋直接有效地与混凝土结合，预应力混凝土构件的内力抵抗矩是主动的。与普通混凝土根本不同的是，预应力混凝土构件内的高强钢筋在张拉锚固后，在外荷载尚未实施的情况下就已经主动承受着拉力，其内力抵抗矩的力臂是随外弯矩的大小而变化的。而普通钢筋混凝土构件只有在混凝土开裂后钢筋才起作用，其钢筋所承受的拉力是随外弯矩的大小而变化的。

（3）用预应力来平衡外荷载，将受弯构件变成偏心受压构件，以减小构件在外荷载作用下的挠度和截面拉应力。

（二）钢管混凝土

目前，广泛使用的钢-混凝土结构，是将钢结构与混凝土结构相互取长补短形成的一种新型的结构形式。尤其是钢管混凝土，与预应力混凝土相似，更将这两种材料能动地结合起来，实现了结构材料的又一次革命。钢管混凝土的原理有以下两方面：

（1）借助钢管对钢管内核心混凝土的约束，使核心混凝土有更高的强度和变形能力。

（2）核心混凝土对钢管壁的稳定提供了有效可靠的支撑。

钢管混凝土的极限承载力远大于钢管和核心混凝土两者的承载力之和，约为两者之和的 17～20 倍，其极限变形能力是普通钢筋混凝土的几倍甚至几十倍，这是钢材与混凝土的又一次理想结合。它的出现，使传统意义上的受压破坏特征由脆性变为延性，对结构抗震的延性设计意义巨大，也使超高层建筑底层柱的轴压比限制问题迎刃而解。

（三）混凝土外加剂

依据《混凝土外加剂的分类、命名与定义》（GB/T 8075—1987），外加剂的定义为：混凝土外加剂是在拌制混凝土过程中掺入，用以改善混凝土性能的物质，掺量不大于水泥质量的 5%（特殊情况除外）。混凝土外加剂按其主要功能可分为以下四类：

（1）改善混凝土拌合物流变性能的外加剂。其中包括各种减水剂和泵送剂等。

（2）调节混凝土凝结时间、硬化性能的外加剂。其中包括缓凝剂、早强剂和速凝剂等。

（3）改善混凝土耐久性的外加剂。其中包括引气剂、防水剂和阻锈剂等。

（4）改善混凝土其他性能的外加剂。其中包括加气剂、膨胀剂、防冻剂、着色剂、黏结剂和碱-骨料反应抑制剂等。

采用混凝土外加剂是混凝土生产工艺的一大发展，目前国外对外加剂的使用已占非常可观的比例，有些国家已将外加剂看成是混凝土中除水泥、砂、石和水外的第五种材料。应用混凝土外加剂可以改善混凝土的性能，节省水泥和能源，加快施工进度，提高施工质量，改善工艺和劳动条件，经济和社会效益显著，是混凝土发展史上的一次飞跃。

五、防止耐久性失效

美国标准局（NBS）1975 年的调查表明，美国全年因腐蚀造成的损失为 700 亿美元，其中混凝土中钢筋锈蚀造成的损失约占 40%。混凝土结构因设计欠缺、施工质量差，使用维护不当、使用环境恶劣等因素产生的钢筋锈蚀是比较普遍的，如图 3-6 所示。《混凝土规范》（GB 50010—2010）第 3.5.1 条～第 3.5.2 条规定了耐久性设计的原则及构件环境类别的分类标准；第 8.2.1 条则给出了各类环境条件下的构件纵向受力筋保护层最小厚度。这是规范重视耐久性问题的具体体现。

图 3-6　混凝土结构钢筋锈蚀典型实例

影响混凝土结构耐久性性能的因素很多，主要有内部的和外部的两个方面。内部因素主要包括混凝土的强度、密实性、水泥用量、水灰比、氯离子及碱含量、外加剂用量和保护层厚度等；外部因素主要是环境条件，包括温度、湿度、CO_2 含量和侵蚀性介质等。耐久性性能下降主要是内部和外部因素综合作用的结果。此外，设计欠缺、施工质量差和使用维护不当等，也会影响耐久性性能。图 3-7 为大连旅顺 1938 年建造的某地下库房挡土墙照片，从 2011 年拆除时露头的钢筋可以看出，虽然经历了 70 多年，混凝土密实部位钢筋基本无锈蚀，而混凝土不密实部位的钢筋则锈蚀比较严重。❶

❶ 从这一例子可以看出，地下室外墙钢筋保护层厚度按《混凝土规范》（GB 50010—2010）第 8.2.1 条选取是合理的，也是有一定的工程背景的。2013年版《建筑工程施工图设计文件技术审查要点》收录了本条。

图 3-7　大连 20 世纪 30 年代建造的某地下库房挡土墙
钢筋锈蚀及拆除时钢筋露头照片

第二届国际混凝土耐久性会议指出，"当今世界混凝土破坏原因，按递减顺序为：钢筋锈蚀、冻害、物理化学作用。"明确地将"钢筋锈蚀"排在影响混凝土耐久性因素的首位。混凝土构件中的受力主筋混凝土保护层厚度是指钢筋外缘到混凝土表面的最小距离。受力主筋混凝土保护层厚度的作用主要有以下几点：

（1）保护钢筋防止锈蚀或延长钢筋的锈蚀进程，因此，受力主筋混凝土保护层厚度与环境类别、构件的设计使用年限以及混凝土材料的质量有关。

（2）增强钢筋在火灾作用下的耐火能力，所以受力主筋混凝土保护层厚度也与设计所需的耐火极限（以小时计）有关，详见《建筑设计防火规范》（GB 50016—2006）。

（3）保证钢筋与混凝土的共同作用，能通过两者之间界面的黏结力传递内力，因此，受力主筋混凝土保护层厚度不应小于钢筋的直径。

对处于一类环境中的构件，最小保护层厚度的确定主要是从保护有效锚固以及耐火性的要求两个方面加以确定；对于二、三类环境中的构件，主要是按设计使用年限内混凝土保护层完全碳化确定，它与混凝土强度等级有关。对于梁柱构件，因棱角部分的混凝土双向碳化，且易产生沿钢筋的纵向裂缝，故其保护层厚度要大一些。

过薄的保护层厚度易发生顺筋的混凝土塑性收缩裂缝，以及硬化以后的干缩裂缝，或者受施工抹面工序的影响产生顺筋开裂；保护层厚度还与混凝土粗骨料的最大公称粒径相协调，两者的比值在不同环境条件下的要求不同，以保证表层混凝土的耐久性质量。值得注意的是，在确定保护层厚度时，不能一味增大厚度，因为增大厚度一方面不经济；另一方面保护层厚度大了以后，钢筋对表面的混凝土的约束作用减弱，混凝土表面易开裂，效果不好。较好的方法是采用防护覆盖层，并规定维修年限。

第三节
钢筋混凝土结构的间接传力机制及工程实例分析

钢筋混凝土结构构件设计要考虑两大类作用。一类作用是外加荷载和由结构外加变形或约束引起的作用，例如，楼面使用荷载、吊车荷载作用于吊车梁、风荷载、温度收缩、基础沉降和地震作用等，另一类作用是间接传力作用，例如，钢筋混凝土主梁和次梁相交处，次梁传来的集中荷载作用于主梁截面高度的中下部；框架梁将弯矩和剪力传给框架柱；以及钢筋接头处钢筋之间的应力传递等。这些都是典型的间接传力作用，它与外荷载作用下的承载机制不同，除必须满足弯矩、剪切、扭转和压力等承载要求外，还必须配以相应的配筋构造。这既是钢筋混凝土结构特有的内容，也是设计和施工过程中最容易引起误解的部分，现就实际工程中常引起误解的部分分述如下。

一、钢筋搭接连接与焊接、机械连接的等效原理

国内工程界有一比较普遍且根深蒂固的观念，即在一个受力跨内钢筋不能间断，否则必须采用焊接或机械连接将其连接起来才能发挥作用，不允许采用跨中搭接做法。其实，搭接连接与焊接或机械连接在一定程度上是等效的。而且，只要搭接长度、搭接接头位置在符合规范要求的前提下，搭接连接就不至于因钢筋太密集而影响混凝土的浇注质量，反而是最可靠的连接方式。在目前我国焊接水平参差不齐［如图 3-8（a）所示的钢板焊接水平不多见，而如图 3-8（b）所示的夹渣、焊瘤、不均匀和不饱满的焊缝较为普遍］及机械连接技术还相对落后的状况下，搭

接连接减少了焊接或机械连接那样的人为失误的可能性。

(a)　　　　　　　　　　　　　　　　　　(b)

图 3 - 8　钢板和接装焊接

(a) 钢板焊接焊缝；(b) 接桩焊接焊缝

　　一般而言，判断一种连接方式是否可靠的主要指标有[11]：强度、刚度、延性、恢复性能和疲劳性能。连接接头的强度，即一端钢筋的承载力通过接头区域能等强地传递到另一钢筋上。连接接头的刚度是指接头区域的变形模量不能低于被连接钢筋的弹性模量，否则将可能在接头区域因伸长变形过大而产生明显的裂缝，还有可能导致在同一区域与未被连接的钢筋之间产生应力重分配而削弱截面的整体受力性能。接头的延性即断裂形态，是指被连接的钢筋（母材）应具有良好的延性，在发生颈缩变形后才可能被拉断，有明显的破坏预兆，在接头区域不允许因焊接、挤压等加工手段引起的材性变化而发生无预兆的脆性断裂。接头的恢复性能是指在钢筋屈服之前，作用于结构上的偶然超载消失后，钢筋的弹性回缩可以基本闭合超载引起的裂缝并恢复超载引起的挠度，否则，若接头区域在超载消失后存在残余变形，则接头区域将成为裂缝宽大、变形集中的薄弱区段；接头的疲劳性能是指在高周期性交变荷载作用下，钢筋连接区段抵抗疲劳的能力。

　　根据上述接头连接性能要求，搭接连接的强度是比较容易得到满足的，只要遵循规范的有关规定，搭接接头一般可以满足钢筋等强传力的基本要求。搭接连接的刚度问题，确实是需要慎重对待的问题。因为如果在同一区域内搭接钢筋占有较大的比例，虽然其等强传力的强度要求可以得到满足，但若搭接钢筋之间的相对滑移超过整筋的弹性变形，就会造成连接区段变形过大。为控制接头区域刚度不至于降低过多，《混凝土规范》（GB 50010—2002）在试验研究的基础上提出了根据接头百分率的大小，相应加大搭接长度的办法，来弥补接头百分率较大时，接头刚度降低过多的问题❶。再则，由于搭接接头的筋端是内力突变部位，若同一区域内搭接接头较多，则有可能产生搭接端头横向裂缝和沿搭接钢筋之间的纵向劈裂裂缝，这些裂缝在试件破坏前，还会形成整个接头区域的龟裂鼓出[11]，在受弯构件挠曲后还可能

❶《混凝土规范》（GB 50010—2010）第8.4.4条延续了这一做法。

发生翘曲变形，因此，搭接连接区域应有很强的约束，必须设置箍筋。《混凝土规范》（GB 50010—2002）第 9.4.5 条❶规定"在纵向受力钢筋搭接长度范围内应配置箍筋，其直径不应小于搭接钢筋较大直径的 0.25 倍。当钢筋受拉时，箍筋间距不应大于搭接钢筋较小直径的 5 倍，且不应大于 100mm；当钢筋受压时，箍筋间距不应大于搭接钢筋较小直径的 10 倍，且不应大于 200mm。当受压钢筋直径 $d>25$mm 时，尚应在搭接接头两个端面外 100mm 范围内各设置两个箍筋。"

❶《混凝土规范》(GB 50010—2010）第 8.3.1 条及第 8.4.6 条与此规定在文字表达上略有不同。

试验表明，混凝土保护层厚度对光圆钢筋的黏结强度没有明显的影响，而对变形钢筋的影响却十分明显。当相对保护层厚度 $c/d>5\sim6$（c 为混凝土净保护层厚度，d 为钢筋直径）时，变形钢筋的黏结破坏将不是劈裂破坏，而是肋间混凝土被刮出的剪切型破坏，后者的黏结强度比前者大。同样，保持一定的钢筋净距，可以提高钢筋外围混凝土的抗劈裂能力，从而提高黏结强度。由于搭接传力的本质是钢筋的锚固作用，所以搭接钢筋还应采取适当增加混凝土保护层厚度，加大钢筋间的净距等措施以加强锚固作用。

采取上述措施后，完全可以在受弯构件的跨中受力较小部位设置搭接接头（直径大于 28mm 的受拉钢筋和直径大于 32mm 的受压钢筋除外），而不必要求所有钢筋均在支座处锚固。《混凝土规范》（GB 50010—2002）第 10.4.2 条❷明确指出：框架梁或连续梁下部纵向钢筋在中间节点或中间支座处可采用直线锚固形式［见图 3-9（a）］，也可采用带 90°弯折的锚固形式［见图 3-9（b）］，也可伸过节点或支座范围，并在梁中弯矩较小处设置搭接接头［见图 3-9（c）］。

❷《混凝土规范》(GB 50010—2010）第 9.3.5 条与此略有不同。

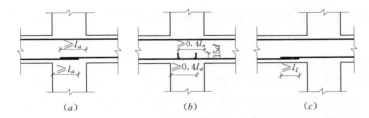

图 3-9 梁下部纵向钢筋在中间节点或中间支座范围的锚固与搭接
（a）节点中的直线锚固；（b）节点中的弯折锚固；
（c）节点或支座范围外的搭接

美国规范规定关于抗震设计的框架梁其纵筋搭接位置在距支座边大于或等于 $2h$ 处[15]，并要求搭接处箍筋按要求加密，如图 3-10（a）所示。此外，美国规范不一定要求将要搭接的两根钢筋在接头处绑扎在一起，两钢筋在接头处可错开一定的距离[15]，如图 3-10（b）所示。这种做法是符合黏结锚固理论的，因为绑扎搭接钢筋之间是靠钢筋与混凝土之间的黏结锚固作用传力的。两根相背受力的钢筋分别锚固在搭接连接区段的混凝土内，通过钢筋与混凝土之间的胶结力、摩擦力、咬合力和机械锚固等作用，两根钢筋都将各自的应力传递给混凝土，从而实现了两钢筋间的应力过渡。当两根钢筋绑扎在一起时，由于搭接钢筋的缝间混凝土只有少量水泥浆充填，强度低，极易因剪切而迅速破坏，握裹力受到削弱。此外，由于锥楔作用所引起的径向力使得两根钢筋之间产生分离趋势。因此，搭接钢筋之间容易发生纵向劈裂裂缝。为此，工程中，常采取加长锚固长度以弥补握裹力受到削弱的不利影响，通过设置较强的箍筋约束以减缓或避免劈裂裂缝的发生。若按图 3-10（b）所示，将两根要搭接在一起的钢筋在接头处错开一定的距离时，搭接钢筋的缝间有一定的含骨料混凝土充填，其抗剪切强度得到加强，不易被剪坏，握裹力受到削弱程度也大为减缓，同时由于锥楔作用所引起的纵向劈裂也相对减缓，所以更有利于实现两钢筋间的应力过渡。但如两根钢筋间距太大，也容易引起因搭接接头截面一侧的钢筋合力偏离整筋截面处的钢筋合力过大，而产生较大的偏心作用。因此，搭接接头处两钢筋错开的距离也应有一定的限度。

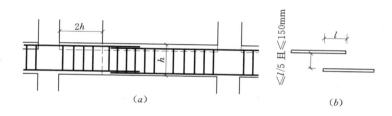

(a) (b)

图 3-10　美国规范纵筋搭接做法

二、框架中间层端节点梁纵筋锚固机理及一些不合理做法辨析

工程实践中，钢筋混凝土框架节点配筋目前存在的主要问题有：钢筋拥挤（见图 3-11）、钢筋锚固做法不符合规范和节点传力要求。为此，必须分析节点传力机理。工程实践中，框架中间层端节点处梁支座负筋锚固做法常出现以下不合理现象。

（一）锚固长度取值不符合规范的要求

锚固长度取值不符合规范的要求主要有以下两种情况。

1. 水平投影段太短

《混凝土规范》（GB 50010—2002）第 10.4.1 条[❶]："框架梁上部纵向钢筋伸入中间层端节点的锚固长度，当采用直线锚固形式时，不应小于 l_a，且伸过柱中心线不宜小于 $5d$，d 为梁上部纵向钢筋的直径。当柱截面尺寸不足时，梁上部纵向钢筋应伸至节点对边并向下弯折，其包含弯弧段在内的水平投影长度不应小于 $0.4l_a$，包含弯弧段在内的

❶ 《混凝土规范》（GB 50010—2010）第 9.3.4 条增加了钢筋端部加锚头锚固做法，其他同此。

图 3-11　顶层框架端节点工程

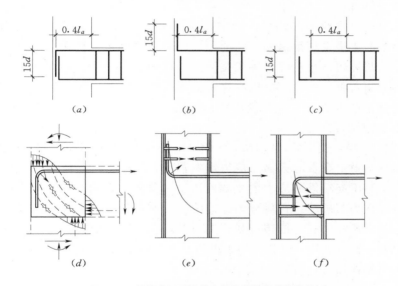

图 3-12　框架中间层端节点的几种钢筋锚固做法

竖直投影长度应取为 $15d$ ［见图 3-12 (a)］，l_a 为本规范第 9.3.1 条规定的受拉钢筋锚固长度。"实际工程中，当柱截面尺寸较小、梁负筋直径较大时，其水平投影长度就可能小于 $0.4l_a$，满足不了规范的要求。

2. 竖直投影长度太长

当柱截面尺寸不足以设置直线锚固形式，而必须采用带 90°弯折段的锚固方式时，《混凝土规范》（GB 50010—2002）第 10.4.1 条及《混凝土规范》（GB 50010—2010）第 9.3.4 条的条文说明中已明确指出，国内外的试验结果表明，当包含弯弧段在内的水平投影长度不小于 $0.4l_a$，包含弯弧段在内的竖直投影长度为 $15d$ 时，已能可靠保证梁筋的锚固强度和刚度，故取消了要满足总锚固长度不小于 l_a 的要求。但由于受《混凝土规范》（GBJ10—1989）的影响，一些文献仍要求总锚固长度不小于 l_a，而且工程技术人员对规范的这一修订也未太留意，所以多数工程中仍要求总锚固长度不小于 l_a。这样不仅浪费不少钢材，而且也不便于施工，尤其是当梁高较小时，若竖直投影长度按 $15d$ 考虑，可满足负筋竖直段不大于梁高，柱混凝土施工缝可设在梁底标高处；但若要求总锚固长度不小于 l_a 且 $0.4l_a + 15d < l_a$ 时，则竖直投影长度大于 $15d$ 时就有可能出现负筋竖直段大于梁高，柱混凝土施工缝就要设在梁底标高以下某一位置。导致施工单位内部出现混凝土工与钢筋工的要求不一致现象，实际工程中易发生因柱混凝土打高而没有给下弯钢筋留出足够的下插空间的失误。

（二）支座负筋竖直段向上锚固

支座负筋竖直段向上锚固〔见图 3-12 (b)〕，这种情况主要出现在负筋竖直段长度大于梁高时。若负筋向下弯折，则柱混凝土施工缝就不可能设在梁底标高处，影响柱混凝土浇筑；若将负筋向上弯折，则柱混凝土浇筑与梁钢筋绑扎的矛盾便迎刃而解了。初看起来，负筋向上弯折和向下弯折都是将梁负筋锚入柱内，应不会有多大问题。但仔细分析，将负筋向下弯折改为向上弯折后，对地震区框架端节点的受力还是产生了较大的不利影响。为此，须分析一下抗震框架中间层端节点的受力机构。

1967 年，美国 N. W. Hansen 和 H. W. Conner 的试验研究表明[6]，柱轴向力对节点核心区箍筋应力影响很小，因此，由梁荷载传到节点的剪力是引起箍筋高应力的主要原因。试验研究表明[6]，框架节点核心区的受力与破坏过程可分为弹性阶段、通裂阶段、破裂阶段直至最后破坏。相应的剪力传递机制分别为斜压杆机构、桁架机构或组合块体机制、约束效应（又称为约束机构）[6,8]。随着节点受力条件的变化，这些机构传递节点剪力的作用将此消彼长。

1. 斜压杆机构

节点核心区混凝土未开裂前，处于弹性阶段，试验测得在弹性阶段核心区箍筋拉应力很小，作用于核心区的斜压力由跨越核心区对角的混凝土斜压柱来承担，称为混凝土斜压杆机构。由光弹试验测得[6]，

图 3-13　斜向交叉钢筋

核心区在弹性阶段，沿对角方向有近似平行的主压应力等值线，构成对角压力区，证明了斜压杆的存在。斜压杆机构传递的斜向压力，在抵抗节点水平和竖向剪力的过程中始终发挥重要作用，如图 3-12 (d) 所示。希腊 I. A. Tegos 对配有不同数量斜向钢筋的 10 个节点试件的试验结果表明[16]，在节点域配置斜向交叉钢筋（见图 3-13），与普通配置水平箍筋的节点相比，受剪承载力提高较多，是

改善节点耐震性能的一个有效构造方案。这从另一个角度说明了斜压杆机构在抵抗节点水平和竖向剪力过程中的重要作用。

2. 桁架机构

当作用于节点核心区的剪力达到其最大受剪承载力的 60%～70% 时，在节点核心区产生很大的斜拉力和斜压力，核心区混凝土突然出现对角贯通裂缝，箍筋应力突然增大，个别达到屈服，节点剪切刚度明显下降，节点核心区进入通裂阶段。在反复荷载持续作用下，梁纵筋屈服，箍筋应力不断增大并相继达到屈服，核心区混凝土出现多条平行于对角线的通长裂缝。此时，作用于核心区的剪力主要通过梁纵筋与核心区混凝土之间的黏结力来传递，由核心区混凝土与箍筋共同承担，形成以箍筋为水平拉杆，柱纵筋为竖向拉杆、斜裂缝间的混凝土为斜压杆的桁架机构[8]。文献[6]将桁架机构称为组合块体机制。随着反复荷载的不断作用，节点核心区的梁纵筋进入屈服强化阶段，梁纵筋在核心区的锚固逐渐破坏并产生滑移，此时核心区剪力一部分由梁纵筋与混凝土之间的剩余黏结力传递，另一部分通过梁与核心区交界面裂缝闭合后混凝土局部挤压来传递；同时，在反复荷载作用下，核心区斜裂缝不断加宽，且由于箍筋屈服所引起的钢筋伸长，混凝土沿裂缝互相错动，使裂缝不能闭合，核心区混凝土被多条交叉斜裂缝分割成若干菱形块体，在横向箍筋和纵向柱筋的共同约束下，形成组合块体机构，核心区进入破裂阶段。若再继续加载，则变形更大，混凝土块体压碎，缝间骨料不断磨损脱落，散失咬合作用，节点核心区承载力开始下降，导致节点最后破坏。可见，桁架机构与组合块体机制在节点最后破坏前基本一致。

3. 约束效应（机构）

国内外的试验结果证实，节点核心区中的斜压混凝土将沿与其受压方向垂直的另外两个方向膨胀，这种膨胀从节点开始受力起就受到节点水平箍筋各肢的约束，因此，节点水平箍筋各肢将形成对斜压混凝土的约束机构[8]。这一机构不直接参与抵抗节点剪力，但它是在核心区混凝土交叉斜向开裂后保持斜压混凝土抗压能力的关键因素，所以一般称为约束效应。

上述几种机构在框架中间层中间节点、顶层中间节点和顶层端节点的核心区也同样存在。根据上述端节点的受力机制分析，若将支座负筋竖直段向上锚固［见图 3-12（b）］，则其弯入上柱下端的弯弧将把由弯弧筋产生的压力传至上柱下端，在抵消上柱下端相应的剪力后，剩余部分通过柱水平箍筋的附加拉力传至左侧柱端，在与上柱下端截面受压区混凝土压力合成后再进入节点核心区的平衡机构。试验结果表明，这一传力途径对节点核心区的斜压杆机构和桁架机构都有一定程度的不利影响，并有可能产生如图 3-12（e）所示的从节点区延伸到上柱内的斜裂缝。因此，一般情况下，梁上、下筋均应向节点核心区弯折，以便形成良好的传力机构。

（三）梁上部支座负筋未伸至节点对边就向下弯折

梁上部支座负筋未伸至节点对边就向下弯折［见图 3-12（c）及图 3-11］，这种情况主要出现在现场下料时梁负筋偏短或者柱筋、梁负筋太多，梁支座负筋要伸至节点对边有一定的困难。此时，弯弧力将使其附近的水平箍筋产生附加水平力，不仅人为增加了水平箍筋的负担，而且弯弧力需要通过箍筋才能转移到节点核心区的左侧，在抵消相应部分的上柱剪力后，再与柱上端受压区的压力合成为核心区斜压杆压力。这种做法还有可能在节点上部弯弧附近产生如图 3-12（f）所示的次生斜裂缝，将斜压杆"一分为二"，对节点受力产生不利影响。因此，设计人员在施工交底的时候，一定要向有关施工人员，尤其是具体操作的钢筋工长，说明支座负筋未伸至节点对边的危害性，以引起他们的重视，避免这种不利情况的发生。

三、框架顶层中间节点和端节点的柱纵筋锚固问题

与框架中间层端节点处相类似，在实际工程中经常发生且对结构受力产生不利影响的情况，还包括框架顶层中间节点和端节点的柱纵筋伸不到柱顶和柱纵向钢筋向节点外水平弯折的问题。《混凝土规范》（GB 50010—2002）第 10.4.3 条、第 10.4.4 条❶明确指出，顶层中间节点的柱纵向钢筋及顶层端节点的内侧柱纵向钢筋可用直线方式锚入顶层节点，其自梁底标高算起的锚固长度不应小于 l_a，且柱纵向钢筋必须伸至柱顶。当顶层节点处梁截面高度不足时，柱纵向钢筋应伸至柱顶并向节点内水平弯折。当充分利用柱纵向钢筋的抗拉强度时，柱纵向钢筋锚固段弯折前的竖直投影长度不应小于 $0.5l_a$，弯折后的水平投影长度不宜小于 $12d$。在框架顶层端节点处，可将梁上部纵向钢筋与柱外侧纵向钢筋在顶层端节点及其附近部位搭接。搭接接头可沿顶层端节点外侧及梁端顶部布置，搭接长度不应小于 $1.5l_a$，其中，伸入梁内的外侧柱纵向钢筋截面面积不宜小于外侧柱纵向钢筋全部截面面积的 65%；梁宽范围以外的外侧柱纵向钢筋宜沿节点顶部伸至柱内边，当柱纵向钢筋位于柱顶第一层时，至柱内边后宜向下弯折不小于 $8d$ 后截断；当柱纵向钢筋位于柱顶第二层时，可不向下弯折。当柱顶有现浇板且板厚不小于 80mm、混凝土强度等级不低于 C20 时，柱纵向钢筋也可向外弯折，弯折后的水平投影长度不宜小于 $12d$。因此，根据《混凝土规范》（GB 50010—2002）的规定，框架顶层中间节点和端节点的柱纵筋均必须伸到柱顶后再弯折，然而实际工程中柱纵筋顶端距柱上皮约 50～250mm，以

❶《混凝土规范》（GB 50010—2010）第 9.3.6 条及第 9.3.7 条与此有所不同，增加了端锚做法。

150mm 左右居多。此外,根据规范的要求,柱纵向钢筋锚固段竖直投影长度小于 l_a 时,柱纵向钢筋伸至柱顶后应向节点内水平弯折不小于 $12d$,只有梁宽范围以外的柱纵向钢筋才可以向外弯折锚入厚度不小于 80mm、混凝土强度等级不低于 C20 的现浇板中,但由于国家标准图集《建筑物抗震构造详图》(03G329—1)和《混凝土结构施工图平面整体表示方法制图规则和构造详图》(03G101—1)均将柱纵向钢筋示意为向外弯折❶,所以实际工程中,柱顶纵向钢筋几乎一律向外弯折(见图 3-14),很少有向节点内弯折的做法。

❶ 11G101—1 中有改进,增加了向内弯折的做法。

图 3-14　顶层端节点柱筋外弯工程

　　前述抗震框架中间层端节点的受力机理分析的主要结论也同样适用于框架顶层中间节点和端节点。已有大量的试验表明[48],中间层中间节点和顶层中间节点核心区的抗震抗剪性能主要是由核心区沿两个对角斜向交替受压的混凝土,在核心区水平箍筋对其发挥一定作用的条件下是否压溃来控制的。因此,在框架顶层中间节点和端节点,柱纵筋伸不到柱顶、纵向钢筋向节点核心区外弯折,对节点核心区的斜压杆机构、桁架机构和约束机构均产生不利的影响,希望引起工程界的重视。

四、典型实例分析[47]

(一)反梁结构板底纵筋锚固做法

　　根据目前工程界的普遍做法,当钢筋混凝土梁底标高与板底标高齐平,即采用所谓的反梁结构时,板底钢筋一般要弯折后锚入梁内并放置于梁底筋的上面,如图 3-15(a)所示。这种做法一方面不便于施工,钢筋打弯费工时较多;另一方面会使梁板交接处板底筋保护层厚度增大,形成薄弱环节,在温度收缩应力作用下,有可能开裂。根据上述间接传力作用机理分析,梁板交接处的作用力主要有支座负弯矩和剪力。板的剪切作用由板的混凝土承担,设计中一般不考虑,支座负弯矩由板的负筋承受与板底筋关系不大(因为板中不设箍筋,板配筋设计一般不考虑双筋作用),所以板底筋在此处只需解决锚固,不存在通过板底钢筋放置

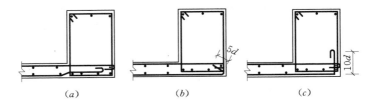

图 3-15 反梁结构板底纵筋锚固做法

于梁底筋上面的支承关系来传递荷载的问题。因此,若采用如图 3-15 (b)所示的做法,理论上也不会有问题,这正如板支座负筋放置于梁纵筋之上、剪力墙水平筋设置于暗柱纵筋之外一样。因为在梁底,虽然在荷载作用下,梁底会开裂,但只有在极端的情况下梁底混凝土才会脱落,况且梁底混凝土会脱落也只是跨中局部,不可能整跨梁梁底混凝土都脱落,理论上只要板底纵筋不与梁底混凝土相剥离,板底筋锚固也还算成立。即使结构已进入梁底混凝土局部脱落的状态,只要板支座负筋仍有可靠的锚固,而梁底混凝土未脱落部分板底筋仍与梁固定在一起(或假定在梁塑性铰区,板恰好在梁边开洞,洞宽等于梁塑性铰长度,所以梁底混凝土脱落对板筋没影响),理论上只要此时梁未变成机动可变体系,板也不至于坍塌。当然这只是理论上的推论,鉴于结构安全问题的重要性,作者主张采用如图 3-15(c)所示的做法,这种做法是在图 3-15(b)的基础上,在梁内增加了 10d 的竖直锚固段,因而当梁处于极限状态时,板底筋有一可靠的锚固,同时它又比图 3-15(a)所示做法更便于施工。

(二)悬臂梁负弯矩筋截断问题

《混凝土规范》(GB 50010—2002)第 10.2.4 条❶ "在钢筋混凝土悬臂梁中,应有不少于两根上部钢筋伸至悬臂梁外端,并向下弯折不小于 12d;其余钢筋不应在梁的上部截断,而应按本规范第 10.2.8 条规定的弯起点位置向下弯折,并按本规范第 10.2.7 条的规定在梁的下边锚固。"根据这一规定,《混凝土结构施工图平面整体表示方法制图规则和构造详图》(03G101—1)规定第二排钢筋只伸至悬臂净跨的 3/4 处就截断的做法❷,与规范的要求和相关的试验结果不相符。试验结果表明[8],采用该图集截断做法,在钢筋截断点处首先形成劈裂裂缝,随后出现一条坡度很小的主斜裂缝,最终发生沿该主斜裂缝的弯曲破坏 [见图 3-16 (a)],且破坏荷载远小于梁的正截面抗弯极限强度。若将需截断钢筋的截断点当做弯起点,将钢筋向下弯折 [见图 3-16 (b)],并按《混凝土规范》(GB 50010—2002)第 10.2.7 条的规定在梁的下边锚固,此时,虽然在弯起点仍有可能开裂,但弯起钢筋阻止了裂缝向下延伸的可能,裂缝只局限于弯起点的表面,前述主斜裂缝

❶《混凝土规范》(GB 50010—2010)第 9.2.4 条与此相同。

❷ 11G101—1 中有改进,取消了截断做法。

也就不可能形成了，试验证明这种做法是可靠的。因此，悬臂梁负弯
矩钢筋可以按弯矩图分批向下弯折，而不应分批截断，且必须有不少
于两根上部钢筋伸至悬臂梁外端，并向下弯折不小于 $12d$❶。

❶ 详见 11G101—1
第 89 页。

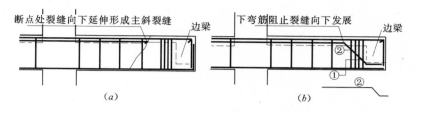

图 3-16　悬臂梁负弯矩筋截断的两种做法

第四章
抗震设计的概念设计与
计算设计的逻辑关系

"你还没有进入思想的领地！"
但是我看见了它的海岸。
虽然不能占领岛屿，
却可以停泊在岸边。

——歌德

由于地震作用的不确定性和复杂性，以及结构计算模型的基本假定与实际情况的差异，使仅靠计算分析得出的数据进行的抗震设计即计算设计（或称为数值设计）很难有效地控制结构的抗震性能。因此，经过总结历次大地震灾害的经验教训，人们发现，对结构抗震设计来说，概念设计比计算设计更为重要。概念设计是指依靠设计者的知识和经验，运用思维和判断正确地决定建筑的总体方案和细部构造，做到合理的抗震设计。《抗震规范》（GBJ 11—1989）条文说明中明确提出"结构抗震性能的决定因素是良好的概念设计（conceptual design）"。从哲学上分析，概念设计的提出本质上是对计算设计一统天下局面的否定，从而改变了传统的完全依赖计算结果进行设计的单一设计方法，是设计方法的一次质的飞跃。概念设计不仅弥补了计算分析的一些不足，使计算分析的结果尽可能地反映结构的实际地震反应，而且概念设计对计算分析提出了更高的要求（如体型复杂、超高、超限建筑等），从而促进了计算方法和计算手段（如三维空间分析、弹塑性时程分析等）的不断发展，也使得概念设计的某些内容可以通过计算来体现。当然计算方法和计算手段的发展，也深化了概念设计。正是概念设计与计算设计的否定之否定，促使结构抗震设计水平不断发展和提高。

同时，也必须认识到概念设计的确切含义和适用范围的模糊性，是引起目前某些设计浪费和某些技术争议的主要因素之一。就现阶段而言，不同的设计院和不同的设计者，对概念设计的理解也不同。例如，框架柱的构造配筋，有严格按《抗震规范》（GBJ 11—1989）规定的全截面 0.9%（0.7%）配的，也有按 1.2%～1.5% 配的，甚至有按 2%～3% 配的，相差较大，但似乎都满足《抗震规范》（GBJ 11—1989）中提出的抗震结构体系"应具备必要的强度"的要求。又如，对钢筋混凝土墙与黏土砖墙的组合结构体系，目前存在两种相反的观点：赞成者认为钢筋混凝土墙为第一道防线，带圈梁构造柱的砖墙（约束砌体）属第二道防线，符合抗震结构体系宜有多道防线的要求，因而在地震作用下钢筋混凝土墙与砖墙能共同工作；不赞成者认为钢筋混凝土墙与黏土砖墙之间的材性不同，刚度相差较大，容易形成薄弱部位，在地震作用下钢筋混凝土墙与黏土砖墙不能共同工作，因而抗震性能不好。此外，对概念设计的某些具体内容，若要严格限制则工程实际情况难以完全满足，阻碍了设计者主观能动性的发挥，设计创新也难以实现。

在逻辑关系方面，概念设计的模糊性也导致逻辑关系的不明确。由于现行抗震规范没有给出概念设计的明确定义，因而概念设计本身的"概念"还不明确，尚无确定的内涵和外延，其缺陷主要表现在以下四个方面[102]：

（1）概念设计与设计构造的区分不严格。在很多场合下，常常将概念设计与设计构造混为一谈。

（2）概念设计与计算设计的分界不明确。一方面，概念设计其实不完全是概念的判断，它的部分内容也可以通过一定的计算来体现，例如，《抗震规范》（GBJ 11—1989）已经将"强柱弱梁、强剪弱弯"的内涵通过该规范式（6.2.5）～式（6.2.7）❶来体现；另一方面，理论计算成果也是概念设计的主要来源之一，而且概念设计的大部分内容，在它从宏观震害调查的感性认识上升为理性认识的过程中也离不了合理的理论分析，况且概念设计的内涵不是一成不变的，它必须随抗震设计理论的发展而发展。经典的形式逻辑还不能或难以完全表达和阐述概念设计与计算设计之间的逻辑关系，尤其是概念设计与计算设计之间的相互转化和相互促进关系。

（3）概念设计与计算设计的概念间关系不明确。形式逻辑概念间的关系有[64]：全同关系、真包关系、真包含于关系、交叉关系、相容并列关系、全异关系、矛盾关系、对立关系和不相容并列关系。概念设计与计算设计两概念间，有时属于矛盾关系或对立关系（例如，框架梁，按理论计算，"强弯弱剪"比较符合梁的受力特性；而抗震概念设计则要求"强剪弱弯"），有时属于交叉关系（例如，概念设计和计算设计都要求结构体系具备必要的强度，但它们对于强度的具体要求既有相同之处又有相异之处），有时又属于相容并列关系（例如，概念设计和计算设计都要求结构体系具有适宜的刚度，而它们对刚度的具体要求是由一些交叉关系的概念来体现的，这些交叉关系的概念都真包含于刚度这个概念的外延中），而有时又属于不相容并列关系（例如，框架梁纵向钢筋超配，对计算设计来说是一种抗弯强度储备，而对抗震概念设计来说则违反了"强剪弱弯"、"强柱弱梁"和"强节点

❶ 《抗震规范》（GB 50011—2010）第6.2.2条～第6.2.8条。

弱构件"的原则），等等。

（4）概念设计与计算设计在具体的抗震设计过程中的作用和逻辑关系不明确。一个建筑结构抗震性能的好坏，在概念上是清楚的，而在具体界限上又往往是模糊的、不明确的。黑格尔说："所谓变化的，就是说他们是'有'的，同时也是'非有'的。"[1]对抗震设计来说，概念设计贯穿于设计的全过程，在大多数场合，概念设计和计算设计之间的界限是基本明确的。但对抗震设计特定对象的某些具体细节而言，例如，三级剪力墙的配筋，其抗震设计的内容是具体而明确的，相应的思维内容也是具体而明确的，但要区别这一具体设计内容是属于概念设计还是计算设计却是很难的，也就是说这一具体的设计思维过程不能同时肯定概念设计和计算设计，又不能同时否定概念设计和计算设计，实际的设计总是两者之一的选择或先考虑其中的一方面，然后再考虑其中的另一方面，最后作一选择。理论上是可以做到这样的，但在实际的设计中就不那么理想了。例如，纯剪力墙结构，当抗震等级为三级时，对非加强区剪力墙配筋大都为构造配筋，《抗震规范》（GBJ 11—89）规定的最小配筋为：水平和竖向分布钢筋的配筋率不小于 0.15%，[2]分布钢筋的间距不大于 300mm，直径不小于 ϕ8。规范的这一要求反映在实际工程中，当墙厚为 160～200mm 时，对于不同的设计者和不同的设计院，其实际配筋在 ϕ8@250～ϕ12@150 波动，那么就存在两个问题。一个问题是，对设计者来说，究竟选配 ϕ8@250 好还是选配 ϕ12@150 好？而且选配了某一特定的配筋后，设计者也不明白他是依据概念设计还是计算设计配的筋。另一个问题是，对于审核、审定人来说，若设计者选用 ϕ10@150，他该不该提出修改意见？如果要修改又该如何修改？如果设计者对修改意见提出异议又该如何协调和统一？也就是说，实际的设计中要将概念设计和计算设计完全融合在一起或在两者中作取舍是有一定难度的。产生这类困惑的主要原因是，对于抗震设计特定对象的某些具体细节而言，如果在这一设计思维过程中，概念设计和计算设计两"概念"间若属于交叉关系，则应有明确的交叉内容，而设计规范、规程和有关文献均未明确相关内容，况且作为一成熟的设计方法，也应根据同一律的逻辑要求，排除这种交叉重复；若属于矛盾关系，形式逻辑不矛盾律要求在同一思维过程中，两个互相反对或互相矛盾的判断不能同时是真，其中至少有一个是假的，那么，概念设计和计算设计之间只能选择其一。此外，近来发展迅速的隔震和减震技术，按照目前对概念设计和计算设计的理解，从本质上讲，既是概念设计又是计算设计，这在形式逻辑上也不满足同一律。因此，我们应进一步分析概念设计和计算设计之间的逻辑关系，排除各种逻辑关系的含糊性和不明确性。

[1] 《小逻辑》，第102页。

[2] 《抗震规范》（GB 50011—2001）及《抗震规范》（GB 50011—2010）均提高到 0.2%。

第一节
概念设计与计算设计的辩证逻辑关系

克劳塞维茨说："任何理论首先必须澄清杂乱的、可以说是混淆不清的概念和观念。只有对名称和概念有了共同的理解，才可能清楚而顺利地研究问题，才能同读者常常站在同一个立足点上。"❶ 避免上述逻辑关系不明确和逻辑矛盾的主要途径有：

（1）给予概念设计以明确的定义，明确区分概念设计与构造、概念设计与计算设计。

德国物理学家、量子论的奠基人之一普朗克（M. K. E. L. Planck，1858～1947 年）说："科学的历史不仅是一连串事实、规则和随之而来的数学描述，它也是一部概念的历史。当我们进入一个新的领域时，常常需要新的概念。"斯大林说过："为了避免发生混乱，我们必须预先确定我们所运用的概念。"❷ 黄楠森更进一步指出："作为事物的本质或真理所在的东西，不能是变幻不定的个别事物，而只能是普遍原则或共相，这种普遍原则或共相绝不是感官所能把握的，而只能存在于概念中。"❸ 对于像概念设计这样贯穿抗震设计全过程的基本概念，只有预先明确它的含义和适用范围，才能保持概念的同一性，避免发生混乱和误用。

概念设计是工程设计的核心所在。一项设计任务的成败在很大程度上取决于其概念设计的品质，一个好的设计概念固然有可能在随后的细节设计和开发阶段得不到很好的落实，但一个糟糕的概念设计从一开始就决定了工程项目不可能获得成功。因此，概念设计是整个工程设计阶段最重要也是最困难的部分，它体现了设计者对设计总体目标的洞察，对设计任务的驾驭，对整个工程项目的总体目标、约束条件及各种技术手段和方案的全面把握，以及综合性、创造性的工程思维的水平和风格。在概念设计中，工程设计者针对基于需求分析而产生的设计问题提出解决的思路，融会贯通地、创造性地运用工程科学和技术、实际工程经验以及各种相关的非工程类知识（如社会、文化、伦理等方面），确立解决问题的基本方案和构想，并做出关键性的决策和选择。

（2）建立概念设计与计算设计之间的辩证逻辑关系。辩证逻辑以人类的辩证思维为研究对象，是研究人类辩证思维的形式、规律和方法的科学，辩证逻辑也是唯物辩证法在思维领域中的具体应用，它在本质上与马克思主义哲学是完全一致的。辩证思维具有矛盾性、具体性、全面性和整体性等特征[132]。

辩证思维的矛盾性可分为思维内容的矛盾性和思维形式的矛盾性。"现象与本质"、"理论与实践"等，不仅在内容上，而且在形式上，都

❶ 《战争论》，商务印书馆，1978 年版，第 110 页。

❷ 《斯大林全集》第 2 卷，第 79 页。

❸ 黄楠森主编，《〈哲学笔记〉注释》，北京大学出版社，1981 年版，第 206 页。

具有矛盾的特征。

辩证思维的具体性是指思维所反映的对象不仅是客观具体的，而且是"许多规定的综合，因而是多样性的统一"，例如传统中医学中的"心"，不是指解剖实体中的"心"，而是人体生命运动过程中关于"心"的一个辩证概念[132]。

辩证思维的系统性包括"思维的系统"和"系统的思维"两个方面。所谓"思维的系统"，是指思维结果的系统性，如概念系统、推理系统、范畴系统等；所谓"系统的思维"，是指思维的方法是系统的，思考问题要有层次性和有序性。

辩证思维的全面性就是要全面地看问题，不但要看事物的正面，也要看事物的反面。既要看到矛盾的主要方面，又要看到矛盾的次要方面；既要分析和处理主要矛盾；又要分析和处理次要矛盾。

辩证思维的整体性涉及全局与局部的统一问题。客观事物是局部与整体的统一，人们在运用辩证思维进行思考时，既要注意到客观事物的全局性，又要关注事物的局部以及局部与整体之间的关系。

现代自然科学的发展，已经从认识自然现象的外部联系，深入到认识自然现象的内部联系，即认识对象内部的对立统一关系和发展规律，所以每一门现代自然科学的研究都需要辩证逻辑给予辩证的说明和合理的解释。抗震设计理论也同样需要辩证逻辑的指导。形式逻辑是研究抽象理论思维的规律、方法和形式的科学。由于形式逻辑已难以表达和阐述概念设计与计算设计之间的相互转化和相互促进的对立统一关系，概念设计与计算设计之间确切地说已不属于形式逻辑关系范畴，而属于辩证逻辑关系范畴。❶关于辩证逻辑的研究对象和体系，人们尚未取得一致的意见，大体上说，形式逻辑与辩证逻辑在以下三点上是不同的[64]：

1）形式逻辑只从思维的逻辑形式方面研究思想本身的准确性、明确性、无矛盾性与一贯性。形式逻辑不研究思维形式怎样反映客观现实的运动、变化与发展问题。但是辩证逻辑却要研究这些问题。列宁曾经将辩证逻辑规定为："不是关于思维的外在形式的学说，而是关于'一切物质的、自然的和精神的事物'的发展规律的学说，即关于世界的全部具体内容及对它的认识的发展规律的学说。换句话说，逻辑是对世界的认识的历史的总计、总和、结论。"❷

2）形式逻辑只从类和真假二值的角度，研究各种思维逻辑形式之间的关系。形式逻辑不研究各种思维形式在认识发展过程中发展和转化问题，而辩证逻辑却要研究这些问题。列宁指出："在旧逻辑中，没有转化，没有发展（概念的和思维的），没有各部分之间的'内在的必然的联系'，也没有某些部分向另一部分的'转化'。"❸辩证逻辑则应该是："概念的全面的、普遍的灵活性，达到了对立面同一的灵活性——

❶ 恩格斯："形式逻辑也首先是探寻新结果的方法，由已知进到未知的方法；辩证法也是这样，只不过是更高超得多罢了；而且，因为辩证法突破了形式逻辑的狭隘界限，所以它包含着更广的世界观的萌芽。"《马克思恩格斯选集》第3卷，第174页）

❷ 列宁，《哲学笔记》，第67页。

❸ 列宁《哲学笔记》，第72页。

这就是问题的实质所在。"❶辩证逻辑提供的逻辑规律、原则和方法，能够指导我们自觉地进行辩证思维，以便正确地反映客观事物的辩证发展规律，它具有世界观和哲学方法论的性质[132]。

3）形式逻辑与辩证逻辑之间具有类似于初等数学和高等数学的区别。恩格斯指出："初等数学，即常数的数学，是在形式逻辑的范围内活动的，至少总的来说是这样；而变数数学——其中最重要的部分是微积分——本质上不外乎是辩证法在数学方面的应用。"❷❸

由此可见，我们必须根据辩证逻辑的规律，深入分析和研究概念设计与计算设计之间的相互关系，建立概念设计与计算设计之间的辩证逻辑关系。首先，概念设计的内容要反映人们对地震作用客观规律的历史的总计、总和、结论，而不能仅仅是计算设计的补充和修正。其次，要深入分析和研究概念设计与计算设计之间在抗震设计理论发展过程中的发展和转化问题，使概念设计和计算设计不仅都能随抗震设计理论的发展而发展，而且在条件成熟时，应将概念设计的某些内容转化成理论计算，同时也应将计算理论分析的概念性结论作为概念设计的新的内容，促使双方在理论发展中相互转化。再次，概念设计要减少"常数数学"的内涵，而更多地引入"变数数学"的内涵。借鉴系统工程、人工智能等学科的科学方法，将概念设计的内容系统化、定性化和定量化，逐步提高概念设计的量化分量，减少概念设计的模糊性和不准确性。要做到这一点，也许不会太遥远了。近年来提出的基于位移的抗震设计（displacement—based design）就是一种全新的抗震设计方法，它要求有量化的设计指标，比现行的抗震设计中强调的概念设计更进了一步，也更具可操作性。

第二节
建筑工程的地震破坏现象及对抗震设计的启示

对于结构工程师而言，了解和分析建筑物在地震中遭受的震害是十分重要的，是加强和改进结构抗震设计水平的重要途径，也是概念设计关注的重要内容。地震时，各类建筑物的破坏是导致人民财产损失的主要原因。建筑物在地面运动激发下产生剧烈震动的过程中，因结构强度不足、变形过大、连接破坏、构件失稳或整体倾覆而破坏。各类工程结构在强烈地震作用下的抗震能力和破坏各不相同，而同类型的建筑物也会因地基条件不同和所采取的措施不同而异。各类工程结构的地震破坏现象主要有如下五种。

一、主要承重结构的抗震强度不足

对于设计时没有考虑地震影响或抗震设防强度不足，或者现行规

❶ 列宁，《哲学笔记》，第 87 页。

❷《马克思恩格斯选集》第 3 卷，第 174、175 页。

❸ 毛泽东在 1965 年说："说形式逻辑好比低级数学，辩证逻辑好比高等数学，我看不对。形式逻辑是讲思维形式的，讲前后不相矛盾的。它是一门专门科学，同辩证法不是什么初等数学与高等数学的关系。"（龚育之等，《毛泽东的读书生活》，第 131 页）

范的不合理使设计地震作用效应太小（如软弱地基上的长周期建筑物）的结构，在具有多向性的地震力作用下，不仅结构构件所承受的内力将突然加大很多倍，而且会改变其受力方式（如受压构件变为受拉构件、受弯构件跨中出现负弯矩等），致使构件因强度不足而破坏，主要表现为完全倒塌（见图 4-1）、底部坍塌（见图 4-2）、短柱破坏（见图 4-3）和顶层或中间层倒塌（见图 4-4）。

图 4-1 完全倒塌[85]

图 4-2 底部坍塌[85]

图 4 - 3　短柱破坏（上图引自文献［85］，下图为汶川地震照片）

图 4 - 4　汶川地震中顶层倒塌的建筑

二、结构丧失整体性

　　房屋建筑或构筑物是由许多不同的构件组成的，在地震作用下，结构的整体性好，是保证房屋不发生倒塌或严重破坏的关键。构件间连接薄弱、支撑数量不足的建筑物，各部分构件和主要承重结构并未破坏，却往往由连接构件的局部节点的强度不足、锚固连接不好或延性不够而破坏（见图4-5和图4-6），并可能因被各个击破而导致整个建筑物的倒塌。

图 4 - 5　汶川地震中局部坍塌的建筑

图 4-6 框架节点破坏（上图为汶川地震照片，下图引自文献［85］）

三、地基失效

在强烈地震作用下，地基承载力可能下降，以至于完全丧失。对于饱和砂土层的地基会产生液化现象而丧失承载力，造成建筑倾倒或破坏（见图 4-7）。

（a） （b）

图 4-7 砂土液化及其导致的建筑物倒塌（网络照片）
（a）砂土液化；（b）砂土液化导致的建筑物倒塌

砂土和粉土产生液化的原因是砂土和粉土的土颗粒结构受到地震作用时将趋于密实。这种趋于密实的作用使空隙水压力急剧上升，在地震作用的短暂时间内，孔隙水压力来不及消散，使土颗粒处于悬浮状态。液化导致地基失效的条件有：①砂土或粉土的密实度低；②地振动剧烈；③土的微观结构的稳定性差；④地下水位高；⑤高压水不易渗透；⑥上覆非液化土层较薄，或者有薄弱部位。其中，前五项是导致液化的条件，第⑥项是导致地基失效的条件。因此，要采取必要的地基抗震措施，加强地基的抗震承载力。

四、次生灾害的破坏现象

强烈地震除造成建筑物的破坏外，还可能引起火灾、水灾和污染等严重的次生灾害。由地震引起的次生灾害，有时比地震直接造成的损失还大，特别是在大城市或大工业区。例如，1923 年日本关东大地震，据统计震倒 13 万栋房屋，而地震引起的火灾却烧毁了 45 万栋房屋。1960 年发生在海底的智利大地震引发海啸灾害，除吞没了智利中南部沿海房屋外，海浪还从智利沿海以 640km/h 的速度到达 17000km 外的日本，横扫本州和北海道，使海港设备和码头建筑遭受严重破坏，甚至将巨船抛上陆地[108]。

五、震害对抗震设计的启示

根据以上震害分析可见，建筑的破坏状况和破坏程度，一方面取决于地震动的特性，另一方面取决于结构自身的力学特性。当今抗震科学尚处于较低水平，试验手段和技术还不能确切模拟地震对建筑的破坏作用，因而地震区建筑物的破坏状况便成为探索地震破坏作用和结构震害机理最直接和最全面的大型结构试验。因此，有必要在充分吸取以往地震经验和教训的基础上，结合现代技术，在基本理论、计算方法和构造措施等多方面，研究改进高层建筑设计技术，以进一步提高建筑的抗震设防水平。也就是说，一个好的抗震设计既离不开计算设计，又必须具有良好的概念设计水平，计算设计和概念设计是不可分割的。

第三节
结构控制是概念设计与计算设计的融合

结构控制是结构工程一个比较新的概念。它针对传统设计将规范或规程中规定的功能指标作为归宿，一旦计算或验算满足设计即告完成，而对结构的实际工作性能及破坏过程、破坏模式等无法预期，变被动设计为主动设计，即将结构物的功能作为起点和控制目标，反过来对结构物提出各种要求，从而克服盲目性，提高设计的自觉性。因此，结构控制方法本身就是概念设计的具体体现，但同时它又不仅仅只是概念，它还有一套完整的计算方法和设计构造，是概念设计与计算设计的融合。

一、结构控制的目的

结构控制的目的就是采用一定的控制措施，减轻和抑制结构在地震、强风及其他动力荷载作用下的动力反应，增强结构的动力稳定性，提高结构抵抗外界振动的能力，以满足结构安全性、使用性和舒适性的功能要求。从结构控制机理的角度出发，结构控制主要通过采取以下措施实现的[107]。

（一）控制振动的振源

对于像风荷载、地震荷载这样的随机荷载，控制振源是十分困难的。这主要通过适当选择建筑物的场地，以及合理布置结构的形式、方位等途径加以考虑。但是，对于已建的建筑物来说，目前还没有控制振源的有效途径。

（二）切断振源的传播途径

切断振源的传播途径就是隔震的思想实质，这种方法是在结构与地基之间设置一层具有足够可靠性的"隔震层"，以切断或抑制地震波向上部结构传递的路径或改变其传递方式，使上部结构在地震作用下只作近似平动。此外，还可以利用断层、沟槽等方式改变地震波的传播途径。

（三）避免结构共振

通过改变结构的固有周期，使其避开振动的共振区域，以达到减震的目的。此外，还可以利用结构或构件滞回曲线的非线性化，达到避免共振的目的。

（四）提高结构的衰减性

提高结构的衰减性主要有两种方法：一种方法是采用黏弹性阻尼、摩擦阻尼和弹塑性耗能元件等来消耗结构的能量；另一种方法是采用辅助系统，将结构能量的一部分转移到辅助系统中，在辅助系统中耗散能量。

（五）施加与结构运动相反的作用力

施加与结构运动相反的作用力是主动控制的设计思想。主动控制就是利用传感器时刻监测结构的反应，通过计算机的优化分析，瞬时地施加与结构运动相反的作用力。此外，某些新型材料在一定条件下，也可产生与结构运动相反的作用力，这些新材料在结构控制中的应用应予以关注。

二、结构控制的作用

显然，结构控制与外荷载有密切关系。建筑物承受的动力荷载主要有：结构物内振源（如机械振动）引起的结构振动、周围环境（如地面铁路、交通）引起的结构振动以及破坏性荷载（如强风、地震）引起的结构振动。结构控制的作用就是要有效地抑制或减小这些动力荷载引起的结构振动，以确保结构的安全性、使用性及舒适性要求。

（一）结构的安全性

无论是传统的结构抗震设计还是结构控制设计，都要保证结构的安全性。但是，就目前而言，结构抗震设计实际上只是一种校核或验算，即对给定结构的尺寸、给定预测的地震作用，验算结构是否满足强度和变形要求。即使考虑了结构抗震构造措施的作用，也是在假定的地震作用条件下考虑的。由于地震的发生是未知的，一旦实际发生的地震大于预先假定的地震作用，则结构就难以达到预先设计时的安全度。因此，建筑物虽然进行了结构抗震设计，但实际震害中仍有大量的房屋倒塌。然而，对于结构控制设计，由于系统内预先安装耗能系统或辅助系统等，即使发生了比预定设防烈度高的强烈地震，这些系统也能率先发挥耗能、转移能量、瞬时提供与结构运动相反的作用的效应，有效地抑制或减小结构的振动。因此，结构控制比传统的结构抗震设计具有更高的安全度。理论分析和震害调查已经证明，结构控制在地震、强风中的减震效果十分明显。

（二）结构的使用性

对于历史和纪念性建筑物、核电厂、室内装有精密仪器的建筑物以及装有考古文物的博物馆等重要性建筑物，在地震中是不允许破坏的。也就是说，在满足安全目标前提下，要根据建筑物用途和业主要求满足性能目标的要求。然而，人类目前已记录到地震的最大加速度峰值已高达 $1.0 \sim 2.0g$（例如，1971 年 2 月 9 日，美国圣费尔南多地震为 $1.25g$；1976 年 5 月 17 日，苏联盖兹利地震为 $1.25g$；1985 年 12 月 23 日，加拿大那哈尼地震为 $2.0g$ 以上；1994 年 1 月 17 日，美国北岭地震为 $1.82g$）。对于如此剧烈的地震加速度，传统的结构抗震设计是很难达到设计要求的。此外，在灾害发生时，交通、电力、医院、消防和通信等重要救灾部门的仪器设备等均要能保证正常工作，以使这些部门能发挥救灾作用。

（三）结构的舒适性

过大的结构变形和激烈的结构振动，往往造成已建成的房屋无法使用和居住，结构控制的出现为解决这类问题提供了新的途径，并已有成功的工程实例。

三、结构控制的分类

强烈的地震给世界各国人民造成了巨大的灾害。地震中建筑物的大量破坏与倒塌，是造成地震灾害的直接原因。传统的抗震结构体系是通过增强结构本身的性能来"抵御"地震作用的，即由结构本身储存和消耗地震能量，以满足结构的抗震设防要求。但由于人们尚不能准确地估计结构未来可能遭遇的地震动的强度和特性，而且按传统方法设计的结构其抗震性能不具备自我调节与自我控制的能力，因此，在这种不确定的地震作用下，结构很可能不满足安全性的要求，而产生严重破坏，甚至倒塌，造成重大的经济损失和人员伤亡。结构控制可能是彻底解决这一问题的方法，通过在结构上设置控制机构，由控制机构与结构共同控制抵御地震等动力荷载，使结构的动力反应减小。结构控制是人的主观能动性与减轻地震灾害客观需要的高度结合，是减轻地震灾害结构对策的新的里程碑。

结构控制按是否需要外部能源和激励以及结构反应的信号，可以分为被动控制、主动控制、半主动控制和混合控制。被动控制无须外界提供能量，而依靠结构元件之间、结构与辅助系统之间相互作用耗散振动能量，从而达到控制结构的目的。

（一）被动控制

结构被动控制一般是指在结构的某个部位附加一个子系统，或对结构自身的某些构件作构造上的处理以改变结构体系的动力特性。

从控制机理上讲，目前被动控制的设计思想主要有以下三种类型：

（1）阻尼耗能型：通过各种阻尼元件，消耗结构能量，衰减结构本身的反应。

（2）吸震减震型：将结构本身的振动能量转换到辅助系统内，通过辅助系统的阻尼系统耗散能量，达到控制结构的目的。

（3）基础隔震型：通过切断震动向上部结构传播的途径，达到有效保护主体结构的目的。

被动控制因其构造简单，造价低，易于维护且无须外界能源支持等优点而引起了广泛的关注，并成为当前应用开发的热点，目前比较成熟的有以下几种[106]。

1. 基础隔震体系

基础隔震体系是在上部结构与基础之间设置某种隔震消能装置，以减小地震能量向上传输，达到减小结构震动的目的。隔震装置必须具备以下三项特性：

（1）具有较大的变形能力。

（2）具有足够的初始刚度和强度。

（3）提供较大的阻尼，具有较大的耗能能力。

基础隔震能显著地降低结构的自振频率，适用于短周期的中低层建筑和刚性结构。由于隔震仅对高频地震波有效，因此对高层和超高层建筑不太适用，但日本等国家也在研究高层建筑的基础隔震问题，并建造了相应的试点工程。此外，橡胶垫的老化问题和耐久性问题以及隔震效果定量设计问题，还有待于进一步的研究。

2. 消能减震体系

消能减震体系是将结构物的某些非承重构件设计成消能元件，或在结构物的某些部位装设阻尼器。在风载或小震时，这些消能构件与阻尼器仍处于弹性状态，结构体系仍具有足够的侧向刚度以满足正常使用要求；在强风或大震作用下，减震体系消能元件或阻尼器首先进入非弹性状态，产生较大的阻尼，大量消耗能量，使主体结构的动力反应减小。

按消能装置的不同，消能减震体系可分为以下两类：

（1）消能构件减震体系。该体系利用结构的非承重构件作为消能装置的结构减震体系，常见的消能构件有消能支撑、消能剪力墙。

（2）阻尼器消能减震体系。该体系在强震时通过阻尼器耗散能量，常见的阻尼器主要有：摩擦阻尼器、金属阻尼器以及黏性和黏弹性阻尼器。

消能减震体系适用于高层建筑、超高层建筑和高耸构筑物，对抗震和抗风都有效，而且性能可靠，但装设数量少时作用不大，数量多时造价显著增加。

3. 调谐质量阻尼振动控制系统

调谐质量阻尼振动控制系统（TMD）是在结构顶层加上惯性质量，并配以弹簧和阻尼器与主结构相连，应用共振原理，对结构的某一振型加以控制。通常，惯性质量可以是高层或高耸结构的水箱、机房或旋转餐厅。由于 TMD 系统能有效地衰减结构的动力反应，且安全、经济，已被广泛用作高层建筑、高耸结构及大跨桥梁的抗震、抗风装置。TMD 系统不仅适用于新建建筑，而且通过"加层减震"技术可以改善已有房屋的耐震性能。

4. 调谐液体阻尼振动控制系统

调谐液体阻尼振动控制系统（TLD）同样采用共振原理，依靠液体的振荡来吸收和消耗主结构的振动能量，减小结构的动力反应。TLD 系统相对于 TMD 系统造价较低，不需要特别的装置，对容器的形状也无特殊的限制，不需要维修，可以方便地设置在已有建筑之上，并可兼作水箱之用。与 TMD 系统一样，TLD 系统一般也仅适用于抗风。由于风与地震不一定存在共同的有效减震频率，调谐被动控制用于抗震时甚至可能会出现负效应。

5. 质量泵

质量泵是一种液体质量阻尼器，通过导管中液体往复流动时的惯性和黏性来消耗能量。质量泵只需很少的液体便可发挥较大的等效质量和等效阻尼的作用。利用质量泵能消除结构的鞭梢效应。在结构风振反应中，质量泵能有效地减小高层建筑结构顶层加速度反应，但对减小基底剪力和顶层位移反应效果不明显；抗震时，对高振型效果较好，但对第一振型影响不显著。

6. 液压-质量振动控制系统

液压-质量振动控制系统（HMS）由液压系统和质量块组成。当结构振动时，液体和质量块随之振动，从而耗散和吸收振动能量，实现对结构的减震作用。该系统具有结构简单、造价低廉和易于应用等特点，而且控制效果较好。利用 HMS 系统可控制底层柔性结构柔性底层的地震反应，同时使上部结构的底层位移反应减小，而且能满足底层大空间的建筑功能要求。

此外，还有一些被动控制体系，例如，拉索系统、悬挂结构体系、多结构联系振动控制系统和柔性层体系等[106]。

（二）主动控制

主动控制须由外界提供能量，来抵消结构全部或部分的振动。主动控制包括主动质量阻尼系统、主动拉索系统和主动支撑系统等，其理论研究包括最优化控制模式、极点配置控制模式、独立模态控制模式、瞬时最优控制模式、界限状态控制模式、预测实时控制模式、自校正控制模式和模型参考自适应控制模式等。

（三）半主动控制

半主动控制包括可变刚度系统、可变刚度衰减系统、空气动力减震装置和可控摩擦式滑动支座等。

（四）混合控制

混合控制是指不同控制方法的结合，以发挥各种控制方法的优点，使主动控制仅提供较少的控制力，就可以有效地控制结构。

混合控制包括调频质量阻尼器与主动质量阻尼器系统的混合、主动控制与基础隔震的混合、主动控制与耗能结构的混合、液体-质量控制系统与主动质量阻尼系统的混合。[107]

第四节
抗震结构的整体稳固性是判别结构抗震性能的重要指标

一、系统的整体稳固性

整体稳固性（robustness）就是系统的健壮性，音译为鲁棒性。"Robust"或"鲁棒性"❶，在国内外的科技文献中出现的频率相当高，主要是指在出现某些未知情况下，系统能否保持性能的优越性。有时候，它还用来指程序的数值稳定性。它是在异常和危险情况下系统生存的关键。例如，计算机软件在输入错误、磁盘故障、网络过载或有意攻击情况下，能否不死机、不崩溃，就是该软件的稳健性。

所谓系统的"整体稳固性"是指控制系统在一定的参数摄动下，维持某些性能的特性，与人在受到外界病菌的感染后，是否能够通过

❶《混凝土规范》(GB 50010—2010) 第 3.6.2 条称之为整体稳固性，本书从之。

自身的免疫系统恢复健康一样。准确地说，不能说有某一系统没有整体稳固性，只能说整体稳固性较多（more robust）或者整体稳固性较少（less robust）。整体稳固性仅是我们对系统的一个形容词。

由于工作状况变动、外部干扰以及建模误差的客观存在，实际工作过程的精确模型很难得到，而系统的各种故障也将导致模型的不确定性，因此，可以说模型的不确定性在控制系统中广泛存在。如何设计一个固定的控制器，使具有不确定性的对象满足控制品质，也就是整体稳固性控制（robust control），已成为国内外科研人员的研究课题。

由于许多被控对象很难被精确描述，因此在其数学模型中不可避免地存在各种形式的不确定性。整体稳固性控制就是指为分析和综合存在不确定性时系统的行为而提出的各种方法，使得当一定范围的参数不确定性及一定限度的未建模动态存在时，闭环系统仍能保持稳定并保证一定的动态性能品质，例如灵敏度分析、摄动分析、同时镇定、扰动补偿和对策论的应用等。整体稳固性控制实质上体现了控制理论向更实用化的深层次的发展。整体稳固性控制理论发展到今天，已经形成了很多引人注目的理论。其中控制理论是目前解决整体稳固性问题最为成功且较完善的理论体系。目前，研究整体稳固性控制的方法大致可分为以下两类。

（1）以分析系统性能特别是稳定性为基础的系统整体稳固性分析和设计，例如 Hurwitz 多项式四端点定理、结构奇异值分析方法和 V. M. Popov 稳定性判据等。

（2）以某种性能指标的优化作为设计依据的控制理论，例如 H_∞ 控制。

一般整体稳固性控制系统的设计是以一些最差的情况为基础的，因此一般系统并不在最优状态工作。整体稳固性控制方法适用于稳定性和可靠性作为首要目标的系统应用，同时，过程的动态特性已知且不确定因素的变化范围可以预估。飞机和空间飞行器的控制是这类系统的实例。

过程控制应用中，某些控制系统也可以用整体稳固性控制方法设计，特别是对那些比较关键且不确定因素变化范围大及稳定裕度小的对象。

但是，稳健性控制系统的设计要由高级专家完成。一方面，一旦设计成功，就不需太多的人工干预；另一方面，如果要升级或作重大调整，系统就要重新设计。

稳健性控制理论的应用不仅仅用在工业控制中，它还被广泛运用在经济控制、社会管理等很多领域。随着人们对于控制效果要求的不断提高，系统的稳健性会越来越多地被人们所重视，从而使这一理论得到更快的发展。

二、抗震结构整体稳固性

(一) 抗震结构整体稳固性的基本特征

工程结构设计通常要求满足安全性、适用性和耐久性要求，这些都是在结构正常使用荷载和作用下的所应具有的功能。而结构的整体稳固性是针对结构在意外荷载和作用情况下，结构不应产生与其原因不相称的破坏和垮塌，造成不可接受的重大人员伤亡和财产损失。

整体稳固性是以结构的终极垮塌为目标，是无法接受的安全上限。而目前设计的安全性是以结构的承载力极限状态为目标来考虑的，事实上，结构达到的最大极限承载力并不意味着结构的垮塌，延性好的结构更是如此。

由于安全性是针对正常使用荷载和作用来考虑的，而整体稳固性是针对意外荷载和作用来考虑的，所以两者所研究的荷载和作用特征不同。正常使用荷载和作用是指在设计阶段能够给予充分考虑和估计的荷载和作用，对于正常使用荷载和作用，可以通过合理的设计，保证结构具有足够的安全度。而意外荷载和作用是在结构设计阶段无法估计的荷载和作用。对于意外荷载和作用，只能凭借增加结构的整体稳固性来避免结构产生与其原因不相称的破坏和垮塌。此外，意外荷载和作用的大小、方式和方向往往具有随机性，可能作用于结构的承载力薄弱部位或作用于承载力薄弱方向。恶性事故分析表明，结构倒塌多因方案缺陷而非构件截面设计错误引起。图 4-8 即为因为底部软弱层的缺陷而引起房屋坍塌的典型实例。

图 4-8　底部软弱层使房屋在地震作用下坍塌

由于意外荷载和作用难以估计，同时我们也不能无限制地对结构的整体稳固性提出过高的要求，因此整体稳固性的研究是指在结构满足正常使用极限状态、承载力极限状态下，在可接受的经济范围内，根据可能遭到的意外荷载和作用的分类、特征和等级，达到合理的整体稳固性目标。当意外荷载和作用超过所预期的类型和等级时，如果结构发生垮塌，则称为与其原因相称的破坏。

从结构的整体稳固性观点来看，构件的安全度与结构的安全度完全是两回事，这一点往往被我国结构设计人员所忽略，而且在我国各类规范中强调得也很少[69]。基于整体稳固性原理，对于关键构件应增加安全度，或者将关键构件设计成具有整体稳固性的构件。具有整体稳固性的构件实际上是将关键构件设计成一个子结构。

明确结构体系中不同构件的作用，分清它们的安全层次，是获得高抗震整体稳固性的前提。

根据结构形式和破坏模式不同，关键构件可以分为整体型关键构件和局部型关键构件。图 4 - 9 所示的水库在地震作用下因局部失效而丧失蓄水能力，其失效的虽然为局部构件，但却丧失了整体的功能。应采用合理的结构体系，使其关键构件成为整体型关键构件。

图 4 - 9　水库在地震作用下因局部失效而丧失蓄水能力[85]

（二）提高抗震结构稳健性的措施和途径

提高抗震结构整体稳固性的措施和途径有以下三方面[69]。

1. 采用多重抗震结构体系

结构整体稳固性好的一个重要特征是：当结构中某一构件或结构部分因损伤或破坏完全退出工作或部分退出工作，其原来承担的荷载或作用能够由剩余结构有效承担，也就是说，结构具有多个有效的备选传力途经，去除一些构件或一些构件因损坏而退出工作不影响结构的传力和必备的承载力。

由于经济的原因，人们不可能设计一个可以在任意大的罕遇地震作用下保持完好的结构，也就是说，当地震达到一定级别时，结构总会产生破坏的。问题是结构的破坏模式是否符合整体稳固性的要求，也就是能否达到裂而不倒的目标。结构的破坏模式分为整体破坏模式和局部破坏模式。只有具有整体破坏模式的结构，提高结构的整体稳固性才具有现实意义。具有整体破坏模式的结构，其结构构件的重要性层次明确，通常可分为整体性关键构件、一般构件、次要构件和缀余构件。次要构件和缀余构件的破坏，乃至从结构中除去，都不会对整体结构的安全产生重大影响。从结构抗震耗能角度来看，整体破坏模式的结构可以使得更多的构件（次要的或缀余的）破坏而不影响整体结构的承载能力，有利于耗散更多的地震输入能量。

根据这一原理，提高抗震结构整体稳固性的措施之一就是设置缀余构件。缀余构件是一种特殊的次要构件，对增强抗震结构整体稳固性具有重要意义。缀余构件的设置应遵循一定的原则，通常要求缀余构件应先于主体结构构件破坏，也就是说，在地震作用下，缀余构件具有较大的变形，且缀余构件应具有足够大的延性，使得其在破坏后仍可以在一定程度上保持结构的整体性，并利用其塑性变形和耗能作用，减小结构的地震反应。工程中常见的缀余构件便是消能减震结构。在实际工程中，也可以设置一些非结构构件作为缀余构件。例如，上海东方明珠电视塔中连肢结构中的连梁，这些有意设置的缀余构件增加了结构的冗余度，提高了结构在灾害荷载作用下的整体稳固性。

2. 尽量形成超静定结构

抗震结构的整体稳固性与结构的超静定次数密切相关，超静定次数越多，结构的冗余度越大，结构的整体稳固性越高。当然，如果结构的超静定次数都是集中于结构的次要构件部分，这种结构的冗余度对提高整体稳固性的作用不大。因此，只有提高具有整体性关键构件的冗余度，才具有提高和改善抗震结构的整体稳固性的作用。根据这一原理，在结构中增加缀余构件，也可以增加结构的超静定次数，提高抗震结构的整体稳固性。

3. 增强整体性

结构整体稳固性好的一个重要标志就是结构具有整体破坏模式，而不会由于结构的局部破坏导致严重的后果。因此，通过加强构件的连接方式或专门设置某些构件来增强结构的整体性，对提高结构的整体稳固性具有重要意义。例如，砌体结构设置圈梁、构造柱，虽然对墙体承载能力的提高幅度不大（试验研究表明，设置构造柱后承载能力提高约20%），但更重要的是设置圈梁和构造柱后，使原来松散的块体结构连接成整体，极大地提高了砌体结构的变形能力及整体稳固性（见图4-10）。整体现浇钢筋混凝土结构，由于其整体性好，因而具有较好的整体稳固性，虽然其承载力不如钢结构，但由于钢结构构件之间采用螺栓和焊缝连接，其连接部位的强度可能低于钢结构本身的强度，可能导致连接部位先于构件而破坏，使得其在意外荷载作用下丧失整体性而破坏。例如，美国纽约世贸大厦在"9·11"袭击中整体倒塌，其中的原因之一就是钢结构的连接部位相对薄弱。因此，抗震结构整体稳固性是结构整体性好坏的体现，不仅与构件材料本身的强度有关，更重要的是结构构件之间连接的可靠性。

（a）   （b）

图 4 - 10　裂而不倒的砌体结构

（a）唐山地震中裂而不倒的建筑；（b）汶川地震中裂而不倒的建筑

三、抗震结构整体稳固性要求使计算设计和概念设计得到统一

首先，采用多重抗震结构体系、尽量形成超静定结构以及增强整体性等提高抗震结构整体稳固性的措施和途径，都是结构抗震概念设计的具体体现。

其次，当地震达到一定级别时，结构的破坏模式是否符合整体稳固性的要求；是否能达到整体破坏模式，从而使得更多的次要或缀余构件破坏，来耗散地震输入能量；是否能达到裂而不倒的目标等，也需要通过严密的计算设计来获得。

因此，抗震整体稳固性好的结构是抗震概念设计优越的结构，也是计算设计先进的结构。结构的整体稳固性性能要求构成了一个完整的从方案的优劣到计算结果是否合理的判别准则，将概念设计与计算设计统一起来，是改善结构抗震设计水平的重要措施。

第五节
计算设计和概念设计的不可分割性

传统的计算设计的局限性较大，正如英国的 Chas. E. Reynoid 所说的[63]："要求构件计算准确到小数两位，而外荷载误差竟达 25％ 是愚昧荒谬的"，"现今的设计虽由规范、规程所制约，但仍需要运用人的思维和判断力去理解其内容，抓住其中的实质含义，而不能仅仅满足于条文中的允许最低限值"。概念设计的提出改变了计算设计一统天下的局面，是设计方法的一次质的飞跃。恩格斯说："在涉及概念的地方，辩证的思维至少可以和数学计算一样地得到有效的结果。"❶概念设

❶ 恩格斯，《自然辩证法》，第 70 页。

计不仅弥补了计算分析的一些不足，使计算分析的结果更尽可能地反映结构的实际地震反应，而且概念设计对计算分析提出了更高的要求，从而促进了计算方法和计算手段的不断发展和完善。同时，也必须认识到概念设计本身"概念"的模糊性，也产生了一些负面影响。这种模糊性，一方面是引起目前某些设计浪费和技术争议的主要因素之一，另一方面也导致概念设计与计算设计逻辑关系的不明确。避免这种概念的模糊性和逻辑关系不明确的主要途径有以下两种：

（1）给予概念设计以明确的定义，明确区分概念设计与构造、概念设计与计算设计。列宁说：概念的全面的、普遍的灵活性，达到了对立面同一的灵活性——这就是实质所在。主观地运用这种灵活性＝折中主义与诡辩。客观地运用灵活性，即反映物质过程的全面性及其统一的灵活性，就是辩证法，就是世界的永恒发展的正确反映。**❶**

（2）从减轻地震灾害的角度，建立概念设计与计算设计之间的辩证逻辑关系。

减轻地震灾害的途径有两种——"抗震"和"消震"。采取结构控制措施，例如隔震装置（如橡胶支座等）或消能器具（如阻尼器等），用以改变结构的自振周期，增加结构的阻尼，可使最终作用于结构物的地震作用效应大为减少，这是主动地减少地震作用的影响，结构控制方法本身就是概念设计的具体体现，或者说它是当今最为有效的概念设计，但同时它又是计算设计的典型代表，具有一套完整的计算方法和设计构造，离开计算的结构控制是不可想象的。因此，结构控制是概念设计与计算设计的融合，是概念设计思想的深化和抗震计算理论在结构控制领域的延伸和发展。

黑格尔说："'有'与'无'最初只是应该有区别罢了，换言之，两者之间的区别最初只是潜在的，还没有真正发挥出来。一般来讲，所谓区别，必包含有二物，其中每一物各具有一种为他物所没有的规定性。但'有'既只是纯粹无规定者，而'无'也同样的没有规定性。因此，两者之间的区别，只是指谓上的区别，或完全抽象的区别，这种区别同时又是无区别。在他种区别开的东西中，总会有包括双方的共同点。譬如，试就两个不同'类'的事物而言，类便是两种事物间的共同点。依据同样的道理，我们说，有自然存在，也有精神存在，在这里，'存在'就是两者间的共同点。反之，'有'与'无'的区别，便是没有共同基础的区别。因此两者之间可以说是没有区别，因为没有基础就是两者共同的规定。"**❷**概念设计与计算设计之间是辩证逻辑关系，不是形式逻辑关系。无论是概念设计还是计算设计，其最终目的都是减轻地震灾害，相同的目标决定了两者的分界在许多场合是不明确的，从工程的角度严格区分两者的区别是困难的，也是没有必要的。

❶《哲学笔记》，第87页。

❷ 见《小逻辑》，第194页。

从概念设计与计算设计之间的辩证逻辑关系角度来说，结构抗震性能的决定因素应是概念设计与计算设计的辩证统一，而"结构抗震性能的决定因素是良好的概念设计"这一观念有失公正，应改为"结构抗震性能的决定因素是良好的结构稳健性"。完全依赖计算结果进行设计的计算设计时代确实已经结束，但一个完全离开理论计算的良好抗震设计也同样是不可想象的。"资本不能从流通中产生，又不能不从流通中产生，它必须既在流通中又不在流通中产生。"[❶]同样，一个抗震性能良好的结构设计不能从计算中产生，又不能不从计算中产生，它必须既在计算中又不在计算中产生。从抗震角度分析，判别结构抗震性能的重要指标就是结构的稳健性性能。

❶《马克思恩格斯全集》第 23 卷，第 188 页。

第六节
结构设计中的正确性与真实性及其逻辑关系

我们常强调理论要联系实际，但"理论"指的是什么，哪些知识或哪类知识体系才可以算是理论，才具备理论的品质？"实际"又如何与这些所谓的"理论"相关联？它们之间的逻辑关系是什么？这些问题的答案均不是十分明确。其实，要解决理论与实际之间的关系问题，更确切地说，还是要分析、处理理论的正确性以及主观与客观的一致性问题，这就涉及推理的真实性与正确性及其逻辑关系等一系列问题。金岳霖先生在 1959 年第 3 期《哲学研究》上发表《论真实性与正确性底统一》一文后，引发了广泛的讨论甚至是争论，许多知名学者都发表了深刻的见解，成为 20 世纪 50～60 年代我国逻辑学界热烈讨论的一个热门话题[131]。这个问题涉及逻辑的对象、作用及客观基础等一系列的理论问题。这场争论澄清了许多重要的问题，在一定程度上为我国逻辑学走上正轨开辟了道路。列宁说："逻辑的东西只有当它成为科学的经验的结果时才能得到对自己的真正评论。"[❷]正确理解推理的真实性与正确性之间的相互关系，对于逻辑科学的发展有着重要的意义，对于理解结构设计的正确性、可靠性，乃至于对于理解概念设计与计算设计之间的关系问题，也都有十分重要的意义。

❷ 列宁，《哲学笔记》第二版，第 84 页。

思维的真实性是指思维的内容和客观现实相一致。关于"正确性"的概念，一种意见认为，正确性是指推论合乎逻辑规律，这些逻辑规律又是反映着客观现实的一般关系。李世繁认为正确性的概念有两个涵义[131]：一方面是指同客观事物相一致的思想，即真实性；另一方面是指正确地反映客观事物的关系的思维形式。真实性和正确性的关系问题包括下述三个问题。第一，推理前提的真实性与正确性问题，即真假与对错的问题。金岳霖认为[131]：形式逻辑的抽象公式的正确性以真实性为基础，形式上的对错与实质上的真假有区别，但不能"分家"，因为"推论的正确性一直就是包含它的组成部分的真实性的"。第二，推理形式的正确性是否以逻辑规律的真实性为基础，即正确性与真实性是否统一的问题。第三，形式逻辑管不管推理前提的真实性问题。[●]前两个问题均与结构设计有密切关系。例如，怎么界定结构设计的正确与否？如何判定结构计算结果的真实可靠？这些问题看似简单，其实是很难说清的复杂问题。

人类最理想的设计或许就是"霍姆斯马车"了，它要求马车的所有部件的选材都能相互匹配，做到恰到好处。以致当马车使用大限来临之际，它的轮子正常地转过最末一圈之后，车轮、车辕、底盘、弹簧、车轴……一下子全部都同时崩坏，没有哪一个零件比其他部分设计得更为牢靠耐用。从建设工程角度分析，"霍姆斯马车"式的设计理念是最糟糕的设计，因为如果要确保某一系统不损坏，则必须使得其各个部件、各个组成部分均完美无缺而且不留富余量，一旦某一部件出现意外，则整个系统便丧失其功能。如果以这种极端理想化的思想来建设某一地区的城乡建筑物、构筑物及其配套的道路、桥梁、市政供水供电管网系统等，不仅经济代价太高，而且就目前的工程建设技术水平来说也是不可能实现的，因为就某一地区而言，其各类建筑物、构筑物及其配套设施的功能目标是多样的，既要满足正常使用荷载的作用，又要满足风载、地震作用、人为使用失误等各种复杂使用环境的重复和交叉作用，即使是同一种作用，例如风载，老子说，"飘风不终朝、骤雨不终日"；刘禹锡也有诗云，"东边日出西边雨"，可见风雨等自然作用不全是持续的，大部分是间断和变化的，而且在某一时间段城市东边的风力与西边的风力肯定不同，即使是一栋建筑物，由于风载体形系数的不同，即使风力相同，风载也不同。既然外界作用不相同而且不断变化，怎么能做到理想地、无富余量地使得城东建筑物的某一"部件"与城西建筑物的另一"部件"在某一时间段内抗风能力相互匹配并且不欠不余，恰到好处地协同工作？此外，建设工程的设计、施工、使用过程中存在很多不确定的因素，不可能理想地设计出功能匹配的某一城市系统，更难以建造没有任何瑕疵的某一城市系统，也不能保证某一功能相互匹配且没有任何调控幅度的城市系统在使用阶段不出现一些意外。因此，"霍姆斯马车"式的设计理念无论是在城市建设系统，还是在单栋建筑中都是不可能实现的，我们只能采用"包络"设计，从各类作用的组合中选取最不利的组合进行抗力（承载力极限状态和正常使用极限状态）和功能、性能设计，使得城市建设系统或者是单栋建筑，在"规定"或"给定"的各类作用和使用环境的共同作用下，不发生破坏、损伤或功能失效而危及结构的安全和影响使用，确保各系统的正常运行和结构的安全，或者即使是个别部件发生意外失效，也不影响整体结构的安全或影响整个系统的正常运行。

由于我们通常采用的是"包络"设计，如果我们简单地、机械地以理论计算结果与结构实际受力状态相一致来判断结构计算结果的正确性与可靠性，那么，只要考虑一下荷载的变异性、构件几何尺寸的差异性、材料的非均质与非弹性以及结构作用的反复性等实际因素的存在，结构计算结果将"一无是处"，既不正确，又不真实，更谈不上可靠。因此，考察结构计算结果的正确性、完整性和可靠性，分析结构设计的正确性、安全性和可靠性，均离不开"模型"和"模型"分析及其相应的理论体系。结构计算离不开模型，没有模型结构就无从计算；结构选型所依据的也是模型法，框架结构、剪力墙结构、砖混结构等就是一类常见的、可供选择的"模型"。构建研究模型，把模型作为研究客观世界的一种手段，是人类在认识世界和改造世界的活动中的一大创造。人类在制作和运用模型的悠久历史中，积累了很丰富的经验，逐渐形成了具有普适性的模型方法。在现代各种科学研究、工程建设活动中，模型与电子计算机的配合使用，几乎到了无处不在的地步。可以说，如果没有模型这种有力工具，就不可能有现代科学。模型方法是现代科学的核心方法。模型是理解正确与真实的参照系，模型方法也就成为理解正确性和真实性关系的桥梁和媒介，必须对模型方法有一个全面的了解。

一、现代科学研究的模型方法

"模型"一词，在西文中源出于拉丁文的 Modulus，意思是尺度、样本、标准。当今的科学研究对象日趋复杂，使研究工作面临种种困难。事实上，对于一个难以直接下手研究的复杂客体，能不能顺利地进行研究，其关键常常就在于能不能针对所要研究的问题构建出一个合适的科学模型。科学模型是人们按照科学研究的特定目的，在一定的假设条件下，用物质形式或思维形式再现原型客体的某种本质特征，诸如关于客体的某种结构（整体的或部分的）、功能、属性、关系、过程等。通过对这种科学模型的研究，来推知客体的某种性质或规律。这种借助模型来揭示原型（即被模拟的对象）的形态、特征和本质，获取关于客体的认识的方法，就是模型方法[134,138]。随着模型方法的发展，模型已超越了作为客体的摹写、样本这个范围，它是对客观事物的特征和变化规律的一种科学抽象。❶在所研究的主题范围内，它更普遍、更集中、更深刻地描写客观实体。通过建立模型而达到的科学抽象，反映了人们对客体认识的深化，是认识过程中的一次能动的飞跃[138]。

❶《易》有三义：简易、变易和不易，是模型方法的典范。

1. 罗素科学方法三阶段的启示

理论的探索，首先是方法的探索。在科学研究过程中，伴随着科学方法的创新，才能带来划时代的科学理论的诞生，伟大的科学家和伟大的哲学家都在科学方法的形成和改进中起着独特作用。近代科学的奠基人伽利略和牛顿，在构筑经典力学的巍峨大厦时，成功地使数学与实验、假设与验证、归纳与演绎、分析与综合诸方法珠联璧合、相得益彰。达尔文的生物进化论、巴甫洛夫的条件反射理论蕴涵的科学的思想方法广泛地渗透到哲学和社会科学领域，成为人们观察和处理问题的独到的维度或视角。20世纪英国著名的哲学家、数学家、散文作家和社会活动家罗素认为"科学方法虽然在其精细的形式上显得颇为复杂，在本质上却相当简单。它就是观察事实，使观察者能够发现那些支配着所要研究的事实的普遍规律"。具体言之，有以下三个主要阶段[142]：

一是观察有意义的事实。这里强调的是事实，且要有意义时才值得去做。

二是构造一种假设，也就是构造科学模型，以便能解释所观测到的事实。一般来说，没有办法构造涵盖与研究对象有关的所有问题的假设或模型，即使有办法，与事实相符的假设或模型也必不止一个。

三是从这一假设和模型中推出可由观察检验的结论。如果结论得到证实，假设和理论便可暂定为真理，尽管随着新的事实的不断发现，以后常需要修正这些假设和理论。罗素曾非常幽默地指出[142]：谁听说过一个神学家在布讲他的教义时，或一个政治家在结束他的演说时，曾提到他的观点可能会有错误？奇怪的是，主观的确定性与客观的确定性恰成反比。一个人假定自己正确的理由越少，就越是激烈地宣称自己无疑是百分之百的正确。神学家惯于嘲弄科学的变更，他们说："看看我们！我们在西尼亚会议上所主张的现在依然是我们的主张；而科学家两三年前才主张的现已过时且被遗忘。"说这种话的人不懂得相继近似这一重要概念。凡有科学态度的人都不会认为科学现在所相信的便是绝对正确的；他会认为这是通往绝对真理之路上的一个阶段。例如，从牛顿的引力定律到爱因斯坦的引力定律，科学上出现了变更，但以前的东西并未被完全推翻，而是为更准确的东西所代替。黑格尔说："每当说到推翻一个哲学体系时，总是常常被认为只有抽象的否定的意义，以为那被推翻的哲学已经毫无效用，被置诸一旁，而根本完结了。如果真是这样，那末，哲学史的研究必定会被看成异常苦闷的工作，因为这种研究所显示的，将会只是所有在时间的进程里发生的哲学体系如何一个一个地被推翻的情形。虽然我们应当承认，一切哲学都曾被推翻了，但我们同时也须坚持，没有一个哲学是被推翻了的，甚或没有一个哲学是可以推翻的。这有两方面的解释：第一，每一值得享受哲学的名义的哲学，一般都以理念为内容；第二，每一哲学体系均可看做是表示理念发展的一个特殊阶段或特殊环节。因此所谓推翻一个哲学，意思只是指超出了那一哲学的限制，并将那一哲学的特定原则降为较完备的体系中的一个环节罢了。"❶ 因此，"没有任何哲学是完全被推翻了的。那被推翻了的并不是这个哲学的原则，而只不过是这个原则的绝对性、究竟至上性。"❷

我们今天研究和处理一些理论问题和现实问题，不是纯粹去推翻前人、否定前人的工作，而是在前人真正有价值的基本理论和科学方法的基础上，根据现有的研究成果不断地修正已有的假设和理论，将理论和认识逐渐引向深入。罗素科学方法三阶段思想揭示的实际上就是现代科学中的模型方法，未来的科学方法论将是逻辑与历史统一的、动态开放的模型。

2. 天然模型和人工模型

各门科学中应用的模型，种类日趋繁多，为了研究它们各自的性质、特点和适用范围，有必要选择适当的标准，加以区别和分类。模型可以分为物质模型和思想模型两大类[134,138]。

物质形式的科学模型，即实物模型，是以某种程度、形式相似的模型实体去再现原型。它既可以是人工构造的（如地球仪、船模等），也可以是从自然界获取的（如动、植物标本）[134]。当我们选择某种物质模型作为研究时，它不仅可以显示原型的外形或某些特点，而且可以用它进行模拟试验。所以，物质模型是模拟试验赖以进行的物质手段。

天然模型，即以天然存在物作为科学模型。工程中最为典型和运用得最多的是原位测试模型，其中地震灾害现场的各类结构破坏模式、结构实体在各类环境中的耐久性特征、结构物的沉降变形、结构的裂缝分布等，均为难得的第一手材料。很多抗震措施，如在砌体结构中设置构造柱、采用箍筋约束混凝土以提高梁柱的延性等，就是从地震灾害现场的实地考察和震害分析中，逐步上升为人们抵抗地震灾害的措施。

人工模型，即以人工制作物作为科学模型。这种人工模型在工程技术中和科学研究中都大量地使用着。在工程技术中的人工模型，其特点是它们所模拟的是人们所设计的希望建造出来为人的某种需要服务的工程或产品，如水利工程、桥梁、房屋、船舶、飞机、人造卫星、宇宙飞船等。从人们构思、设计到建造成功，中间必须经过大量的模型试验。通过对模型的不断修改，才有可能按照较优或最优的设计进入实际的工程建设或产品生产，从而达到或修改人们的预定目标。

模型在工程技术方面显示出必不可缺的巨大作用。目前超高层建筑、大跨度空间结构、复杂结构等，在设计阶段均进行了大量的模型

❶ 《小逻辑》，第191页。

❷ 黑格尔，《哲学史讲演录》第1卷，第40～41页。

试验，这些模型试验成为检验设计性能、改进设计薄弱环节的重要途径。

3. 思维形式的科学模型

根据研究目的，对研究对象进行科学的分析而抽象出它的本质属性和特征，构造出一种思维形式的模拟物，即为思维模型，常表现为抽象的、数学的、理论的形态。思维模型是客体在人们思想中理想化的纯化的映像、摹写。人们建立思维模型的主要原因是现实客体的复杂性，任何客体都有数不清的特征，无穷的层次，本质和非本质的联系交织在一起，大量偶然现象掩盖着必然性的规律性的本质。为了摆脱各种次要的非本质的偶然性的外部联系，从纯粹形式上抽取出事物内在本质的必然的联系，人们往往采用思想模型这种科学抽象的方法[138]。在现代科学认识活动中，特别是在理论研究中，经常使用理想模型、数学模型、理论模型、半经验半理论的模型等思维形式的科学模型[135]。

（1）理想模型。理想模型是对研究客体所作的一种科学抽象，也是一种简化或理想化。实际的物体都是拥有多种属性的，并且处于与其他物体的相互作用中。但是当我们将某一物体作为特定的研究对象，针对某种目的，从某种角度进行研究时，有许多没有直接关系的属性和作用可以忽略不计。例如，实际工程中，梁、板、柱实际上都是三维空间实体，但为了简化计算，我们常把它简化成杆系模型、弹性薄板模型。如一维的梁，只有当一个方向的尺寸与另外两个方向的尺寸相差较大时，它才成为梁单元。但当我们用有限元法将一根梁分成细小一段时，虽然，单元的尺寸缩小了，它三个方向之间的尺寸关系已经与原先的假定不一致了，但它仍可以按一维梁单元计算。这是为什么呢？就是因为划分单元时，它是对理想化了的模型进行细分，而不是对梁实体进行细分。

科学研究离不开科学抽象，简化了的理想模型作为科学抽象的结果，在各门科学中比比皆是。例如，数学中的点、线、面，生物学中的模式细胞，结构中的梁、板、柱等。由于这些理想模型反映了客体的本质属性，因而它们同时已经成为各门科学中的基本概念。

（2）数学模型。数学模型是对所研究的问题进行一种数学上的抽象，即把问题用数学的符号语言表述为一种数学结构，亦称为数学模型。数学模型一般是以理想模型为基础建立起来的。数学模型的可能性就在于发生在不同性质的物质运动过程中的数量关系，有时遵循同一数学方程式。"自然界的统一性显示在关于各种现象领域的微分方程式的'惊人的类似'中。"[1]正是由于自然界的这种统一性，就使得不同性质的现象之间可以类比，这样建立数学模型和进行数学模拟才有可能[138]。

构建数学模型是一件创造性的工作，要根据不同的问题，不同的情况作不同的抽象和处理，没有刻板的建模程序。总体来看，建立数学模型的基本点就是寻找出所研究的实际问题与某种数学结构的对应关系，从而使实际问题能得到简化，归结成为一个数学问题。我们要研究的实际问题层出不穷、千姿百态，建立起来的数学模型也是多种多样，丰富多彩。数学的不断发展，为我们提供越来越多的数学结构，从古代的欧几里得几何，到微积分与微分方程、抽象代数、拓扑学、非欧几何、泛函分析、微分几何、概率论与数理统计、以致模糊数学、突变论、分形几何学等。在研究对象日益复杂而计算机的应用日益广泛的情况下，建立计算机仿真模型，已成为数学模型发展的主要趋向[135]。

（3）理论模型。理论模型是对所研究的某个对象领域中的某个基本问题及其相关问题，在积累了相当多的科学事实的基础上，系统地进行分析和综合，提出基本概念，并据此进行推论，对这一领域中的有关诸问题给出理论上一以贯之的回答和说明，还要提出新的预见，以求实验证实。这样的理论模型通常表现为一种科学学说。

在自然科学中，特别是在比较成熟的所谓精密科学中，如力学，所建立的理论模型都是定量化的，也就是说，是包括了数学模型的，能从一定的基本概念和数量关系出发，进行推理和演算，对有关的各种现象和问题，作出定量的解释和回答，并且推导出新的预言，作出指明一定误差范围的预测。

这里所说的基本概念，虽然是根据已知的科学事实和科学规律提出的，但一般只能根据科学家所掌握的部分事实和已经了解的有限的科学规律，而要用它去涵盖更多的事实，并能演绎出新的事实即预言，实际上必然含有推测的成分，具有假说性质。因此，作为一种科学学说的理论模型，一般是一种"假说——演绎体系"[135]，如地震学上的板块学说等。

（4）半经验半理论模型。现代科学的理论模型，一般希望它具有数学形式，可以进行定量研究。但是，在很多情况下，特别是十分复杂的对象系统，其中所涉及的变量和参量，不但数量大而且其中有许多因素是难以测量、难以定量化的，所以不能提炼出定量的数学模型。于是人们就常常在经验基础上或是在经验与理论相结合的基础上，对某些因素做出量的估计，并据以提出概念和假设，如结构的延性性能是难以完全定性计算和量化的。这时虽然也可能运用某种数学结构，也能进行推理和演算，但是所得到的结果其实只能理解为半定性半定量的，并不能作为严格的定量分析的依据，只能提供出定性的参考性推论。这类模型含有明显的或相当数量的经验成分，实际上就是形成了一种理论加经验或数学加经验的模型。

半经验半理论模型，在科学研究中，特别是在工程技术研究中大量使用，钢筋混凝土结构、地基基础等理论计算模型均是半经验半理论模型。对复杂系统的研究，像复杂的生物体、人体以及社会系统等，实际上只能运用这种模型进行定量分析与定性分析相结合的综合研究方法才是最有效的。

4. 建立模型的方法与原则

在科学认识活动中，模型是主体与客体之间的一种特殊的中介。一方面，模型是主体即科学研究工作者所创建的、用来研究客体的工具或手段；另一方面，模型又是客体的代表或替身，是主体进行研究的直接对象。所以，模型身兼二者，既是工具，又是对象。或者说，科学模型具有工具性与对象性双重性质。

科学模型作为研究对象，是为了能够将模型的研究结果有效地外推到原型客体，因此，必须要求模型与原型具有相似性，而且是本质上的相似性。同时，模型作为研究手段，是为了便于运用已有的各种知识和方法，伸展主体的各种才能，因此要求模型与原型相比，具有明显的简单性。要使相似性与简单性有机地统一起来，这不是很容易的事情，模型需要不断地经受检验和不断地加以改进，还需要科研工作者善于综合地、灵活巧妙地运用多种方法。孙小礼认为建立模型必须遵循以下原则：

（1）相似性与简单性的统一。模型的真实性和简单性是对立统一的。我们提炼模型时，既要照顾到真实性，即简化而不失真，使模型大体上反映原型的主要方面，又要做到尽可能的简化，使模型是当时已经掌握的理论工具和数学方法所能够处理的。因此，从相似性来说，我们不可能也不必要求模型与原型全面相似，即在外部形态、质料、结构、功能等所有特征上都一一相似。但是必须按照所要研究问题的性质和目的，使模型与原型具有本质上的相似性，也就是说，要在基本的主要的方面具有相似性。

建立模型的过程，也是对原型客体进行科学抽象的过程。提炼模型的关键是要对错综复杂的事物进行尽可能周密、具体的分析，分清主次，抓住本质性和关键性的东西，敢于简化，善于简化，才能建立具有科学性的模型。为此一定要防止主次混淆，更不能以次充主、舍本求末，否则就不能使模型与原型具有本质上的相似性。

模型必须具有与原型的相似性，才有科学研究的价值和意义，同时模型还要具有简单性，才能够在科学研究中实行操作，实际发挥作用。近代天文学的第一位伟大的数学家约翰奈斯·开普勒认为，简单性信念是颠扑不破的。从简单性来说，就是要化繁为简、化难为易，把不规则的化为规则的；把不均匀的化为均匀的；把不光滑的化为光滑的；把有限的化为无限的；把连续的化为离散的；或把离散的化为连续的；把高维空间化为低维空间；把各向异性化为各向同性；把非线性关系化为线性关系，把非孤立系统化为孤立系统，使复杂事物有可能通过比较简单的模型来进行研究，结构力学的杆系、地震学中的反应谱法均是典型实例。

科学模型表现出来的简化、理想化不能是主观随意的、必须合理和适度，以不丧失模型与原型的本质上的相似性为原则，而这种本质上的相似性是靠进行科学的抽象来保证的。也就是说，建立模型必须运用科学的抽象，才能达到相似性与简单性的统一。

坚持相似性与简单性相统一的原则，是建立科学模型的第一要义，是最重要的方法论原则。

（2）可验证性。模型具有与原型的相似性，但是否具有本质上的相似性呢？模型具有简单性，但是否是合理的简单性呢？这些都是需要加以验证的。一般说来，只要模型具有可操作性，就有具体的操作过程，并能取得具体的研究结果，这结果是可以与实际进行对照和比较的，因而就是可检验的。科学模型的验证需要一个过程，有时要经历相当长的时间。科研工作者应主动地、自觉地利用模型的可检验性对之进行检验。如果在检验过程中发现了模型的某些缺陷，就要对模型进行修改，甚至代之以新的模型。目前各类计算地基变形的计算模型中，就是因为没有一种模型是完全可检验的，因而有时不得不采用多种模型进行计算，再辅以同类工程经验，预估结构物可能的沉降量大小。

如果模型经受了实践检验，也还需要进而从理论上论证其科学性，使之更加完善。科学模型一旦获得了充分的验证，就能迅速推广，在科学研究中发挥其卓有成效的作用。

（3）多种知识和方法的综合运用。建立模型、运用模型和检验模型，都没有刻板的程序和固定的方法。构造一个有效的科学模型，既要严格地以原型为依据，又要广开思路，敢于提出大胆设想，它是艰苦的科学思维和科学劳动的成果，又是令人赞赏的富有魅力的科学艺术品，是多种知识、多种思维和多种方法相融合的产物，需要科研工作者综合、灵活地使用多种多样的知识和方法，使经验方法与理论方法相结合，逻辑思维与非逻辑思维并用，充分发挥自己的创造性思维能力。科学模型能起作用，正因为其中凝结着科研工作者的经验、思维、知识、方法和技巧，是智慧与勤奋的结晶。

5. 科学模型的多重功能

模型在科学研究中体现出多重功能，这正是它能成为现代科学的核心方法，并具有强盛的生命力的重要原因。孙小礼认为科学模型的功能和作用表现在以下三个方面。

（1）科学研究的间接方法。人类面对着一个无限广阔和无限丰富的客观世界，其中能够直接通过观察实验进行研究的客体只占少数，大多数对象需要采用间接研究的方法，借助于既有客观依据又带有主观想象的模型来开展研究，逐步推进认识。列宁指出："通过对事实的观察、搜集和描述获得新的认识，或者不如说，扩充了以往获得的认识……过时的旧唯物主义者所谓的物质，即可触摸的物质在无限的宇宙中没有丝毫权利认为自己比其他任何自然现象更具有实体性，即更直接、更明显或更确实。"❶因此，间接研究也是一种科学研究，它的作用和地位是不可取代的。例如，对于"事过境迁"，不再重新出现的事件或现象，只能收集这一事件所留下的一些痕迹和某些间接得来的信息，加上人们的联想与假设，构建出实物的和思维的模型来开展实验研究和理论研究。对于只能依靠科学仪器观测，获得部分信息的微观世界和宇观世界的现象，依靠已经积累到的数据资料，加上一些猜测和假设，构建实物的和理论的模型来开展研究。例如，由于每栋建筑物下面的土体都有其特殊的分布和特别的组成结构，建筑物下面的土体组成及其分布是不可能进行一一观测和分析的。因此，对于土体性质及其对沉降变形影响的研究，就只能采取观测数据与理论模型相结合的方法进行研究。

此外，对于像高温、高压等特殊条件下的物性研究，对于人类的起源、生命的起源、地球和太阳系以及诸种天体的起源等，都只能模拟当时的环境条件，运用模型来进行研究。

在工程设计中，对于人们期望制造的人工客体，也常常需要先通过模型进行大量试验和演算，不断地修正才能做出优化的设计和施工方案。

（2）科学模型的研究纲领作用。科学模型只有在人们对于客体已具有一定认识、积累了一定知识、数据和资料的基础上才有可能建立起来。模型本身体现为对客体的已有认识的总结，是科学认识的一种阶段性成果。新的理论模型的建立，必须回答这个新的理论是否能够说明各种与其有关的实验现象，是否能对过去已知的事实，作出回溯性的合理的科学解释，是否能够预见新的事实？因此，模型不仅是对已有认识的总结，而且又加进了人们的新的猜测和假设，含有新的概念和思想。因此，科学模型，特别是理论模型又是进一步研究客体的新起点。要以新的理论为出发点，一方面设计实验，另一方面进行理论的推导和计算，有目的、有计划地把实验研究工作和理论研究工作全面推开。

❶ 列宁，《哲学笔记》第二版，第428～429页。

科学模型不但开启了科学研究的新阶段，还开启了科学研究的新方法。自从有了思想模型，科学家们就在理想模型的基础上开创了一种特殊的理论推导方式，称为思想实验（或理想实验、假想实验）。在思想实验中，可以超越具体物质条件的限制，设想某种极端的、极限的条件，如绝对的真空、绝对的光滑等，使终止了的实际实验在思维中逻辑地进行下去，从而获得某种新的认识，得到某种新的结论。

因此，对于科学研究来说，一个新的理论模型实际上能起到一种新的研究纲领的作用，使研究工作获得极大的推动和展开。无怪乎有的科学家说，建立一个完美的模型，比一千个事实还要珍贵。

（3）模型研究对实践的指导作用。模型方法在各门科学中得到广泛的应用不是偶然的，它一方面深刻地体现了世界的统一性这一唯物论的原则，另一方面它又是唯物辩证法所要求的分析矛盾、抓住主要矛盾等思想在科学工作中的具体运用。模型方法体现了人类思维的科学抽象和理论概括能力。科学模型是对实际客体的一种合理的正确的抽象，与实际情况相比，具有简化、优化和理想化的特点。所以，在模型上进行研究的结果，一般优于实际结果。这样，就能以科学模型所提供的优化条件作为追求目标，使人们找到在实践中怎样改善实际客体或环境条件，以争取达到最佳或较佳效果的方向和途径。

在工程设计中，模型对实践的指导作用尤为直接和明显。所谓设计，就是首先制作模型，或者使设计方案模型化，通过在模型上反复试验和测算，并不断加以修改，直到确知能够顺利施工和保证产品达到预期要求时才能进入生产过程。

通过科学模型预测某一事物的未来发展情况（如地震预测），无论是做出短期的还是长期的预测，定性的或是定量的预测，对于人们的实践活动都有重要意义。

6. 模型的多样性和局限性

（1）模型的多样性。由于物质世界的高度复杂性，借助于一个模型不能详尽地、精确地反映原型的结构、属性和行为，客观上需要建立补充模型进行修正，有的问题甚至需要通过多个模型进行比较研究。此外，对于同一问题，人们从不同的角度去考察时，也可以产生很不相同的认识。钱学森在《论技术科学》一文中说[138]："同时一个对象，在一个问题上，我们着重了它本质的一个方面，制造出一个模型。在另一个问题上，因为我们着重了它本质的另一个方面，也可以制造出另一个完全不同的模型。这两个不同的模型，看来是矛盾的，但这个矛盾通过现象本身的全面性而统一起来了。"因此，在科学认识活动中，一方面，对同一研究对象，常有多个模型并存，形成相互竞争或对峙的局面；另一方面，对同一问题的认识深化过程，实际上也就是多种模型逐个更迭的过程。对同一问题构建的科学模型不具唯一性。

一切模型来源于实践，都是以大量确凿的科学观察、实验资料作为基础的。随着实践的发展，模型在流动、变化、更新之中。一些错误的模型被抛弃，一些不完善的模型被修正，一些正确的模型被证实，一些新的模型被提出。有一些模型曾被科学家运用了很长时期，获得人们的承认，表现过一定的生命力，如以太、热质、燃素等思想模型，借助于它们曾对客观现象做出过有效的解释，所以在历史的一段时间内被认为是科学的概念而存在。但这些模型终于经不起历史检验，当科学实验证实它们并不反映客体的本质时，就被科学家们所抛弃。在科学史上被记载下来的成功的科学模型是少数，由于它们对于推进科学认识起了巨大作用，或者它们本身表达了人们的重大认识成果，因而受到科学史家的青睐。而许许多多失败的模型则早被人们忘却，有的也只在史书中一掠而过。列宁指出："真理不是现成的，它是日积月累地形成的。这是必须再三重复的结论。由于科学工作，我们的精神日益适应自己的对象而且日益深入地洞察自己的对象。那些看来是我们在研究数学科学后才能提出来的论断，在这里几乎都是必然地至少是非常自然地出现的。科学的进步每时每刻都在使我们同事物之间取得更紧密和更深刻的一致。这样我们对事物就了解得既清楚些又多一些。"❶

在对客体的实际认识过程中，常常是不同模型的并存与更迭交替出现。如果不同的科学模型，各从不同的方面反映了客体的本质属性，通过不同的操作，各被一些实验所证实，就都是成功的、有价值的并具有竞争力的模型。它们可能在不同的历史时期分别占过上风，但总的说来，是处于相互对峙、争执不下的局面，历史说明，这种情况往往不可能由一个模型取代另一个模型，而只能由一个更高级的综合了各方优点的模型所取代。像光的"波动说"与"微粒说"的长期对峙便是一个突出的例子，它们终于被光的波粒二象性理论所取代。

黑格尔说："只有真理存在于其中的那种真正的形态才是真理的科学体系。"❷模型也存在与相应科学体系和研究对象相适应的问题。在科学实践中，对于不同的模型，人们当然要对它们进行比较、评价和筛选，即所谓的模型"审计"。评价固然要受多种因素的影响，但主要是根据模型在推进人们的认识过程中所做出的贡献。模型的使用过程，同时也是经受检验、获得评价的过程，并进而决定人们对模型的取舍[136,138]。

（2）模型方法的局限性。在充分认识科学模型在人类认识活动中的重要地位和作用的同时，还必须清醒地认识到模型方法的局限性。

贝塔朗菲在《一般系统论》书中指出，模型有优点也有危险，模

❶ 列宁，《哲学笔记》第二版，第488页。

❷ 《精神现象学》（上卷），第3页。

型的优点在于它是一种创造理论的方法，即模型可以从前提进行推断、解释和预测，往往得到预先所没有料想到的结果。模型的危险是过于简化，为了使它在概念上可以控制，把现实简化成了概念骨架，现象越多样、越复杂，过分简化的危险性就越大。信息论、系统论和控制论等横断学科在科学方法上实现了新的变革，其革命的意义在于，对于复杂事物的研究，不再是把复杂事物分解成简单事物，用简单事物组合的系统去近似说明复杂事物的系统，而是将复杂事物的系统如实地看做复杂系统，看成不可分割的有机整体，通过信息、系统的联系，科学地表征和把握复杂事物的特性。根据这种思想方法，在结构设计中，我们要充分认识结构体系设计的重要性。虽然目前构件设计仍然是结构设计的主要工作，而且大部分构件设计的计算公式均是建立在单个构件试验基础上的，但结构构件只有组成结构体系才能参与工作。构件设计的目的不是为了构件本身而是为了满足结构体系整体受力的需要，结构设计本质上是结构体系设计。

作为科学模型，虽然具有与客体在本质上的相似性，但毕竟只是一种相似物，相似的程度有高有低，有时可能离原型还有极大的差距。加之，人的认识过程是极为复杂曲折的，实践检验也是复杂曲折的，实践标准本身就具有相对性。所以，有些模型可能在相当长的时期内被人们公认是反映了客体的本质属性的科学模型，但最终证明它们与客体的相似是非本质的，甚至是大大偏离或歪曲了的。

模型本身固有的内在局限性，决定了模型方法的作用是有限度的，依靠模型方法绝不可能穷尽对客体的认识。用模型方法取得研究结果连同模型本身都是需要检验的。再好的科学模型也只是一种阶段性的认识成果，模型方法的实质不止是建构一个模型，还要用不断改进的模型，去逐步逼近真实的客体。科学工作者在运用模型方法时，要自觉地立足于检验，致力于模型的改进、再改进。"所有的物理学家都一致承认实验的结果；实验结果的数量不断地增多、更加协调和更加一致，当然就说明物理学的进步、物理学的统一性和持久性。实验的结果是理论、假说的试金石，而理论、假说是用来揭示这些结果的，它们力图组织整理这些结果，不注重其真正的共同性，尽量确切地反映自然界的秩序。所有这些理论虽然往往都是假设的，因而当实验向我们提供新的发现时，它们常常会有些损失，有时还会有许多损失，但是它们永远也不会彻底消失。它们融合在一起，变成新的、内容更丰富的、更合适的理论。"[1]

❶ 列宁，《哲学笔记》第二版，第 488 页。

现代科学中的模型方法是以电子计算机的配合使用作为必要条件的。复杂系统的模型所包含的变量常常是数以百计，甚至千计、万计，只有依靠计算机才能有所作为。计算机实验和模拟计算成为模型的选择和改进的重要手段，实际上也成为克服模型的缺陷的重要手段。但是绝不能奢望依靠计算机实验一举消除模型的局限性，而应充分利用这一有力手段去不断改进模型。因此，《抗震规范》（GB 50011—2010）第3.6.6条要求："计算模型的建立、必要的简化计算与处理，应符合结构的实际工作状况。"

我们在这里强调模型方法的局限性，并不是要降低或冲淡科学模型的作用，相反，科学工作者只有正视这种局限性，有意识地去克服这种局限性，才能既充分又恰当地发挥科学模型的种种功能。正因为模型方法是现代科学方法的核心，所以，模型的好坏，将对科研工作的全局产生重要的影响。"牵一发而动全身"。在建立和使用模型时要保持清醒的头脑，尽可能考虑周全。这里还应该特别指出，克服模型的缺陷，不断改善模型，与建立模型一样，也是艰辛的科学创造[136]。

二、结构设计中的正确性与真实性

结构设计的正确性大体上包含模型的可靠性、计算的正确性、设计的经济合理性和工程的安全性。然而，结构设计的正确性是一个复杂的概念，它的判别方法和界定标准，往往是模糊的，模型是否可靠，计算是否正确、全面，设计是否经济、合理，工程是否安全等，都带有一定的模糊性。钱令希说[140]："结构加外力，这是一清二楚的；但一搞设计，结构承受多大外力，就模糊了，承受什么外力，完全是模糊的。"结构设计工作是一项面对未来的工作，具有一定的不确定性。沃勒斯坦认为[139]：不确定性是客观世界的"常态"，"一切具有不确定性，而不是具有确定性。未来本质上具有不确定性，平衡的状态只是例外的情况，物质现象绝非处在平衡状态。"埃德加·莫兰指出[139]：直到今天，我们仍然"处在黑夜和浓雾之中，没有人能够预言明天"，"未来的名字是不确定性"。鉴于结构设计工作本身的模糊性和对未来把握上的不确定性，要判别和界定一项结构设计是否正确，往往是比较困难的，但要判别和界定一项结构设计是否是不正确的，则要容易得多。质量有缺陷、使用功能不符合预定要求，经济效益差，观感不符合大众的审美要求等，均可以作为结构设计不正确的判定依据和界定标准。虽然人们对具体事物的正确性含义并不是十分明确，但是正确性代表的是人类的一种追求，追求真理，寻求正确，尽量避免不正确❶，做正确的事和正确地做事，一直是人们追求的目标和努力的方向。因此，正确性的本质特征就是人们的向善性。

从正确性与真实性角度分析，结构设计的正确性，离不开真实性，真实性是正确性的前提和依据。但对结构设计来说真实性不一定就是正确性，其典型的实例就是框架结构的抗震设计。对于框架结构来说，一旦几何尺寸、材料特性、荷载及地震作用参数等确定后，就可以根

❶ "妨碍对于真理的认识与研究的，却不是上面所说的那种卑谦，而是认为已经完全得到真理的自诩与自信了。"（《小逻辑》，第65页）

据结构力学的方法计算出框架结构的内力，这些根据结构力学的基本原理计算出来的内力在结构力学意义上是真实的❶，但对于抗震等级为一、二、三级的框架结构，抗震设计规范规定必须对计算出来的内力进行修正，使之满足"强柱弱梁"、"强剪弱弯"和"强节点弱构件"的要求，其主要做法就是对计算出来的框架柱中的弯矩和剪力、对框架梁的剪力进行人为放大❷，经过人为处理后的框架柱中的弯矩和剪力以及框架梁的剪力，也就不符合结构力学的内力平衡等基本原理了，但它确实是设计所需要的，也就是说，符合结构力学基本原理的"真实解"并不是设计所需要的"正确解"，经过人为修正后的、不符合结构力学的内力平衡原理的结果反而是设计所需要的"正确解"。这主要是因为符合结构力学基本原理的真实解，它可能导致结构在强震作用下出现"强梁弱柱"、"强弯弱剪"的破坏模式，从而导致结构物倒塌，这种破坏模式不是设计所期望的，是设计阶段要尽量避免出现的，因而可以判定它是"不正确的"。正是从这个意义上说，符合力学原理的真实受力模式不一定是正确的，只有与设计模型和目标相一致的结果才是正确的，这充分体现出设计工作是"为目的而为"的工作，具有选择的意向性和排错性的特点，只有合目的性方案和模型，才能称得上是正确的。因此，设计的正确性关键在于合目的性，不合目的的设计和计算结果，都可以推定为不正确的。

同时，正确性在某种意义上就是一种真实性。因为一项正确的设计，只要将其付诸实施，采用正确的施工技术，选用合乎标准的材料，就有可能将正确的设计建设成为真实的、符合预定目标的建筑实体。在这一建造过程中，因为正确，它就可能成为现实，成为真实的体现。反之，如果设计错误，存在安全隐患，则它在施工过程中就有可能出现垮塌等质量事故，它就不可能转化为设计所预想要的"真实"。当然，如果将垮塌的建筑物也看做一种真实的存在，那么它也算是得到一种真实，但这种错误的真实不是人们所期望得到的那种真实。这种情况下，虽然正确性也同样体现出某种目的性，但主要的还是表现出可行性或可实施性。可以说，正确性所昭示的是事物发展的方向性和前进性、进步性。列宁指出："观念的东西转化为实在的东西，这个思想是深刻的：对于历史是很重要的。并且就是从个人生活中也可以看到，这里有许多真理。"❸然而思维的正确性并非完全等同于思维的真实性。黑格尔说："如果思想仅仅是主观的和偶然的东西，那么它们当然没有任何更多的价值，但是，它们并不由此而逊于暂时的和偶然的现实，这些现实除了偶然性的和现象的价值以外，也没有其他更多的价值。反过来说，如果认为观念之所以没有真理的价值，是因为对于现象它是超验的，是因为在感性世界中不能提供任何和它一致的对象，

❶ 这里所说的真实是模型意义上的真实，不是实际受力情况中的真实。

❷ 《抗震规范》（GB 50011—2010）第6.2.2条~第6.2.6条。

❸ 列宁，《哲学笔记》第二版，第97页。

那么这是奇怪的误解，在这里之所以否定观念的客观意义，是由于观念正好缺乏那种构成现象即构成客观世界的非真实存在的东西。"❶根据哥德尔的"不完全性定理"，一个适当丰富的、无矛盾的形式化系统，一定会有一些命题虽然可以由该系统的语言来表述，但却不能从该系统所确定的出发点在逻辑上加以判定。因此，形式化系统虽然是对数学和科学理论进行检验不可缺少的逻辑手段，但它并不能为数学命题和科学理论提供一个有效与否的根本标准，也就是说解决了思维的正确性并不等于解决了思维的真实性[141]。

为了正确地选择我们所企求的结果，避免错误的发生，人们自然而然地想寻求确定的、有据可循的、正确的标准和答案，规范就是人们这种努力的一种体现。但规范只是作为设计选择的依据和界定不正确、不可靠的标准，也就是通常所说的是设计的最低要求和标准。对于设计项目来说，符合规范的不一定就是正确和可靠的，但不符合规范的常常是不正确和不可靠的。只要看一下建筑物在地震中的表现，我们就应对规范的性质有一个理性的认识，规范还不是成功的化身和人们渴望寻求的标准答案，我们离正确解还很远。人们相信科学、尊重科学的努力，在某种程度上体现在对权威的崇拜和对现有理论、已有知识和经验的依赖上。伯兰特·罗素说："人要求确定性是很自然的，但仍不免是心智方面的一种恶习。"❷我们所处的是一个需要权威而且产生了权威的时代，但所有的权威及其所代表的理论都是有缺陷的、相对的，有的甚至是片面的。列宁指出，人的认识不是直线，而是近似于螺旋的曲线，唯心主义就是把这条曲线中的一个片断、一个小段片面地夸大、歪曲成独立的完整的直线。直线性和片面性，死板和僵化，主观主义和主观盲目性就是唯心主义的认识论根源。哲学唯心主义有认识论的根源，它不是没有根基的，"它无疑是一朵无实花，然而却是生长在活生生的、结果实的、真实的、强大的、全能的、客观的、绝对的人类认识这棵活树上的一朵无实花"。❸除了人们认识论上的直线性和片面性外，科学认识本身也存在不确定性。美国著名物理学家费恩曼在他的《科学的不确定性》一文中指出："每一个科学定律、每一个科学原理、每一项观察结果的陈述都是省略掉某种细节后的概括，因为没有任何东西能够被完全精确地描述……我们称为科学知识的东西，就是由具有不同程度的不确定性陈述所构成的集合体，它们中的一些很难确定是否正确，一些几乎可以肯定是正确的，但是没有确定无疑是绝对正确的。"因此，从事务工作的需要和解决问题的角度，我们可以根据已有的理论研究成果、工程经验，包括权威的个人智能，拟定出一些条条框框作为界定正确与否的标准，但这些条条框框都是相对的、流变的，从本质上它还不能作为界定或检验正确性的标准，检验正确性的标准只有实践。列宁指出："认识……发现在自己面前真实存在着的东西就是不以主观意见（设定）为转移的现存的现实。（这是纯粹的唯物主义！）人的意志、人的实践，本身之所以会妨碍达到自己的目的……就是由于把自己和认识分隔开来，由于不承认外部现实是真实存在着的东西（是客观真理）。必须把认识和实践结合起来。"❶ 认识和实践的结合，对结构设计来说至关重要。在前面的章节中已多次论述了结构计算尤其是抗震计算的缺陷，并强调了概念设计的重要性，但概念设计也不是万能的，人们已有的一些概念有可能是片面的甚至是错误的。例如，由于地震中大量的无约束砌体结构倒塌，普通民众甚至一些结构工程师认为框架结构抗震性能一定优于砖混结构，但在汶川地震中，一些设计良好的砖混结构却表现出良好的抗震性能，而一些框架结构却出现严重损毁。有鉴于此，2008 年版及 2010 年版《建筑抗震设计规范》大幅度提高了框架结构的强柱系数和强剪系数，对单跨框架的适用范围进行了限制，对楼梯提出了抗震。设计要求，并要求楼梯间等部位的填充墙采用钢丝网抹灰等加强措施。因此，工程实践是检验工程设计理论、设计规范和设计思想正确与否的标准和有效途径，理论计算、现有规范、现有概念和设计思想，只是相对真理❷。

正确性也是有条件的。设计是有条件的，自然条件、环境制约、使用功能、经济性、实用性等均是设计条件。所有的设计均是在一定的条件下完成的，离开客观条件设计将无从下手。什么是条件？黑格尔说："我们所说的，一个事物的条件，含有两种意义，第一是指一种定在，一种实存，简言之，指一种直接的东西。第二是指此种直接性的东西的本身将被扬弃，并促成另一事物得以实现的命运。——一般说来，直接的现实性本身，并不是像它所应是的那样，而是一个支离破碎的、有限的现实性，而它的命运就在于被消毁掉……一物的条件最初看来好像完全是单纯无偏似的。但事实上那种直接的现实性却包含转化成他物的萌芽在自身内。这种他物最初也仅是一可能的东西，然后它却扬弃其可能性形式而转变为现实性。这样新兴起来的现实性就是它所消耗了的那个直接的现实性所固有内在本质。这样，完全另外一个形态的事物就产生了，但它又并不是一个另外的事物，因为后者即是前面的直接现实性的本质的发展。在后一新兴的现实里，那些被牺牲了、被推翻了、被消耗了的条件，达到和自己本身的结合。"❸黑格尔这里所说的"条件"，给人直观得感觉好像是建筑材料，既是一种直接的东西，又可以在被消耗掉的同时产生另外一个形态的事物。基本风压、基本雪压、抗震设防烈度、地基承载力、使用荷载等这些设计条件是否也具有这种性质呢？回答是肯定的。黑格尔说："条件是（1）设定在先的东西。作为仅仅是设定起来的东西，条件只是与实质

❶ 列宁，《哲学笔记》第二版，第 185 页。

❷ "哲学所应当认识的真理，在黑格尔看来，不再是一堆现成的、一经发现就只要熟读死记的教条了；现在，真理是在认识过程本身中，在科学的长期的历史发展中，而科学从认识的较低阶段向越来越高的阶段上升，但是永远不能通过所谓绝对真理的发现而达到这样一点，在这一点上它再也不能前进一步，除了袖手一旁惊愕地望着这个已经获得的绝对真理，就再也无事可做了。"（《马克思恩格斯选集》第 4 卷，第 212 页）

❸ 《小逻辑》，第 304 页。

联系着的，但它既是在先的，它便是独立自为的，便是一种偶然的、外在的情况，虽与实质无有联系，而实际存在着；但带有这种偶然性既然同时与这作为全体性的实质有联系，则这设定在先的东西便是一个由诸条件构成的完全的圆圈。（2）这些条件是被动的，被利用来作为实质的材料，因而便进入实质的内容；正因为这样，这些条件便同样与这内容符合一致，并已经包含有这内容的整个规定在自身内。"[1] 风压载、抗震设防烈度、经济指标等这些条件，在设计过程中已"被利用来作为实质的材料"，进入实质的内容即设计中了，如此来理解便自圆了，而且可以使我们更深刻地理解设计条件与设计内容之间的本质含义，深化对设计条件的理解。

条件与根据或依据是不同的。地基承载力、使用荷载等，是设计条件，而结构计算结果则是设计的一种依据，梁、板、柱需要多大的断面、配多少钢筋，其依据就是结构计算结果。建筑方案中的平、立面及其做法是结构设计的条件还是根据？我认为既是条件，又是根据。结构体系的选择、结构平面布置、构件尺寸的确定，均不能突破建筑方案的界限，不能改变建筑造型，也不能违反相应的使用功能要求。从这一角度来说，建筑方案是结构设计的根据。但结构体系的选择、结构平面布置、构件尺寸和荷载的确定，也都以建筑方案及其功能要求为条件，即必须将建筑方案中的平面布局、立面造型及其使用功能要求融入到结构设计中并成为结构设计自身的一部分。

真实性与正确性问题，存在于结构设计的各领域与各阶段，所有的结构计算模型、计算参数都是按照现代模型方法抽象、简化得来的，都与工程实际有一定的差异，都不是真实的存在物。伽达默尔在《真理与方法》中论证：科学方法是有局限的。列宁在《哲学笔记》中也摘录了这样一段话："自然科学依然是狭隘的。自然科学不研究人类精神以及由人类精神引起的人类生活中的一切关系，诸如政治的、法律的、经济的等关系，它仍然受旧的偏见的束缚，即认为精神是形而上学的东西，是另一世界之子。人们指责自然科学具有局限性，不是因为它把机械的、化学的、电工学的和其他的知识互相分开并分隔为各种专门学科，而只是因为它把这一分隔搞过了头，因而认识不清精神和物质之间的联系，人们指责它陷入'形而上学'的思维方式而不能自拔。"[2] 因此，尊重科学，首要的是认识科学自身的特点，尤其是它的适用性。对现今的设计方法和计算结果我们应采取理性的态度。黑格尔认为"只有理性的识见，才能够给予人以人的尊严"。[3] 一方面，我们应该承认，各类模型等"抽象物"不是人们凭空想象出来的，都是从不同的侧面体现或表征出存在物的某些本质特性和本质特点，它们有一定的真实成分，在一定程度上就是真实的化身，我们可以把它们作为判定结构设计、结构计算的正确与否的根据。而且从设计本身的性质来说，我们也只能借助于这些模型等"抽象物"来进行构思、分析、计算、比较，才能完成设计。完全撇开模型对实体进行一对一的实体构造式的设计是不可想象的。另一方面，我们也应清楚认识到，现阶段的各类模型都没有反映出实体的全部性能，都是有一定缺陷的，有的甚至还有根本性或原则性的缺陷。例如，对于抗震设计中可靠度设计方法，由于目前人们对于地震的认识还十分肤浅，迄今为止，还没有一种较可靠的方法可以预估未来一段时间内某一地区可能发生地震的强度、频谱特性和持续时间等对结构地震反映起决定作用的影响因素，有学者认为[137]：从某种程度上说，地震作用实际上是"给定的"，"规范的设计方法与其说是一种科学，还不如说更多的是一种工程技术，更应注意整体的综合"。因此，在实践中不断改进模型的准确性、可靠性的同时，还得综合运用逻辑分析等方法，尽量弥补模型方法的不足。

正是因为理论计算模型的局限性，才显示出抗震概念设计的必要性和重要性，才给设计者发挥创造性提供广阔的空间，才真正体现出设计者的艺术性和理性分析能力。所以，设计的正确性从某种程度上来说是设计艺术性和设计者理性的综合反映。

分析结构设计活动中的正确性和真实性及其逻辑关系，正是希望从哲学的角度对结构设计问题进行理性分析，深刻认识结构设计的正确性的本质内涵，而不是以简单的"对"和"错"粗暴地处置之。世界独立于我们的心灵或认识、信念而存在，认识和信念只有与外部实在相符合才能是真理，现代解释学认为，客观实在不是人创造的，但需要通过人的解释才会被认识。未经任何人解释的实在，如果有，也是无法知道的。因此，"正确性"是人类理性的演出和创造，它不能被模式化和固定化。

第五章
地震作用的规律性与复杂性

我们动辄寻找规律性，把规律强加于自然。这种倾向导致教条思维，或者更一般地导致教条行为：我们期望规律性无所不在，甚至试图在子虚乌有的地方也找到规律性，不屈从这些企图的事件，很容易被我们看做一种"背景噪声"；我们墨守自己的期望，甚至不恰当的时候也坚定不移，然后就要承认失败。这种教条主义在一定程度上是必然的。

——卡尔·波普尔《猜想和反驳》

规律的王国是现象的静止的内容；现象也就是这个内容，但它是不断变换的和作为向他物的反思的……因此，同规律相比，现象是整体，因为它包含着规律，并且还包含着更多的东西，即自己运动着的形式的环节。

——列宁《哲学笔记》

防震减灾工程是一门需要在实践中不断总结和发展的学科。近几十年来，国内外发生了多次大地震，每次地震都造成大量建筑物的破坏，其破坏状态除了再现其他地震中所共有的规律外，还都有一些各自的特点，因而地震区建筑物的破坏状态便成为探索地震破坏作用和结构震害机理最直接、最原始，也是最全面的资料，结构物在实际地震作用中的表现也就成为检验结构设计理论、结构设计规范和结构设计技术最真实可靠的标准。因此，只有不断总结震害经验，才能通过改进结构设计技术，提高结构物的抗震性能，减轻地震灾害。汶川地震发生后，广大地震工作者和工程技术人员深入灾区，调查各类房屋的破坏情况，通过对震害现象的细致分析，归纳出各类房屋的震害特点及其原因。笔者通过在地震灾区现场灾害损失评估及考察，既感受到地震作用所具有的一般的、普遍的规律性是客观存在的，又深感它的特殊性和复杂性更值得深入研究。

第一节
地震作用的规律性

地震作用是复杂的，但也是有一定规律的。在参与汶川地震房屋破坏情况宏观鉴定过程中，可以明显感觉到地震对于房屋的破坏作用是呈现出一定规律的，虽然这些规律尚难以用简洁的语言系统地表达出来。例如，在鉴定完几个小区之后，在鉴定下一个小区时，只要看了小区中的一两栋建筑的破坏情况，我们就可以对该小区的其他建筑的破坏情况有个八九不离十的判断。列宁赞同黑格尔的观点，认为："规律不是现象的彼岸，而是为现象直接固有的；规律的王国是现存世界或现象世界的平静的反映……规律是现象中巩固的（保存着的）东西……规律是现象中同一的东西……规律把握住平静的东西——因此规律、任何规律都是狭隘的、不完全的、近似的。"[1][2]因此，地震灾区房屋破坏类型的相似性和差异性均是一种规律性的表现，因为它反映出为什么某些结构会破坏和在什么情况下它才破坏，以及为什么某些结构不会破坏。

一、汶川地震震害的主要表现

关于汶川地震的震害及其原因，《建筑结构》、《建筑结构学报》、《工程抗震与加固改造》等期刊均出了专辑，许多专家学者对此进行了总结，比较一致的结论主要有以下几方面[113,114]：

（1）极重灾区地震烈度极大是汶川地震灾害的主要原因。汶川地震有 10 个极重灾区，震前的设防烈度为 7 度，实际烈度达到了 8～11 度。

汶川地震房屋震害研究专家组发布的《"5·12"汶川地震房屋建筑震害分析与对策研究报告》对汶川地震造成大量的人员伤亡、经济损失惨重的原因作了详细的分析，指出："对导致房屋破坏的汶川特大地震特点研究表明：①汶川地震能量巨大、烈度超强。汶川 8.0 级特大地震发生在青藏高原东部的龙门山断裂带上，是该断裂带发生的千年不遇的特大地震。据有关资料介绍，在四川卧龙地区获取的峰值加速度记录达 0.9g（地震烈度达到 10 度），在江油获取的峰值加速度记录达 0.7g（地震烈度接近 10 度）。汶川地震所产生的峰值加速度大于 0.4g（地震烈度为 9 度）的区域达到 350 平方公里，震中烈度高达 11 度。汶川地震造成地面大量建筑倒塌，引发了数以万计的山体崩塌、滑坡、泥石流等次生灾害，形成了众多堰塞湖，造成重大人员伤亡和巨额经济损失。②汶川地震震源深度浅、破裂长度大、震害范围广。汶川地震震源发生在地表以下 19 公里处，所产生的地面运动十分剧烈，地震破裂面从震中汶川开始向北偏东 49 度方向传播，破裂长度达 240 公里。破裂过程可明显分成相互连贯的若干个破裂事件，每个破裂事件相当于一次 7.2 级至 7.6 级地震，造成的震害面积达 44 万平方公里，涉及四川、甘肃和陕西 3 个省 237 个县、市，我国绝大部分地区均有不同程度震感，甚至泰国、越南、菲律宾和日本也有震感。③汶

[1] 列宁，《哲学笔记》，人民出版社，1957 年版，第 132～133 页。

[2] 恩格斯：辩证法不知道什么绝对分明的界限，不知道什么无条件的普遍有效的"非此即彼"，它使固定的形而上学的差异互相过渡，除了"非此即彼"，又在适当的地方承认"亦此亦彼"，并且把对立的东西调和起来。（《马克思恩格斯选集》第 3 卷，第 535 页）

川地震发生方式特殊、持续时间长。汶川地震为逆冲、右旋、挤压型断层地震，发震构造为龙门山中央断裂带。在挤压应力作用下，断裂带由南向北逆冲运动；在断裂带区域造成地面最大垂直位移达 9m，纵向破坏力巨大，而且地震烈度沿断裂带短轴方向变化很快。在 20 公里距离内，烈度值从 7 度陡然上升至 11 度，处于高烈度区的建筑物很多瞬间倒塌。地震强烈波动时间长达 100s，持续的强烈振动对各种房屋结构造成持续叠加型破坏。如此特殊的地震，对地面建筑物的破坏作用之巨大，非常罕见。"

（2）未设防的旧房屋倒塌和破坏严重，而按照国家规范和标准正常设计施工的房屋都表现出较好的抗震能力。

（3）平面和立面不规则的建筑破坏比较严重。

（4）盲目加层、屋顶违章搭建、拆除部分承重墙体的建筑破坏严重甚至局部倒塌。

（5）突出屋面小塔楼破坏严重，甚至倒塌。

（6）不同结构构件之间的连接，尤其是框架结构中的填充墙震害比较普遍，有的震害比较严重。

（7）伸缩缝不符合抗震缝要求的建筑，产生不同程度的碰撞破坏。

（8）有一些框架结构在地震中再现了"强柱弱梁"、"裂而不倒"的设计理念，但大量的框架结构因呈现出"强梁弱柱"的机制而破坏。

（9）框架结构的楼梯间的破坏较多。

除专家学者的研究外，比较权威的《"5·12"汶川地震房屋建筑震害分析与对策研究报告》也对各类结构的破坏情况作了总结，报告指出，对不同类型房屋结构的震害研究表明："（1）砖混结构中，以大开间、大开窗、外走廊等建筑样式的震害最为严重。在 20 世纪 90 年代以前建造的砖混结构房屋中较多地使用了大开间、大开窗、外走廊等建筑样式，这些建筑在重灾区普遍遭受到严重的破坏甚至是整体倒塌。（2）采用框架-砌体混合结构形式的建筑，在重灾区普遍损毁严重。无论是底部框架砖混的竖向混合结构还是部分框架部分砖混的水平混合结构，由于刚度突变、传力途径复杂和变形能力不协调等因素，大量此类建筑受损严重。（3）框架结构中，出现了框架柱先于框架梁受到破坏的现象。震害调查显示，此次地震中，部分房屋的一些框架结构的破坏体现为框架柱先于框架梁受到破坏。汶川地震的竖向振动十分剧烈，震中区域部分房屋的框架柱受到了水平、竖向叠加作用力，发生粉碎性压缩损坏，导致房屋受损严重甚至垮塌。（4）厂房、库房的排架结构受灾严重。震害调查中发现，灾区的不少厂房、库房的排架结构由于跨度大、屋架重、柱间连接薄弱，加上年久失修等原因，在此次地震中受损严重，垮塌较多。其中单跨结构比双跨结构震害严重，重屋架结构比轻屋架结构震害严重。（5）农村自建房在重灾区受灾情况十分严重，倒塌现象普遍。20世纪90年代前，农村自建房大量使用砖瓦、木头等简易材料。由于缺乏相应的建造技术，再加上砌筑墙体的黏合材料强度差，一般情况下也没有进行专门的抗震设计，因此震害十分严重，倒塌普遍。（6）木结构房屋和轻钢结构房屋在此次地震中损坏较轻。木结构采用榫卯进行连接，榫头在榫卯节点处可轻微转动，具有"柔性"连接的特点；柱根直接放在柱基石上，水平震动时柱根可在柱基石上轻微滑动；厚重的屋盖通过穿斗或斗拱的连接方式与内柱、檐柱体系连成一体，保证了木结构房屋的整体性。木结构的这些特点使得重灾区的木结构房屋除有不少屋面瓦脱落外，多数房屋损坏较轻。灾区还有少量采用轻钢结构的厂房，由于轻钢结构具有质量轻、连接可靠、结构整体延性好的特点，再加上配套屋盖和墙板均采用轻质材料，因此，这类房屋具有较好的抗震性能。此次地震中，该类房屋受损主要是柱间支撑连接被拉断、钢构件防火涂料剥落等，震害较轻。"

上述结论从总体上大致反映了汶川地震的震害实际情况，为了增强感性认识，加深对地震作用复杂性的理解，现举例说明非约束砌体结构的破坏情况及其表现出的规律性。

二、汶川地震中非约束砌体结构的破坏情况简介

汶川地震中，没有设置圈梁和构造柱的非约束砌体结构破坏率较高，且破坏形态各异。图5-1给出了一组一至两层的非约束砌体结构在汶川地震中的破坏照片。

图5-1所示三栋建筑均位于都江堰虹口乡某小区。图5-1（a）、（b）均为一层结构且体量不大但破坏严重，几近倒塌。图5-1（c）为某二层砌体结构南立面及端开间破坏的照片，该工程虽然只有两层且开间不大，但震害显著，其主要原因除了位于极重震区、地震烈度较高外，主要有三方面的缺陷：一是没有设置构造柱；二是一层门窗洞口与二层门窗洞口错位；三是墙体材料为灰砂砖，抗震性能相对较差。

图5-2所示房屋均为五层以下的建筑，由于没有设置构造柱，破坏严重。这些非约束砌体破坏情况大体上有三个特点。一是外墙四角砌体比一般部位破坏严重［见图5-2（b）、（e）］。二是楼梯间墙体破坏严重［见图5-2（c）、（h）］。三是窗间墙破坏严重，上下楼层刚度均匀的规则建筑，首层窗间墙破坏严重［见图5-2（a）、（e）、（h）］，二层以上几乎完好；上下楼层刚度不均匀时，薄弱部位的窗间墙破坏严重［见图5-2（d）］。

图5-3给出两个构造柱的设置不符合规范要求的结构破坏情况。图5-3（a）所示结构虽然设置了构造柱，但构造柱自地圈梁开始设

图 5 - 1　都江堰虹口乡三栋低层建筑破坏照片

(a) 某一层房屋墙错台而楼未倒塌；(b) 某一层变电室墙倾斜而楼未倒塌；

(c) 都江堰虹口乡某二层砌体结构南立面及端开间破坏的情况

置，而地圈梁高出室外地面，未按规范要求将构造柱伸入室外地坪下500mm，造成墙体在地圈梁底部整体错台约 50mm，地圈梁以上部位基本完好。图 5 - 3 (b) 所示的排架结构，其外墙角部构造柱未伸至压顶圈梁，顶部墙体破坏加重。这两例说明构造柱设置不到位同样未能起到改善结构抗震性能的作用。

三、砖混结构窗台强弱对窗间墙安全性的影响

在汶川地震震害调查中，作者发现砖混结构的窗台强弱对窗间墙的影响很大，它直接关系到窗台与窗间墙两者之间在地震作用下的破坏顺序，进而影响整体结构的抗震性能。窗台与窗间墙的大致破坏规律是：在同一楼层中，如果窗台开裂则窗间墙就不裂；反之，如果窗间墙开裂则窗台就不裂（见图 5 - 4）。

图 5 - 4 中的四个实例说明砖混结构的窗台部分墙体相当于剪力墙结构中的连梁，只要设置合理，让窗台先于窗间墙开裂，则可以对窗间墙起到有效的保护作用，这也许是改进砖混结构抗震性能的一个途径。因为窗台开裂甚至发生严重破坏而房屋不至于倒塌，一旦窗间墙发生严重破坏则有可能发生局部坍塌甚至使整栋房屋倒塌，这在汶川地震中也有典型的实例可说明（见图5 - 5）。图 5 - 5 (a) 中所示的工

图 5 - 2 几种典型的砌体结构破坏情况照片

（a）都江堰某招待所窗间墙破坏；（b）什邡某综合楼端山墙中部破坏；

（c）都江堰某教学楼楼梯间门厅墙体破坏；（d）某两层砌体结构窗间墙坍塌；

（e）角部无构造柱砌体结构墙体坍塌；（f）砌体墙肢扭曲折断；

（g）内墙严重开裂；（h）楼梯间及窗间墙严重开裂

程中，窗台已经完全坍塌，但由于窗间墙完好，整栋房屋整体抗倒塌能力并未受影响。而在图5-5（b）所示的工程中，虽然窗台完好，但由于窗间墙已经严重开裂，房屋已岌岌可危，随时都有可能倒塌。

因此，设计时有意识地减弱窗台墙体对防止砖混结构的整体倒塌

图 5-3 构造柱设置不当加重墙体破坏程度的实例

（a）构造柱未伸入室外地坪下的墙体错台；（b）构造柱未伸至压顶圈梁的墙体破坏

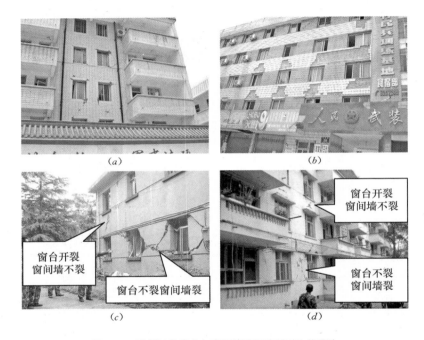

图 5-4 砖混结构窗台与窗间墙破坏情况对比的照片

（a）绵竹某四层住宅楼外墙破坏情况；（b）绵竹某底框砖混结构外墙破坏情况；

（c）虹口乡某砖混结构外墙破坏情况；（d）都江堰某砖混结构外墙破坏情况

有一定的帮助作用。弱窗台可以采用减小窗台高度、减小窗台墙体截面尺寸（作为暖气片搁置处）等措施来实现，这些措施对使用往往是有利的。在保温方面，由于现在普遍采用外墙外保温，窗台的削弱一般影响不大。为了增加窗台的抗倒塌能力，窗过梁应采用钢筋混凝土过梁。当然，砖混结构的其他构造措施，如圈梁、构造柱的设置、房屋层数和总体高度的限制等也必须满足规范的要求，否则仅靠弱窗台来抵抗强震作用还是不充分的。

（a） （b）

图 5 - 5　砖混结构窗台与窗间墙破坏对房屋整体安全的对比照片

（a）窗台坍塌窗间墙完好房屋未倒塌；（b）窗台完好窗间墙严重开裂房屋岌岌可危

第二节
地震作用的复杂性

叶耀先在《地震灾害比较学》中指出，防震减灾工程面临的实际情况是[115]："地震灾害的经验教训不断重演❶。不同地区的人们，在重复其他地区人们曾经犯过的错误。"去过汶川地震灾区的人们都会惊讶地发现，汶川地震灾害在很大程度上是唐山地震的再现。从宏观角度分析这些结论是基本反映实际情况的，但是从微观角度分析，其实每一地方、每一栋建筑物的地震灾害都有它的特殊之处，也就是说地震作用还是比较复杂的，具体到某些工程，它的震害表现与我们常规的概念还不完全一致，现举例说明如下。

一、不同结构体系的实际抗震性能与常规观念的差异性

【**实例 5 - 1**】　汶川地震中，都江堰某建筑东侧为小开间二层砌体结构，平屋顶；西侧为单层空旷砖木结构，层高比东侧二层楼还高，见图 5 - 6（a），横墙只有两端山墙，纵墙也只有两道外墙，屋面采用木屋架承重。东侧的二层楼与西侧的单层房屋平面布局、层高、屋盖体系均不同，且中间未设缝，见图 5 - 6（b）。现场震害调查发现，东侧的二层砌体结构墙体（含两端山墙）开裂［见图 5 - 6（c）］而西侧的单层砖木结构墙体及屋面均完好［见图 5 - 6（d）］。

根据通常的概念，东侧二层小开间砌体结构抗震墙较多、层高低、整体性好，抗震性能较好。而西侧单层空旷砖木结构抗震墙较少，层高较高［见图 5 - 6（d）］、整体性差，抗震性能较差，但实际震害正相反。之所以会出现这种情况，作者推测，可能与该建筑所处的场地条件有关。由于该建筑位于半山腰，东侧小开间二层砌体结构的自振周期可能与场地地震动卓越周期相接近而产生共振，而西侧单层空旷砖

❶ 黑格尔："经验和历史告诉我们的是这样：各个民族及政府从来都没有从历史中学到什么，也从来没有按照从历史中所能吸取的那些教训进行活动。"（列宁，《哲学笔记》，1993 年7 月第二版，第270 页）

图 5-6 汶川大地震中都江堰某建筑东侧墙体开裂而西侧墙体完好照片
(a) 二层砌体结构与单层空旷砖木结构；(b) 两者交接处墙体基本完好；
(c) 二层砌体结构墙体开裂；(d) 单层空旷砖木结构墙体基本完好

木结构自振周期较大，错开了场地卓越周期，且屋盖刚度弱，东侧二层砌体结构的地震作用没有传至该部位墙体和屋盖，而只对交接处的墙体有影响。但这一理由是否能成立还很难说，因为与该建筑不远处的5栋单层工业厂房，震害均较明显。我们没有场地卓越周期实测数据，故只能是推测。

【实例 5-2】 图 5-7 (a) 为什邡一栋 2008 年 3 月竣工的四层、局部五层宿舍楼，中间走道，南北两侧均为宿舍用房，平面尺寸变化处设两道抗震缝，将整个建筑划分为平面规则的三部分。按抗震设防烈度 7 度设计，层高 3.90m，现浇楼板，构造柱的设置除了规范要求的设置部位外，还在外纵墙窗洞口两侧设置构造柱。汶川地震中，一至五层内外墙体均开裂，见图 5-7 (b)、(c)、(d)，且内墙裂缝比外墙裂缝宽。在该建筑的西侧有一栋单层施工临时用房，石棉瓦屋面、120 砖墙且砌筑质量差，灰缝不饱满 [见图 5-7 (e)]，平面为 L 形不规则布局 [见图 5-7 (f)]，该施工临时用房在地震中墙体未见裂缝（作者进入现场调查）。在该宿舍楼的北侧有一排农房 [见图 5-7 (h)]，其中的一栋为单层土坯房 [见图 5-7 (g)]，这些建筑外观均良好（作者未进入内部检查）。

图5-7　什邡某建筑墙体普遍开裂而西侧简易房屋墙体完好照片

(*a*) 立面图；(*b*) 裂缝连通内外墙；

(*c*) 内走道墙体裂缝；(*d*) 内纵墙门洞上方裂缝；

(*e*) 西侧施工临时用房完好；(*f*) 西侧施工临时用房平面不规则；

(*g*) 北侧临近单层土坯房；(*h*) 北侧临近的农民自建房

　　在我们通常的概念中，一般认为图5-7 (*e*) 所示建筑承重墙为120墙、没有设置圈梁和构造柱，屋盖整体性差，平面不规则，其抗震性能不好。图5-7 (*h*) 所示土坯房也是抗震性能不好的建筑。而图5-7 (*a*)所示建筑设计完全符合现行规范的要求，层数也不高，但其墙体却普遍开裂，可是图5-7 (*e*) 抗震性能不好的建筑墙体没发现裂缝，周围农房外观也完好，究其原因，百思不得其解。

二、砌体结构与框架结构的实际抗震性能比较

一般认为砌体结构抗震性能差，尤其是抗大震能力差，其实也未必，现举例说明如下。

【实例5-3】 图5-8（a）左侧为位于什邡九里埝的一栋2007年竣工的三层框架结构办公楼，右侧为建于20世纪90年代的四层砖混结构住宅楼。汶川大地震中，办公楼框架填充墙普遍开裂［见图5-8（c）、（d）］，首层楼梯梯段板断裂［见图5-8（d）］。砖混结构住宅楼承重墙体完好无损，只有雨水管底部有点倾斜［见图5-8（b）］。此外，距该办公楼南边约300m的一栋三层砖混结构宿舍楼［见图5-8（e）］，首层墙体普遍开裂，不仅有斜裂缝，还有水平裂缝［见图5-8（f）］，

（a）   （b）

（c）   （d）

（e）   （f）

图5-8　汶川大地震中什邡九里埝某三层框架结构与临近砖混结构破坏情况对比

（a）相邻的三层框架结构与四层砖混结构；（b）办公楼西侧四层砖混结构完好无损；

（c）办公楼框架结构门厅填充墙破坏；（d）办公楼框架结构楼梯间梯段及填充墙破坏；

（e）办公楼南侧三层砖混结构宿舍楼；（f）办公楼南侧宿舍楼首层墙体水平裂缝

二层以上墙体也开裂，但裂缝数量和宽度均比首层小。该小区除了钢结构库房外，其他房屋均有不同程度的震害。如果说场地卓越周期与框架结构较接近，因而对框架破坏较明显的话，那么为何两栋相距不远的砖混结构震害相差较大？从这一实例表明，框架结构的抗震性能与砖混结构的抗震性能之间，没有绝对的优劣之分。

三、框架结构填充墙墙体材料抗震性能的综合比较

《"5·12"汶川地震房屋建筑震害分析与对策研究报告》指出："不同的墙体材料，房屋震害差异较大。由各种黏土砖、页岩砖、混凝土砌块、轻质墙体材料等组成的框架填充墙，因墙体材料与框架梁柱连接措施不完善，震害都比较严重，但也有大致的规律：空心砌块墙震害大于实心砌体墙；无筋墙体震害大于有筋墙体；加气混凝土轻质墙震害大于普通黏土砖、页岩砖墙体。"这一结论只是大致规律。空心砌块墙震害较普遍主要是因为拉结筋的作用不如实心砌块［见图 5-9 (a)］，其实实心砌体填充墙震害也比较明显［见图 5-9 (b)］。至于加气混凝土填充墙震害主要是因为加气混凝土填充墙抹灰层开裂、脱落现象较普遍［见图 5-9 (c)］，给人感觉其填充墙破坏比实心砌体填充墙和空心砌块墙更严重些，其实这是加气混凝土材料固有的缺陷，如果施工不当，加气混凝土填充墙在正常使用条件下抹灰层也容易开裂、剥落。

四、框架梁"超强"的主要因素

为了使抗震结构具有能够维持承载能力而又具有较大的塑性变形能力，设计时应遵循"强剪弱弯"、"强柱弱梁"、"强节点弱构件"（简称"三强三弱"）和保证主要耗能部位具有足够延性性能的设计原则。这一原则来源于地震灾害调查分析和相应的试验研究。为了实现"三强三弱"，我国从《抗震设计规范》（GBJ 11—1989）开始，一直到《抗震设计规范》（GB 50011—2010），均从结构体系和结构构件两个方面分别提出了具体的要求。2010 年版《建筑抗震设计规范》第 3.5.2 条要求结构体系应具有明确的计算简图和合理的地震作用传递途径；应避免因部分结构或构件破坏而导致整个结构丧失抗震能力或对重力荷载的承载能力；应具备必要的抗震承载力，良好的变形能力和消耗地震能量的能力；对可能出现的薄弱部位，应采取措施提高其抗震能力。第 3.5.3 条要求结构体系尚宜有多道抗震防线；宜具有合理的刚度和承载力分布，避免因局部削弱或突变形成薄弱部位，产生过大的应力集中或塑性变形集中。

对于结构构件，《抗震设计规范》（GB 50011—2010）第 3.5.4 条要求混凝土结构构件应控制截面尺寸和受力钢筋、箍筋的设置，防止剪切破坏先于弯曲破坏、混凝土的压溃先于钢筋的屈服、钢筋的锚固

图 5-9　框架结构的空心砌块墙、实心砌体填充墙和加气混凝土轻质墙的震害照片

（a）什邡某 2007 年竣工的三层框架空心砖砌块墙填充墙及构造柱破坏照片；

（b）江油某四层医院框架结构实心砖填充墙破坏照片；

（c）什邡某框架结构加气混凝土填充墙抹灰层脱落照片

黏结破坏先于钢筋破坏；砌体结构应按规定设置钢筋混凝土圈梁和构造柱、芯柱，或采用约束砌体、配筋砌体等。同时对预应力混凝土构件、钢结构构件、多层和高层的混凝土楼、屋盖以及结构各构件之间的连接和各种抗震支撑系统等均给出了具体的要求，表明该规范对于"三强三弱"及延性的要求是具体而明确的。但在汶川地震中，虽然有一些框架结构在地震中再现了"强柱弱梁"、"裂而不倒"的设计理念，但大量的框架结构因呈现出"强梁弱柱"的机制而破坏。《"5·12"汶川地震房屋建筑震害分析与对策研究报告》指出："震害调查显示，此次地震中，部分房屋的一些框架结构的破坏体现为框架柱先于框架梁受到破坏。"框架结构出现"强梁弱柱"破坏机制的首要因素就是框架梁"超强","超强"的原因主要有以下几个方面。

1. 框架梁截面尺寸偏大

框架结构中梁与柱线刚度的比例决定梁的内力分配和侧向位移的大小。由于使用上希望柱子越小越好（当然不能小于最小截面尺寸），所以工程设计中框架柱子的截面大小常取决于轴压比。当柱子截面尺寸确定后，梁的截面尺寸越大，梁的相对线刚度就越大，框架侧向位移就相对变小，这是有利的。在梁的截面尺寸尤其是梁的截面高度增大后，梁的承载能力也相应增大，如果此时柱子的承载能力能够与之相"匹配"，则还不至于成为"强梁弱柱"。当梁的截面高度过大（如为跨度的1/10）而成为事实上的"肥梁"而柱子相对"瘦小"时，则自然成为"强梁弱柱"了。例如，柱子的截面为500mm×500mm且柱子高度为5m，而梁的截面为350mm×1200mm且跨度为12m，这时仅靠调整梁和柱的配筋可能还难以实现"强柱弱梁"，比较可行的办法有以下几种：

（1）减小梁的截面高度。大跨度结构的梁截面高度往往由挠度控制。工程上常采取增大梁的宽度和施加预应力的办法来减小梁的挠度。其实还有一种比较可行的办法，就是在计算挠度时考虑梁两端支座负弯矩的影响。作者曾在文献［47］中作了大量的计算，说明两端支座负弯矩对减小梁的挠度计算值效果比较明显。

（2）提高柱子的承载能力和延性性能，常用的措施就是采用钢管混凝土或钢骨混凝土柱子。如果使用上允许，也可以增大柱子截面尺寸。

（3）增设柱子或设置剪力墙、柱间支撑。这属于体系上的优化，如果使用上许可，经济上适宜，确是提高结构抗震性能最有效的措施之一。但工程中最好的措施不一定就是能够付诸实施的措施。

2. 梁纵筋实配量大于计算所需值

这种情况可分为以下几个方面：

（1）人为提高框架梁的配筋量。实际工程中，设计者考虑到施工可能出现的误差和质量缺陷，以及使用阶段客观存在的超载情况，在构件配筋时有意识地放大梁的纵筋数量，作为安全储备。也有一种情况是梁两端的配筋量计算值不一样，为了便于施工，梁支座负筋按大的数值配置，导致原计算小的一侧超配。这两种情况在工程设计中普遍存在，只是不同的工程超配量值有所不同。这些习惯做法在常规荷载作用下是有利的。因为在施工阶段，混凝土等级略低于设计强度、钢筋绑扎时钢筋间距过大导致梁的截面有效高度减小、钢筋焊接存在质量缺陷、钢筋搭接长度不足等，均可能导致梁实际强度低于设计所要求的强度，这时如要进行加固就很麻烦，也不经济，所以适当增加安全储备是必要的，因为工程是人干出来的，且施工工序繁多，各个环节均有可能出现或多或少的质量偏差，要求施工质量完全符合设计要求是不现实的。此外，在使用阶段，无论是住宅还是办公，更不用说生产车间和仓库，实际使用荷载超越设计允许值，也是常有的事。

但梁的纵筋超配而不同时相应增大梁的箍筋和柱子纵筋，则很有可能出现"强弯弱剪"和"强梁弱柱"的情况，因为结构设计时除一级框架结构和9度设防烈度的一级框架外，通常均没有根据梁的实际纵向配筋去反算梁的抗剪承载力和柱子的抗弯承载力。因此，设计时应控制梁纵筋超配的量值，并应根据大致相当的数值增大梁的箍筋和柱子纵筋，以确保在强震作用下"强剪弱弯"、"强柱弱梁"机制的实现。

（2）计算模型的不严密。这大致有两种情况。一种情况是对于现浇钢筋混凝土梁板结构，虽然框架结构整体分析时考虑了板对梁刚度的有利影响（程序中设定梁刚度增大系数，一般中间跨为2、边跨为1.5），在跨中梁配筋计算时，《混凝土结构设计规范》明确规定可以按T形截面进行截面设计，而国内常见的程序中，只按矩形截面考虑，板的有利影响未考虑。这实际上等于增配了跨中钢筋。此外，《抗震规范》（GB 50011—2010）第6.3.3条要求地震区框架梁梁端截面的底面和顶面纵向钢筋配筋量的比值，除按计算确定外，一级不应小于0.5，二、三级不应小于0.3。这一构造要求实际使得框架梁已成为事实上的双筋梁，可以按双筋梁模型进行正截面设计，而大部分工程均按单筋梁设计，未考虑位于受压区纵向钢筋的有利影响。另一种情况是梁配筋时的梁支座负弯矩取用梁在柱轴线处的负弯矩，其实应按梁在边柱内侧或中柱两侧边缘处的负弯矩配筋，柱子截面尺寸较大时，梁在柱轴线处的负弯矩与梁在柱边缘处的负弯矩相差较大。这两种情况均相当于增配了顶面纵向钢筋。

（3）配筋模式的粗放。跨中钢筋直通支座或跨中钢筋在支座处锚固和搭接，造成框架梁梁端截面的底面纵向钢筋配筋量大于计算值，这对于跨度较大的梁，由于跨中截面钢筋量较大，而端支座处底面纵筋配筋计算值较小，跨中钢筋直通支座后，梁端截面成为事实上的双筋梁，强度增大较明显。因此，国家标准图集11G101-1对于一级框架给出了部分梁跨中钢筋不锚入柱子中的做法，新版《混凝土结构设计规范》（GB 50010—2010）第11.6.7条也给出了中间层中间节点梁筋在节点外搭接的做法，这些均是为了避免梁端截面因底面纵筋过多而产生超强效应。

此外，配置梁支座负筋时，一般不考虑梁两侧现浇板上配置的钢筋，而梁两侧一定范围内配置在现浇板上的钢筋实际上起到梁的负筋的作用，这又在一定程度上增大了梁的抗弯承载力。《混凝土结构设计规范》（GB 50010—2010）第11.3.2条条文说明中规定可以取梁每侧6倍板厚范围内的板筋作为梁支座负筋的一部分，但实际工程中很少利用这部分钢筋。

3. 梁纵筋和混凝土实际强度大于设计强度

现行的《混凝土结构设计规范》规定，钢筋混凝土中的热轧钢筋的强度标准值由屈服强度确定，且钢筋的强度标准值应具有不小于95％的保证率。国内钢筋生产厂家众多，不同厂家的材质差异性较大，同一厂家不同批次的钢筋材质也不同。作者设计的某工程，其HPB235级钢筋由一家比较大型的工厂供料，而HRB335级钢筋由另一家工厂供货，原材试验结果显示，HPB235级钢筋的屈服强度实测值反而大于HRB335级钢筋的屈服强度实测值，如果用这批HPB235级钢筋作为纵筋配置在梁内，则梁的实际正截面承载能力就增大很多。也就是说，实际工程中虽然配置在框架梁中的钢筋同为HPB235级钢筋或同为HRB335级钢筋、HRB400级钢筋，如果其屈服强度实测值比钢筋的强度标准值大很多，这时框架梁的实际强度也就比设计强度增大很多，也同样出现超强问题。因此，《抗震规范》（GB 50011—2010）第3.9.2条规定："抗震等级为一、二、三级的框架和斜撑构件（含梯段），其纵向受力钢筋采用普通钢筋时，钢筋的屈服强度实测值与屈服强度标准值的比值不应大于1.3"，第3.9.4条规定"在施工中，当需要以强度等级较高的钢筋替代原设计中的纵向受力钢筋时，应按照钢筋受拉承载力设计值相等的原则换算"，其目的就是为了防止因钢筋实际的屈服强度大于钢筋的强度标准值较多而出现梁正截面强度大于理论计算所需要的强度，而出现"强梁弱柱"和"强弯弱剪"。

当梁的混凝土强度超出设计强度时，理论上也同样存在超强问题，那么，抗震设计规范系列中为何均不对它进行限制呢？作者认为有以下几个因素：

（1）混凝土材料强度离散性较大，且施工过程中影响混凝土强度的因素较多，如果对混凝土强度超强作限制，施工过程中一旦出现一些与配合比设计不一致的情况，就有可能反而出现混凝土实际强度等级低于设计值的不利情况。

（2）由于混凝土的碳化、收缩和徐变，以及在使用阶段裂缝的不断开展等因素的影响，混凝土的性能及构件的强度在使用阶段逐渐降低或劣化。因此，从全寿命期角度考虑，混凝土强度等级大于设计值是有利的安全储备，不宜限制得太死。

（3）混凝土强度等级偏差不大时，对梁、柱的正截面承载力的影响不是很大，这是抗震设计规范中没有对它进行限制的主要原因。现举两个算例来说明。

【算例5-1】 某框架梁，截面尺寸为250mm×500mm，设计混凝土等级为C25，以梁的配筋率分别为0.6％、1.0％和1.5％时对应的弯矩作为弯矩设计值，当混凝土强度等级分别为 C20、C25、C30 时，计算梁的受压区高度 x 和纵向钢筋截面面积 A_s，钢筋采用 HRB400 级钢，计算结果列于表 5-1 中。

表 5-1　　C25 混凝土强度等级上下相差一级时 250mm×500mm 的梁配筋量计算值的变化情况

M (kN·m)	混凝土强 度等级	b (mm)	h (mm)	钢筋 f_y (MPa)	受压区高度 x (mm)	A_s (mm²)	配筋率 ρ (%)
106.2	C20	250	500	360	107.61	717.4	0.62
106.2	C25	250	500	360	84.43	697.72	0.6
106.2	C30	250	500	360	69.00	685.21	0.59
165.0	C20	250	500	360	184.42	1229.47	1.06
165.0	C25	250	500	360	140.5	1161.08	1
165.0	C30	250	500	360	112.98	1121.95	0.97
226.1	C20	250	500	360	298.24	1988.27	1.71
226.1	C25	250	500	360	211.57	1748.39	1.5
226.1	C30	250	500	360	165.44	1642.91	1.41

由表 5-1 可知，当混凝土强度等级上下相差一级时，梁的受压区高度 x 和纵向钢筋 A_s 的变化幅度不是很大，对于梁的强度增长或减小影响不大。

【算例 5-2】　某框架柱，截面尺寸为 500mm×500mm，柱子计算长度 3.6m，设计混凝土强度等级为 C35，选用三组轴力和弯矩设计值，对应于混凝土强度等级分别为 C30、C35、C40 时，按对称配筋计算大偏压柱子的受压区高度 x 和纵向钢筋截面面积 A_s，钢筋采用 HRB400 级钢，计算结果列于表 5-2 中。

表 5-2　　C35 混凝土强度等级上下相差一级时 500mm×500mm 的柱子配筋量计算值的变化情况

N (kN)	M (kN·m)	混凝土强 度等级	钢筋 f_y (MPa)	轴压比	γ_{RE}	受压区高度 x (mm)	A_s (mm²)
849.17	291.65	C30	360	0.2375	0.8	95.012	804.85
849.17	291.65	C35	360	0.2034	0.8	81.358	774.17
849.17	291.65	C40	360	0.1778	0.8	80	771.11
1000.6	309.8	C30	360	0.2799	0.8	111.955	805.08
1000.6	309.8	C35	360	0.2397	0.8	95.866	762.48
1000.6	309.8	C40	360	0.2095	0.8	83.82	730.59
1400.6	465.2	C30	360	0.3918	0.8	156.71	1468.08
1400.6	465.2	C35	360	0.3355	0.8	134.189	1384.63
1400.6	465.2	C40	360	0.2933	0.8	117.328	1322.15

由表 5-2 可知，当混凝土等级上下相差一级时，柱子的受压区高度 x 和纵向钢筋 A_s 的变化幅度不是很大，对于柱子的强度增大或减小影响不是十分明显。需说明的是，由于表中所选的柱子轴压比不是很大，当轴压比接近于规范的限值时，混凝土强度等级的变化有可能出现跨越大偏压与小偏压的界限，此时混凝土强度等级对柱子的承载力影响较大。就是说，当柱子混凝土强度等级较高时，例如 C35，此时柱子刚好位于大偏压与小偏压的界限处且仍属于大偏压，这时，一旦柱子混凝土强度等级略有降低，如 C33，则柱子有可能属于小偏压，在这一界限附近，混凝土强度的变化对柱子承载力的影响较大。

4. 填充墙的支顶作用

（1）填充墙对框架梁的支承作用。框架结构的填充墙顶部与框架梁之间一般不是顶砌而是斜砌或用砂浆填充（见图 5-10）。即使是这样，框架填充墙尤其是实心砖填充墙对框架梁还是起到一定的支承作用，使得框架结构在强震作用下柱子发生剪切破坏（见图 5-11）。

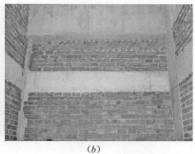

(a)　　　　　　　　　　　(b)

图 5-10　框架结构填充墙与梁顶之间的实际施工处理
(a) 加气混凝土砌块填充墙顶部砂浆填充；(b) 实心黏土砖填充墙顶部砖斜砌

图 5-11　汶川地震中某实心砖填充墙框架结构柱子和填充墙破坏情况照片

由图 5-11 可知，在地震作用下，框架梁完好，而填充墙及框架柱子均产生严重的破坏，说明实心砖填充墙对框架梁起到了事实上的支承作用。填充墙对框架结构更不利的影响在于提高了框架结构的刚度，减小了结构的自振周期，从而增大了框架的地震作用，进一步加大了地震作用对框架柱子的影响。

（2）填充墙中的构造柱对框架梁的支承作用及影响。在框架结构的填充墙中往往需要设置构造柱，虽然这些构造柱的混凝土是后浇筑的，但事实上也在某种程度上相当于在框架梁的中间设置了支承点，减小了框架梁的跨度，对框架梁的强度增大效应比较明显，这对于竖向荷载作用下是有利的。在地震荷载作用下，构造柱一方面增强了填充墙的抗倒塌能力，另一方面虽然它增大了框架梁的正截面承载能力，但由于它的截面较小、配筋量也不大，在地震作用下一般先于柱子破坏，成了框架结构的第一道防线。图5-12为汶川地震中什邡某框架结构办公楼外立面破坏情况的照片，该结构隔开间设框架柱，未设框架柱子的窗间墙中部设置了构造柱，在地震中框架柱完好而填充墙构造柱损毁严重，表明构造柱成了框架结构的第一道防线且阻止了填充墙倒塌，对框架主体起到了保护作用。所以，只要布置大致均衡，框架结构中的构造柱对框架结构的抗震性能通常是有利的。

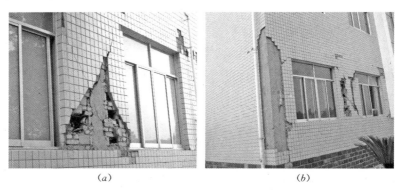

（*a*） （*b*）

图5-12 什邡某框架结构框架柱完好而填充墙中的构造柱破坏照片

（*a*）南立面填充墙构造柱破坏情况；（*b*）东北角柱子完好而填充墙构造柱破坏

从以上讨论的工程设计中造成框架梁实际强度超出计算所需的四大主要原因中可以看出，根据现有的设计习惯，要实现框架结构的"强柱弱梁"还有一定的困难。因此，对纯框架结构的抗震性能应有一个科学的认识，更不宜认为框架结构的抗震性能一定优于砖混结构。

第三节
构造柱应设置加强部位

《"5·12"汶川地震房屋建筑震害分析与对策研究报告》指出："大量由普通黏土砖、页岩砖建成的砖混结构墙体，其震害情况比较复杂，决定震害程度的因素较多：房屋本身的圈梁、构造柱设置，纵墙承重还是横墙承重，砖块之间黏合剂的强度，房屋朝向与地震波的传播方向等，有待于进一步研究。"从汶川地震砌体结构的破坏形态可以发现构造柱对于提高墙体的抗倒塌性能和防止薄弱部位的产生均有明显的改善作用，但设置构造柱的墙体仍发生严重破坏，有值得改进之处，其措施之一就是构造柱设置加强部位。

一、构造柱的作用

如图 5-1、图 5-2 所示，汶川地震中，没有设置圈梁和构造柱的非约束砌体结构破坏率较高，且破坏形态各异。从大量的震害对比中可以发现，设置构造柱是提高砌体结构的抗倒塌能力的一种有效措施。图 5-13 给出了设置构造柱的墙体在大震作用下窗间墙严重开裂但没有倒塌的两个工程实例，尤其是在图 5-13 (b) 中，通过设置构造柱和没有设置构造柱的相邻两窗间墙的破坏情况对比可以看出，设置构造柱的墙肢的抗倒塌能力强于没有设置构造柱的墙肢，但构造柱对于防止墙肢破坏的效果并不明显，即对墙肢承载力的提高幅度有限。

(a)　　　　　　　　　　　　　　(b)

图 5-13　设置构造柱的墙肢开裂而未坍塌的实例
(a) 有构造柱窗间墙裂而不倒；(b) 有、无构造柱窗间墙开裂对比

图 5-14 中的两个工程实例为设置圈梁和构造柱的约束砌体，虽然在大震作用下发生了严重破坏，但基本上没有倒塌，这进一步说明了构造柱提高了墙体的抗倒塌能力。

(a)　　　　　　　　　　　　　　(b)

图 5-14　设置圈梁和构造柱的约束砌体结构的破坏实例
(a) 某砖混结构破坏情况（网络照片）；(b) 什邡某砖混结构破坏情况

二、强震作用下构造柱的不足

汉川地震中，虽然大部分设置构造柱的砌体结构，无论是整体结构还是局部墙肢均实现了"裂而不倒"的设防目标，但也有部分结构发生了构造柱主筋断裂及其他较严重的损坏，值得我们深思，为此先分析以下两个实例。

【实例 5-4】 图 5-15 为汉川大地震中绵竹市某 2007 年 8 月竣工的砖混结构宿舍楼破坏情况的照片。该工程位于山脚下，据当地人介

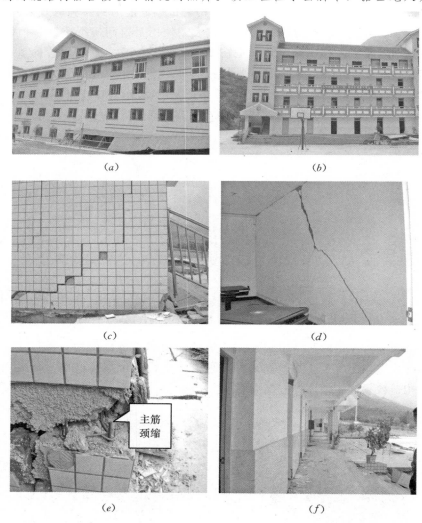

图 5-15 汉川地震中绵竹某四层砖混结构破坏情况

(a) 北立面照片（局部）；(b) 南面照片（局部）；

(c) 东山墙墙体裂缝；(d) 内墙横裂缝；

(e) 东北角底部构造柱主筋断裂；(f) 南面走廊地面隆起

绍，它距汶川县城直线距离约为20km，周边地段农房全部倒塌，房后一空白砂地原为平地，震后砂地呈凹、凸起伏状，呈现出明显的地震波波形。该建筑内、外墙墙体均明显开裂［见图5-15（c）、（d）］，东北角的构造柱主筋断裂处呈现明显的颈缩现象［见图5-15（e）］，南面走廊地面隆起［见图5-15（f）］，整栋建筑向南面倾斜，但没有倒塌，也就没有人员伤亡。

该工程最明显的特点是东北角首层的构造柱主筋断裂，而且出现颈缩现象，这在工程上比较少见，即使是严重破坏甚至是倒塌的框架柱中也很少出现纵筋颈缩的（见图5-16）。由于楼梯间设在东侧尽端开间，东山墙既是整栋建筑的外墙，又是楼梯间的横墙且楼梯间局部五层，而其他部位为四层，这几项不利因素的叠加使得东北角成为不利受力部位，因而其构造柱和墙体损毁程度比其他部位严重些具有一定的必然性，但主筋被拉断而墙体没有倒塌则是其特殊性，其唯一的可能性就是竖向地震作用引起上下震动将其拉断，并在水平地震作用下的平动致使整体建筑产生水平错台而使主筋断头出露。

（a）　　　　　　　　　　（b）

图5-16　汶川地震中框架柱纵筋折断和弯曲的两个实例

（a）柱子折断引起柱子纵筋折断；（b）柱端塑性铰区柱子纵筋弯曲

【**实例5-5**】　图5-17为汶川地震中什邡某三层框架结构办公楼外立面及位于窗间填充墙中的构造柱破坏情况的照片，该工程2006年竣工，隔开间设框架柱，未设框架柱子的窗间墙中部设置了构造柱，在地震中框架柱完好而填充墙中设置的构造柱发生严重破坏，如图5-17（b）所示。从破坏形态看，南、北立面填充墙的损毁部位集中在首层的窗间墙上，且窗间墙中部设置的构造柱随墙体的剪切破坏而破坏，表明构造柱成了框架结构的第一道防线且阻止了填充墙倒塌，对框架主体起到了保护作用。该工程窗间墙的破坏形态与图5-2（a）所示的砌体结构窗间墙的破坏形态类似，其主要原因是填充墙采用黏土空心砖与实心砖混砌，墙体刚度较大。

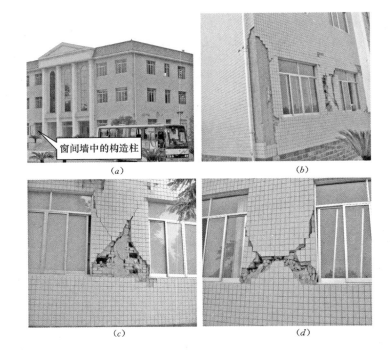

窗间墙中的构造柱

(a)   (b)

(c)   (d)

图 5 - 17　什邡 2006 年竣工的某三层框架结构填充墙破坏照片

(a) 三层框架结构办公楼南立面；(b) 北立面框架柱完好而构造柱开裂；

(c) 南立面东侧构造柱开裂；(d) 南立面西侧构造柱开裂

三、关于构造柱设置加强部位和加强区的建议

根据前述图 5-1、图 5-2、图 5-13，在汶川地震中，无论是低层还是多层，砌体结构和框架结构中的填充墙的破坏集中在首层窗间墙、外墙四角、楼梯间和局部薄弱部位的墙肢，而且绝大多数属于剪切型破坏，表现出比较强的规律性。可以看出，按照规范的要求设置构造柱的建筑，整体结构和局部墙肢的抗倒塌能力得到显著改善，但构造柱对于提高墙肢的抗震承载能力，防止墙肢在大震作用下不发生破坏的作用并不十分明显，这些房屋虽然没有倒塌，但由于损毁严重，有的只能拆除重建，有的即使加固，改造量也很大。从以经济的手段减轻地震灾害的角度出发，作者认为构造柱应参照剪力墙结构的做法设置底部加强部位和加强区，其具体设想是：

（1）加强外墙四角的构造柱。加强的目的有两方面。一方面是通过构造柱提供的销键作用，防止墙体发生错台。在地震作用下，外墙有可能发生错台，错台的部位一般在底部，也有在中部和上部的，如图 5-18 及图 5-1 (a) 和图 5-3 (a) 所示。另一方面是增强角部墙体的承载能力和抗倒塌能力。外墙四角在剪切、扭转、压弯或拉弯等复杂应力作用下容易发生严重破坏甚至局部坍塌 [见图 5-1 (b)、

图 5 - 2（b）和图 5 - 2（e）以及图 5 - 15（a）]，因此加强外墙四角的构造柱很有必要。作者建议，无论是低层还是多层建筑，从首层至女儿墙顶在外墙的四角设置 L 形构造柱，以加大构造柱的截面，配筋也适当加强，在 6 度、7 度地区纵筋不小于 8ϕ14，箍筋间距不大于 150mm；8 度及以上地区纵筋不小于 8ϕ16，箍筋间距不大于 100mm，且构造柱纵筋不得在柱根搭接。

图 5 - 18　地震作用下砌体结构外墙转角处墙体在不同高度的错台情况

（2）加强首层外墙窗间墙中的构造柱。加强的目的是防止首层外墙窗间墙中的构造柱在强震作用下发生破坏。无论是低层建筑还是多层建筑，首层窗间墙的构造柱均应加强。如果窗间墙中只设置一个构造柱，构造柱长度不小于 300mm，其具体配筋可根据不同设防烈度参照《抗震规范》（GB 50011—2010）第 6.4.5 条中剪力墙底部加强部位构造边缘构件要求设置，6 度、7 度地区按抗震等级三级考虑，且窗间墙高度范围内的箍筋应加密，间距不大于 150mm；8 度及以上地区按抗震等级二级考虑，且窗间墙高度范围内的箍筋间距不大于 100mm。框架结构外墙窗间墙中的构造柱和局部薄弱部位墙肢中的构造柱也应加强。

（3）加强楼梯间的构造柱，使楼梯间成为安全岛，其加强措施以满足《抗震规范》（GB 50011—2010）相应要求为准。

第四节
中小学校舍及医疗建筑的抗震设防问题

我国自 1966 年邢台地震以来的防震减灾工程的经验表明，提高各类建设工程的抗震能力是减轻地震震害的基本也是根本的对策。按照遭受地震破坏后可能造成的人员伤亡、经济损失和社会影响的程度及建筑功能在抗震救灾中的作用，将建筑划分为不同的类别，区别对待，采取不同的设计要求，包括抗震措施和地震作用计算的要求，是根据我国现有技术和经济条件的实际情况，达到减轻地震灾害又合理控制建设投资的重要策略，也是世界各国抗震设计规范普遍采取的防震减灾对策。

汶川地震后，中小学校舍及医疗建筑的安全问题引发关注。《建筑工程抗震设防分类标准》（GB 50223—2008）第 6.0.8 条将中小学校舍的抗震设防类别由原来的丙类提高到乙类；第 4.0.3 条将部分医疗建筑（门诊楼、医技楼、病房楼等）的分类设防标准由原来的丙类提高到乙类。《建筑工程抗震设防分类标准》（GB 50223—2008）实施后，北京市等地相继开展了中小学校舍抗震加固与节能改造工程，对原设防分类标准为丙类的建筑全部按乙类进行相应的抗震加固。住房和城乡建设部工程质量安全监管司还组织相关单位编制了国家建筑标准设计图集《房屋建筑抗震加固（一）（中小学校舍抗震加固）》（09SG619—1）和《全国中小学校舍抗震鉴定与加固示例》，为中小学校舍抗震加固工程提供了相应的技术依据。这套标准图集适用于 6 度至 8 度地区的砌体结构和框架结构的中小学校舍工程。新建建筑也全面执行《建筑工程抗震设防分类标准》（GB 50223—2008）的相关规定。这是汶川地震后，工程界对中小学校舍及医疗建筑所采取相应的抗震设防对策。

汶川地震后，中国地震局于 2009 年 4 月 22 日发布了《关于学校、医院等人员密集场所建设工程抗震设防要求确定原则的通知》（中震防发〔2009〕49 号），要求学校主要建筑包括幼儿园、小学、中学的教学用房以及学生宿舍和食堂，医院主要建筑包括门诊、医技、住院等用房，"以国家标准《中国地震动参数区划图》为基础，适当提高地震动峰值加速度取值，特征周期分区值不作调整，作为此类建设工程的抗震设防要求。"提高地震动峰值加速度取值应按照以下要求："位于地震动峰值加速度小于 0.05g 分区的，地震动峰值加速度提高至 0.05g；位于地震动峰值加速度 0.05g 分区的，地震动峰值加速度提高至 0.10g；位于地震动峰值加速度 0.10g 分区的，地震动峰值加速度提高至 0.15g；位于地震动峰值加速度 0.15g 分区的，地震动峰值加速度提高至 0.20*g*；位于地震动峰值加速度 0.20*g* 分区的，地震动峰值加速度提高至 0.30*g*；位于地震动峰值加速度 0.30*g* 分区的，地震动峰值加速度提高至 0.40*g*；位于地震动峰值加速度大于或等于 0.40*g* 分区的，地震动峰值加速度不作调整。"这一做法与《建筑工程抗震设防分类标准》（GB 50223—2008）及《抗震规范》（GB 50011—2010）的相关要求不一致，中震防发〔2009〕49 号主要是提高地震作用计算，而后者则着重提高结构抗震措施以及抗震构造措施，其最直接的效果是提高了结构和构件的延性及房屋的抗倒塌能力。这就给工程设计带来了困惑，执行哪个标准更合适呢？

从汶川地震灾害来说，大量的规则房屋破坏属于延性不足，如无圈梁构造柱的砌体结构（楼盖大部分为预制空心板）（见图 5-1~图 5-5），框架结构的"强梁弱柱、强弯弱剪"型的破坏（见图 5-16），也有大量的房屋出现抗震承载能力不足的破坏（见图 4-1、图 4-6），这主要是实际遭受的地震作用远高于原设防烈度所对应的加速度取值。当然还有一批房屋由于平面不规则、竖向不规则或平面和竖向均不规则，而导致房屋产生严重破坏甚至倒塌（见图 4-2、图 4-4）。从这一情况分析，单纯提高地震作用计算，并不能根本解决我国广大地区建筑的抗震设防能力不足和抗倒塌性能比较差的问题。而提高结构和构件的延性性能的方法虽然也还存在一定的缺陷，但相对来说措施更有针对性和有效性，也为广大工程技术人员所认可。

具体来说，与丙类建筑相比，乙类建筑中，对于混凝土结构房屋应提高一度确定其抗震等级，并采取相应的抗震措施（主要为内力调整等）以及抗震构造措施（配筋率、配箍率等）；对砖混结构，《抗震规范》（GB 50011—2010）表 7.1.2 注 3 "乙类的多层砌体房屋仍按本地区设防烈度查表，其层数应减少一层且总高度应降低 3m；不应采用底部框架-抗震墙砌体房屋"，第 7.1.4 条 "多层砌体房屋总高度与总宽度的最大比值"，第 7.1.6 条 "多层砌体房屋中砌体墙段的局部尺寸限值"，以及第 7.1.5 条 "房屋抗震横墙的间距"等，乙类建筑均要求按比原设防烈度提高一度来确定砌体房屋的高宽比、局部尺寸限值和房屋抗震横墙的最大间距。根据这些要求，抗震设防 6 度区提高一度后这些措施和要求基本无变化，7 度区按 8 度考虑、8 度区按 9 度考虑，变化就比较大。对于地基基础，在《抗震规范》（GB 50011—2010）表 4.3.6 的抗液化措施中，乙类建筑的抗液化措施也比丙类高，其措施不是按提高一度来对待。例如，对于地基的液化等级为中等的地基，乙类建筑的抗液化措施是 "全部消除液化沉陷，或部分消除液化沉陷且对基础和上部结构处理"，而丙类建筑的措施则是 "基础和上部结构处理，或更高要求的措施"。而这些地基基础和上部结构抗震措施可以有效地减轻地震破坏作用，而这些效果是仅仅提高地震作用计算这一单一措施所不能涵盖和达到的。

当然，中震防发〔2009〕49 号中"位于地震动峰值加速度小于 0.05g 分区的，地震动峰值加速度提高至 0.05g"这一措施则又是《建筑工程抗震设防分类标准》（GB 50223—2008）及《抗震规范》（GB 50011—2010）所没有的。目前，地震预测预报水平尚不够成熟，对于实际地震发生的时间、地点和震级等还难以作出准确的短期预报，中长期预报水准也有待进一步提高。但从历史上发生地震的分布范围来说，有一些地区，比如浙江省，将近 4000 年的资料表明，其境内基本上没有发生过震级大于 5 级的地震。因此，类似于这类地区，今后发生震级大于 5 级的地震的可能性也不是很大。但鉴于地震历史资料的不完备，以及某一地区一次地震发生后，发生下一次地震的间隔时间比较长，有的几年，也有几十年、上百年甚至上千年的，目前区划图中划定为非地震设防区的地区今后是否会出现 6 度以上的地震作用（近震、远震均不排除）仍具有一定的不确定性，而且震害调查表明，抗震设防 6 度区的建筑，设防与不设防相比，其抗震和防灾能力有本质的提高，且作了抗震设防的建筑其房屋的整体性要好得多，对于防止煤气泄露引发的爆炸而产生的局部破坏，以及由于地基不均匀引发的局部墙体开裂甚至房屋整体性倒塌等，均有一定的预防和减缓作用，所以非抗震设防区的重要建筑按 6 度进行抗震设防，有一定的合理性，且造价增加不多（砖混大约 2%，框架也就在 5% 左右）。但非抗震设防区如果没有设置抗震办等行政管理机构，相应的工作怎么开展，这又是一个复杂的问题。

2009 年 4 月 8 日，国务院办公厅印发的《全国中小学校舍安全工程实施方案》（国办发〔2009〕34 号）要求"对通过维修加固可以达到抗震设防标准的校舍，按照重点设防类抗震设防标准改造加固；对经鉴定不符合要求、不具备维修加固条件的校舍，按重点设防类抗震设防标准和建设工程强制性标准重建。""新建校舍必须按照重点设防类抗震设防标准进行建设。"因此，实际过程中，中小学校舍及医疗建筑按《建筑工程抗震设防分类标准》（GB 50223—2008）执行比较可行，这也是目前工程界普遍采取的做法。

第六章
实配混凝土水泥用量偏大原因分析

> 字不欲疏，亦不欲密，亦不欲大，亦不欲小。小促令大，大促令小，疏肥令密，密瘦令疏，斯其大经也。
>
> ——唐·徐浩《论书》

"俭以养德"，自古以来，中华民族一直以节俭为值得彰扬的美德。然而，乘坐在高速发展的经济列车上，面对越来越丰富的物质生活，我们时常感到一种满足：捉襟见肘的日子过去了，生活也越来越红火了。2005 年 9 月 15 日，世界四大会计师事务所之一的安永国际会计师事务所发表了题为《中国新的奢侈豪华风气》的报告，指出 2015 年中国将成为继美国之后的第二大奢侈品消费国。据估算，2005 年中国人的奢侈品年消费规模为 20 亿美元，占世界奢侈品消费总额的 12%。该报告还指出，2005～2008 年，中国的奢侈品消费额年均增长有望达到 20%。至 2015 年，中国的奢侈品消费额将达到上百亿美元，占全世界奢侈品消费总额的近 1/3。[1]但当我们知道，今天的富裕生活是要靠过度耗用资源来实现，今天的发展是要用子孙后代的生存权利来换取时，我们还能如此坦然地粗手大脚地消费吗？

❶《环球时报》，2005 年 9 月 19 日，第 7 版。

第一节
建设节约型社会是我国社会发展的战略选择

建设节约型社会，是世界各国可持续发展的共同方向，对于我国尤为重要和紧迫。温家宝总理在《2005 年政府工作报告》中指出，要大力提倡节约能源、资源的生产方式和消费方式，在全社会形成节约意识和风气，加快建设节约型社会。

一、节约型社会是现代社会生活主导模式

在推进社会现代化的诸多方面，"节约型社会"已成为现代社会生活的主导模式和主导价值思想之一。发达国家的政府在实施社会治理时，普遍将"节约型社会"列为占据主导地位的政策思想。以新加坡的成功经验为例，可以看出这一现代社会发展的主导模式和主导价值思想在推进社会现代化方面所具有的积极作用。新加坡政府的主要决策者在推进经济社会发展中，积极倡导以节俭、节省

为社会美德。李光耀在 1994 年的受访中提出："我们有这样的文化背景：信奉节俭、勤劳、孝顺和忠诚，几代同堂的大家庭，尤其是对学问和知识的尊重。"他认为，节省是快速发展的条件之一。如果一种文化不重视学习、学问、勤奋工作、节省、为未来的利益而搁置眼前的享受，发展社会就会迟缓得多。因此，在他看来，新加坡的经济成功，得益于节俭、俭朴的传统美德。他在分析新加坡的成功经验时说："一个最强有力的因素，就是 20 世纪 50～70 年代那一代人的文化价值观。由于他们的成长背景，他们肯为家庭和社会牺牲。他们也有勤劳俭朴和履行义务的美德。这些文化价值观帮助我们成功。"在现代化过程中，由于发展所需要的资源条件与现代生活的关系日益密切，节约与奢侈这一传统的社会问题已经日益演变成为与现代社会生活特别是与可持续发展息息相关的重要问题。

二、节约型社会的经济学含义

经济学从来就是讲究节约的，因为经济学的假设前提就是生产资源的稀缺性和人类行为的理性。只要经济主体寻求在既定约束条件下的利益最大化行为，他就必然会选择节约成本。经济学上的节约主要表现为两种节约[10]：一种是生产成本的节约，另一种是交易成本的节约。生产成本是指生产活动的成本，生产活动是人对自然的活动；交易成本是指交易活动的成本，交易活动是人与人之间的活动。生产成本的节约属于边际上的节约，属于二阶节约，这种节约只是"小头"，因为生产成本最小化是给定组织制度约束下的成本最小化。交易成本的节约属于结构上的节约，属于一阶节约，这种节约才是"大头"，因为追求交易成本最小化决定了选择最有效的组织制度安排。可见，既要强调生产成本的节约，更要强调交易成本的节约。而且，节约型社会是一种动态最优化的社会，而不是一种静态最优化的社会，因为它需要的是生产成本和交易成本的联合动态最小化，而不仅仅是生产成本最小化或交易成本最小化。生产成本最小化不能替代交易成本最小化，交易成本最小化也不能替代生产成本最小化，两步都要走，并且两步都走好才能真正实现成本最小化，建成节约型社会。但应该注意的是，交易成本的最小化比生产成本的最小化更加重要，因为交易成本最小化的经济组织一般来说会自动选择生产成本最小化，而反过来却未必是这样。目前，许多人强调的是生产成本的最小化而不是交易成本的最小化，这应引起重视。

节约是相比较而言的，有机会成本才会有比较的基准。我国经济在改革发展的过程中逐渐把隐性的机会成本显性化，提供了越来越好的可供比较的平台。随着我国经济实力的不断增强，制度安排方面的机会成本逐渐凸显出来，制度建设已经成为关键问题，因为制度瓶颈的约束作用越来越大，特别是当制度瓶颈遭遇资源瓶颈的时候。建设节约型社会是制度建设的重要组成部分，是我国现代化进程的必要环节，因为当我们逐渐丧失资源比较优势的时候，就需要通过组织制度上的比较优势来弥补和平衡。建设节约型社会，既需要通过发展循环经济等措施来降低生产成本，也需要通过深化改革等措施来降低交易成本。深化改革的目的在于使经济组织形成有效的制度安排，因为只有在有效的制度安排下，竞争压力或者潜在竞争压力才会始终存在。有竞争才会有节约，竞争是节约的最好约束，竞争机制的作用就在于将节约纳入比赛的轨道。在市场经济条件下，谁没有节约成本，谁浪费了资源，谁的福利就会降低，谁就会遭受效率损失，就会在竞争中处于不利位置，从长远来看就有可能被淘汰。

三、建设节约型社会是全面建设小康社会的战略选择

我国是一个资源紧缺的国家。我国人均水资源占有量仅相当于世界人均水资源占有量的1/4；在全国600多个城市中，有400多个城市供水不足，其中缺水比较严重的城市有110个，全国城市缺水年总量达60亿立方米。专家预测，我国人口在2030年将达到16亿的高峰，届时人均水资源量仅有$1750m^3$，中国将成为严重缺水的国家。我国人均耕地不足1.5亩，只有世界平均水平的1/4。如此宝贵的耕地，每年还以近千万亩的速度在流失。据国土资源部2005年的统计，最近7年间，我国耕地总量已从19.5亿亩降至18.89亿亩，仅小小的实心黏土砖，1年就能毁掉8万～10万亩良田，仅砖厂侵占土地就达400万亩。我国矿产资源人均占有量只有世界平均水平的一半，其中主要矿产资源还不足一半，除煤炭和少数有色金属外，矿产资源的富集度也比较低，我国国土面积占世界的7.2%，而石油储量仅占世界的2.3%。

"原以为你无限宽广，不在乎失去一片荫凉。原以为你有无穷宝藏，不在乎掠走一点安详。原以为你无比坚强，谁知你的泪在流淌。原以为你母爱无疆，谁知你渐渐失去力量。"现存资源的匮乏与穷绝，未来发展的需求与压力，让我们必须静心聆听自然的警示。在接连遭遇"煤荒"、"电荒"和"油荒"之后，国人初尝资源短缺的苦涩。在排队购买蜡烛的烦躁中，在忽然陷入黑暗的恐慌中，警钟其实已经敲响！地质学家经过几十年的勘测证实，因为巨大的人口基数，因为飞速的经济发展，中国已成为"资源弱国"。50年后，中国除了煤炭外，几乎所有的矿产资源都将出现严重短缺，其中50%左右的资源面临枯竭。有识之士警告，2010年中国将进入严重缺水时代，我们的孩子将不得不为我们今天的挥霍付出沉重的代价。这是一个非常危险的信号。资源不足将成为制约中国经济快速发展的最大困难，也将成为损坏我

们美好生活的最大隐患。建设节约型社会已成当务之急，是全面建设小康社会的战略选择，更是一场关系到人与自然和谐相处的"社会革命"！建设资源节约型社会，其目的在于追求更少资源消耗、更低环境污染、更大经济和社会效益，实现可持续发展。选择节俭，不仅选择了一种生活方式，追寻一种精神品质，更是确立了一条走向未来的道路。

第二节
建设节约型社会与实配混凝土中的水泥适宜用量

长期以来，我们一直以为由于我国规范的可靠度指标低于国外，所以依据国内规范设计的建筑物结构专业材料用量低于国外，可是建设部副部长仇保兴在 2005 年 2 月 23 日国务院新闻办公室举行的新闻发布会上披露了一组惊人的数据："我国建筑业物耗水平与发达国家相比，钢材消耗高出 10％～25％，每拌和 1m³ 混凝土要多消耗水泥 80 公斤"[❶] 唐代徐浩《论书》云："字不欲疏，亦不欲密，亦不欲大，亦不欲小。小促令大，大促令小，疏肥令密，密瘦令疏，斯其大经也。"这一体现佛教美学不黏滞于事物两端的双遣双非的思维运作方式非常适合分析混凝土中的水泥用量，因为混凝土中的水泥用量既不能偏小，但也不宜偏大，用量小了有可能强度不够；水泥用量越多，水化热越大，越容易开裂。为分析实际工程中实配混凝土强度等级与设计要求的强度等级之间的分布规律，我们选取了三个工程，并在施工队的配合下收集到比较系统的资料[96]，如表 6-1～表 6-3 所示。

由表 6-1～表 6-3 可知，实配混凝土强度等级确实大于设计要求的强度等级过多。产生这一现象的主要原因有以下三个方面：

（1）一些从业人员对混凝土强度检验评定方法的认识有偏颇，不允许出现强度负偏差。混凝土的强度具有很大的离散性，对于预拌混凝土厂和现场集中搅拌混凝土的施工单位，《混凝土强度检验评定标准》（GBJ 107—1987）中明确规定，混凝土的强度应分批进行统计评定。目前，大部分工程均采用商品混凝土，应按标准规定的统计方法评定混凝土强度。根据《混凝土强度检验评定标准》（GBJ 107—1987）的规定，大批量混凝土按相近配合比生产的预拌混凝土允许有 5％的试件强度小于立方体抗压强度标准值，允许的最小强度要根据留样组数来确定。当留样组数在 1～9 组时，允许的最小强度为 0.95 倍的标准值；当留样组数在 10～14 组时，允许的最小强度为 0.90 倍的标准值；当留样组数大于 15 组时，允许的最小强度为 0.85 倍的标准值。以 C30

❶《北京青年报》，2005 年 2 月 24 日。

表 6-1

某办公楼基础和地下室不同养护条件下的混凝土强度

部 位	设计强度等级	标养 28d 抗压强度(MPa)(达到设计强度的百分比)	7d 同条件达到设计强度的百分比	龄期(d)	同条件(600℃·d)抗压强度(MPa)(达到设计强度的百分比)
基础底板及桩帽、承台1段	C30P6	52.1(174);44.8(149);46.2(154);47.1(157);50.2(167);45.1(150);42.1(120);49.8(166);44.8(149);48.9(163)	92;90;95;90;89;95;86;90;92;91	26	41.5(138)
基础底板及桩帽、承台2段	C30P6	43.4(145);39(130);39(130);40.7(136);40.1(134);45.4(151);40.1(134)	91;86;92;88;96;90;89	27	39.9(133);42.4(141)
地下2层柱1段	C45	52.1(116)	86	27	56.7(126)
地下2层柱2段	C45	52.1(116)	88		
地下2层内墙1段	C45	54.7(122);46.9(117)	90;86		
地下2层外墙1段加强带	C50	57.4(115)	91	29	52.3(105)
地下2层外墙2段	C40	44.4(111)	83		
地下2层外墙体加强带7~6轴	C45	51.9(115)	76		
地下2层内墙2段	C45	59.7(133)	92		
地下2层内墙2段加强带	C50	56.2(112)	89	31	63.2(126)
地下2层顶板1段	C30	41.7(139);51.2(171)	90;99 14d:102	34	46.4(155)
地下2层顶板1段加强带	C35	46.6(133)	92		
地下2层顶板2段	C30	52.9(176);40.2(134)	102;89 14d:105	34	37.7(126)
地下2层顶板2段加强带	C35	47.3(135)	87		

续表

部　位	设计强度等级	标养28d抗压强度（MPa）（达到设计强度的百分比）	7d同条件达到设计强度的百分比	同条件（600℃·d）	
				龄期（d）	抗压强度（MPa）（达到设计强度的百分比）
地下1层柱1段	C45	58.2(130)	88		
地下1层柱2段	C45	52.2(116)	75	36	44.1(98)
地下1层外墙1段	C40P6	56.5(141)	87		
地下1层外墙体加强带	C45P6	52.3(116)	84		
地下1层内墙1段	C45	51.9(115)	95;88		
地下1层内墙体加强带1段	C50	60.3(121)	91	60	53.2(106)
地下1层外墙2段	C40P6	57.4(137)	83		
地下1层外墙体加强带2段	C45P6	52.2(116)	76		
地下1层内墙2段	C45	54.7(122)	90		
地下1层内墙加强带7～6轴	C50	61.6(123)	85		
地下1层顶板1段	C30	37.4(125);42.9(143);43.9(146);40.3(134)	89;89;90;91		14d:105
地下1层顶板1段加强带	C35	40.9(117)	84		
地下1层顶板2段	C30	41.0(134);40.5(135);44.1(147);39.6(132)	90;91;90;91		14d:102

注　表中混凝土强度均为边长150mm立方体试件的实际抗压强度未考虑其他系数。

混凝土为例，对应于上述三种留样组数时允许的最小强度分别为 28.50MPa、27.0MPa 和 25.5MPa。但在实际工程中，当某一组数据试件强度出现小于标准值的负偏差时，即使这组数据的强度大于规范允许的最小强度值，常常被视为不合格，这是一种概念上的错误。如果要求所有留样试件强度都大于标准值，即不允许出现负偏差，则根据混凝土强度统计方法评定，其强度等级正好超过一个等级。例如，当 C30 混凝土的所有留样试件强度都大于 30.0MPa 时，混凝土的实际强度等级已超过 C35。正是没有按统计方法进行强度评定，致使混凝土预拌站不得不加大混凝土的富余量，这就是目前实际工程中，预拌混凝土的实际强度超过设计等级过多的主要原因。

表 6-2　　　　　　　某住宅楼不同养护条件下的混凝土强度

部　位	设计强度等级	标养 28d 抗压强度 f_{cu}（MPa）	同条件（600℃·d）		
			天数（d）	平均抗压强度（MPa）	1.1×平均抗压强度（MPa）
基础垫层	C15	19.5			
防水保护层	C20	24.9			
基础底板	C30	39.4	22	41.9	46.1
		38.8	22	40.4	44.4
地下 1 层内墙 1 段	C25	33.8			
地下 1 层外墙 1 段	C30	37.0	21	46.0	50.6
地下 1 层内墙 2 段	C25	32.7	21	31.8	35.0
地下 1 层外墙 2 段	C30	35.0	21	35.0	38.5
地下 1 层内墙 3 段	C25	31.3			
地下 1 层外墙 3 段	C30	35.4	20	37.5	41.3
地下 1 层顶板 1 段	C30	37.4	21	41.4	45.5
地下 1 层顶板 2 段	C30	35.9	20	36.7	40.4
地下 1 层顶板 3 段	C30	35.0	22	33.9	37.3
1 层墙体 1 段	C25	33.9	22	38.5	42.4
1 层墙体 2 段	C25	27.2			
1 层墙体 3 段	C25	29.1			
1 层顶板 1 段	C25	34.3			
1 层顶板 2 段	C25	29.3			
1 层顶板 3 段	C25	36.9	22	30.4	33.4
2 层墙体 1 段	C25	28.9			
2 层墙体 2 段	C25	31.6	22	34.3	37.7
2 层墙体 3 段	C25	29.7			

续表

部　位	设计强度等级	标养 28d 抗压强度 f_{cu} （MPa）	同条件（600℃·d）		
			天数 (d)	平均抗压强度（MPa）	1.1×平均抗压强度（MPa）
2 层顶板 1 段	C25	29.3			
2 层顶板 2 段	C25	29.4			
2 层顶板 3 段	C25	31.8	24	31.8	35.0
3 层墙体 1 段	C25	31.0			
3 层墙体 2 段	C25	31.4			
3 层墙体 3 段	C25	29.0	23	24.9	27.4
3 层顶板 1 段	C25	28.8	24	31.0	34.1
3 层顶板 2 段	C25	39.3			
3 层顶板 3 段	C25	34.9			
4 层墙体 1 段	C25	30.0	26	36.4	40.0
4 层墙体 2 段	C25	31.6			
4 层墙体 3 段	C25	31.4			
4 层顶板 1 段	C25	31.4			
4 层顶板 2 段	C25	31.2			
4 层顶板 3 段	C25	28.7	23	31.4	34.6
5 层墙体 1 段	C25	31.8			
5 层墙体 2 段	C25	31.5	23	30.1	33.1
5 层墙体 3 段	C25	32.0			
5 层顶板 1 段	C25	31.5			
5 层顶板 2 段	C25	35.6	24	30.0	33.0
5 层顶板 3 段	C25	32.4			

表 6 - 3　　　某地下工程 28d 标养、28d 同条件、600℃·d 同条件 C30 混凝土强度对照表

部位	28d 标养（MPa）	28d 同条件（MPa）	600℃·d 同条件	
			龄期 (d)	强度（MPa）
基础	37.6		37	36.3
基础	36.8		38	38.1
1 层	36.3	36.6	23	36.6
1 层	38.2			
2 层	35.1	36.0	24	37.6

续表

部位	28d 标养（MPa）	28d 同条件（MPa）	600℃·d 同条件	
			龄期（d）	强度（MPa）
2 层	36.0			
3 层	37.2	37.5	20	36.3
3 层	38.1			
4 层	34.7	36.3	19	37.9
4 层	35.1			
顶棚	37.5		20	37.3
顶棚	36.7		14	37.0
顶棚	38.1			

注 表中混凝土强度均为边长 150mm；立方体试件的实际抗压强度，未考虑其他系数。

举例来说，表 6-2 为某住宅楼工程自基础垫层至 5 层顶板全楼混凝土强度汇总表，现分析其混凝土厂的生产管理水平。《混凝土质量控制标准》（GB 50164—1992）中的表 2.2.3 以混凝土强度标准差 σ 和强度不低于规定强度等级值的百分率 P（%）作为评定商品混凝土厂的生产管理水平。以表 6-2 中 C25 强度等级为例，该批混凝土试件组数 $N=33$ 组。33 组试件 28d 标养试件立方体抗压强度的平均值为

$$\mu_{fcu} = \sum_{i=1}^{N} f_{cu,i}/N = 31.59697 \text{MPa}$$

标准差为

$$\sigma = \sqrt{\frac{\sum_{i=1}^{N} f_{cu,i}^2 - N\mu_{fcu}^2}{N-1}} = 2.574088 \leqslant 3.5$$

$N=33$ 组试件中强度不低于要求强度等级值（C25）的组数 $N_0 = N$，故百分率为

$$P = \frac{N_0}{N} \times 100\% = 100\% > 95\%$$

根据《混凝土质量控制标准》（GB 50164—1992）中的表 2.2.3，该批混凝土实际生产管理水平达到优良水平，表明采用商品混凝土，商品混凝土厂的生产管理水平是可靠的。

（2）对于混凝土养护条件对其强度影响的规律存在认识上的误区，以为同条件养护混凝土强度等级低于 28d 标养的混凝土强度等级。《混凝土结构工程施工质量验收规范》（GB 50204—2002）增加了现场实体检验的要求，一些工程中担心虽然 28d 标养强度到达设计要求，而 600℃·d 同条件养护的强度达不到设计强度，而人为地提高实配混凝土的富余量。

关于同条件养护混凝土强度与28d标养的混凝土强度等级之间的关系，目前有两种不同的结论。根据《日本土木工程手册》（土木学会）的介绍，混凝土浇筑完后，若未及时浇水养护，在水分不足的情况下，混凝土表面干燥，其强度也受影响，如图6-1（a）所示。图6-1（a）所示的试验条件为[21]：水灰比0.50，坍落度90mm，水泥用量330kg/m³。从图6-1（a）可以看出，刚浇筑后就暴露在大气中的试件，其6个月龄期的抗压强度仅为同龄期湿养抗压强度的40%，而当混凝土潮湿养护若干天后再在空气中干燥，强度会暂时有所增加（约增加20%～40%），但最终强度不会高于潮湿养护的强度。国内也进行过类似的试验，南京电力建设公司（简称为南京电力）和北京第六建筑工程公司（简称为北京六建）承担的"不同湿养龄期对混凝土性能影响的试验"课题的试验结果[21]如表6-4所示。而刊载于《建筑材料》[68]教科书上的图6-1（b）则表明，混凝土强度与保持潮湿时间

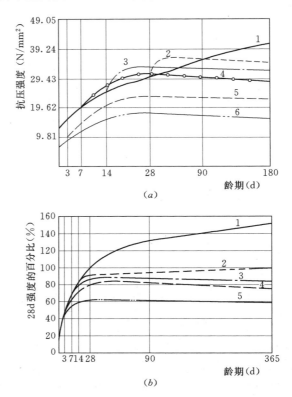

图6-1 不同湿养龄期对混凝土强度的影响

（a）：1—长期保持潮湿养护；2—28d后在大气中；3—14d后在大气中；
4—7d后在大气中；5—3d后在大气中；
6—长期置于实验室大气中（湿度50%）
（b）：1—长期保持潮湿养护；2—保持潮湿14d；3—保持潮湿7d；
4—保持潮湿3d；5—保持潮湿1d

成线性递增关系，保持潮湿时间越长，强度越高。从图 6-1（b）还可以看出，保持潮湿 7d 试件的强度仅为保持潮湿 28d 试件强度的 90% 左右。原《混凝土结构工程施工及验收规范》（GB 50204—1992）第 4.5.1 条规定："对于采用硅酸盐水泥、普通硅酸盐水泥或矿渣硅酸盐水泥拌制的混凝土，浇水养护时间不得少于 7d。"该规范第 4.6.5 条规定："评定结构构件的混凝土强度是采用在温度 20℃±3℃、相对湿度为 90% 以上的环境中或水中的标准条件下，养护至 28d 时，按标准试验方法测得的混凝土立方体抗压强度。"❶ 由此可推论：如果图 6-1（b）中的混凝土强度与保持潮湿时间的关系成立，则工程结构构件中的混凝土实际强度（通常为湿养 7d 左右）要普遍比标养（湿养 28d）的强度低 10% 左右，果真如此，那么实际工程中岂不存在太多安全隐患？这种定性偏差通常是不会出现在规范中的，除非有其他弥补措施[66]。

❶ 参见《混凝土规范》（GB 50010—2010）第 4.1.1 条。

表 6-4　　　　　　　混凝土不同湿养龄期与湿养 28d 强度对比

试验批号	水灰比	湿养 28d 强度（%）	不同湿养时间后的 28d 龄期混凝土达到的强度（%）					备　注
			湿养 1d	湿养 3d	湿养 5d	湿养 7d	湿养 14d	
北京六建	0.69～0.78	100	85.3	105.7	109.5	108.3	111.1	矿渣 325 号水泥，湿养温度 22～27℃
	0.53～0.58	100	88.4	99.8	108.1	108.9	110.0	
	0.43	100	88.6	98.6	105.6	105.6	109.5	
南京电力	0.65～0.75	100	94.7	101.5		109.6	108.6	矿渣 425 号水泥，湿养温度 10～35℃
	0.65～0.75	100	85.9	99.0		104.3	109.0	
	0.65～0.75	100	79.9	92.8		99.1	104.2	

　　表 6-1 和表 6-2 的实际工程混凝土 28d 标养和 600℃·d 同条件养护对照结果表明：28d 标养强度一般情况下低于相应的 600℃·d 同条件养护的强度（表 6-1 中占 5/10、表 6-2 中占 13/19），但也有 28d 标养强度大于 600℃·d 同条件养护的强度（表 6-1 中占 5/10、表 6-2 中占 6/19）。由于现场养护条件的局限性、混凝土材料自身的离散性和影响混凝土强度因素的多样性（温度、湿度和配合比等），实际工程中 28d 标养强度与 600℃·d 同条件养护的强度之间的大小关系会有所波动，但从总的趋势来说图 6-1（a）的结论更接近实际。新修订的《混凝土结构工程施工质量验收规范》（GB 50204—2002）D.0.3 条规定，同条件养护试件检验时，可将同组试件的强度代表值乘以折算系数 1.10 后，按《混凝土强度检验评定标准》（GBJ 107—1987）评定。根据这一规定，600℃·d 同条件养护的折算强度一般均大于 28d 标养强度，如表 6-2 所示。因此，对 600℃·d 同条件养护的强度的过分疑虑是不必要的。由于对这两者的关系认识不充分，一些工程中为了满足

现场实体检验的需要，而人为地提高实配混凝土的富余量。这也是造成水泥用量增加的主要原因之一。

（3）没有建立水泥强度标准的修改和提高与最小水泥用量限值的对应性。我国自 1953 年颁发水泥产品国家统一标准以来，先后经历了 1956 年、1962 年、1977 年、1992 年和 1999 年的五次制定修订过程，其中 1977 年、1992 年和 1999 年是三次较大的标准修订过程。文献 [65] 中将我国水泥标准几次主要修订后，水泥强度换算对照关系及最低强度等级（标号）的变化作了一个简单统计，如表 6 - 5 所示。以普通硅酸盐水泥为例，不难看出近 40 年来由于水泥标准的变化，现在所应用的水泥与老标准的水泥强度不断攀升的过程。

表 6 - 5　　　　　　　　我国水泥标准几次主要修改后的
水泥强度换算对照关系

水泥标准代号	水泥标号（强度等级）划分换算对照							备注
GB 175—1962	200 号	250 号	300 号	400 号	500 号	600 号	—	
GB 175—1977	—	225 号	275 号	325 号	425 号	525 号	625 号	增加水泥品种
GB 175—1992	—	—	—	325 号 325R	425 号 425R	525 号 525R	625 号 625R	增加 725R
GB 175—1999	—	—	—	—	32.5 级 32.5R	42.5 级 42.5R	52.5 级 52.5R	增加 62.5 级和 62.5R

在水泥强度不断提高的同时，我国有关规范对钢筋混凝土结构中最低水泥标号从不得低于 300 号的规定，自然演变到现在水泥最低强度等级 32.5 级的现状，即从原来的可以使用 300 号水泥拌制混凝土，变成现在必须使用比原标准 500 号水泥还要高的水泥拌制混凝土，但相应的最小水泥用量一直没有降低，个别的还有所提高，如表 6 - 6、表 6 - 7 所示。

表 6 - 6　　　　　混凝土最小水泥用量 [《钢筋混凝土工程
施工及验收规范》（GBJ 10—1965）]　　　　单位：kg/m³

项次	混凝土所处环境	最小水泥用量（包括外掺混合料）	
		钢筋混凝土和预应力混凝土	无筋混凝土
1	不受雨雪影响的混凝土	225	200
2	受雨雪影响的露天混凝土、位于水中及水位升降范围内的混凝土、在潮湿环境中的混凝土	250	225
3	寒冷地区水位升降范围内的混凝土	275	250
4	严寒地区水位升降范围内的混凝土	300	275

表 6 - 7　　　　混凝土最小水泥用量 ［《普通混凝土配合
比设计规程》(JGJ 55—2011)］　　　单位：kg/m³

环　境		结 构 物 类 别	最小水泥用量		
			素混凝土	钢筋混凝土	预应力混凝土
干燥环境		正常居住或办公用房屋内部件	200	260	300
潮湿环境	无冻害	高湿度的室内部件、室外部件、在非侵蚀性土（水）中的部件	225	280	300
	有冻害	经受冻害的室外部件、在非侵蚀性土（水）中且经受冻害的部件、高湿度且经常受冻害的室内部件	250	280	300
有冻害和除冻剂的潮湿环境		经受冻害和除冻剂作用的室内和室外部件	300	300	300

此外，《地下防水工程质量验收规范》(GB 50208—2002)、《混凝土泵送施工技术规程》(JGJ/T 10—1995) 等均要求最小水泥用量不得小于 300kg/m³，比《普通混凝土配合比设计规程》(GBJ 55—2011) 的要求更严格，造成一些混凝土结构从业人员，将混凝土配合比中最小水泥用量的限值视为控制混凝土和施工质量的一个非常重要的环节，甚至陷入水泥用量宁多勿少的认识误区。其实，目前大多数商品混凝土搅拌站都采用高效减水剂以及掺加粉煤灰、矿渣粉等活性矿物掺合料，尽可能地降低水泥用量。采取这些措施后，C30 甚至 C35、C40 的混凝土水泥用量大多数不超过 300kg/m³（PO42.5 级水泥），但这类配合比资料时常被一些施工单位、监理单位或其他单位的人员所否决，这也是造成目前混凝土配合比中水泥用量过大的主要原因之一。今后在修订相关标准的过程中，在保证混凝土的强度、工作性能、耐久性和经济性等质量要求的前提下，希望最小水泥用量的要求能充分体现混凝土材料和混凝土技术的进步和发展，更加贴近工程实践，减小强制性，提倡引导性，给先进企业和先进技术创造自由发挥的空间。

第三节
发挥结构工程师在建设节约型社会中的作用

初步调查表明，材料性能及构件的抗力分布服从正态分布，而质量缺陷基本呈泊松分布。我国传统的对混凝土结构施工质量的经验性检查验收方法随意性很大，难以控制结构的质量[28]。通过表 6 - 1～

表6-3所对应的三个实际工程的混凝土强度与设计所需强度的对比，说明在我国商品混凝土比较普及且商品混凝土厂的生产管理水平比较高的情况下，实配混凝土强度富余量过大，并分析了产生这一现象的几个主要原因，其中最主要的原因是一些从业人员对混凝土强度检验评定方法的认识有偏颇，没有按统计方法进行强度评定，不允许出现强度负偏差，致使混凝土预拌站不得不加大混凝土的富余量，使得实际工程中预拌混凝土的实际强度超过设计等级过多，因而人为地提高了水泥用量。

其实，当实际工程中的混凝土强度略低于设计强度等级时，对结构安全度的影响并不一定很显著，应具体分析，现举例来说明。

对于柱子，如果柱轴压比接近规范允许值，则实际混凝土等级低于设计强度时，将对结构产生较不利的影响，因为轴压比较高时，柱子可能从原先的大偏心受压构件变为小偏心受压构件，从而大大降低柱的变形能力。当柱轴压比低于规范允许值较多时，为分析混凝土等级对柱配筋的影响，我们选取了一个典型的实例进行对比分析，如表6-8所示（参见表5-2）。可见，在某些情况下，柱子配筋没变化；而在另一些情况下，柱子配筋变化较大。因此，在实际工程中应区别对待，不必因个别柱子混凝土强度略低于设计等级，而采取全面加固措施，事实上某些情况下可不加固。

表6-8　　　　　　　　混凝土强度等级对柱轴压比、受拉钢筋面积（采用SATWE计算）的影响

柱号	截面 (mm×mm)	部位	混凝土强度等级	轴压比	A_{sx} (mm²)	A_{sy} (mm²)
1	500×500	中柱	C30	0.85	1200	1600
			C35	0.73	800	1200
2	500×500	边柱	C30	0.59	900	1800
			C35	0.51	900	1800
3	500×500	边柱	C30	0.68	1100	1000
			C35	0.58	1000	700
4	500×500	角柱	C30	0.45	1200	1300
			C35	0.38	1200	1300

对于梁，以250mm×600mm截面为例，取特定的配筋率所对应的弯矩设计值作为参数，分析对比混凝土强度等级不同时，对梁受拉钢筋面积、受压区高度的影响，如表6-9所示（参见表5-1）。可见，当梁的配筋率小于或等于1.000%时，混凝土强度等级相差一级，对梁配筋的影响在工程精度内几乎可忽略不计。

表 6 - 9　　　　　　混凝土强度等级对梁受拉钢筋面积、受压区高度的影响

弯矩设计值 M (kN·m)	混凝土强度 等级	配筋率 ρ (%)	受拉钢筋 面积 A_s (mm^2)	受压区 高度 x (mm)
69.57	C20	0.305	430.96	53.87
	C25	0.302	426.71	43.03
	C30	0.300	423.76	35.56
113.4	C20	0.515	727.60	90.95
	C25	0.506	714.60	72.06
	C30	0.500	706.06	59.25
165.44	C20	0.788	1113.12	139.14
	C25	0.765	1080.12	108.92
	C30	0.750	1059.39	88.90
214.4	C20	1.077	1520.72	190.09
	C25	1.029	1453.39	146.56
	C30	1.000	1413.20	118.59
251.1	C20	1.322	1867.04	233.38
	C25	1.244	1756.84	177.16
	C30	1.200	1694.67	142.21
302.6	C20	1.733	2448.32	306.04
	C25	1.578	2228.37	224.71
	C30	1.500	2118.55	177.78
349.6	C20	2.254	3183.92	397.99
	C25	1.929	2725.40	274.83
	C30	1.800	2542.66	213.37

　　对于板，以板厚 $h=120\text{mm}$，有效高度 $h_0=100\text{mm}$ 为例，取特定的配筋率所对应的弯矩设计值作为参数，分析对比混凝土强度等级不同时，对板受拉钢筋面积的影响，如表 6 - 10 所示。

表 6 - 10　　　　　　混凝土强度等级对板受拉钢筋
面积、受压区高度的影响

弯矩设计值 M (kN·m)	混凝土强度 等级	配筋率 ρ (%)	受拉钢筋面积 A_s (mm^2)	受压区高度 x (mm)
7.3	C20	0.253	253.44	7.92
	C25	0.251	251.49	6.34
	C30	0.250	249.77	5.24

续表

弯矩设计值 M （kN·m）	混凝土强度 等级	配筋率 ρ （%）	受拉钢筋面积 A_s （mm²）	受压区高度 x （mm）
14.20	C20	0.515	514.88	16.09
	C25	0.505	505.35	12.74
	C30	0.500	499.55	10.48
20.73	C20	0.788	788.16	24.63
	C25	0.765	764.77	19.28
	C30	0.750	749.80	15.73
26.85	C20	1.076	1075.84	33.62
	C25	1.028	1028.16	25.92
	C30	1.000	1000.05	20.98
31.47	C20	1.322	1322.24	41.32
	C25	1.244	1243.95	31.36
	C30	1.200	1200.25	25.18
37.92	C20	1.733	1733.44	54.17
	C25	1.578	1577.94	39.78
	C30	1.500	1500.07	31.47
43.8	C20	2.253	2253.44	70.42
	C25	1.929	1928.99	48.63
	C30	1.800	1799.89	37.76

由表 6-10 可知，当板的配筋率小于或等于 1.000%（除基础筏板外，大部分工程满足这一条件）时，混凝土强度等级相差一级，对板配筋的影响基本上可忽略不计。而当板的混凝土等级较高时，水泥用量相应增加，混凝土的水化热加大，更易产生早期收缩裂缝，所以作者建议板的混凝土等级在满足耐久性要求的前提下，尽量用低等级混凝土。

徐匡迪院士指出，建设节约型社会在材料工程科学中最重要的一点，就是要努力做到"物尽其用"，并说明了"尽"字的三方面含义："首先是正确选择材料，既不能小材大用，也不能高材低用；第二是依其不同的'服役环境'选定不同的材料，即用料要恰当；第三就是要充分利用每一寸材料，尽量减少'边角料'的产生。"❶据有关资料统计，目前我国每年生产混凝土约 15 亿立方米，一年要消耗约 5 亿吨水

❶《求是》，2005 年11 月，第 26 页。

泥、17 亿立方米石子和 10 亿立方米砂子。大规模的经济建设使得一些地区目前砂源日渐枯竭，更不用说水泥和钢材了。我国现在仍处于建筑高峰期，据专家预测到 2020 年还会新建 200 亿平方米建筑。作为结构工作者，我们应确保结构安全可靠，但也不应以过度地消耗材料用量来提高结构的安全度。我们没有资格透支应留给子孙后代的资源。

第七章
超宽扁梁受力机理分析

科学在任何时候都不会是十分正确的，但也很少是十分错误的，并且常常比非科学家的学说有更多的机会是正确的。
—— ［英］伯兰特·罗素《我的哲学的发展》

　　钢筋混凝土结构的缺点之一就是自重大，对于大跨度结构，由于刚度的需要截面尺寸较大，不仅材料用量增加，而且也不经济。在钢筋混凝土结构中采用空心楼盖技术，是"物尽其用"思想的生动体现。目前，现浇空心楼盖技术在工程中已得到了逐步的推广，实际建成的工程已达几百万平方米，但在技术上仍存在两个有争议的问题：一个问题是现浇空心楼盖是双向传力还是单向传力；另一个问题是超宽扁梁结构是否可按普通梁进行计算。

第一节
现浇空心楼板双向传力问题的理论分析和试验研究

　　《现浇混凝土空心楼盖结构技术规程》（CECS 175：2004）[33] 第4.3.3条规定"边支承板楼盖结构的区格板，可按不考虑空腔影响的弹性板进行内力分析"。而《北京市建筑设计技术细则——结构专业》[15] 第5.1.8条第4款明确指出："现浇圆孔板是一种单向板。即使板的区格为正方形，由于此种板两个方向的刚度差别较大，也不能按一般双向板计算。即使采取一些措施，例如将每节管子之间留出间距，使板的横向也有一定的混凝土肋，但两个方向的刚度仍相差不少，仍以按单向板设计为宜。"这表明，对空心楼盖的力学计算模型的选取，尤其是楼盖中加入空心管后，对于双向板是否还仍具有双向作用等问题上，学术界意见还不统一。

一、空心板两方向截面惯性矩计算分析

　　以文献［74］实例1中的地下2层顶板为例，在垂直布管方向和顺管方向各取出1m宽的板带，计算其各自的刚度。

　　（1）垂直布管方向［见图7-1（a）］的刚度为

$$I_1 = \frac{bh^3}{12} - 0.0491D^4 = 1242192886(\text{m}^4)$$

　　（2）顺管方向仅考虑上下翼缘［见图7-1（b）］的刚度为

$$I_2 = \frac{bh^3}{12} - \frac{bD^3}{12} = 1158083333(\text{m}^4)$$

故 $I_1/I_2 = 1.0726$，说明两个方向的刚度相近。

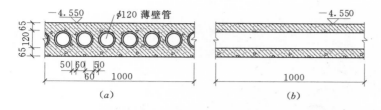

图 7-1 垂直布管方向 1m 宽的板带和顺管方向 1m 宽的板带

由于顺管方向仅考虑上下翼缘的刚度，实际布管时管与管之间净距大于或等于 50mm。因此，通过布管时的构造措施，可以满足两个方向上刚度的一致性，这与大连理工大学的试验结果及《现浇混凝土空心楼盖结构技术规程》（CECS 175：2004）第 4.3.3 条的结论一致。

该例采用各向同性板进行塑性内力分析，对于 7.8m×6.5m 板块，其支座负弯矩最大值为 $M_{y0} = 25.94$kN·m，按 250mm 厚板进行正截面计算，其受压区高度 $x = 8.2$mm 小于翼缘厚度 $= 65$mm；其跨中最大弯矩 $M_y = 18.53$kN·m，按 250mm 厚板进行正截面计算，其受压区高度 $x = 5.8$mm 小于翼缘厚度 $= 65$mm。

上述分析结果表明：采取一定的构造措施后，空心楼盖的楼板设计方法完全可沿用常规的实心楼板的设计计算方法。图 7-2 为文献 [74] 中实例 1 工程地下 1 层车库结构完工后，由于场地施工条件的限制，不得不利用地下 1 层顶板作为钢筋加工厂的照片。现场实际码放钢筋高度已超过 500mm，即现场堆载已超过 35kN/m²，而设计取用的活荷载为 20kN/m²。该工程自拆摸至竣工验收已有 8 个多月，在现场堆载基本不间断的情况下，竣工验收时板底和板面均未发现裂缝，说明按双向传力模式设计是可靠的。此外，该工程采用塑性内力分析结

图 7-2 现场码放钢筋

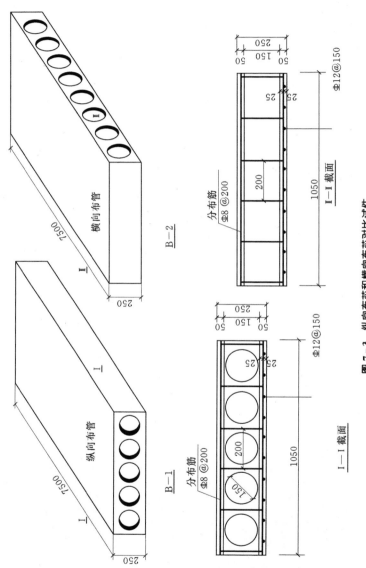

图 7 - 3 纵向布芯和横向布芯对比试件

果进行截面设计，也说明空心楼盖未必一定要求按《现浇混凝土空心楼盖结构技术规程》（CECS 175：2004）第 4.3.3 条的规定，采用弹性板进行内力分析。关于塑性内力分析的可靠性详见文献 [47]。

二、中南大学土木建筑学院的试验结果

为分析现浇空心楼盖是双向传力还是单向传力，中南大学土木建筑学院杨建军、杨承恕等取用如图 7-3 所示的一组对比试件进行试验，试验结果的主要结论有以下几点[72]：

（1）纵向布管和横向布管空心板的受弯性能没有明显差别，其破坏形态和抗弯承载力非常接近。

（2）纵向布管和横向布管空心板的受剪性能有明显差别，纵向布管空心板的抗剪承载力比横向布管空心板的抗剪承载力高 60%~80%，两者的抗剪破坏形态及发生剪切破坏时的变形能力亦有较大差异。

（3）纵向布管和横向布管空心板平均抗弯刚度从加载到破坏全过程均非常接近，如图 7-4 所示。

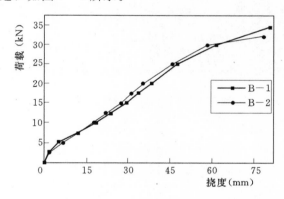

图 7-4　纵向布芯试件 B-1、横向布芯试件 B-2 挠度实测结果

（4）对横向布管空心板，在剪力较大的位置宜将肋宽适当加大并配置钢筋网片以提高其抗剪承载力。

邱则有的四边简支板的试验结果表明[76]：平行管向与垂直管向的挠度值略有不同，前者比后者稍大，其受力特点与实心双向板相似，布空心管对它的整体受力影响不大。

第二节
超宽扁梁受力机理分析

一、问题的提出

图 7-5（见书后插页）为某办公楼地下车库设计实例。该办公楼地下两层地下车库层高分别为 3.35m（地下 2 层）和 3.4m（地下 1

层），与已建相邻的某办公楼地下车库完全一致。已建相邻办公楼地下车库采用无梁楼盖，自重较大，用钢量也较多。经方案比较，决定采用现浇混凝土空心楼盖。图 7-6 为地下 2 层顶板施工现场照片，板厚 250mm，空心率约 35％，地下 1 层、地下 2 层比无梁楼盖方案节省混凝土 391.2m³，钢筋用量也相应减少。以 7.8m×7.6m 板跨为例，无梁楼盖与现浇混凝土空心楼盖的配筋如下[74]。

图 7-6 地下 2 层顶板绑筋现场照片

1. **无梁楼盖配筋**

（1）柱上板带：下层下筋配 $\phi22@200$（长跨，宽 3.9m），下层上筋配 $\phi16@130$（短跨，宽 3.6m）；上层上筋配 $\phi22@100$（长跨，宽 3.9m），上层下筋配 $\phi20@100$（短跨，宽 3.6m）。

（2）设构造暗梁：长、短跨均为 500mm×250mm，配筋跨中 $4\phi16$，支座筋 $4\phi22$（直通全跨）。

（3）跨中板带：下层下筋配 $\phi16@150$（长跨，宽 3.9m），下层上筋配 $\phi16@150$（短跨，宽 3.6m）；上层上筋配 $\phi16/12@100$，上层下筋配 $\phi16/12@100$。

2. **现浇混凝土空心楼盖配筋**

（1）暗梁：长跨断面 1500mm×300mm，跨中配 $10\phi22+5\phi20$，支座配 $15\phi22$（$6\phi22$ 直通，其余伸出支座 $l/4$ 截断）；短跨断面 1500mm×250mm，跨中配 $8\phi25+2\phi16$，支座配 $11\phi22$（$6\phi22$ 直通，其余伸出支座 $l/4$ 截断）。

（2）空心板配筋：跨中 $\phi14@170$（短跨）和 $\phi12@150$，支座筋 $\phi16@170$ 和 $\phi14@150$。

该工程梁宽 $b=1500$mm，根据《2003 全国民用建筑工程设计技术措施——结构》[26]第 9.3.5 条，宽扁梁的梁高为计算跨度的 1/16～1/22，梁宽 b 不大于柱宽与梁高之和或 b 不大于 2 倍的柱宽，本工程都已超出这两个界限，应属于超宽扁梁，但在设计阶段其计算方法采用与普通梁完全一样的方法计算，即按边支承板进行计算。依据《现浇混凝土空心楼盖结构技术规程》（CECS 175：2004），本工程应按柱支承板进行计算，采用边支承板进行计算是不利的。可是本工程自 2004 年竣工验收后至今未发现任何异常。其地下 1 层顶板也是采取同样的计算方法，在施工期间现场实际码放钢筋高度已超过 500mm（见图 7-2），即现场堆载已超过 $35kN/m^2$，而设计取用的活荷载为 $20kN/m^2$，也未发现异常，说明超宽扁梁的受力机理值得进一步分析。

二、现浇空心楼盖模型试验

为验证现浇空心楼盖的受力特性，中南大学进行了足尺模型试验[73]。图 7-7 为试验模型尺寸及配筋；图 7-8 为试验模型。

本试验结论如下[73]：

（1）当现浇混凝土空心楼盖两个方向的几何尺寸相同或接近时，垂直于布管方向和平行于布管方向的抗弯刚度、变形性能基本相同，两方向的荷载传递也基本一致，整个楼盖具有较高的承载力。

（2）现浇混凝土空心楼盖的厚跨比可取 1/25～1/35。

（3）现浇混凝土空心楼盖中，边缘构件（暗梁和明梁）的刚度和承载能力对空心楼盖的破坏形态有较大影响，当边缘构件的刚度和承载能力不是足够大时，板底的塑性铰线是十字形而非通常假定的"45°线"。

邱则有[76]的四边简支混凝土空心楼盖 1：2 缩尺模型的试验结果表明：试验的开裂荷载是设计标准荷载的 2.69 倍，试验的破坏荷载是设计标准荷载的 6.68 倍，从正常使用极限状态（最大裂缝宽度 0.2mm）到破坏阶段，其塑性安全系数达 1.89，说明它具有很高承载力，很大的后备承载力，楼盖的受力性能相当好。角点支承混凝土空心楼盖 1：2 缩尺模型的试验结果表明：空心楼盖的内力分布与无梁楼盖基本相同，试验的开裂荷载是设计标准荷载的 1.24 倍，试验的破坏荷载是设计标准荷载的 2.55 倍，从正常使用极限状态（最大裂缝宽度 0.2mm）到破坏阶段，其塑性安全系数达 1.44，可见按现行的等代框架法和经验系数法进行设计均偏于安全。

国内其他仅以楼盖的一个区格板所作的性能试验表明[75]：

（1）受荷楼板的实际开裂荷载远大于理论计算的开裂荷载。

（2）在设计要求的使用荷载下，楼板的实际挠度和裂缝宽度小于理论计算值。

（3）当达到承载力极限状态（按挠度达到跨度的 1/50 或最大裂缝

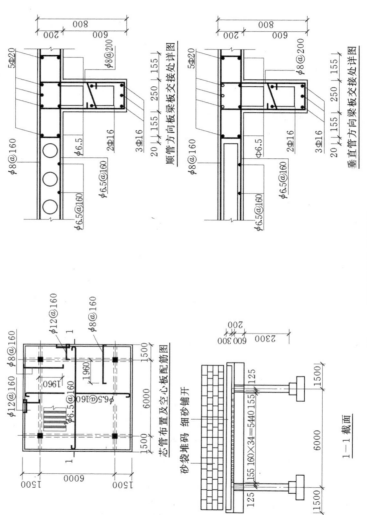

图 7-7 试验模型尺寸及配筋

图 7 - 8 试验模型照片

宽度达到 1.5mm 计）时，楼盖的实际承载力超过设计计算破坏荷载值
的 1.5～3.0 倍之多。

三、国外无梁楼盖模型试验

1969 年，美国进行了无梁楼盖的模型试验[5]。试件为正方形平
面，每个方向有三跨，构件尺寸布置不对称，模型周边的两相邻边梁为
2in❶×6in，而另外两相邻边梁为 4in×0.5in 和 2in×0.5in，如图 7 - 9
所示。在板顶和板底配置 0.125in 的方钢筋；梁和柱的纵筋为 0.25in
的光圆钢筋，箍筋为 0.125in 的方钢筋。0.125in 方钢筋的屈服应力为
42000lb❷/in²；0.25in 光圆钢筋的屈服应力为 49000lb/in²，极限应力为
67000lb/in²。混凝土水灰比 0.72，石子最大粒径 0.125in，集料：水泥 =
5.7。2in×4in 圆柱体试件 28d 平均抗压强度为 2760lb/in²，168d 抗压强
度为 2320lb/in²。78d 初始切线弹性模量为 2.1×10⁶lb/in²。

每个区格对称布置 16 块 8in 方垫板以模拟均布荷载作用。在所有
区格的中点和柱中心线的中点均布置有挠度量测装置，在模型中共 335
处设置电阻应变片量测钢筋应变。当荷载为 550lb/in² 时，结构破坏。
区格 J、G、H 的挠度较大，而梁位置处挠度很小，详细如图 7 - 9（b）
所示。在截面 3 和截面 5，钢筋普遍屈服；在截面 2 和截面 6，加载至
破坏荷载时钢筋达到屈服；在截面 4，仅局部达到屈服，而在内区格中
心钢筋应力仍较小；在截面 1 和截面 7，钢筋仅局部屈服。在结构南边
跨，一条很宽的裂缝在柱 10 和柱 11 柱帽南边板顶发展，并向柱 9 和柱
10 间以及柱 11 和柱 12 间延伸；在南边跨外侧，梁在柱 13 和柱 16 间
发生扭转，而柱 14 和柱 15 在柱帽底发生很大的旋转而破坏。在破坏

❶ 1in = 2.54 ×
10⁻²m。

❷ 1lb=0.45kg。

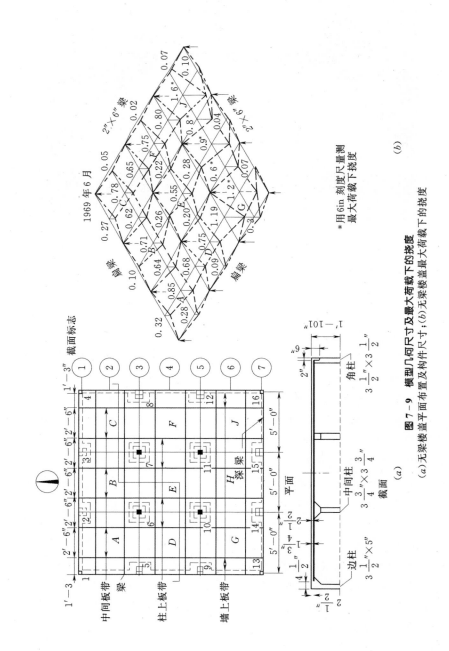

图7-9 模型几何尺寸及最大荷载下的挠度

(a)无梁楼盖平面布置及构件尺寸;(b)无梁楼盖最大荷载下的挠度

*用6in 刻度尺量测
最大荷载下挠度

时，板顶部和板底部的裂缝如图 7 - 10 所示。在加至 472lb/in² 之前，结构中唯一的变化就是原有裂缝逐渐加宽。当加载至 519lb/in² 时，在结构南面的边梁出现明显的扭转破坏，而其余梁的破坏程度要轻得多。直到加载至破坏荷载时，板顶极少出现新裂缝，而在板底原有裂缝继续延伸，在跨中出现平行于原裂缝的新裂缝[5]。

四、超宽扁梁的受力机分析

由上述试验和理论分析结果，可见以下几点：

（1）由于现浇空心楼盖具有很好的整体性，其开裂荷载远大于理论计算的开裂荷载，且实际承载力是设计计算破坏荷载值的 1.5～3.0 倍之多，所以无论采用哪种计算方式，都存在很大的富余量。因此，对于超宽扁梁，虽然理论上应按无梁楼盖进行内力分析，按常规的梁板结构进行内力分析偏于不安全，但现浇空心楼盖实际承载力的富余量抵消了这种理论计算模式的偏小，这是客观上目前许多超宽扁梁结构按普通梁板结构进行内力分析而没有发生问题的主要原因。

（2）图 7 - 7 所示模型试验的模型设置不具有典型性，主要是所有的模型设置除了空心管单向布置有可能产生两方向的刚度不一样外，其他的条件均表现为对称结构、对称荷载的受力特征。而根据上述分析，单向布空心管两个方向上的刚度相差很小。因此，该试验模型就成了典型的对称结构、对称荷载的试验模型，根据结构力学的原理，其在竖向荷载作用下的破坏模式只能是十字形，这只能说明单向布空心管两个方向上的刚度的均衡性，并不表明"45°"塑性铰线一定不会出现。图 7 - 7 所示试验模型中梁高 800mm，而板厚 200mm，梁高已经是板厚的 4 倍了，据有的文献介绍已属于典型的边支承板了，可却表现出典型角点支承板破坏特征，作者以为就是模型的对称性所致。正是由于图 7 - 9 所示无梁楼盖模型的不对称设计，才出现明显的扭转破坏，相对而言更具有代表性。

（3）实际的超宽扁梁由于配置了 6 肢箍筋（见图 7 - 6），具有很好的抗扭能力，而无梁楼盖的试验模型（见图 7 - 9）中一般是不设暗梁的，在柱宽范围内的板没有箍筋，抗扭能力较差，所以表现出明显的角点支承破坏特征 [板顶最大裂缝位于柱中心线处，见图 7 - 10（a）]。当设置暗梁并配置足够的箍筋后，即使是典型的无梁楼盖，也具有一定的边支承板的受力特征（板顶最大裂缝很有可能从柱中心线处外移至暗梁边），只是当梁板之间的相对刚度达到一定程度时，如有的文献上所说的支承梁的高度不小于 3 倍板厚时，表现出典型的边支承板的受力特征而已。板柱结构计算模型中，ACI 采用受扭构件模型就是由考虑柱宽范围内的板组成的暗梁与柱子构成的。受扭构件的存在是无梁楼盖具有一定边支承板受力特征的主要原因，所以，超宽扁梁配置 6

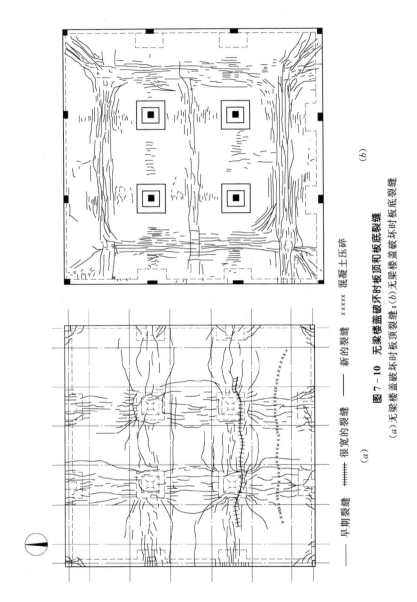

— 早期裂缝 ┊┊┊┊ 很宽的裂缝 — 新的裂缝 ×××× 混凝土压碎

(b)

(a)

图 7 - 10 无梁楼盖破坏时板顶和板底裂缝

(a)无梁楼盖破坏时板顶裂缝;(b)无梁楼盖破坏时板底裂缝

肢箍筋等构造措施，虽然未使超宽扁梁刚度上达到典型的边支承板的要求，但它使超宽扁梁结构的受力特征介于典型的角点支承无梁板与典型的边支承板的普通梁板结构之间，从概念上分析，它的承载能力大于典型的角点支承无梁板，而小于典型的边支承板的普通梁板结构。因此，如果超宽扁梁按典型的边支承板的普通梁板结构进行内力分析，在实际配筋时，建议适当增大梁、板的配筋量。在图 7-5 所示实例的设计阶段，由于当时的规程尚未出版，作为试点工程，考虑到筒芯破裂后混凝土又可能填满（实际施工现场，筒芯破裂的情况很少），所以计算荷载时按 250mm 厚实心板考虑，梁配筋时也比计算结果增大了约 15%～20%。这些因素，也许是该工程未出现异常的原因之一。

第三节
内置箱体现浇空心楼盖技术在汽车库中的应用实例

目前，现浇空心楼盖技术主要有两种做法：一种做法是采用内置筒芯，如图 7-6 所示，这种技术的计算理论目前尚未完全成熟，而且筒芯的固定在施工上还有一定的难度；另一种做法是采用内置箱体现浇空心楼盖技术，这种技术计算方法成熟，也不存在箱体的抗浮问题，而且空心率高于内置筒芯做法，比较适合于大跨度结构。

某立体车库，地下 1 层，停车 35 辆，地上 3 层，停车 99 辆，共停车 134 辆，总建筑面积 7545.78m²。由于 1 层要停放 6 辆大客车（长 10.14m、宽 2.56m、高 3.27m），故跨度较大，如图 7-11 所示（见书后插页）。又因 2、3 层层高为 3.6m，梁高受限制，必须采用预应力梁，但由于跨度大，《汽车库建筑设计规范》（JGJ 100—98）要求楼面做 1% 的坡度，且建筑面层要求采用耐磨的钢筋混凝土面层，所以楼层面荷载较大，出现预应力梁配筋率大于 2.5%、预应力度大于 0.75 等反常结果。为此，经方案比较决定采用内置箱体现浇混凝土空心楼盖（见图 7-11～图 7-13）。其中 12.8m×14.1m、12.8m×16.3m、12m×14.1m、12m×16.3m、12.3m×14.1m 区格空心楼盖名义厚度（即肋梁高度）$h=400$mm，其余区格 $h=350$mm。当 $h=400$mm 时，空心楼盖的重量和混凝土消耗量相当于 230mm ［（$1.3^2×0.4-1.0^2×0.3$）$÷1.3^2=0.23$（m）］厚实心板的重量和混凝土消耗量；当 $h=350$mm 时，相当于 210mm ［（$1.3^2×0.35-1.0^2×0.25$）$÷1.3^2=0.21$（m）］厚实心板的重量和混凝土消耗量，结构自重明显减轻，混凝土消耗量也相应减少，更重要的是采用这一方案，预应力梁的配筋率、预应力度等指标均满足规范要求，建筑层高也不必重新调整，取得了明显的综合经济效益[97]。

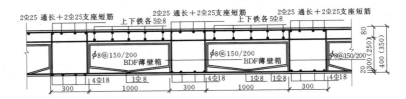

图 7-12 内置箱体现浇空心楼盖剖面图

图 7-13 内置箱体现浇空心楼盖混凝土浇筑及钢筋绑扎情况

第八章

结实的剪力墙

金字塔是对其建造者的天才的令人敬畏的明证。
——〔比〕伊·普里戈金《从混沌到有序》

由于地震作用是惯性作用，既与地面运动特性有关，也与结构的自振周期等动力特性有关。因此，在抗震设计理论发展的初期，是将结构设计得刚一些好，还是柔一些好，曾经有过争议，因为刚度大的结构地震反应也大，构件的截面尺寸也大，用钢量上升，可能不经济；而较柔的结构，地震作用小，可节省钢材，但变形大。早期的抗震设计理念认为框架结构的变形性能好，主张选用较柔的框架结构，而剪力墙结构刚度大，变形性能差，作用在剪力墙上的水平力将引起脆性破坏，由此推断，剪力墙结构可能造成重大灾难，因而对剪力墙结构的使用限制较多。根据这种错误的观点，认为剪力墙结构不适合于抗震结构，而应采用纯框架结构。一些国家，特别是一些发展中国家，由于规范的要求，至今仍在推广纯框架结构[71]。

虽然就延性系数而言，剪力墙确实不如框架，但在历次大地震中，剪力墙结构很少受到破坏，表现出很好的抗震性能。新西兰《建筑抗震设计规范》（NZS 4203：1976）中说："比例适当的联肢延性剪力墙可能是现今钢筋混凝土最好的抗震结构体系，这种剪力墙总的性能与抗弯框架相似，但由于墙的刚度很大，它具有一些优点，即在联肢梁达到相当大的屈服以后，这种体系仍能保护非结构构件免于破坏。联肢梁通常仅承担不大的重力荷载且它很便于修复。按抗弯屈服设计的单个悬臂剪力墙与联肢延性剪力墙之间的主要区别在于后者可以使联结体系成为主要的地震能量耗散装置。设计宜按下述顺序进行，即当联肢梁承受作用于结构上绝大部分的倾覆力矩而将屈服能量耗散尽时，墙体构件才屈服。这样便可推迟类似建筑物歪斜的永久性的破坏，甚至最后在全部延性都被利用仍不一定因失稳而产生灾害。联肢延性剪力墙应由两片或两片以上的延性悬臂剪力墙通过确实有能力把某一片墙的剪力传递给另一片或若干片墙的联肢梁相互连接而组成。"可见，现浇钢筋混凝土剪力墙结构整体性好，既有较大的抗侧刚度，又有较高的承载力，在水平力作用下侧移小，经过合理设计，它可以成为抗震性能优越的钢筋混凝土延性剪力墙。根据本书第四章的分析，延性剪力墙的稳健性性能优越，与纯框架和砌体结构相比，延性剪力墙结构的抗震性能达到了孔子所形容的"文质彬彬"的"君子"境界。

第一节
剪力墙结构在地震中的表现

研究结构在地震作用下的破坏机理，通常有以下三种途径：

（1）对历次地震记录及震害的调查研究。近几十年来，国内外发生了多次大地震，每次地震都造成大量建筑物的破坏，其破坏状态除了再现其他地震中所共有的规律外，还都有一些各自的特点，因而地震区建筑物的破坏状态便成为探索地震破坏作用和结构震害机理最直接、最全面的资料，关键是应将这些认识升华为理论，以指导建筑抗震设计。

（2）结构抗震试验。现场抗震试验和实验室模型抗震试验，可以从某些角度研究地震作用和破坏过程，然而，试验不可能模拟所有情况，而且费用昂贵，结构抗震试验也只能是一种补充手段。

（3）结构计算分析。由于试验手段和技术还不能模拟地震对建筑物的破坏作用，因而有必要在充分吸取以往地震经验和教训的基础上，结合结构抗震试验的结果，采用现代新技术，在基本理论、计算方法等方面改进建筑物的抗震设计技术，以进一步提高其抗震可靠度。

在日本，内藤多仲于 1922 年发表的《框架建筑抗震结构论》中，提出采用剪力墙加强结构抗震性能的理论，根据这一理论设计的 8 层高的日本兴业银行（Industrial Bank of Japan）抵抗住了 1923 年 7.9 级的日本关东大地震，确立了这一理论在日本的主导地位[112]。据作者了解，日本兴业银行可能是经受实际地震考验的最早的框架-剪力墙结构之一。日本关东大地震中人们发现[111]：含墙率大于 $25cm^2/m^2$ 或墙的平均剪应力小于 1.3MPa 的建筑，震害较轻。

近几十年来，世界上一些大城市相继发生了若干次大地震，通过震害调查，发现框架的震害比较大，设置剪力墙的结构震害比较小。20 世纪 60～80 年代，国际上一批有影响力的抗震研究报告认为，多层钢结构和剪力墙结构是有效的抗震结构体系，纯框架高层建筑由于技术效率低、抗震性能差，几乎不再采用。事实说明，结构的变形小，震害就比较小。以下是 20 世纪 60 年代以来关于剪力墙的一些典型的震害分析报告[58,71]。

1960 年 5 月智利地震的经验证实，混凝土剪力墙在强烈的地震中能有效地防止结构和非结构的破坏，剪力墙的混凝土可能突然断裂，但不会影响结构的整体作用。有关这次地震所有的调查报告均指出，剪力墙的承载力低于规范要求，但破坏发生后，剪力墙仍能保持其功能。

1963 年 7 月 26 日，南斯拉夫斯科普里发生里氏 6.2 级地震，该城市为典型的欧洲城市，大部分新建建筑为钢筋混凝土内框架结构，外墙为承重砖墙。地震中，框架与围护结构交接处产生裂缝，造成外承重墙倒塌。而采用框架-剪力墙结构的市党政大楼，在地震中桌子从房间的一侧甩到另一侧，然而建筑物本身却没有损坏，连窗户都没有破碎。这表明框剪结构具有良好的抗震性能，即使是无配筋的剪力墙，虽然墙体开裂，但框架完好。

1964 年 3 月 27 日，美国阿拉斯加地震中，一些十几层的剪力墙结构中的洞口连梁均有破坏，但凡是洞口连梁破坏的地方，墙身均完好。首层墙身有斜裂缝，施工缝处多有水平错动。

1967 年 7 月 29 日，委内瑞拉的加拉斯加发生里氏 6.5 级地震；1971 年 7 月 9 日，美国的圣费尔南多发生里氏 6.6 级地震；1972 年 12 月 22 日，尼加拉瓜的马那瓜发生里氏 6.5 级地震，这三次地震的震害调查均表明剪力墙结构的抗震性能优于混凝土框架结构，短柱、短梁无论如何配筋，都将产生剪切破坏。

1968 年 5 月 16 日日本十胜冲地震中，含墙率小于 30cm^2/m^2 或墙的平均剪应力大于 1.2MPa 的建筑很容易产生震害[111]。因此，框架-剪力墙和框支-剪力墙结构应有适量的剪力墙，并应合理布置，分配各个抗侧力机构之间的地震力。

1972 年 12 月 23 日尼加拉瓜首都马那瓜发生里氏 6.25 级地震，震中距市区很近。最大水平加速度 0.2g～0.4g。市中心有两栋相距很近的高层建筑，15 层的中央银行为框架结构，破坏严重，震后修复费用高达原建造价格的 80％；而 18 层的美洲银行为剪力墙结构，只受到轻微破坏[111]。

1976 年 7 月 28 日唐山地震中，位于 8 度区的天津市友谊宾馆主楼按 7 度抗震设防，东段为 8 层框架结构，实心填充墙普遍发生严重破坏，个别梁柱损坏；西段为 11 层框架-剪力墙结构，同类的填充墙破坏较轻[111]。

1977 年罗马尼亚地震，布加勒斯特市区内采用钢筋混凝土剪力墙结构的几百栋高层建筑，破坏轻微，仅有一栋楼房中的一个单元发生局部坍塌，而该市有 32 栋高层框架结构倒塌[16]。

1985 年 9 月 19 日和 9 月 20 日，在墨西哥城发生里氏 8.1 级和里氏 7.5 级两次地震，地震中 265 栋建筑倒塌，其中 143 栋混凝土框架倒塌、85 栋板柱结构的建筑物倒塌。而埃得玛地区 230 栋高层剪力墙结构很少损坏。此次地震表明，在强烈的地震中，没有剪力墙的纯框架结构会倒塌，没有剪力墙的板柱结构不具抗震能力。在对埃得玛地区震害进行总结时，研究人员颇为简单地用"墙率"这一指标进行定量分析。这种分析显然不可能考虑剪力墙的延性或脆性，也许他们认为没有这种必要，因为日本人很早就采用该指标进行设计和震害评估。

1988年12月7日，亚美尼亚的斯皮达克（Spitak）发生里氏6.8级地震，斯皮达克市几乎被完全毁灭，另两座城市Leninakan和Kirovakan遭受严重破坏。此次地震中，数百栋框架倒塌，但没有一栋预制混凝土大板结构受到破坏。

汶川地震中，框架结构破坏比较严重，而剪力墙结构和框架-剪力墙结构破坏要轻得多，《"5·12"汶川地震房屋建筑震害分析与对策研究报告》指出："由钢筋混凝土构筑的剪力墙结构房屋（主要在都江堰市，汶川县城也少量存在），普遍震害较轻，较好地发挥了抗震作用。"

2010年2月智利地震M8.8级和2011年2月新西兰Christchurch M6.3级地震中，剪力墙结构出现了不同程度和不同类型的破坏，部分墙体的破坏超出可修复的程度，这也是近年来现代钢筋混凝土高层建筑遭受明显破坏性的地震。

智利地震中，有较多的中高层剪力墙底部出现严重的混凝土压碎破坏，其最直接的原因是底部剪力墙厚度较薄，墙体轴压比过大所导致，与1985年智利7.8级大地震的剪力墙（大部分厚度为300mm）相比，这次地震中遭受破坏的剪力墙普遍偏薄（大多数为200mm厚）。

在1985年的智利地震中，当时直接遭受地震影响的高层建筑接近400栋，虽然大部分墙体没有采用延性构造措施，但是仍有效控制了层间变形，剪力墙表现出了良好的抗震性能。在智利1996年发布的抗震设计规范NCh433.Of96中，虽然绝大多数条款与ACI 318—95的规定类似，但取消了设置约束边缘构件的要求。随着建筑高度的不断增加，底部剪力墙承受较大的竖向荷载，在地震作用下容易发生压溃破坏。这种破坏使得整体结构的强度迅速下降，甚至引起建筑物的倒塌。这也是导致智利M8.8级地震中剪力墙边缘部位出现严重破坏的主要原因。

新西兰地Christchurch震中出现了剪力墙的墙体失稳，纵筋压屈或断裂破坏。1980年以前，新西兰主要采用NZS 4203：1976抗震设计规范，剪力墙中典型的配筋方式是在150～200mm的墙厚中，配置单层或者双层间距为305mm（12 in）、直径为9.5mm（3/8 in）的水平和竖向钢筋，较低的配筋率使得剪力墙在本次地震中易发生剪切破坏。相比之下，一些老结构由于墙体较厚，却能表现出较好的抗震性能。20世纪80年代后，新建的剪力墙结构由于高宽比较大和轴压比过大，此类剪力墙虽然设计为弯曲破坏模式，但当承受较大竖向荷载时，地震过程中容易出现底部墙体剪压破坏或者混凝土压溃破坏。在新西兰，近年来的剪力墙设计时,一般采用规范 NZS 3101:2006 的延性设计方法,但是在配置较少箍筋的约束边缘部位,也易发生纵筋压屈或断裂破坏。

在智利和新西兰地震中均出现了墙体平面外失稳的破坏现象。相对其他破坏形式而言,此类震害以前研究相对较少,墙体厚度较薄、轴压比过大和边缘约束区混凝土较早压溃破坏可能是导致这一现象的主要原因[145]。

上述约 40 年的地震灾害调查结果表明,设置剪力墙的建筑抗震性能好,在强烈地震的作用下,框架可能倒塌,但剪力墙只产生裂缝及不同程度的破坏,而不会倒塌。剪力墙结构是抗震性能优越的结构。

第二节
剪力墙结构设计的若干问题

一、延性-抗弯剪力墙结构的设计要求

决定剪力墙抗震性能的主要因素是剪力墙的延性性能。C. M. Allen 和 L. G. Jaeger 等在《钢筋混凝土剪力墙的延性》一文中将剪力墙分为剪切剪力墙、抗弯剪力墙和延性-抗弯剪力墙三种基本类型。

(1)剪切剪力墙,系指当墙平面内承受侧向力时,其剪切变形量与弯曲变形量相比,剪切变形量超过总变形(剪切变形量与弯曲变形量的总和)的 10%,并储存大量的剪切应变能。这些墙应按深梁或剪力架设计。

(2)抗弯剪力墙,系指当墙平面内受到侧向力时,其基本变形是弯曲变形,储存的能量基本上是弯曲变形,它具有弯曲梁的特性(即剪切变形可以忽略且假定弯曲前后处于同一平面内)且在侧向力作用下,剪切变形量不超过总变形(剪切变形量与弯曲变形量的总和)的 10%。

(3)延性-抗弯剪力墙,系计算求得的延性系数大于或等于 3 的抗弯剪力墙。其设计要求有以下几点:

1)在墙的两端一定区域集中配置 ACI(1971)规范所规定的最少受弯钢筋,并在端部集中配主筋区域配置箍筋,使主筋达到屈服应力时不至于压曲(即设置我国现行规范规定的剪力墙边缘构件)。同时,墙体中还须按规范的要求配置竖向和水平温度筋。这就是说,当墙的变形从无裂缝的截面发展到满布裂缝的截面时,承受弯矩的能力不能有所丧失。这是因为,延性剪力墙假定当墙由弹性阶段进入非弹性阶段时,它的抗弯能力不能减少。

2）防止过早的剪切破坏。由于延性剪力墙的破坏弯矩往往大于设计的极限弯矩，为使墙体满足"强剪弱弯"的设防要求，必须增强墙体的抗剪能力，必须按规范的要求乘以相应的放大系数。

3）要使墙的潜在延性能够实现，基础必须设计成能够承受全部弯矩。

4）预防过早的锚固破坏。为了能发挥受弯构件的全部延性，不能使钢筋的锚固在早期破坏，为此常见的做法是采用焊接或将搭接接头错开一段距离。C. M. Allen 等还建议在受拉主筋的搭接接头处设置封闭箍筋或采用螺旋箍来约束搭接处的混凝土。

5）防止施工缝滑动。阿拉斯加地震中，有好几座建筑物发生沿施工缝的滑动。因此，施工缝处应有干净和粗糙的表面，或间隔地放入剪力键。1971 年的 ACI 规范提出沿施工缝配置除受拉钢筋以外的附加钢筋。

6）计算时取用低于规定的混凝土强度。由于混凝土强度的降低，会减少延性性能，考虑到施工质量或材料性能的不利因素，为了保证剪力墙的最小延性，C. M. Allen 等建议混凝土强度的计算值应略低于设计规定的混凝土强度。

7）预防框架和其他结构构件的过早破坏，即对框架-剪力墙结构中的框架必须考虑剪力墙屈服后，框架承受地震作用的增大。

8）防止结构整体失稳，即必须考虑当抗侧力构件产生塑性铰时，整个结构不失稳。为此，常采取的解决办法是当延性剪力墙塑性铰形成时，在结构中的另外一些剪力墙尚处于弹性状态，它们又有足够的刚度来防止全部结构失稳。此外，还可以选用具有结构超过屈服点后能提高弯矩能力的应变硬化特征的钢筋，如国外的 A432 钢筋。

上述内容，现行规范已经基本包含了，表明目前规范的要求就是将剪力墙结构中的剪力墙和框架-剪力墙结构中的剪力墙设计成"延性-抗弯剪力墙"。

二、剪力墙结构的开洞问题

试验表明，混凝土剪力墙结构在有些场合可能发生脆性破坏，例如，低矮剪力墙、高轴压比作用的剪力墙，它们的变形性能均比较差。钢筋混凝土剪力墙根据不同的高宽比，一般可分为三种类型[111]：一是高宽比大于 2.0 的高等剪力墙，其破坏形态一般为弯曲破坏，具有良好的变形能力；二是高宽比为 1.0~2.0 的中等剪力墙，其破坏形态一般为弯剪破坏，具有一定的变形能力；三是高宽比小于 1.0 的低矮剪力墙，其破坏形态一般为剪切破坏，其变形能力较差。对于开洞剪力墙，墙肢宽度、连梁的刚度和承载力对整个结构的承载能力和变形能力都有很大的影响。墙肢的高宽比大于 2.0 的高等剪力墙为弯曲破坏，高宽比小于 1.0 的低矮剪力墙为剪切型脆性破坏。1978 年日本仙台地震中，有一建筑物外墙由于窗口形成矮而宽的墙肢，在该墙肢上出现了斜向交叉裂缝。因此，《高层建筑混凝土结构技术规程》（JGJ 3—2010）（以下简称《高规》）第 7.1.2 条及《建筑抗震设计规范》（GB 50011—2010）第 6.1.9 条均规定，较长的剪力墙宜开设洞口，将其分成长度较为均匀的若干墙段，墙段之间宜采用跨高比大于 6 的弱连梁连接，每个独立的墙段（可以是实体墙、小开口墙、联肢墙或壁式框架）的总高度（不是楼层高度）与长度之比不应小于 3[❶]，且每个墙段中，各个墙肢截面长度不应大于 8m，其目的就是使剪力墙呈现变形能力好的弯曲形破坏。试验表明[111]：墙肢的宽度与厚度之比小于 3 的小墙肢在反复荷载作用下，比大墙肢早开裂，即使加强配筋，也难以防止小墙肢的过早破坏。有鉴于此，在抗震设计时，墙肢宽度不宜小于 $3b_w$（b_w 为墙肢的厚度）且不小于 500mm，以避免出现小墙肢（小墙垛）。此外，规范将肢长与截面厚度之比大于 4 且不大于 8 的墙肢划分为短肢剪力墙，短肢剪力墙的受力特点接近于异形柱，《高规》第 7.1.8 条对短肢剪力墙在高层建筑中的使用提出了严格的限制，并在第 7.2.2 条中对短肢剪力墙的设计提出了具体的要求。

同时，《高规》第 7.1.1 条的条文说明中指出："剪力墙洞口的布置，会明显影响剪力墙的力学性能。规则开洞，洞口成列、成排布置，能形成明确的墙肢和连梁，应力分布比较规则，又与当前普遍应用程序的计算简图较为符合，设计计算结果安全可靠。"因此，洞口的竖向布置也应满足规范的要求。

连梁一旦出现脆性破坏，会使墙肢丧失约束而形成单独的墙肢，与联系梁不破坏的墙相比，墙肢中轴力减小、弯矩增大，墙肢的侧向刚度大大降低，侧移加大，承载能力也将降低。在继续承载的情况下，墙肢屈服形成破坏机构。1964 年美国阿拉斯加地震中，安克雷奇市的一栋公寓楼山墙中跨高比小于 1.0 的连梁出现典型的剪切破坏。因此，按照"强墙弱梁、强剪弱弯"的原则加强墙肢的承载力和连梁的抗剪能力，避免墙肢的剪切破坏，同时尽可能避免连梁发生过早的剪切破坏，对于提高开洞剪力墙的承载能力和变形能力至关重要。

在开洞剪力墙中，由于洞口应力集中，连梁端部在约束弯矩作用下很容易在其端部出现弯矩裂缝，也可能在剪力作用下产生剪切裂缝，其破坏形态与连梁的跨高比有关。当连梁的跨高比较大时，连梁以受弯为主，可能出现弯曲破坏；对于跨高比较小的连梁，除了在端部出现垂直的弯矩裂缝外，还很容易出现斜向的剪切裂缝[111]。《高规》第 7.1.3 条的条文说明中指出："如果连梁以水平荷载作用下产生的弯矩和剪力为主，竖向荷载作用下的弯矩对连梁的影响不大（两端弯矩仍然反号），那么该连梁对剪切变形十分敏感，容易出现剪切裂缝。"因此，《高规》第7.1.3条将跨高比小于5的洞口梁定义为一般意义上的连梁，而将跨高比不小于5的洞口梁划归为框架梁。而第7.1.2条的条文说明中又将跨高比不大于6的洞口梁定义为弱连梁。这就涉及两个问题，一是连梁的截面高度是选择大一点好，还是小一点好呢？因为连梁的截面高度小一些，剪力墙结构的整体刚度就小，地震作用就相对减小，连梁超筋的数目也就减小，而且相应的墙体水平筋和暗柱纵筋计算值也可以随之减小。但《高规》第7.1.1条的条文说明中明确指出："本规程所指的剪力墙结构是以剪力墙及因剪力墙开洞形成的连梁组成的结构，其变形特点为弯曲型变形。目前，有些项目采用了大部分由跨高比较大的框架梁联系的剪力墙形成的结构体系，这样的结构虽然剪力墙较多，但受力和变形特性接近框架结构，当层数较多时对抗震是不利的，宜避免。"根据这一解释，不能因为剪力墙结构层间位移角及连梁的剪跨比满足规范要求了，就可以将大部分连梁设计成跨高比不小于5的框架梁，还应考虑连梁与框架梁之间的相对数量关系。极言之，如果剪力墙结构所有洞口梁的跨高比均大于5，即使计算结果显示，小震作用下剪力墙结构层间位移角均小于1/1000的规范要求，也不能将其视为剪力墙结构，因为此时有可能出现部分洞口梁过早开裂的情况。文献[144]统计了国内8所高校所做的68片剪跨比大于1.4、以弯曲破坏为主的剪力墙的试验数据，剪力墙开裂时的层间位移角为1/3134～1/448，平均值为1/1305（见表8-1）。根据这些整片墙体的试验结果，实体墙的层间位移角即使是小于1/1000，墙体也可能开裂，那么，作为开洞剪力墙的第一道防线的连梁，其开裂的可能性更大。连梁开裂后，结构刚度快速降低，侧向位移增大，承载能力也随之降低。在后续地震的作用下，墙肢可能屈服形成破坏机构，从而引起结构局部破坏甚至导致整体结构受损，这是设计应该避免的。

表8-1 　　　　　　　　　钢筋混凝土剪力墙层间位移角统计结果[144]

测试项目	试验结果	平均值 μ	变异系数 δ
开裂位移角	1/3134～1/448	1/1305	0.69
屈服位移角	1/450～1/114	1/207	0.35
极限位移角	1/203～1/27	1/46	0.28

二是关于联肢墙的界定问题。连梁的强弱是判断其所连接的两端墙肢是联肢墙，还是一字墙或短肢剪力墙的主要依据。《高规》对联肢墙、一字墙和短肢剪力墙的设计要求是不同的，必须有一个区分标准。《高规》第7.1.8条的条文说明中说："对于采用刚度较大的连梁与墙肢形成的开洞剪力墙，不宜按单独墙肢判断其是否属于短肢剪力墙。"

但该规范没有明确"刚度较大"的具体含义。判断联肢墙的依据，严格来说应该是"89 规范"中的剪力墙整体性系数 α。当 $\alpha \leqslant 1$ 时的连梁为弱连梁，$1 < \alpha < 10$ 且洞口面积比大于 25% 时的开洞剪力墙为联肢墙[111]。但由于计算整体性系数 α 比较复杂，一般程序中也没有给出这一结果，在实际工程中，可以近似地将跨高比作为判定依据。

区分强连梁与弱连梁的跨高比的界限值是多少呢？规范并没有给出具体的数值和说明，工程上一般认为当连梁跨高比不大于 2.5 时，可近似地认为其所连接的墙肢为联肢墙的一部分。以跨高比 2.5 作为判断的界限的理由如下：

(1)《混凝土规范》（GB 50010—2010）第 2.1.12 条将跨高比小于 2.5 的多跨连续梁定义为深梁（deep beam），而深梁与连梁的破坏形态类似，剪切裂缝占的比例较大。

(2)《混凝土规范》（GB 50010—2010）第 11.7.9 条在计算各抗震等级的剪力墙及筒体洞口连梁的截面限制条件及斜截面受剪承载力时，也区分跨高比大于 2.5 和跨高比不大于 2.5 两种情况，并分别给出两种不同的计算公式，而连梁斜截面受剪承载力计算公式是根据构件试验结果统计拟合出来的，不同的计算公式往往隐含的是不同的破坏形态和相异的受力机理，具有一定的代表性和科学性。

(3)《混凝土规范》（GB 50010—2010）第 11.7.10 条专门对一、二级抗震等级的连梁，提出当其跨高比不大于 2.5 ❶时，除配普通箍筋外，宜选择配置交叉斜筋配筋、对角斜筋配筋或对角暗柱配筋等构造措施，说明跨高比不大于 2.5 的连梁需要特别加强，其需要加强的界限也是跨高比不大于 2.5。

(4)《高规》（JGJ 3—2010）第 7.2.27 条"跨高比不大于 2.5 的连梁，其两侧腰筋的总面积配筋率不应小于 0.3%。"《混凝土规范》（GB 50010—2010）第 11.7.11 条也要求"对于跨高比不大于 2.5 的连梁，梁两侧的纵向构造钢筋的面积配筋率尚不应小于 0.3%。"其需要加强腰筋配筋的界限也是洞口梁的跨高比不大于 2.5。

因此，工程上通常以跨高比 2.5 作为判断强连梁与弱连梁的界限，这一做法类似于以柱子的净高与其截面边长中的最大者的比值是否大于 4 近似地来判断该柱子是否为短柱，而不以其物理含义明确的剪跨比 λ 来判断❷。

❶《高规》第 9.3.8 条中，框筒梁和内筒连梁为跨高比不大于 2.0 时。

❷ 严格意义上仍应以剪跨比 $\lambda \leqslant 2$ 来判别短柱。

三、剪力墙按墙肢计算及配筋方法的缺陷

目前，国内流行的计算程序均将某个剪力墙所求得的内力按剪力墙各墙肢的刚度分配到各墙肢，然后根据各墙肢的截面尺寸进行配筋计算，并将墙肢交会处的暗柱配筋面积按一定的规则相叠加。剪力墙这种配筋模式的理论依据是塑性理论下限定理[95]。它是一

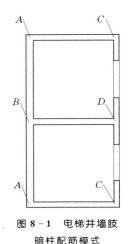

图 8-1 电梯井墙肢
暗柱配筋模式

个可接受的配筋方案，由于比较简单，易于被广大设计者掌握，所以在国内得到普遍推广。但这种配筋模式对于像两个以上电梯井并列布置的箱体剪力墙构件（见图 8-1），在水平力作用下，剪力墙结构的整体变形特征是以弯曲型变形为主，其截面受力特性基本符合平截面假定，即截面应力边缘最大，中和轴处为 0，也就是在电梯井道交会处（B 和 D）的墙肢应力很小，不必配太多的钢筋。但根据国内流行的配筋模式，各墙肢交会处的暗柱配筋面积按一定的规则相加后，内部墙肢暗柱（见图 8-1 中暗柱 B 和 D）配筋面积反而比四角暗柱（见图 8-1 中暗柱 A 和 C）配筋面积大，这与箱体的整截面受力状态不相符。

四、关于剪力墙结构连梁超限问题

剪力墙结构和框架-剪力墙结构抗震作用计算时，即使考虑了连梁的刚度折减系数及扭矩折减系数，但仍然经常出现连梁超筋、超限问题，《高规》（JGJ 3－2010）第 7.2.26 条给出了一些原则性的处理措施，但并不全面。出现连梁超限的可能性较多，主要有以下几个方面：

（1）连梁高度太大，刚度大，承受的地震力剪力和地震弯矩较大。这时最佳的办法就是减小连梁的截面高度，如对于住宅的外墙，可取窗洞口顶部至楼板顶面的高度作为连梁的高度，窗台采用砌块砌筑或做 100mm 左右厚度的钢筋网抹灰板墙；对于地下室和框架-剪力墙结构中，因楼层高度较高而洞口高度较小造成连梁截面高度较大时，可做成双连梁，即在门窗洞口顶部至上一层楼板顶面的高度范围内开设一个洞口，将一个连梁分成两个连梁，下部连梁为梁高 250mm 左右的过梁，仅承受梁上砌块荷载。这种双连梁做法在汶川地震中表现出很好的延性。

（2）洞口尺寸太小，造成连梁跨高比很小，虽然连梁截面高度不大，但还是承担了较大的地震作用力。这时最简单的办法是增大洞口尺寸，洞口扩大部分用砌块填充，且最好将连梁的跨高比调至不小于 5，这样就可以按照《高规》（JGJ 3－2010）第 7.1.3 条的规定，按框架梁设计，个别情况还可以按铰接梁处理。如果这类洞口位于某段较长的墙肢上，也可以在墙肢的适当位置上增设结构洞削弱结构及墙肢的刚度，分散原先出现超限的连梁所承受的地震剪力和地震弯矩。

（3）连梁超筋。这时最常用的方法是将连梁的箍筋和纵筋均改为 HRB400 级钢，如果还超筋，这就要调整梁的截面尺寸或连梁与墙肢之间的相对强弱关系了。

（4）连梁截面不满足《高规》（JGJ 3—2010）第 7.2.22 条规定的剪压比限值。对于这种情况，可按北京市建筑设计研究院编的《建筑结构专业技术措施》附录 G 的设计建议，允许连梁在满足截面剪压比的条件下发生破坏，即按连梁实际可能承受的抗剪承载力配置箍筋和纵筋，其承载力不足的部分传给墙肢和其他连梁，但传给墙肢和其他连梁的力具体数值是多少，该设计建议未提供可靠的计算方法。这种做法，首先，必须与结构允许的破坏模式相一致，也就是说不能楼层的所有连梁或某一轴线上所有的连梁均采用这一做法；其次，不适用于框架-剪力墙结构的连梁，因为在框架-剪力墙结构中，本应由连梁承担但被人为削弱掉的那部分内力可能转移至框架，且由框架中的哪一部分承担、承担多少，均不明确，这就有可能造成框架中的某一部分先于剪力墙及连梁破坏，反而成为第一道防线，这是设计所不允许的；再次，嵌固部位的连梁，如地下室顶板的连梁，亦不宜采用。

第三节
关于剪力墙结构拉筋梅花形布置问题

剪力墙结构的拉筋除边缘构件外，一般为构造设置，在设计过程中未引起足够的重视。然而在实际工程中，拉筋的布置常常引起歧义。

一、剪力墙拉筋的作用

拉筋的作用在文献上较少涉及。在约束边缘构件和构造边缘构件范围内的拉筋，其作用等同于箍筋，在此不再细述。为了探讨位于边缘构件范围以外、连接双排钢筋网片的拉筋的作用，可从钢筋混凝土剪力墙的破坏形态说起。剪力墙的破坏形态有以下几方面：

（1）弯曲破坏。墙体在受拉边底部首先钢筋屈服，形成塑性铰，这种破坏属于延性破坏，是设计所希望达到的。

（2）斜拉破坏。墙体弯曲开裂的同时，也发生剪切裂缝，形成斜拉破坏。

（3）剪切破坏。墙体由于抗剪强度不足，剪切裂缝的产生先于弯曲裂缝。

（4）剪移破坏。这是另一种剪切破坏的形式，系沿着弯曲造成的最大裂缝产生滑移。

（5）斜压破坏。

钢筋混凝土剪力墙延性设计，应力求避免斜拉破坏、剪切破坏、剪移破坏和斜压破坏。试验研究表明，影响剪力墙抗震性能的主要因素有：墙厚、分布筋配筋率、设置边缘构件、边缘构件的纵向配筋率及配箍率、端部边缘构件的范围以及截面形状、截面轴压比大小等。控制墙厚的目的在于保证其稳定。

剪压比是墙肢截面的平均剪应力与混凝土轴心抗压强度的比值，即 $V/(f_cb_wh_w)$。试验表明[71]，当剪压比超过一定值时，剪力墙将较早出现斜裂缝，增加横向钢筋并不能有效提高其受剪承载力，很可能在横向钢筋未屈服的情况下，墙肢混凝土发生斜压破坏，或发生受弯钢筋屈服后的剪切破坏。控制剪压比可以避免斜压破坏。《混凝土规范》(GB 50010—2002) 第 11.7.4 条❶的条文说明指出：国内外剪力墙承载力试验表明，剪跨比大于 2.5 时，大部分墙的受剪承载力上限接近于 $0.25f_cbh_0$，在反复荷载作用下的受剪承载力上限下降 20%。当剪压比超过限值时，应增加墙体的厚度或提高混凝土等级。

设置边缘构件，可以改善抗剪移的能力。试验研究表明，设置边缘构件的剪力墙与矩形截面墙相比，极限承载力约提高 40%，极限层间位移角可增大 1 倍，耗能能力增大 20% 左右，且有利于提高墙体的稳定性。文献 [46] 的对比试验表明：边缘构件的纵向配筋率 1.18% 的试件，裂缝分布均匀且较密；而纵向配筋率 0.448% 的试件，裂缝基本集中于墙的底部，没有明显的塑性区域，即使将墙体分布筋配筋率由 0.23% 增大到 0.593%，裂缝分布状态仍无明显的改善。增加边缘构件纵向配筋率，剪力墙承载力有明显的提高，裂缝分布均匀且较密，边缘构件的销键作用就会明显增加，剪切变形就会受到控制，裂缝间的剪切滑移量就会减少。

为防止斜拉破坏和剪切破坏，可配置足够抗剪钢筋，促使墙体首先发生弯曲屈服。相对减弱墙根部的受弯承载力，可将剪力墙的弯曲屈服区控制在墙底部一定范围内，并加强这个范围内的抗剪能力，采取增加这个范围内截面延性的有效措施。国内剪力墙试验表明，配筋率 $\rho \leqslant 0.075\%$ 的钢筋混凝土墙体，斜裂缝出现后，很快发生剪切破坏；配筋率 $\rho = 0.1\% \sim 0.28\%$ 的墙体，斜裂缝出现后，不会立即发生剪切破坏。控制分布筋配筋率则是为了提高受剪承载力，限制斜裂缝的扩展，防止脆性破坏，当剪力墙受弯屈服而抗剪分布筋仍未屈服时，剪力墙的耗能和延性性能将会有明显的改善。为了控制墙体由于剪切或温度收缩所产生的裂缝宽度，保证墙体在出现裂缝后仍具有足够的承载力和延性，墙体分布筋不能低于规范规定的最小配筋率。

此外，在钢筋混凝土剪力墙的根部，当轴向压应力 $\sigma < 0.2f_c$、剪应力 $\tau > 0.2f_c$ 时，应在墙体的根部配置交叉斜筋，以提高其抗剪承载力，避免地震时出现剪切滑移[16]。

《混凝土规范》(GB 50010—2002) 第 11.7.14 条的条文说明指出：墙肢的轴压比是影响剪力墙塑性变形能力的更重要的因素。当轴压比

❶ 与《混凝土规范》(GB 50010—2010) 中第 11.7.3 条相同。

较小时，即使在墙端部不设置约束边缘构件，剪力墙也具有较好的延性和耗能能力；而当轴压比超过一定值时，不设约束边缘构件的剪力墙，其延性和耗能能力降低。

根据上述剪力墙的破坏形态分析，拉筋在端部边缘构件中的作用比较明显。在边缘构件范围以外，拉筋主要起固定双排钢筋网片的作用[1]，同时拉筋也具有减小水平分布筋无支长度的作用。因为剪力墙的混凝土保护层厚度较小，在塑性铰区域、剪切裂缝部位以及人防工程的冲击波影响区域，混凝土可能剥落，此时在最外侧的水平分布筋如果无支长度过大就有可能向外鼓胀，因此拉筋必须钩住水平筋并设置135°弯钩。当然，拉筋既然具有箍筋的功效，在墙体中设置的拉筋也具备一定的抗剪能力，只是这部分抗剪能力没有在计算中反映出来，墙体的抗剪作用主要由水平分布筋承担。

二、剪力墙拉筋的梅花形设置问题

《混凝土规范》（GB 50010—2002）第 11.7.10 条规定："剪力墙厚度大于 140mm 时，其竖向和水平向分布钢筋应采用双排钢筋，双排钢筋间拉筋的间距不应大于 600mm，且直径不应小于 6mm。"因此，绝大部分剪力墙结构均要设置拉筋，而拉筋的设置，工程上常采用指定拉筋直径、间距和梅花形布置来表达，例如"拉筋 $\phi8$ 间距 400mm 梅花形布置"或"拉筋 $\phi6$ 间距 400mm 梅花形布置"等。至于"梅花形"是什么含义，一般的规范和图集均未涉及，只有《人民防空地下室设计规范》（GB 50038—2005）和相应的图集《防空地下室结构设计》（FG 01~03）[2]中有一个示意图，即图 8-2（a）的配筋方式。这种布筋形式的特点是：每排水平分布筋均有拉筋且布置很有规则，非常便于检查。[3] 由于《混凝土规范》（GB 50010—2002）给出了一个不应大于600mm 而《人民防空地下室设计规范》（GB 50038—2005）给出不大

❶《混凝土结构设计规范理解与应用》，第 330 页。

❷ 2004 年合订本第136 页。

❸ 06G901—1 第 3~22 页中也有梅花形排筋图，图中拉筋不是每排分布筋上均设。

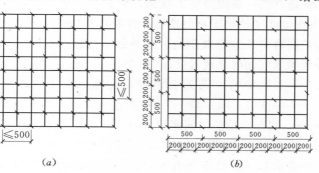

图 8-2　剪力墙拉筋的布置示意

（a）《人民防空地下室设计规范》（GB 50038—2005）给出的拉筋布置形式；

（b）工程上容易出现的现象

于 500mm 的范围，所以一些设计图标注"拉筋 $\phi6$ 间距 500mm 梅花形布置"。如果分布筋的间距为 200mm，便出现图 8-2（b）所示的配筋方式，即拉筋没有在水平和竖向分布筋的交叉点上设置，对双排钢筋网片的固定作用相对较弱，而且布置很乱，不便于检查。图 8-3 为实际工程的照片，符合图 8-2（a）的设置要求。

图 8-3　墙体拉筋工程照片

如果要求拉筋设置在水平和竖向分布筋的交叉点上，则拉筋间距应与水平和竖向分布的布置相称，即拉筋的间距应为分布筋间距的整数倍（分布筋间距为 100mm 时，拉筋可为 500mm×500mm、600mm×600mm；分布筋间距为 150mm 和 200 mm 时，拉筋可为 450mm×450mm 或 600mm×600mm，也可 450mm×600mm），《混凝土结构施工钢筋排布规则与构造详图》（现浇混凝土框架、剪力墙、框架-剪力墙）（06G901—1）中作了说明。根据作者在实际工程与施工方的接触，"梅花形布置"的说法容易引起歧义，而且不同的理解之间钢筋用量相差很大，设计时应予明确。《混凝土结构施工图平面整体表示方法制图规则和构造详图（现浇混凝土框架、剪力墙、梁、板）》（11G101—1）第 16 页图 3.2.4 给出了双向拉筋与梅花双向拉筋的示意图，表明两种做法的拉筋数量还是有差别的。这种细节之处的交代与否，往往体现出设计者考虑问题的细致程度。

此外，连梁中的拉筋怎么设置，规范中未交代，国家标准图集11G101—1 中要求"隔一拉一"。根据这一要求，由于连梁的箍筋间距为 100mm，实际上拉筋的间距便成为 200mm，有点密。连梁属于在强震作用下容易发生破坏的构件，适当减小拉筋间距，对于防止当连梁混凝土酥裂后箍筋的鼓出是有一定作用的。框架梁的塑性铰区同样也是在强震作用下容易发生破坏的部位，但框架梁的箍筋加密区，只对箍筋间距提出明确的要求，对拉筋并没有严格的规定。还有一种情况可作比较，就是人防工程中的楼板和外墙，在冲击波的作用下，这些部位的混凝土也容易出现酥裂甚至是脱落现象，但人防规范根据试验确定的拉筋间距是不大于 500mm。因此，连梁拉筋间距可参照框架梁的箍筋加密区和人防临空墙对拉筋的要求，取 300～400mm，太密了不便于混凝土浇筑，尤其是墙厚 160～180mm 时，且浪费钢材。《混凝土规范》（GB 50010—2010）第 11.7.11 条第 2 款明确了连梁拉筋的设置要求："除集中对角斜筋配筋连梁以外，其余连梁的水平钢筋及箍筋形成的钢筋网之间应采用拉筋拉结，拉筋直径不宜小于 6mm，间距不宜大于 400mm"。

第九章
降低结构工程造价的途径及技术措施

夫诗之道，有根柢焉，有兴会焉，二者率不可得兼。镜中之像，水中之月，相中之色，羚羊挂角，无迹可求，此兴会也。

——清·王士祯《渔洋文集》卷三

现代管理技术和科技的进步是推动当今社会和经济发展的两大车轮。本章结合工程设计实践以降低工程造价为目标，将现代管理技术的基本原理与技术进步有机地结合起来，针对不同工程的具体特点，通过选用新技术、新理论和新材料等内部挖潜措施和途径，提出降低工程造价的具体措施，将造价管理融会到实际设计中，在造价管理、控制投资进程中灵活运用现有结构基本理论，并在设计实践中不断丰富和发展现有结构基本理论，达到技术和经济的有机统一。

现代管理技术在提高经济效益方面为工程技术提出了新的要求，指明了技术的发展方向；而工程技术则从技术层面揭示出了改善经济效益的措施和途径，阐明了管理技术的工作目标。王士祯在《渔洋文集》中说："夫诗之道，有根柢焉，有兴会焉，二者率不可得兼。"降低结构工程造价的途径与王士祯的"诗之道"类似，即要保证安全性这一"根柢"。在任何情况下，结构的可靠度都不能降低，即结构设计标准没有降低的余地，8度抗震设防区的建筑，不可能按6度抗震设防区设计；150kPa的地基承载力也不允许按180kPa进行基础设计。同时，本章的理论分析和工程应用表明，在我国现行规范的可靠度水准比较低的情况下，只要设计者发挥自己的主观能动性，"有兴会"，在不降低结构可靠度指标的前提下，仍然具有降低结构工程造价的可能性，而且其潜力仍较大。挖潜的主要途径有[57]：运用价值工程的基本思想进行多方案比选，选用合理的理论计算模型、合理的构造设计，加强设计变更管理和利用概预算的编制原理进行工程造价控制。

第一节
降低结构工程造价的可行性

俗话说："一分价钱一分货。"一件商品既价廉又物美，这在理论上是不一定现实的，因为价廉、物美常常"二者率不可得兼"。但对于建筑物来说，既价廉，又结实，且美观实用，却是可能的，因为一座建筑物的价格、牢固程度和使用性能是由多方面因素构成的。这些因素的不同组合，就出现价格的差异、质量的好坏和牢固程度的强弱。这就为设计提供了在保证安全的前提下，降低结构造价的广阔空间。

在当前我国社会主义市场经济不断发展的环境下，以最少的投资产生最大的经济效益是绝大多数建筑工程投资者的必然追求。建筑工程造价控制与诸多因素相关，工程投资控制已不再狭义地定义为项目竣工结算的工程造价控制，还应包括经济分析、风险分析、项目管理和合同管理等内容，是建筑工程项目全过程投资的概念。没有一种工业产品的生产像建筑产品那样复杂，生产一件建筑产品要动用大量的机械设备及人员（包括管理技术人员、生产人员），从立项到竣工，少则数月，多则数年。其生产过程是通过不断变换的人流将物质有机地凝聚成产品，而最终产品是一个需要符合一系列功能的统一体，所以建筑产品的生产是一个多维系统工程。虽然建设工程的实际投资主要发生在施工阶段，但节约投资的可能性却主要发生在施工以前的阶段，尤其是在设计阶段，设计阶段是投资控制最主动、最有效的环节。根据国内外的统计资料[34]，在工程项目投资控制的全过程中，对项目投资影响最大的阶段，是约占工程项目建设周期 1/4 的技术设计结束前的工作阶段。在初步设计阶段，影响项目投资的可能性为 $75\%\sim95\%$；在施工图设计阶段，影响项目投资的可能性为 $5\%\sim35\%$。很显然，项目投资控制的重点在于施工以前的投资决策和设计阶段，而在项目作出投资决策以后，控制项目投资的关键在于设计，虽然目前设计费不及建设工程全寿命费用的 1%，但正是这少于 1% 的费用却基本决定了几乎全部随后的费用。由此可见，设计对整个建设工程的效益是何等重要。

我国工程设计技术人员的技术水平、工作能力和知识面，与国外的同行相比，几乎不相上下，但他们缺乏也不太重视经济观念。国外的设计人员时刻考虑如何降低项目投资，但国内建筑工程设计人员则将投资控制看作与自己无关的概预算人员的职责。而概预算人员的主要工作是根据设计图纸编制项目概预算，难以有效地控制工程项目投资。为此，当前迫切需要解决的是以提高项目投资效益为目的，在工程建设过程中将技术和经济有机地结合起来，通过技术比较、经济分析和效果评价，正确处理技术先进与经济合理两者之间的对立统一关系，力求在技术先进前提下的经济合理，在经济合理基础上的技术先进，将控制工程项目投资观念渗透到各阶段之中。

结构工程造价占整个建筑工程造价的 $30\%\sim60\%$，结构设计是否经济合理是决定工程建设项目投资效益的主要环节之一。当然，若能在不影响安全和使用的前提下降低结构工程造价，即使没有控制投资的设计要求，也是一项十分有益的工作，"择优而用"毕竟是人们最淳朴的追求。为此，必须深入技术领域研究节约投资的可能性。在目前我国现行规范的可靠度水准比较低的情况下，是否具有降低结构工程造价的可能性呢？下述实例中可找到肯定的回答。

【实例 9-1】 某办公楼层高 3.40m，柱距 7.5m，每层都设一会议室，为控制楼层层高，采用井式楼盖（楼面面层做法按 70mm 厚考虑）。现有两种方案：

方案 1：梁格布置如图 9-1（a）所示，梁截面 300mm×800mm，板厚 90mm，会议室梁下净高 2.53m。梁混凝土总量 $V_L = 36.144\text{m}^3$；板混凝土总量 $V_B = 17.01\text{m}^3$。

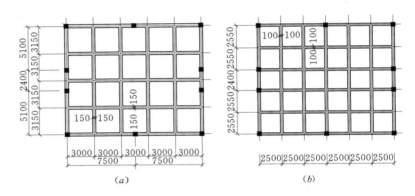

图 9-1　梁格平面布置
(a) 方案 1；(b) 方案 2

方案 2：梁格布置如图 9-1（b）所示，梁截面 200mm×700mm，板厚 80mm，会议室梁下净高 2.63m。梁混凝土总量 $V_L = 24.948\text{m}^3$；板混凝土总量 $V_B = 15.12\text{m}^3$。

由该例可知以下几点：

（1）虽然方案 1 的梁总数量比方案 2 少，但方案 2 梁和板的混凝土总量比方案 1 少 13.086m³，因此方案 2 比方案 1 经济。

（2）在方案 1 中，中间柱只有一个方向与梁连接，而另一方向却只与板相接，在地震作用下，板与柱交接处不能形成"板塑性铰"，而只能产生柱塑性铰机构，达不到"强柱弱梁"的抗震要求；而在方案 2 中，中间柱两个方向都与梁连接，只要设计合理，较容易实现"强柱弱梁"的抗震要求，因此方案 2 的抗震性能比方案 1 合理。

可见，方案 2 的综合性能优于方案 1。一些工程选用方案 1 的主要原因是因为在计算机普及应用之前，井式梁采用图表简化计算方法，只有等间距的梁格布置才能利用图表计算。目前，任一有限元计算程序都可非常便捷而精确地计算任意网格交叉梁的内力和变形，因此就没必要再拘泥于原来简化计算模型的简化条件。

【**实例 9 - 2**】　某砖混结构住宅楼，每层均设 $180mm \times 240mm$ 圈梁，上下各配 $2\phi12$ 纵筋、$\phi6@200$ 箍筋。在门洞口处用圈梁兼作过梁，由于外荷载的作用，底部 $2\phi12$ 纵筋不能满足承载力的要求，此时有两种配筋方案：

　　方案 1：如图 9 - 2 中 QL1 所示，将底筋 $2\phi12$（HPB235 级钢）纵筋改为 $2\textcircled{2}12$（HRB335 级钢）。

　　方案 2：如图 9 - 2 中 QL1a 所示，将底筋 $2\phi12$（HPB235 级钢）纵筋改为 $2\phi12 + 1\phi12$（洞口处另加，HPB235 级钢）。

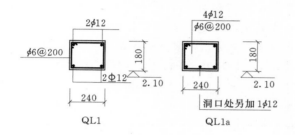

图 9 - 2　圈梁不同配筋模式

　　由于 HPB235 级钢的 $f_y = 210MPa$，HRB335 级钢的 $f_y = 300MPa$，所以上述两种配筋方案所获得的极限承载力十分相近，但实际耗费的钢筋量却有较大的差别：方案 1 底筋 $2\textcircled{2}12$（HRB335 级钢）在两端支座处与圈梁的搭接长度为 $35d \times 2 = 70 \times 12 = 840$（mm），若洞宽为 900mm，则实际配筋量为 $2 \times (900 + 840) = 3480$（mm）长的 $\phi12$ 钢筋；而方案 2 的实际配筋量为 $2 \times 900 + (900 + 2 \times 5 \times 12) = 2820$（mm）长的 $\phi12$ 钢筋（$1\phi12$ 另加筋在支座处的锚固长度为 $5d$）。方案 1 与方案 2 相差 660mm 长的 $\phi12$ 钢筋，而这部分增加的钢筋位于支座处，对结构的承载能力没有实质贡献。

【**实例 9 - 3**】　某沿街招待所须在屋顶加一广告牌，为支承广告牌支架，须在屋顶板上新加一道 $500mm \times 500mm$ 的钢筋混凝土现浇梁，而屋顶为预制预应力空心板，空心板允许荷载为 $6.50kN/m^2$，允许弯矩为 $18.10kN \cdot m$，允许剪力为 $23.10kN$。当混凝土尚未凝固时，后加梁为板的外加荷载，这部分荷载已超出板的允许荷载范围，因此在施工期间必须在板底增加支撑。但顶层招待所在施工期间仍须正常营业，增加支撑是不可能的。为此，设计时根据钢筋混凝土叠合梁的原理，将该梁设计成分两次浇筑混凝土的叠合梁，先浇筑 250mm 高混凝土，待该部分混凝土达到一定的强度后，再浇筑余下的 250mm 高混凝土

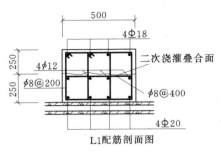

图9-3 叠合梁配筋模式

（见图9-3）。这就较好地解决了板承载力不足而施工条件又不允许增加支撑的矛盾。

【实例9-4】 某被服仓库为三跨金属拱形波纹屋顶结构，三跨跨度均为30m，建筑面积4920m²，拱脚标高3.50m，拱顶标高12.50m，抗震设防烈度为8度。柱距6m，金属拱形波纹彩板固定在柱顶500mm×600mm的钢筋混凝土纵向梁上。由于金属拱形波纹屋顶自重轻，拱脚轴力较小而水平推力及支座弯矩则相对较大，且柱在风载和地震作用下是采用悬臂计算模型进行内力分析的，所以柱传至基础底面的轴力较小而弯矩则相对较大。

为减少基础偏心弯矩的影响，本工程基础设计时根据上部结构柱顶的水平推力较大且受力方向固定的特点，采用柱中心偏离独立柱基中心的特殊形式［见图9-4（b）］以抵抗水平推力的作用，使基础在上部结构自重作用下处于中心受压状态，其他荷载作用下处于偏心受压状态。采取这一措施后，基础平面尺寸由常规的2600mm×5000mm［见图9-4（a）］变为1900mm×3200mm［见图9-4（b）］，基础混凝土用量减少87.6m³，降低幅度达68%，依据北京市概算定额，可节约投资5.9万元。基础平面尺寸减小，不仅可取得较好的经济效益而且基底反力实际分布更均匀，受力性能也相对好些。该工程已于1999年7月正式投入使用，至今使用良好。该厂二期工程大车间为单跨金属拱形波纹屋顶结构，跨度为35m，柱基础也采用图9-4（b）所示形式，2000年12月该工程已正式投入使用。

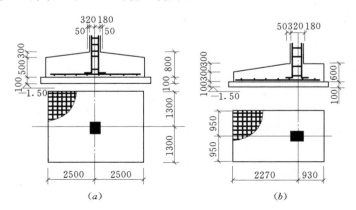

图9-4 两种独立柱基模式

［实例 9-4］表明，对于这类上部结构传至基底的偏心力矩方向比较固定的结构，采取将基础几何中心与柱中心相对偏移一数值的方法以抵消偏心荷载对基础的影响，不失为一种经济而有效的措施。但此时，《建筑地基基础设计规范》（GBJ 7—89）中所给出的确定偏心荷载作用下的基底压力分布的公式[●]，即

❶ 对应于 GB 50007—2011 中的式(5.2.2-2)及式(5.2.2-3)。

$$P_{max} = \frac{N+G}{ab} + \frac{M}{W}$$

$$P_{min} = \frac{N+G}{ab} - \frac{M}{W}$$

应分别变换成

$$P_{max} = \frac{N+G}{ab} + \frac{M}{I}y_1$$

$$P_{min} = \frac{N+G}{ab} - \frac{M}{I}y_2$$

其中

$$I = \frac{1}{12}ba^3 + bax^2$$

式中：x 为柱中心与基础几何中心之间的偏离值；其他符号的意义同《建筑地基基础设计规范》（GBJ 7—89）。

相应的基础冲切验算时计算基础冲切破坏面以外的基础冲切力作用面积的计算公式也不能直接套用文献［36］中的计算公式，即

$$A_1 = \left(\frac{a}{2} - \frac{a_z}{2} - h_0\right)b - \left(\frac{b}{2} - \frac{b_z}{2} - h_0\right)^2$$

而应考虑柱中心与基础中心之间的偏离值 x，而将上式修改为[8]

$$A_1 = \left(\frac{a}{2} + x - \frac{a_z}{2} - h_0\right)b - \left(\frac{b}{2} - \frac{b_z}{2} - h_0\right)^2$$

文献［36］中的其他计算公式不变。

从前述几例可见，在目前我国现行规范的可靠度水准比较低的情况下，仍然具有降低结构工程造价的可能性，而且其潜力仍较大。

第二节
运用价值工程的基本思想进行多方案比选

建筑设计不仅是关于工程技术领域的科学，也受社会、政治和经济等因素的制约。建筑设计产品质量最终要表现在它产生的包括经济效益在内的综合效益上，一项设计自酝酿起就要考虑如何使投入的资金发挥最大的经济效益，如何对一定的投资计划提出合理准确的设计方案，这就是工程造价控制问题的直接来源。方案设计在项目建设中的作用是首位的，也是决定性的，这一阶段是应用价值工程非常重要

的阶段。由于在项目决策及方案设计阶段影响工程造价的可能性为30％～70％，因此设计方案的优选是工程造价控制的关键环节。

《红楼梦》第三回写林黛玉进荣国府，在老嬷嬷的指引下来到了东廊三间小正房内，"正房炕上横设一张炕桌，桌上磊着书籍茶具，靠东壁面西设着半旧的青缎靠背引枕。王夫人却坐在西边下首，亦是半旧的青缎靠背坐褥。见黛玉来了，便往东让。黛玉心中料定这是贾政之位。因见挨炕一溜三张椅子上，也搭着半旧的。"对这"半旧的"三字，甲戌本脂砚斋的侧批、眉批是："三字有神。此处则一色旧的，可知前正室中亦非家常之用度也。可笑近之小说中，不论何处，则曰商彝周鼎、绣幕珠帘、孔雀屏、芙蓉褥等样字眼。近闻一俗笑语云：一庄农人进京回家，众人问曰：'你进京去可见些个世面否？'庄人曰：'连皇帝老爷都见了。'众罕然问曰：'皇帝如何景况？'庄人曰：'皇帝左手拿一金元宝，右手拿一银元宝，马上稍着一口袋人参，行动人参不离口。一时要屙屎了，连擦屁股都用的是鹅黄缎子，所以京中掏茅厕的人都富贵无比。'试思凡稗官写富贵字眼者，悉皆庄农进京之一流也。"将皇帝与"金元宝"、"银元宝"、"人参"及"缎子"相提并论之所以成为笑话，就在于真正的尊贵是难以用具象的金银财宝等物质财富外化其价值的，物质财富本身也只有用在其适宜的场所才能体现其价值和高贵。这对于那些追崇汉朝萧何修未央宫"非壮丽无以重威"思想的工程建设者来说，是一反讽。美国作家亨利·梭罗说："大多数奢侈品和许多所谓的生活舒适，不仅不是不可或缺的，而且是人类升华的确实障碍。"钱钟书先生认为："俗气不是负面的缺陷（default），是正面的过失（fault）"，在"形形色色的事物间有一个公共的成分——量的过度"。建筑工程的体面、豪华不仅仅在于用料的精美和贵重，而在于是否满足使用功能和形式美的需要，这就是价值工程的具体体现。

一、价值工程的本质特征

所谓价值工程又称为价值分析，是 1947 年美国通用电气公司麦尔斯提出的，被誉为六大管理技术（系统工程、管理数学、网络技术、行为科学、计算机在管理中的应用和价值工程）之一。它是一门软科学，依靠集体智慧有组织地研究系统的功能，揭示系统中的必要功能与总成本间的最佳匹配，其性质属于一种"思想方法和管理技术"，可用公式表示为[34]

$$V = F/C$$

式中：V 为价值；F 为功能；C 为成本或费用。

价值工程本质上是以功能（而不是具体结构）为中心来规划某项工作，其目的有以下几方面：

（1）千方百计地实现必要功能，剔除过剩的多余功能。

（2）求得必要功能与成本的最佳匹配，而不是片面强调一个侧面。

（3）使各部分的功能寿命大体一致，以取得最好的经济效益。

价值工程已发展成为一项比较完善的管理技术，在实践中已形成了一套科学的实施程序。这套实施程序实际上是发现矛盾、分析矛盾和解决矛盾的过程，通常根据逻辑程序围绕以下七个问题展开：①这是什么？②这是干什么用的？③它的成本多少？④它的价值多少？⑤有其他方法能实现这个功能吗？⑥新的方案成本多少？功能如何？⑦新的方案能满足要求吗？顺序回答和解决这七个问题的过程，就是价值工程的工作程序和步骤，即选定对象、收集情报资料、进行功能分析、提出改进方案、分析和评价方案、实施方案以及评价活动成果。

工程项目的方案优化可利用价值工程的某些概念和手段来改善现有的方法。价值工程最本质的特征是着眼于提高产品的价值，兼顾功能和成本两个方面，不仅致力于降低成本，而且致力于产品功能的提高。同一建设项目通常有多种不同的设计方案，也就有不同的造价，就可运用价值工程进行设计方案比选，从所有可选方案中选用最满意的方案。其具体过程包含以下四个方面内容[22]：

（1）对建设项目进行功能定义和评价。关于功能的分类，按作用大小和重视程度，功能可分为基本功能和辅助功能；按性质，功能可分为使用功能和美学功能等；按要求，功能可分为必要功能和多余功能。在建设项目的功能要求确定后，就可进行相应的功能定义和评价。

（2）提供可用方案。根据建设项目任务书提供的设计要求，提出符合设计要求的多种方案，作为评价对象。

（3）方案优选。对各种可选方案，采用特定的方法，通过分析计算，得出成本评价系数和功能评价系数，然后，根据价值公式，用功能评价系数除以成本评价系数即为价值系数。

（4）方案评价。各种可选方案中价值系数最大的为最优方案。

目前，在我国要完全按上述步骤进行方案比选还不太现实，其最大的制约因素是工程建设领域还缺乏一整套完善的确定成本评价系数和功能评价系数的计算分析方法。但价值工程兼顾功能和成本两个方面，不仅致力于降低成本，而且致力于产品功能提高的思想方法，有助于拓宽现有工程项目方案比选的思路，增强方案评选的科学性，提高决策水准。对于结构专业而言，通过方案比选，不仅可防止片面强调安全而加大安全系数，留有过多富余量的倾向，而且现有结构体系、结构材料可通过反复比较，找到各自适合的应用范围，充分发挥各自的优点。下述各类结构方案的比选均以兼顾功能和成本两个方面的思想作为方案评定标准。

二、大直径灌注桩与柱下条形基础的经济性比较

钢筋混凝土的受压性能好，而抗弯性能相对较差，由于灌注桩以受压为主，而基础梁以受弯为主，所以灌注桩的用钢量小于构件截面尺寸相近的基础梁。对于框架结构，当场地具有理想的持力层且桩长与柱距相当时，虽然灌注桩名义上属于深基础，但在不少场合灌注桩方案反而更经济，沉降变形也小。

卵石层是最理想的地基持力层之一，对于多、高层建筑，当地基持力层为承载力标准值 $f_{ak} \geqslant 250$ kPa 卵石层时，常规的做法是采用柱下单独基础、柱下条形基础或筏板（箱形）基础。按照通常的观念，大直径灌注桩属于深基础，当持力层为卵石层时，采用深基础是不经济的。但北京地区的经验表明：当桩端持力层为卵石层时，桩端承载力标准值 f_{ak} 可达 2000～2500kPa 以上，两者的承载力标准值差别较大。因此，有必要根据上部传来的荷载的大小对大直径灌注桩与常规柱下条形基础或筏板（箱形）基础之间进行经济技术比较，供具体工程设计参考。典型的工程实例分析表明，当地基持力层为承载力标准值 $f_{ak} \geqslant 250$ kPa 卵石层时，以上部结构的柱距为 6m×6m 为例，有以下结论[59]：

（1）5 层以下的建筑以柱下单独基础最为经济。

（2）5～6 层的建筑以双向柱下条形基础最为经济。

（3）7 层以上的建筑采用人工挖孔桩经济效益最好。

上述经济性比较未考虑由于地基持力层土层分布不均匀所需的地基处理费用。实际工程中，当地基持力层土层分布不均匀时，对于 5～6 层的建筑，人工挖孔桩的经济效益可能优于双向柱下条形基础。

【实例 9 - 5】 北京市某社区服务中心为地下 1 层、地上 5 层的框架结构，受场地限制，是紧邻原电影院而建的 L 形建筑。新建建筑地下室地面正好位于原电影院基础底面以下 700～900mm 厚的粉细砂层上，新建建筑若采用钢筋混凝土梁板基础，则基槽深度超过原电影院基础底面，由于粉细砂层流动性大，当基槽开挖深度超过原电影院基础底面时，原电影院基础底面将被掏空而危及上部结构的安全。因此，需对原电影院基础进行加固，某岩土公司对该部分地基加固的报价为 15 万元。后经设计院、监理及施工单位三方反复协商认为：虽然依据《北京市建设工程概算定额》的初步测算表明，采用泥浆护壁水下大直径灌注桩的直接费比 800mm 厚的筏板基础高出约 5.8 万元，但由于采用大直径灌注桩后，原电影院基础不需加固处理，既加快了施工进度，又能确保原电影院基础不被扰动，其综合经济效益仍是最佳的。这一建

议得到了建设单位认可而成为实施方案。

在该项目中,大直径灌注桩不仅较好地解决了新建建筑与原有建筑之间的基础处理问题,而且由于地下室为桑拿浴用房,有较多的水池等,采用大直径灌注桩可以使水池与结构基础不相干、不影响结构受力,更容易满足功能要求。在投资成本相近的情况下,以满足功能要求作为评定标准,是该工程的一大特点,体现了价值工程的基本思想。

可见,对于多层框架结构,当下卧卵石层埋深较浅,且新建建筑与原有建筑毗邻或拆除原建筑并在原址上重建时,人工挖孔桩是各种可能方案中,综合经济效益最好的。

三、高层建筑筏板基础与桩基础的经济性比较

【实例 9 - 6】 高层住宅基础选型及经济性比较。

郑州某学院二期经济适用房由三栋完全相同的 24 层塔楼组成,三栋塔楼总建筑面积 44781m²,三栋塔楼之间间隔 40m。塔楼地下 2 层、地上 1 层为商业用房,层高 3.0m,室内外高差 0.9m。2～24 层为住宅,层高 2.90m,并在 14 层与 15 层之间设层高为 2.20m 的中设备层,顶层设屋顶管沟,建筑檐口高度 72.80m,抗震设防烈度为 7 度(0.15g)。该工程 2003 年 6 月完成施工图设计,2003 年 10 月完成招投标工作,并于当月开工。中标价:主楼共 6091 万元,折合 1282.24 元/m²。与当地同类建筑相比,其建设成本价是相对较低的,这主要是因为设计阶段,通过设计院与建设单位的多方沟通协调,针对本工程的特殊情况,在基础选型、墙厚选取和钢材选用等方面,采取了与当地设计不同的做法,取得了较好的经济效益。

根据工程勘察报告,场地主要土层地质条件如表 9 - 1 所示。场地地下水位在天然地坪下 24.5m,埋藏较深,不影响基础施工。

表 9 - 1　　　　　各层土的承载力特征值 f_{ak} 及压缩模量 E_s

层号	2	3	4	5	6	7	8	9	10	11	12	13	14	15	16
f_{ak} (kPa)	185	190	270	260	250	350	300	310	350	500	350	380	400	410	400
E_s (MPa)	13.5	7.5	18.5	12.5	17.0	13.5	12.0	12.5	13.0	50.0	35.0	14.5	35.0	16.0	40.0

该工程勘察报告根据当地经验提供的基础型式只有人工挖孔大直径灌注桩一种。勘察报告要求采用桩直径 $\phi1000$、扩大头直径为 $\phi2000$ 的人工挖孔大直径灌注桩,桩长 23.2m,按筏板下均匀布桩,桩间距 3m 满布。由于桩基造价较高,为尽可能降低造价,在设计阶段仔细分析了场地的地质状况后认为,因持力层位于天然地坪下 5.8m,为粉土

层④，$f_{ak}=270\text{kPa}$，承载力较高，深宽修正后的天然地基承载力特征值 $f_a=421\text{kPa}$。经计算分析，当基础底板面积扩大约 5% 时，采用天然基础，其承载力可满足规范要求。为此，设计单位建议建设单位请求勘察单位提供天然基础的设计承载力和变形计算参数，供设计选用。根据勘察单位随后提供的天然基础设计所需参数，经方案比较，采用筏板基础，筏板厚度取 900mm 即可满足冲切、剪切和承载力极限状态，其沉降量为：地基中心点平均沉降 71.9mm，差异沉降 4.9mm，满足规范要求。《2003 全国民用建筑工程设计技术措施——结构》第 3.8.5 条，根据全国各地筏板设计经验，提出了"多层民用建筑的筏板厚度，可根据楼层层数按每层 50mm 估算"。该工程楼层层数 27 层，参照这一规定，筏板厚度估算值为 1350mm，而经冲切、剪切验算所需的筏板厚度为 900mm，实际采用的筏板厚度比经验值 1350mm 减小了 450mm。

每栋底层建筑面积（取地下室墙外包线面积，不含窗井）631.9m²，若按原方案采用桩基础，共需布桩 $631.9\div(3\times3)=70.2$ 根，取 70 根桩，根据河南省定额，每 1m³ 人工挖孔桩（混凝土以及挖孔人工费和运土费）直接费为 628.26 元，钢筋为 3800 元/t，则每根桩直接费为 $20.3\times628.26+296.7\times3.8=13881.1$（元），三栋塔楼共 $3\times70=210$ 根桩，直接费为 $210\times13881.1=2915038.98$（元）。实际设计采用筏板基础，面积（含窗井面积）719.13m²，筏板厚度 900mm；而采用桩基础的构造底板面积（按地下室墙外包线面积计）为 631.9m²，筏板厚度 300mm，两者相比，基础底板部分，筏板基础比桩基础增加了 $[631.9\times(0.9-0.3)+(719.13-631.9)\times0.9]\times3=1372.94$（m³）定额中的钢筋混凝土量。参照北京市 1994 年《建设工程概算定额》，筏板基础的直接费（含钢筋及混凝土）为 506.73 元/m³，则采用筏板基础比桩基础节约了 $1372.94\times506.73-2915038.98=2219329.09$（元）（直接费）造价，其节省的造价是相当明显的。

【实例 9-7】　高层住宅沿剪力墙下布桩方案及其经济性。

洛阳某住宅小区由地上 27 层的 1 号住宅楼，地上 22 层的 2 号、3 号、4 号住宅楼以及 3 层的裙房组成，住宅层高 3m，裙房层高 4.2m，如图 9-5 所示。1~4 号高层住宅、裙房均与地下车库在地下一层以下的使用功能相贯通，基础底板顶标高均为 -6.00m。由于主楼与地下车库在地下部分不能设置缝，否则主楼基础埋深满足不了规范的要求。因此，设计时应将主楼与地下车库在地下部分连成整体，这就造成四栋高层建筑及其裙房因地下车库的连接而成为事实上的多塔楼结构。由于它们仅在地下部分相连，根据《高规》（JGJ 3-2002），只要结构布置时地下室部分的侧移刚度大于上部结构 2 倍以上，各栋建筑的嵌固部位就可以取为地下一层顶板（±0.0），这样就可以将各栋建筑物简化为嵌固在地下一层顶板上单独作用的结构而不是多塔楼结构。为此，在结构设计时，特地在地下车库部分设置了较多的剪力墙以加强地下部分的刚度。计算结果表明，根据这一布置，地下一层的侧移刚度是一层楼层侧移刚度的 2 倍以上，完全可以满足规范的要求，从而实现了减小多塔楼作用效应、满足上部结构嵌固在地下一层顶板的目的。

本工程最大的特点在于基础选型，有一定的代表性，特作详细介绍。

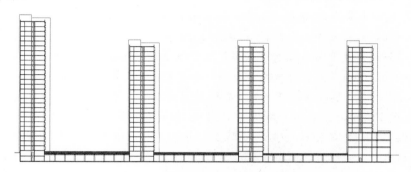

图 9 – 5　某住宅小区住宅楼、地下车库及裙房剖面

1. 场地工程地质及水文情况

（1）地层结构。根据现场钻探、原位测试及室内试验结果分析，勘探深度范围内揭露土层可分为 7 大层（3 个亚层），表层为素填土（Q_4^{ml}）；②层为新近堆积（Q_4^{2al+pl}）形成的黄土状粉质黏土；③层为第四系全新统冲洪积（Q_4^{1al+pl}）形成的黄土状粉质黏土；④～⑦层依次为第四系上更新统冲洪积（Q_3^{al+pl}）形成的黄土状粉质黏土、粉土及碎石土，如图 9 – 6 所示。

①素填土（Q_4^{ml}）。物质成分较复杂，结构疏松，欠压密。层厚 0.40～3.30m，普遍分布。

②黄土状粉质黏土（Q_4^{2al+pl}）。高压缩性土。系新近堆积土。层厚 0.10～3.40m，普遍分布。

③黄土状粉质黏土（Q_4^{1al+pl}）。中等压缩性土。层厚 2.20～4.10m，普遍分布。

④黄土状粉质黏土（Q_3^{al+pl}）。中等压缩性土。层厚 0.70～1.60m，普遍分布。

⑤黄土状粉质黏土（Q_3^{al+pl}）。中偏低压缩性土，层厚 4.90～8.50m，普遍分布。

⑥黄土状粉土、粉质黏土（Q_3^{al+pl}）。中偏低压缩性土。层厚

0.50～2.20m，普遍分布。

⑥—1 中细砂。砂质较纯，级配不良，局部夹粉土薄层，稍湿，中密。层厚 0.20～1.80m，该层仅在 21、30、31、33、34、35、38、39、45 号孔附近呈透镜体分布。

⑦卵石（Q_3^{al+pl}）。根据颗粒分析试验，粒径 20～200mm 的含量为 61.0%，粒径 2～20mm 的含量为 20.2%，粒径小于 2mm 的含量为 18.8%。偶见漂石。均匀性较差，局部夹 10～30cm 的砾砂、圆砾、黏性土薄层透镜体，局部呈窝状分布。该层普遍分布，最大揭露厚度为 13.40m，最大高差 4.88m。

⑦—1 卵石。根据颗粒分析试验，粒径 20～200mm 的含量为 60.6%，粒径 2～20mm 的含量为 18.1%，粒径小于 2mm 的含量为 21.3%，偶见漂石，均匀性较差，局部夹 10～40cm 的砂土薄层，层厚 0.30～1.60m。该层主要在 3 号、4 号楼范围内及其余局部地段分布。

⑦—2 粉质黏土（含砾）。褐黄色，含 10% 左右的砾石，砾径一般为 5～15mm，大者 20mm 左右，可塑，切面稍有光滑，干强度中等，韧性中等，中等压缩性土，层厚 1.10m。该层仅在 2 号孔附近呈透镜体分布。

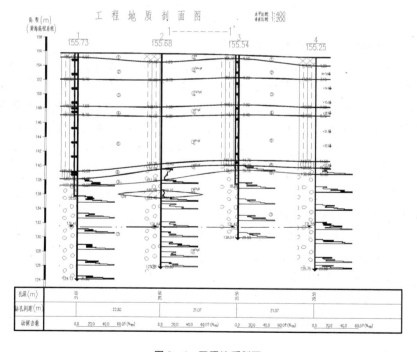

图 9-6　工程地质剖面

（2）地下水。勘察期间，经地下水位观测，地下水埋深 21.20～24.34m。地下水属孔隙潜水，赋存于⑦层卵石层中，主要以大气降水入渗和侧向径流补给，以开采和径流为主要排泄途径，基本流向趋势由西南流向东北。根据洛阳市区地下水多年观测，其水位年变幅约为 1～3m。该场地地下水对混凝土结构及混凝土结构中钢筋无腐蚀性。

（3）场地地震效应。根据《抗震规范》（GB 50011—2001）附录 A，本工程抗震设防烈度为 7 度，设计基本地震加速度为 0.10g，设计地震分组为第一组，建筑场地类别为 Ⅱ 类，场地特征周期为 0.35s。

（4）地基土的湿陷性。根据土工试验成果分析，场地地基土①～④层部分土样具有湿陷性，但均不具有自重湿陷性，最大湿陷深度 8.7m。①、②、③、④层湿陷起始压力平均值分别为 84kPa、82kPa、152kPa 和 174kPa。该湿陷性黄土场地的湿陷类型为非自重湿陷性黄土场地，湿陷性黄土地基的湿陷等级为 Ⅰ 级（轻微）。

（5）地基土承载力特征值、变形参数。根据地基土成因时代、物理力学指标、原位测试结果综合确定地基土承载力特征值及变形参数（见表 9-2）。在基础变形验算时，各层土压缩指标应根据实际土的有效自重应力与附加应力之和采用相应的 E_s 值。

表 9-2　　　　　　　　地基土承载力特征值及变形参数值

层号	土　名	承载力特征值 f_k（kPa）	变 形 参 数	
			压缩模量 E_{S1-2}（MPa）	变形模量 E_0（MPa）
②	新近堆积土	100	4.8	
③	黄土状粉质黏土	150	11.2	
④	黄土状粉质黏土	140	8.2	
⑤	黄土状粉质黏土	160	14.5	
⑥	黄土状粉土、粉质黏土	165	16.6	
⑥-1	中细砂	190		18
⑦	卵石	750		55
⑦-1	卵石	550		45
⑦-2	粉质黏土（含砾）	150	14	

（6）桩基础设计参数。根据各层土的物理力学性质指标及原位测试，桩基础设计参数如表 9-3 所示。

表 9-3　　　　　　桩基侧阻力特征值 q_{sia} 和端阻力特征值 q_{pa}

层号	岩　性	侧阻力特征值 q_{sia}（kPa）	端阻力特征值 q_{pa}（kPa）（清底干净）	
			中口径	$D \geqslant 800mm$
②	新近堆积土	20		

续表

层号	岩性	侧阻力特征值 q_{sia}（kPa）	端阻力特征值 q_{pa}（kPa）（清底干净）	
			中口径	$D \geqslant 800mm$
③	黄土状粉质黏土	25		
④	黄土状粉质黏土	23		
⑤	黄土状粉质黏土	28		
⑥	黄土状粉土、粉质黏土	24		
⑥—1	中细砂	30		
⑦	卵石	75	2000	1900
⑦—1	卵石	60	1700	
⑦—2	粉质黏土（含砾）	24		

2. 基础选型

由于场地地基土①～④层部分土样具有湿陷性，主楼又是高层建筑，荷载较大，主楼不宜采用筏板等浅基础形式。裙房部分持力层为③层，由于③层湿陷起始压力平均值为152kPa，而③层地基土承载力特征值为150kPa，小于湿陷起始压力平均值152kPa，裙房部分可以采用独立柱基且地基承载力不考虑深、宽修正。根据勘察报告所提供的资料和上部结构传至基础的荷载情况，设计阶段对主楼的两种基础类型进行了分析和对比，其结果如下。

（1）CFG桩复合地基方案。该工程持力层为黄土状粉质黏土③层，承载力特征值150kPa，比较高，采用CFG桩复合地基是可行的。经计算，2号、3号、4号楼采用满堂布ϕ600的CFG桩，桩距$4d$＝2400mm，地基承载力经深度修正后可以满足要求，每栋楼共布172根桩（三栋楼共516根桩）；1号楼采用满堂布ϕ600的CFG桩，桩距$3.5d$＝2100mm，地基承载力经深度修正后可以满足要求，1号楼共需布置224根桩。桩顶部均设300mm厚级配砂石褥垫层。基础采用筏板基础，22层的2号、3号、4号楼筏板厚度约为900mm，筏板范围为沿主楼外墙边挑出500mm；27层的1号楼筏板厚度约为1100mm，筏板范围为沿主楼外墙边挑出500mm。

本方案的优点是：CFG桩布桩均匀，桩基础顶部与筏板不连接，筏板底部建筑卷材防水层贯通整个基础底面，容易施工而且质量有保证。

本方案的缺点是：CFG桩数量多，筏板厚度较厚，且300mm厚级配砂石褥垫层也增加造价，经济性较差。

（2）人工挖孔大直径灌注桩基方案。根据场地土层构造，绝对高程 135.48～140.36m 以下为卵石层⑦层，端阻力特征值 $q_{pa}=1900\text{kPa}$，且地下水较深，相应水位标高在 131.41～131.78m，比较适合做人工挖孔大直径桩。根据勘察报告提供的桩基侧阻力特征值 q_{sia} 和端阻力特征值 q_{pa}，常见的桩径及其桩承载力特征值如表 9-4 所示。

表 9-4   **单桩承载力特征值**

扩大头桩径 D（mm）	800	1000	1200	1400	1500	1600	1800	2000
桩承载力特征值（kN）	1474.8	2035	2656.8	3336.6	3697.4	4071.6	4859.2	5697.4

根据表 9-4，按照 $2.5d$ 或 $1.5D$（D 为扩大头直径），以及相邻两桩扩大头间净距不小于 500mm 的原则，沿剪力墙墙下布桩，1 号、2 号、3 号、4 号楼每栋建筑需布置 101 根桩，桩径 $d=800\text{mm}$，扩大头直径 D 分为 1800mm、1600mm、1400mm、1200mm 和 800mm（不扩）五种（1 号楼与其他楼桩数相同，扩大头直径不同），如图 9-7 所示。桩顶墙下设 $1000\text{mm}\times600\text{mm}$ 的承台梁，承台梁之间设置 250mm 厚构造防水底板。为调整桩基与构造防水底板之间的不均匀沉降，在构造防水底板下铺设 80mm 厚、容重为 18kg/m^3 的聚苯板。

本方案的优点是：人工挖孔大直径桩单桩承载力高，桩数量比满堂布桩少得多，而且沿剪力墙墙下布桩传力直接，承台梁的厚度小于相应的筏板厚度，构造防水底板比相应的筏板厚度更小，经济效益比复合地基加筏板基础要经济得多。

本方案的缺点是：桩基础与承台梁直接连接，底部建筑卷材防水层在桩部位截断，不能贯通整个基础底面，施工质量不容易保证。此外，因布桩不均匀，个别桩之间净距较小，需要挑花施工，也是它的缺陷。

根据上述分析比较，最后确定 1～4 号楼采用方案 2，即人工挖孔大直径桩基加构造防水板的方案。

四、柱网优化

【实例 9-8】 某体育馆柱网优化。

某体育馆（见图 9-8）总建筑面积 24000m^2，1 层为商业用房和贵宾休息室，2 层以上为体育场馆，设 5500 个固定座位和 300 个活动座位。在初步设计阶段，对原方案进行了适当的调整。原方案径向轴网按圆心角为 13°和 6°布置，由于屋盖为圆形结构，360°的圆弧不能被 13°整除，这就使得屋顶空间网架上（下）弦的节点间距不相等，弦杆长度也各不相同，不利于施工也增加了工程造价。经多方案分析对比，径向轴网调整为 12°、6°和 18°三种圆心角所对应的轴网，如图 9-9 所示。这样，可将屋顶空间网架外边缘的节点间距取为 6°圆心角所对应

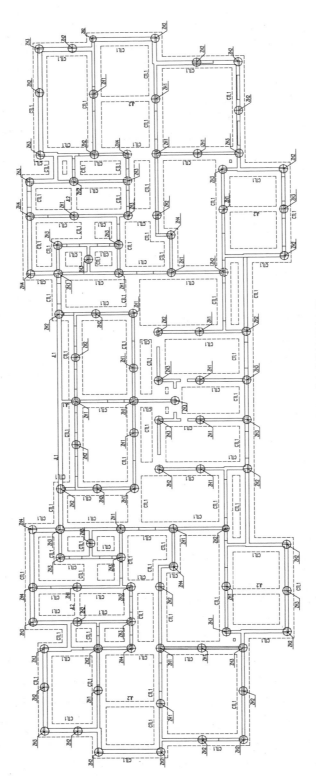

图 9-7　剪力墙墙下布大直径扩底桩方案

的弧长而将整个圆弧分为60等份，弦杆长度均等，从而方便了施工也降低了工程造价，同时根据这种轴网来布置1～3层的辅助用房，也较灵活方便。此外，对原方案环向轴网也作了相应的调整。根据优化调整后的轴网，1层柱子总数由原方案的216个减至183个，减少了33个柱子，加大了柱距，对1层商业用房使用功能的划分更有利，而且有效地降低了桩基和上部结构的造价。

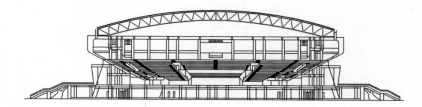

图9-8 体育馆剖面

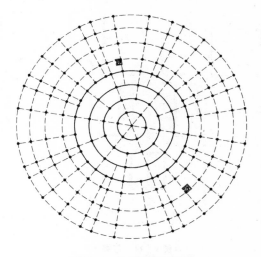

图9-9 体育馆柱网布置

五、结构体系的比选

【**实例9-9**】 高层住宅结构方案比选。

2000年8月，石家庄某房地产开发公司为降低开发成本，对小区的二期工程25～27号18层高层住宅方案进行了公开结构方案招标，要求在满足安全和使用要求的前提下，主体结构用钢量不超过60kg/m²（原方案已出施工图，其主体结构用钢量为80kg/m²）并承诺如果中标方案用钢量不超过50kg/m²，设计费可以与所节省的用钢量挂钩。为此，根据建设单位提供的建筑方案及招标文件，推出方案1、方案2和方案3三个结构方案（见图9-10～图9-12）进行比选，从中选出综合效益最好的方案。

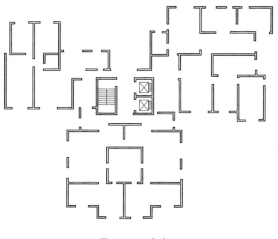

图 9 - 10   方案 1

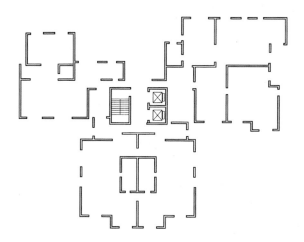

图 9 - 11   方案 2

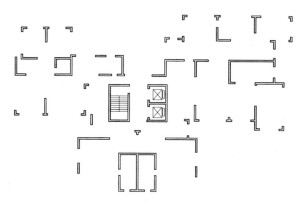

图 9 - 12   方案 3

（一）住宅可选结构方案概述

根据建筑方案及招标文件，建设场地抗震设防烈度为 7 度，场地类别为 II 类，标准层层高 2.90m。依据现行国家规范和行业（或地区）标准，对下述三个结构方案进行比选。

1. 有较多内承重墙的现浇钢筋混凝土剪力墙结构（方案 1）

方案 1（见图 9-10）的特点是：依据建筑平面布局设置钢筋混凝土剪力墙，适当部位剪力墙断开以填充墙代替，使各墙段的刚度均匀，在地震作用下结构受力性能良好。楼板为钢筋混凝土现浇板，由于剪力墙较多，板跨一般不超过 4.4m；考虑到板内埋设管线等，板厚一般为 100～110mm。剪力墙厚度为内墙 160mm、外墙 180mm，混凝土等级剪力墙为 C25、梁板为 C20，剪力墙抗震等级为三级。外墙做聚苯板外保温。内力分析采用 TBSA 程序计算，计算层数为 21 层（含地下室和设备层），其 X 方向自振周期为：$T_1 = 1.37s$，$T_2 = 0.37s$，$T_3 = 0.17s$，底部剪力标准值 $F_{EK} = 0.018G$（G 为结构总重量），最大层间位移 1/3287；Y 方向自振周期为：$T_1 = 1.07s$，$T_2 = 0.27s$，$T_3 = 0.12s$，底部剪力标准值 $F_{EK} = 0.022G$，最大层间位移 1/4333。程序计算结果表明，剪力墙配筋均为构造配筋，依据设计规范及工程习惯做法，标准层内外剪力墙水平和竖向分布筋均配双层 $\phi 8@200$，暗柱配筋范围为小于或等于 $1.5b_w$，主筋 $\phi 14$。

2. 大开间灵活分隔现浇钢筋混凝土剪力墙结构（方案 2）

方案 2（见图 9-11）的特点是：外墙依据建筑平面布局设置钢筋混凝土剪力墙，取消一定数量的内承重墙，使每户都有 1～2 个大开间，住户依据个人爱好进行二次装修时，可随意拆除、移动和凿开分隔墙，满足了住户对居住个性和生活质量的追求。楼板为钢筋混凝土现浇板，由于剪力墙较少，板跨一般为 3.0～6.6m，板厚为 100～160mm，板厚较厚。剪力墙厚度：内墙为 160mm，外墙为 180mm；混凝土等级：剪力墙为 C25、梁板为 C20，剪力墙抗震等级为三级。外墙采用聚苯板外保温。按计算层数为 21 层（含地下室和设备层）采用 TBSA 程序计算结果为：X 方向自振周期 $T_1 = 1.79s$，$T_2 = 0.44s$，$T_3 = 0.19s$，底部剪力标准值 $F_{EK} = 0.0187G$（G 为结构总重量），最大层间位移 1/1984；Y 方向自振周期 $T_1 = 1.72s$，$T_2 = 0.42s$，$T_3 = 0.18s$，底部剪力标准值 $F_{EK} = 0.0194G$，最大层间位移 1/2075。程序计算结果表明，标准层以上剪力墙配筋均为构造配筋，依据设计规范及工程习惯做法，标准层内外剪力墙水平和竖向分布筋均配双层 $\phi 8@200$，暗柱配筋范围为小于或等于 $1.5b_w$，主筋 $\phi 14$。

3. 异形柱框架-剪力墙结构（方案 3）

在设计阶段尚无异形柱框架-剪力墙结构国家规范，根据天津市标准《大开间住宅钢筋混凝土异形柱框轻结构技术规程》（DB 29—16—98），7度抗震设防区异形柱框架-剪力墙结构体系的最大适用高度为55m，该工程室外地坪至檐口的高度为55.5m，若适当调整室外地坪标高并将上下设备层的高度降为2.1m，则可满足该规程的上限值。

方案3的特点是：在外墙的L形和T形转角处设置钢筋混凝土异形柱，并在内部适当部位设置剪力墙核心内筒和部分短肢剪力墙，每个楼层的异形柱之间、异形柱与剪力墙之间设置框架梁，在剪力墙楼层处设置暗梁，从而构成异形柱框架-剪力墙结构（见图9-12）。楼板为钢筋混凝土现浇板，板跨一般不超过4.4m，板厚一般为100～110mm。异形柱墙肢和剪力墙厚度均为200mm，外墙保温为300mm厚加气混凝土砌块（异形柱墙肢外贴100mm厚加气混凝土砌块），内填充墙为200mm厚加气混凝土砌块。异形柱和剪力墙抗震等级为二级；混凝土等级剪力墙1～5层为C40，6～12层为C30，13层以上为C25，梁板1层以上均为C20。按计算层数为21层（含地下室和设备层）采用TBSA程序计算结果（异形柱等效为矩形柱）为：X方向自振周期$T_1=1.81s$，$T_2=0.477s$，$T_3=0.216s$，底部剪力标准值$F_{EK}=0.0178G$（G为结构总重量），最大层间位移1/1959；Y方向自振周期$T_1=1.69s$，$T_2=0.42s$，$T_3=0.187s$，底部剪力标准值$F_{EK}=0.0195G$，最大层间位移1/2107。短肢剪力墙、暗柱及框架梁的配筋依据计算结果确定。

（二）住宅方案比选

方案1：即有较多内承重墙的现浇钢筋混凝土剪力墙结构，结构体系成熟，抗震性能好，地震调查报告指出，框架结构在强烈地震作用下可能倒塌，而剪力墙只产生裂缝和不同程度的破坏而不会倒塌[58]。该方案内外剪力墙厚度较薄，施工时若采用大模板，装修时一般只需刮腻子即可，而不需要抹灰，房间的净使用面积仅次于方案2。由于承重墙间距较小，相对于方案2，钢筋混凝土现浇板板厚较薄，板的混凝土和钢筋用量较小。由于隔墙大部分为剪力墙，隔墙与隔墙之间、隔墙与现浇板之间的交接处连接较好，不易产生裂缝，隔墙的隔声性能好，外墙聚苯板外保温做法保温性能好。

经计算，标准层的用钢量为$31.8 kg/m^2$。

方案2：即大开间灵活分隔现浇钢筋混凝土剪力墙结构，体系成熟，抗震性能好，内外剪力墙厚度较薄，施工时如采用大模板，装修时一般只需刮腻子即可，而不需要抹灰，房间的净使用面积是三个方案中最大的一个。由于承重墙间距较大，相对于方案1钢筋混凝土现浇板板厚较厚，其混凝土和钢筋用量都相对增加。由于房屋的开间较大，住户依据个人爱好进行二次装修时，可随意拆除、移动和凿开分隔墙，增加了使用的灵活性，但这与该房地产公司的物业管理中，不希望住户随意进行二次装修的要求不相符，它的优越性也就不能得到体现。此外，轻质隔墙与剪力墙和现浇板的交接处易产生裂缝，轻质隔墙的隔声性能较差。目前，购房户与房地产开发公司之间因轻质隔墙接缝处的裂缝等的纠纷越来越多，有的房地产开发公司甚至因此而被告上法庭，致使房地产开发公司疲于应付。外墙聚苯板外保温做法保温性能较好。

方案 3：即异形柱框架-剪力墙结构，该结构体系目前尚处于探索阶段，试验研究表明高轴压比剪力墙延性较差[60]，其抗震性能不如前述两方案。而且该工程的房屋高度略超过天津市标准《大开间住宅钢筋混凝土异形柱框轻结构技术规程》（DB 29—16—98）规定的最大适用高度，所以该工程采用这种结构体系有些勉强。外墙 L 形和 T 形转角处的异形柱和内部剪力墙核心内筒及部分短肢剪力墙厚度均为200mm，墙厚较厚，异形柱之间、异形柱与剪力墙之间要后砌填充墙，墙面装修时必须抹灰，房间的净使用面积是三个方案中最小的一个。而且每个楼层的异形柱之间、异形柱与剪力墙之间需设置框架梁，在剪力墙楼层处也需设置暗梁，从而增加了楼层框架梁的数量，其钢筋用量也随之增加。为控制异形柱的轴压比，12 层以下的异形柱和剪力墙的混凝土等级比前述两方案提高了 1～3 个等级，也增加了土建造价。此外，轻质隔墙与异形柱框架的交接处易产生裂缝，轻质隔墙的隔声性能较差。根据目前国内工程的实践经验，外墙保温宜采用300mm 厚加气混凝土砌块（异形柱墙肢外贴 100mm 厚加气混凝土砌块），须增加一道施工工序，而且加气混凝土砌块装饰效果常常不理想，容易产生裂缝。

依据价值工程兼顾功能和成本的评定标准，三个结构方案中，方案 1 综合效益最好，方案 3 综合效益最差，方案 1 为优先选用方案，其标准层的用钢量约为 32kg/m²，虽然加强层及基础等的用钢量比标准层要大一些，但其总的用钢量指标在招标文件所限制的不超过 60kg/m² 范围内。方案 2 为可选方案。

由于种种原因该工程的实施方案为方案 3，实际结算价只比一期（即优化前的方案：内外墙厚均为 200mm，用钢量 80kg/m²）节省5 元/m²，从另一侧面说明方案 1 是经济的。

价值工程的创始人麦尔斯认为："购买材料的目的是为了获得某些功能而非材料本身。"在选取承重结构体系时，采用麦尔斯的"代用品方法"，有时可取得较明显的效益。例如，金属拱形波纹屋顶房屋是一种集承重、保温和围护于一体的无支撑、自重轻（10～

$25kg/m^2$)、跨越能力大（6～42m）、造价低、施工速度快（400m^2/d）、造型新颖优美的新型空间钢结构屋盖体系。由于这类结构具有良好的经济和社会效益，比较适合我国的国情，对于湿度不很大和无强烈侵蚀介质环境的跨度不大于40m的仓储房屋、体育健身用房、商贸展销厅以及各类临时建筑等，在目前国内建筑市场上极具竞争力，市场应用发展很快。作者设计了5栋金属拱形波纹屋顶房屋，在满足使用功能要求的前提下，其综合经济效益均明显优于常规的钢筋混凝土结构[40]。

【实例 9-10】 框架结构梁格不同布置方式的经济性比较。

这是一个在施工图审查工作中，因审查人员与设计人员对框架结构梁格布置方式存在争议而引发的经济性比较。

某工程位于抗震设防6度区，顶层为大空间，其屋面顶板的结构布置如图9-13（a）所示。该设计方案在7.2m跨内布置了3根次梁L1，截面尺寸300mm×1000mm，跨度19.5m。L1正截面配筋为12Φ25（HRB400级钢）。由于该方案次梁布置较密，L1只承受1.8m范围内的板面荷载，尽管L1的跨高比为19.5，经验算，考虑荷载长期作用的挠度能满足《混凝土规范》（GB 50010—2010）第3.4.3条的要求。经计算，7200mm×19500mm跨内的3根300mm×1000mm次梁，扣除楼板后的肋梁截面为300mm×880mm，则300×880×19500×3÷（7200×19500）＝110（mm），即肋梁的混凝土量相当于110mm厚的板的混凝土量。原设计屋面板板厚120mm（其实也可采用80～100mm，不一定拘泥于屋面板必须120mm厚的戒律），加上L1肋梁折算后的混凝土110mm厚，则除框架梁外，板与次梁的折算混凝土厚度之和为230mm，不仅不经济，而且屋面梁板的自重也很大。为此，在施工图审查时提出了如图9-13（b）所示的改进方案。这一方案，扣除框架梁后的次梁和板的混凝土折算厚度之和平均为171.8mm，比原方案减小了58mm，屋面自重减轻了1.45kN/m^2。虽然图9-13（a）所示的小跨度板的配筋比图9-13（b）所示的大跨度板配筋要小些，但是如将图9-13（a）中的L1底部配置的12Φ25纵筋均分在1800mm宽范围的板内，则相当于在板中配了Φ25@150的钢筋，而在图9-13（b）所示的大板配筋中肯定配不了那么大的钢筋，所以从梁板总配筋方面，图9-13（b）所示的大板方案比图9-13（a）所示的密肋方案经济。也就是说，图9-13（b）方案混凝土量和钢筋用量均比图9-13（a）节省，而且自重较轻，大板方案经济性明显优于密肋梁方案。

从这一实例可以看出，大板方案比密肋梁格方案经济。目前，还有些设计人员仍然固守着板的跨度为3～4m是比较经济的观念是经不起推敲的，大板方案往往是比较经济的，设计时应根据工程的实际情况作方案对比，不宜拘泥于成见。

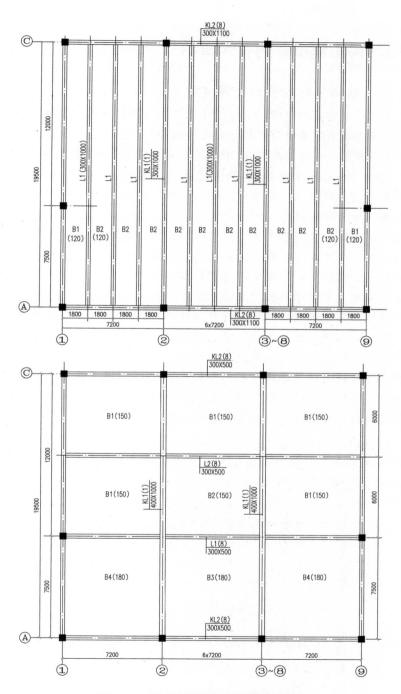

图 9 - 13　框架结构常见的两种梁格布置方案

（a）原设计的密肋梁格布置方案；（b）改进的大板方案

第三节
降低结构工程造价的技术措施

一、选用合理的理论计算模型

结构设计方案确定后，结构计算模型并不是唯一的，不同的计算模型之间的差别有时是很明显的且仍有一定的安全储备。因此，合理选取结构计算模型，不仅关系到结构的安全，也与结构的经济性直接相关。

1. 双向板弹性理论与塑性理论的经济性比较

作者在文献〔47〕中通过选取典型双向板算例进行对比计算，结果表明，除个别板跨外，无论是跨中还是支座，双向板按塑性铰线理论确定的弯矩系数均小于相应弹性方法的弯矩系数。之所以会出现这样的结果，主要是因为双向板的塑性铰理论计算结果不是将弹性理论计算出来的支座负弯矩按一定的幅度调至跨中，而是根据假定的塑性铰线，采用能量原理求解出来的，而单向板和连续梁的弯矩调幅法是按平衡原理算出来的，两者的计算方法本身就存在本质上的差别。大量工程实践表明，弹性理论的安全储备过大，而塑性铰线理论更接近于实际受力状态且仍有一定的安全储备。因此，双向板的弹性理论与塑性理论计算方法对经济性的影响较大，合理选取结构计算模型，不仅关系到结构的安全，也与结构的经济性有关，其中，双向板的弹性理论与塑性理论计算方法对经济性的影响较大。现举例说明如下。

【**实例 9 - 11**】 某厂小车间为框架结构，1 层顶板采用 $6m \times 9m$ 大跨度现浇板，中间不设次梁，板厚 150mm，混凝土为 C25，板荷载设计值为 $10.0kN/m^2$。原设计采用塑性理论[14]进行内力分析，其配筋如图 9 - 14 所

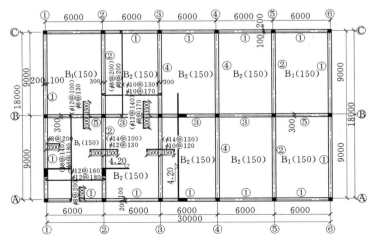

图 9 - 14　按塑性理论（弹性理论）计算的板配筋

示。为便于分析对比，现将该工程1层顶板改用弹性理论[14]进行内力分析，并采用同种钢筋（HPB235级钢）配筋，其相应的配筋如图9-14所示的括号内。板支座负筋、支座分布筋、板底受力筋及总配筋的钢筋每平方米用量列于表9-5中。

表 9-5　　　　　　板配筋的钢筋每平方米用量分析对比　　　　　　单位：kg/m²

计算方法	支座负筋	支座分布筋	支座负筋＋支座分布筋	板底受力筋	总配筋
弹性理论	6.704	1.022	7.726	8.059	15.785
塑性理论	3.755	1.022	4.777	6.808	11.585

由表9-5可得出以下几点：

（1）支座钢筋（支座负筋＋支座分布筋）：按弹性理论计算比按塑性理论计算增加 2.949kg/m²，增幅 38.16%。

（2）板底受力钢筋：按弹性理论计算比按塑性理论计算增加 1.251kg/m²，增幅 15.52%。

（3）板的总配筋（支座负筋＋支座分布筋＋板底受力筋）：按弹性理论计算比按塑性理论计算增加 4.20kg/m²，增幅 26.6%。

可见，由于钢筋混凝土板属于多次超静定结构，按通常的采用弹性理论进行内力分析，而在构件截面设计时，采用基于大量试验的基础上建立起来的弹塑性经验公式的设计方法，并未能充分发挥钢筋混凝土板的弹塑性性能，弹性理论的安全储备过大。只有内力分析和截面设计均考虑钢筋混凝土的弹塑性性能，才能充分发挥钢筋混凝土板的弹塑性性能，才更接近于实际受力状态。按塑性方法设计的板支座负筋要比按弹性方法设计的板支座和跨中钢筋都要少，既方便施工又可节约用钢量，建议更多的设计者采用塑性方法（直接受动力荷载及对裂缝控制较严格者除外）。

2. 按单向板设计与双向板设计的经济比较

根据《混凝土规范》（GB 50010—2002）第10.1.2条规定：四边支承板当长边与短边长度之比 $l_2/l_1 \leqslant 2$ 时，应按双向板计算；当 $2 < l_2/l_1 < 3$ 时，宜按双向板计算，若按沿短边方向受力的单向板计算时，应沿长边方向布置足够数量的构造钢筋；当 $l_2/l_1 \geqslant 3$ 时，可按沿短边方向受力的单向板计算。故当 $2 < l_2/l_1 < 3$ 时，既可按双向板设计，也可按单向板设计，但两者的配筋不同。

【算例 9-1】　承受均布荷载的四边支承板，$l_2/l_1 = 2.5$，支座条件如图9-15所示。

若按双向板设计，采用极限平衡法计算，取 $\beta_1 = \beta_2 = \beta_1' = \beta_2' = 1.4$，则由文献

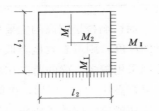

图 9-15　四边支承板计算简图

[47] 附录 4 有

$$\xi = 0.0644, \alpha = 0.15, M_{1p} = \xi q_c l_1^2 = 0.0644 q_c l_1^2$$

$$M_{2p} = \alpha M_{1p} = 0.15 \times 0.0644 q_c l_1^2 = 0.00966 q_c l_1^2$$

$$M_{\mathrm{I}p} = \beta_1 M_{1p} = 1.4 \times 0.0644 q_c l_1^2 = 0.09 q_c l_1^2$$

$$M_{\mathrm{II}p} = \beta_2 M_{2p} = 1.4 \times 0.000966 q_c l_1^2 = 0.0135 q_c l_1^2$$

若按单向板设计，短跨方向为一端简支、另一端固支单跨板，由《建筑结构静力计算手册》[13]有

$$M_{1e} = \frac{9}{128} q_c l_1^2 = 0.0703 q_c l_1^2$$

$$M_{1e} = -\frac{1}{8} q_c l_1^2 = -0.125 q_c l_1^2$$

而长跨方向则按构造配筋。

可见，短跨方向

$$(M_{1c} - M_{1p})/M_{1e} = (0.0703 - 0.0644)/0.0703 = 8.39\%$$

表明跨中弯矩相差不大；

$$(M_{1e} - M_{1p})/M_{1e} = (0.125 - 0.09)/0.125 = 28.0\%$$

表明支座负弯矩相差较大。

此外，对于框架和框架-剪力墙结构，单榀平面框架或平面协同框架计算结果普遍大于相应的空间框架计算结果，目前由于空间计算程序已非常普及，平面框架或平面协同计算程序已自然而然地被淘汰。对于基础梁、板，倒楼盖法与弹性地基梁（板）法计算结果也不一致，通常弹性地基梁（板）法计算结果要经济些，但实际工程中，对于某些土层，由于基床系数取值的人为性，也出现弹性地基梁板法计算结果反而大于倒楼盖法的情况。

3. 梁跨高比、板跨厚比的合理选择

"肥梁胖柱"一直是钢筋混凝土结构的一大缺陷。楼层的层高是影响建筑造价的主要因素之一，不同层高对造价的影响如表 9 - 6[20]所示。

表 9 - 6　　　　　　　　不同层高对造价的影响

层高（m）	2.80	3.00	3.20	3.40	3.60	3.80
造价（%）	99	100	103	107	110	113

而影响楼层层高的主要因素之一就是梁的高度。如能采取措施降低梁的高度，则可有效地降低建筑造价、提高投资效益。近年来，大开间柱网采用较多，梁的跨高比取值随地区不同也有较大出入，按传统习惯，主梁跨高比 1/8～1/12，次梁 1/12～1/16，常难满足建筑要求，梁高与使用功能争空间的矛盾较为突出。不少工程因担心梁高度减小后挠度过大而采用宽扁梁，这种宽扁梁不仅增加了梁的自重而且梁柱节点构造复

杂。事实上，主梁高度小于跨度的 1/12 时，梁的实际挠度不一定很大，其主要原因如下：现浇楼盖梁板实际上是共同工作的，可考虑 T 形截面的刚度；两端嵌固弯矩对梁变形的有利影响；施工支模时，可起拱以抵消荷载作用下的变形等方面。目前工程设计中钢筋混凝土主梁的截面高度普遍较高，其主要原因之一就是对超静梁，在设计计算梁的变形时，没有考虑两端嵌固弯矩对梁变形的有利影响。作者在文献 [47] 中给出了陈锡智推导的两端有嵌固弯矩时梁的最大挠度计算公式，以及根据这一公式作者所做的理论计算，其主要算例有以下几例。

【算例 9-2】 竖向均布荷载作用下梁的最大挠度计算。

由于两端嵌固弯矩越大，梁的挠度越小，所以不能按弯矩包络图来计算梁的挠度，而应选取其中一种工况或某几种工况的不利组合来计算梁的挠度。

计算条件为：连续梁或框架梁的支座弯矩 $M_A = M_B = qL^2/16$，梁的受荷面按 6m 考虑，荷载短期效应组合 $q_s = 6 \times 8 = 48 \text{kN/m}^2$，荷载长期效应组合 $q_l = 6 \times 7 = 42 \text{kN/m}^2$，梁的自重不计。梁的支座和跨中的配筋均按 1.50% 的配筋率配置，梁的刚度按规范[9]公式计算（不计受压区钢筋对刚度贡献），则当梁的跨度分别为 6m、9m、12m、15m、18m 和 21m，跨高比为 15 和 18 时，由文献 [47] 公式计算出的梁最大挠度列于表 9-7 中。

表 9-7　　　　　　　　　均布荷载作用下梁的最大挠度

梁跨 L(m)	截面尺寸 $(b \times h_0)$	跨高比 L/h	荷载短期效应组合		荷载长期效应组合		最大裂缝宽度 (mm)
			f_{smax}(mm)	f_{smax}/L	f_{lmax}(mm)	f_{lmax}/L	
6	250×365	15	18.2	1/329	29.9	1/201	0.289
6	250×300	18	32.9	1/182	54.0	1/111	0.434
9	250×565	15	24.8	1/363	40.7	1/221	0.265
9	250×465	18	44.7	1/201	73.4	1/123	0.398
12	300×765	15	26.0	1/462	42.6	1/282	0.207
12	300×630	18	47.4	1/253	77.7	1/154	0.318
15	300×965	15	31.6	1/475	51.8	1/290	0.202
15	250×800	18	67.7	1/221	111.2	1/135	0.367
15	300×800	18	56.5	1/265	92.6	1/162	0.306
18	350×1130	15	34.7	1/519	56.9	1/316	0.179
18	350×965	18	56.9	1/316	93.4	1/193	0.256
18	400×965	18	49.4	1/365	81.0	1/222	0.221
21	350×1330	15	39.3	1/534	64.6	1/325	0.175
21	400×1080	18	65.5	1/320	107.7	1/195	0.242

【算例 9-3】 框架结构竖向均布荷载和水平荷载组合（即两端端弯矩不等时）梁的最大挠度计算。

计算条件为：框架梁的支座弯矩 $M_A = qL^2/16 - qL^2/18$，$M_B = qL^2/16 + qL^2/18$，其他条件同［算例 9-1］，则当梁的跨度分别为 6m、9m、12m、15m、18m 和 21m，跨高比为 18 时，由文献［47］公式计算出的梁的最大挠度列于表 9-8 中。

表 9-8　　　　均布荷载和水平荷载组合作用下梁的最大挠度

梁跨 L(m)	截面尺寸 $(b \times h_0)$	跨高比 L/h	荷载短期效应组合的最大挠度		荷载长期效应组合的最大挠度	
			f_s (mm)	f_s/L	f_l (mm)	f_l/L
6	250×300	18	33.9	1/177	55.7	1/108
9	250×465	18	46.1	1/195	75.7	1/119
12	300×630	18	48.9	1/246	80.2	1/150
15	300×800	18	58.3	1/257	95.6	1/157
18	350×965	18	58.7	1/306	96.3	1/187
21	350×1080	18	77.9	1/269	128	1/164

【算例 9-4】 现浇楼盖梁板共同工作对梁变形的有利影响。

对于现浇楼盖，为考虑梁板共同工作对梁刚度的提高，计算梁的刚度时，可将跨中截面按 T 形截面考虑，两端负弯矩区仍按矩形截面考虑，刚度按规范[9]公式计算（不计受压区钢筋对刚度贡献且取 $b'_f = b + 12h'_f$），其他条件同［算例 9-1］，则梁跨度分别为 6m、9m、12m、15m、18m 和 21m，跨高比为 18，$h_f = 100mm$ 时，梁的最大挠度计算结果列于表 9-9 中。

表 9-9　　　　梁板共同工作对梁变形的影响

梁跨 L(m)	截面尺寸 $(b \times h_0)$	跨高比 L/h	荷载短期效应组合的最大挠度		荷载长期效应组合的最大挠度	
			f_s (mm)	f_s/L	f_l (mm)	f_l/L
6	250×300	18	25.0	1/240	41.1	1/146
6	300×300	18	21.28	1/282	34.9	1/172
9	300×465	18	27.7	1/325	45.4	1/198
12	300×630	18	35.7	1/336	58.6	1/205
15	350×800	18	37.8	1/397	62.1	1/242
18	350×965	18	45.6	1/395	74.8	1/241
21	400×1080	18	54.0	1/388	88.6	1/237

由表 9-7～表 9-9 可知：

(1) 当按矩形截面计算且梁的高度为跨度的 1/15 时，均布荷载作用下，梁的挠度通常均能满足规范要求。

（2）对钢筋混凝土现浇楼盖，考虑梁板共同工作对梁变形的有利影响时，若梁的高度为跨度的 1/18，在均布荷载作用下，梁的挠度一般不能满足规范的要求，但若考虑施工支模，起拱为跨度的 1/1000 来抵消荷载作用下的变形，在正常使用极限状态下梁的挠度也可满足规范的要求。

由此可见，对于连续梁和框架梁，《钢筋混凝土高层建筑结构设计与施工规程》（JGJ 3—91）规定的主梁高度为跨度的 1/8～1/12 的要求可放松❶。当然，由于梁截面的高度减小了，还应进一步验算梁的剪跨比、正截面和斜截面强度以及正常使用极限状态下的裂缝宽度等是否满足规范要求，这些内容可参考有关文献。

4. 板跨厚比的合理选择

现浇楼盖中，板的混凝土用量约占整个楼盖的 50%～60%，板厚的取值对楼盖的经济性和自重的影响较大，在满足板的刚度和构造要求的前提下，应尽量采用较薄的板厚。随着住宅商品化进程的发展和用户对空间灵活分隔要求的增加，建筑设计趋向于大开间、大进深，因此楼板的尺度与荷载都比过去增大，楼盖结构设计除满足承载能力极限状态的要求外，满足正常使用极限状态的要求也不容忽视，所以研究钢筋混凝土双向板的合理跨厚比有其实际意义。钢筋混凝土双向板的合理跨度比问题的实质是挠度的计算问题。由于双向板的长短向跨度比、边界支承条件、荷载及材料均对变形有影响，因而传统习惯上简单地将简支双向板板厚取 $(1/35～1/30)L$，连续双向板板厚取 $(1/45～1/40)L$，显得过于粗糙，既有可能因板厚过薄而不能满足变形控制条件，也有可能因板厚过大而增加材料消耗。所以，在满足强度与变形控制条件下，合理选定双向板的跨厚比，既可保证结构的安全可靠，又具有现实的经济意义。但是挠度计算十分烦琐，况且现行规范给出的受弯构件刚度是与多种变量有关的可变值，在满足强度与变形要求的条件下，本身也还具有优化问题。文献［86］给出了一种方便、快捷的复核及计算方法，如表 9-10 所示。表 9-10 中的 B1～B9 如图 9-16 所示。由该表中的数据可见，考虑支座固端弯矩的影响后，板的允许跨厚比可比一般手册介绍的板的允许跨厚比要小得多，而且中等跨度以下的板，大部分情况的板厚度为最小厚度控制。而据北京市的定额，板厚减薄 10mm，可节约 6 元/m² 的直接费。

❶《钢筋混凝土高层建筑结构设计与施工规程》（JGJ 3—2010）第 6.3.1 条规定框架主梁的高度为计算跨度的 1/18～1/10。

表 9 − 10

钢筋混凝土板允许跨厚比 l_1/h_0

板号	<0.5(单向板)			l_1/l_2(短跨/长跨)										
	左端弯矩系数	l_1/h_0	右端弯矩系数	0.50	0.55	0.60	0.65	0.70	0.75	0.80	0.85	0.90	0.95	1.00
B1	0	32.4(30.1)	0	35.2(32.7)	36.0(33.5)	37.0(34.4)	38.1(35.4)	39.3(36.5)	40.5(37.6)	41.8(38.9)	43.2(40.1)	44.6(41.5)	46.1(42.9)	47.7(44.4)
B2	1/8	43.3(40.3)	0	36.1(33.6)	37.3(34.7)	38.7(36.0)	40.1(37.3)	41.8(38.8)	43.5(40.4)	45.3(42.2)	47.3(43.9)	49.3(45.8)	51.4(47.8)	53.7(49.9)
B3	1/12	55.3(51.4)	0	37.4(34.8)	39.0(36.3)	40.9(38.0)	42.9(39.8)	45.1(41.9)	47.4(44.1)	49.9(46.4)	52.6(48.9)	55.4(51.5)	58.3(54.2)	61.2(56.9)
B4	1/11	39.0(36.3)	1/12	44.4(41.3)	44.7(41.6)	45.4(42.2)	46.1(42.9)	47.1(43.8)	48.0(44.6)	49.0(45.5)	50.0(46.5)	51.2(47.6)	52.4(48.7)	53.7(49.9)
B5	1/14	37.1(34.5)	0	55.3(51.4)	55.4(51.5)	55.7(51.8)	56.1(52.1)	56.6(52.6)	57.2(53.1)	57.8(53.8)	58.5(54.4)	59.4(55.2)	60.3(56.1)	61.2(56.9)
B6	1/11	50.4(46.8)	0	45.4(42.2)	46.0(42.7)	46.8(43.6)	48.0(44.6)	49.3(45.8)	50.6(47.1)	52.0(48.4)	53.6(49.9)	55.3(51.4)	57.1(53.1)	59.0(54.8)
B7	1/16	43.9(40.8)	0	45.7(42.5)	46.6(43.3)	47.7(44.5)	49.4(46.0)	51.3(47.7)	53.1(49.4)	55.2(51.3)	57.4(53.4)	59.8(55.6)	62.4(58.0)	65.1(60.5)
B8	1/11		1/16	55.5(51.6)	55.7(51.8)	56.2(52.2)	56.9(52.9)	57.8(53.7)	58.6(54.5)	59.6(55.4)	60.8(56.5)	62.1(57.7)	63.5(59.1)	65.1(60.5)
B9	1/16		1/16	55.9(52.4)	56.4(52.4)	57.2(53.0)	58.2(54.1)	59.4(55.2)	60.7(56.4)	62.3(58.0)	64.0(59.5)	66.1(61.4)	68.1(63.3)	70.3(65.3)

注：

1. 表中无括号者为 HPB235 级钢,带括号者为 HRB335 级钢的跨厚比值。
2. 当变形控制条件 $[f_1/l_1]=1/250$ 时,表中跨厚比应乘以 0.928;当 $[f_1/l_1]=1/300$ 时,则乘以 0.874。
3. 当荷载短期效应组合 q_s 与 6kN/m² 相差较大时,则跨厚比应乘以修正系数 $1.82/\sqrt[3]{q_s}$（q_s 单位为 kN/m²）。
4. 当 $\psi_q=0.4$ 或 p/q_s 与 0.25 相差较大时,需乘以修正系数 $1.23/\sqrt[3]{2-(1-\psi_q)p/q_s}$。
5. 考虑配筋率不同对跨厚比的影响,需乘以表 9 − 11 查得的相应的修正系数 η。
6. 表中当 $l_1/l_2<0.50$ 时,系按单向板两端弯矩取表中所示的弯矩系数查得的最大弯矩求得的最大弯矩编制,与图 9 − 16 所示简图无对应关系。

图 9 – 16　表 9 – 10 中的 B1～B9 简图

表 9 – 11 含钢率影响修正系数 η

η		含钢率 $\rho(\%)$											
		0.30	0.40	0.50	0.60	0.70	0.80	0.90	1.00	1.20	1.40	1.60	1.80
HPB235 级钢	C20	0.93	1.00	1.03	1.04	1.06	1.08	1.09	1.11	1.14	1.17	1.20	1.22
	C25	0.93	1.01	1.07	1.08	1.09	1.11	1.12	1.14	1.17	1.20	1.22	1.24
	C30	0.94	1.01	1.07	1.12	1.13	1.14	1.15	1.16	1.19	1.21	1.24	1.26
HRB335 级钢	C20	0.98	1.00	1.02	1.05	1.08	1.11	1.13	1.15	1.20	1.23	1.26	1.29
	C25	0.99	1.04	1.08	1.10	1.13	1.15	1.17	1.21	1.25	1.28	1.31	
	C30	0.99	1.08	1.09	1.10	1.12	1.15	1.17	1.19	1.23	1.26	1.30	1.32

二、合理的构造设计

构造设计是结构设计不可或缺的重要组成部分，构件最小截面的确定、构造钢筋的选取和结构细部构造处理等，看似平常，却是结构设计艺术性的集中体现，是检验结构设计水平的重要指标，对结构工程造价有较大的影响。

1. 板构造支座负筋最小直径的取值和支座联系筋的选取

对于简支板，《混凝土规范》（GBJ 10—89）给出的最小构造支座负筋为 $\phi6@200$，而 $\phi6$ 钢筋太软，易被踩下致使负筋有效高度很低而发挥不了构造负筋的作用，《混凝土规范》（GB 50010—2002）第 10.1.7 条[1]已将最小构造支座负筋改为 $\phi8@200$。$\phi8$ 钢筋在防止被踩下方面虽比 $\phi6$ 钢筋要好些，但若不采取其他措施，也同样易被踩下，于是有些工程又将最小构造支座负筋提高到 $\phi10@200$。其实没这个必要，因为若不采取其他措施，$\phi10@200$ 的支座负筋也同样易被踩下而不能保证负筋的有效高度，而且由于 $\phi10@200$ 的支座负筋具有相当的承载力，与简支边界计算条件不符而引起内力重分布，有可能对相邻构件产生不利影响。因此作者以为，在满足《混凝土规范》（GB 50010—2002）第 10.1.7 条的前提下，最小构造支座负筋采用 $\phi8@200$ 更合适，而不必再人为提高支座负筋的最小直径。

《混凝土规范》（GB 50010—2002）第 10.1.8 条[2]要求："当按单向板设计时，除沿受力方向布置受力钢筋外，尚应在垂直受力方向布置分布钢筋。单位长度上分布钢筋的截面面积不宜小于单位宽度上受力钢筋截面面积的 15％，且不宜小于该方向板截面面积的 0.15％。"这

[1] 《混凝土规范》（GB 50010—2010）第 9.1.6 条与此相同。

[2] 《混凝土规范》（GB 50010—2010）第 9.1.7 条增加了分布筋不小于 $\phi6@250$ 的规定。

里所指的分布钢筋并不包含支座联系筋（垂直支座负筋受力方向布置分布钢筋），但不少工程将支座联系筋按单向板分布钢筋来设计是不必要的。工程中支座联系筋一般在设计总说明中统一为 $\phi 6@200$ 或 $\phi 6@250$，这种做法已经接受了大量实际工程的考验。支座联系筋只起固定支座负筋和分布温度收缩应力的作用，实际工程中板支座处裂缝均与支座负筋垂直，所以加大支座联系筋并无多大的实际意义。

2. 现浇剪力墙结构构造配筋的合理选取

目前，工程实际中，对于抗震等级为二、三级的剪力墙结构，标准层以上非加强区剪力墙体的水平和竖向分布筋，有配 $\phi 8@200$ 的，也有配 $\phi 12@200$ 甚至还有配 $\phi 14@200$ 的，其用钢量差别较大。其实，过多地加大墙体的水平和竖向分布筋没有多大的必要。因为钢筋混凝土剪力墙结构体系较成熟，如本书第八章所述，自 20 世纪 60 年代以来的许多地震调查报告均指出，带有剪力墙的建筑抗震性能好，而框架结构在强烈地震作用下可能倒塌，剪力墙只产生裂缝和不同程度的破坏而不会倒塌[58]。空间程序计算结果也表明，当设防烈度为 7~8 度且为 II 类场地时，18 层左右的高层剪力墙居住建筑，标准层以上均为构造配筋。因此，控制主体结构用钢量的主要措施就是根据规范的要求和工程习惯，合理配置非加强部位剪力墙的水平和竖向分布筋，确定暗柱的配筋范围和配筋量，而不宜过多地加大配筋量，因为这些部位属于量多面广部位，只要钢筋直径和间距提高一个等级，就可能使主体结构用钢量有较大的增长，而关键问题在于单纯提高非加强区剪力墙的水平和竖向分布筋，未必对改善主体结构的抗震性能有明显的促进作用。改善剪力墙结构的抗震性能的主要措施有以下四种：

（1）设置剪力墙边缘构件并配置适量的纵向钢筋和箍筋。试验研究表明[46]，钢筋混凝土剪力墙设置边缘构件后，与不设边缘构件的矩形截面剪力墙相比，其极限承载力约提高 40%，耗能能力增大 20% 左右，极限层间位移角可增加 1 倍，且增强了墙的稳定性，对改善剪力墙承载能力和抗震性能有明显的作用。

（2）合理调整墙肢的长度，避免出现过短和过长的墙肢，尽可能使同一楼层内的各墙肢的刚度大致均匀，传至各墙肢的地震力大致均衡。高轴压比剪力墙和墙肢的高宽比小于 2 的低剪力墙均易在强震作用下产生脆性的剪切破坏。试验研究表明[60]，高轴压比（不小于 0.3）剪力墙的变形能力较差，而且增大其端部暗柱的特征配筋率并不能有效地提高其延性和改变其变形能力。因此，抗震设计时，应限制墙肢的轴压比。同时，墙肢过长时，墙肢相对刚度较大，其吸收的地震力也大。

（3）合理选取剪力墙的厚度。规范规定最小厚度的目的在于保证其稳定性和施工质量。由于剪力墙结构的刚度较大，所承担地震作用也较大，因此，在满足稳定性和保证施工质量的前提下，适当减薄剪力墙的厚度，有利于改善剪力墙的抗震性能。目前，工程习惯上选外墙的厚度为 200mm，其实，对于三级剪力墙，24 层以下住宅楼，如外墙保温采用外保温做法，则外墙的厚度可选 180mm 以减弱剪力墙结构的刚度，减轻地震作用，同时，还可增加室内净使用面积，降低土建造价。文献［42］介绍了一栋 7.5 度设防烈度区的 24 层高层住宅楼，其外墙为 180mm。

（4）宜布置多道抗震防线，整截面墙可适当开结构洞口用弱连梁连接，连梁的刚度和纵筋的配置应适度。

总之，改善主体结构的抗震性能的措施是多方面的，与单纯提高非加强区剪力墙的水平和竖向分布筋相比，合理的概念设计更重要也更可靠。对于抗震等级为二级的剪力墙结构，标准层以上非加强区剪力墙体配 $\phi8@200$ 双层双向的水平和竖向分布筋，不仅符合规范的规定，而且其抗震性能也是有保证的。《抗震规范》（GB 50011—2010）第 6.4.4 条要求竖向分布筋不小于 $\phi10$，实际工程中未必采用。

3. 框架柱构造配筋的合理选取

框架结构由于轴压比的限制，柱断面较大，所以大部分楼层柱均为构造配筋。工程设计实践中，对于抗震等级为二、三级的框架结构，柱纵向钢筋有的配筋率为 1.0%～1.2%，也有的配筋率为 1.5%～2.0%，其用钢量差别较大。其实，加大柱纵向钢筋对改善框架结构的抗震性能未必有利。影响结构抗震性能的主要因素为柱轴压比的大小、楼层水平位移、强柱弱梁、强剪弱弯和强节点弱构件等。相比之下，纵向钢筋配筋率对框架结构抗震性能的影响不大，而且纵向钢筋配筋率过高容易形成强弯弱剪，对结构抗震反而不利。因此，在满足现行规范最小配筋率要求的前提下，对于柱纵向钢筋配筋率，一般柱以 1.0%～1.2%为宜，角柱和框支柱以 1.2%～1.5%为宜，不宜过高。

4. 减少钢筋的交叉和搭接

钢筋混凝土结构受力钢筋和构造钢筋均需要搭接和锚固。构件设计时，合理安排构件之间钢筋布局，尽量保证钢筋的连续贯通（例如，对多跨连续结构，配置一定数量贯通各跨的通长钢筋，而在配筋较大的部位另加钢筋），减少和避免构件钢筋的交叉和搭接，不仅可节约钢材，而且可减少搭接部位钢筋的数量，方便混凝土的浇筑。目前，由于有程序可以根据整体计算结果自动选配框架梁的配筋，其结果是梁底钢筋规格较多，造成梁底钢筋在柱内搭接锚固过多。应加强人工干预，尽量避免这种情况的出现。对于框架柱，一般采用复式箍筋［见图9-17（a）］。希腊制造的ERGONS.A弯筋机可将箍筋加工成连续复式箍筋［见图9-17（b）］，这种连续复式箍筋节省了大量的弯钩，可节省10％的钢材及50％的绑扎钢筋人工费，而且在相同的配箍量条件下，配置连续复式箍筋柱的抗剪承载力高于配常规复式箍筋的柱[6]。

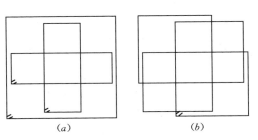

（a）　　　　　　　　（b）

图9-17　两种箍筋模式

三、建筑物的总高度和层高对结构工程造价的影响

根据概预算编制的规定，由于人工降效和机械降效对结构造价的影响，出现建筑物总高度的三个限值（见表9-12）以及条形基础及有地下室满堂基础基槽、基坑开挖深度的三个限值（见表9-13、表9-14），对结构工程造价的影响较显著。结构设计不同于机械设计的显著特点是结构构件的几何尺寸有一定的可调幅度，当结构构件的几何尺寸正好位于这些限值的交界处时，只要结构设计人员有限值意识，对结构构件的几何尺寸稍作调整，结构的工程造价便可明显降低，从而取得较好的经济效益。现在由于推行清单计价办法，在实际招投标中，人工降效和机械降效的作用逐渐弱化，但其概念还是存在的，只是不一定直接体现在报价上。

建筑工程的造价是随着建筑物高度的增加而提高的，高层建筑物的造价要比多层建筑物高许多。国家有关定额对建筑物的有关费用是以用建筑物的檐高来确定的，例如，北京市1996年《建设工程间接费及其他费用定额》对建筑物的其他直接费和间接费按建筑物的檐高高度划分了三个限值：25m以内、45m以内、45m以外。随着建筑物檐高的增加，费用相应增多，如表9-12所示。

当建筑物的总高度位于限值附近时，若建筑方案的檐高为45.05m，结构设计时只需对梁的高度等稍作调整，使檐高降为44.95m是完全可能的。这种小幅度调整，对结构安全度和建筑使用功能的影响都不大，但结构工程造价却有明显的降低。以下一组数据表明实际工程中，建筑物的总高度位于限值附近的可能性是较多的（计算建筑物檐高时，室内外高差按0.9m考虑）。

表 9－12 檐高对建设工程间接费及其他费用的影响[23]

序号	工 程 类 别			费 用 项 目			
				企业管理费（元）	利润（元）	税金（元）	综合费率（%）
				取费基数：直接费			
				费率（%）			
4	住宅建筑	檐高	45m 以外	15.34	10	4.26	29.6
5			45m 以内	14.12	8	4.15	26.27
6			25m 以内	13.28	7	4.09	24.37
7	公共建筑	檐高	45m 以外	17.41	11	4.37	32.78
8			45m 以内	16.23	9	4.26	29.49
9			25m 以内	13.73	7	4.1	24.83

注 摘自北京市 1996 年《建设工程间接费及其他费用定额》。

7 层办公楼，底层层高 3.90m，其余层层高 3.40m，则 0.90m＋3.90m＋6×3.40m＝25.20m。

7 层办公楼，底层层高 3.90m，其余层层高 3.35m，则 0.90m＋3.90m＋6×3.35m＝24.90m。

8 层商住楼，底层商场层高 3.90m，其余层住宅层高 2.90m，则 0.90m＋3.90m＋7×2.90m＝25.10m。

8 层商住楼，底层商场层高 3.90m，其余层住宅层高 2.85m，则 0.90m＋3.90m＋7×2.85m＝24.75m。

9 层住宅，每层层高 2.70m，则 0.90m＋9×2.70m＝25.20m。

12 层办公楼，底层层高 3.90m，其余层层高 3.70m，则 0.90m＋3.90m＋11×3.70m＝45.50m。

12 层办公楼，底层层高 3.90m，其余层层高 3.65m，则 0.90m＋3.90m＋11×3.65m＝44.95m。

16 层住宅，每层层高 2.80m，则 0.90m＋16×2.80m＝45.70m。

16 层住宅，每层层高 2.75m，则 0.90m＋16×2.75m＝44.90m。

在建筑物各层建筑面积不变的情况下，层高的改变必然引起建筑物总造价的变化。由于层高的增加而可能受到影响的项目归纳起来有以下各项：

（1）增加了墙体的数量（对于框架结构，柱子的截面和高度也随之增大）及相应的粉刷和装饰。

（2）需要采暖的体积增加，相应加大了热源并加长了设备管道及电缆。

（3）增加了施工垂直运输量，楼板及屋面造价相应增加。

（4）楼梯的造价有所增加；如果设有电梯，则又需要增加电梯的提升高度。

（5）层高增加，粉刷和装饰顶棚时脚手架等的费用相应增加。

（6）随着层高和层数的增加，结构荷载增大，基础费用相应增加。

对于建筑物层高增加而引起造价的提高，可根据建筑物的墙体、隔断和柱子等垂直部件的数量来粗略估算。统计分析表明，建筑物垂直部件的造价约占工程总造价的 30%。

【算例 9-5】 以 12 层办公楼为例，按建筑面积 15000m²、工程造价 2000~3000 元/m² 考虑。

方案 1： 底层层高 3.90m，其余层层高 3.65m，则建筑物檐高 44.95m。

方案 2： 底层层高 3.90m，其余层层高 3.70m，则建筑物檐高 45.50m。

经测算，方案 1 可比方案 2 节省其他直接费及间接费等费用 60 万~135 万元，约占工程造价的 2%~3%。此外，层高从 3.70m 降为 3.65m 后，建筑物的墙体、隔断和柱子等垂直部件、采暖的体积及电梯的提升高度等相应降低，可能节省的工程造价为

$$(2000\sim3000)\times15000\times30\%\times0.05/3.65=12.3 \text{ 万}\sim18.5 \text{ 万元}$$

上述层高的选择，出现了 3.65m 等。工程中层高一般以 0.1m 的量级增减，精确到 0.05m 量级并不多，但如出于控制建筑总高度的需要，层高以 0.05m 的量级增减也未尝不可，因为将层高由 3.70m 改为 3.65m，对设计和施工均不产生任何实质性的不利影响。20 世纪 60 年代设计建成的某宾馆西客房楼，总建筑面积 44000m²，其 3~12 层的层高均为 3.85m。

四、基槽深度对结构工程造价的影响[24]

工程实践中，结构工程师对基础选型比较重视，而在确定基槽深度时，人工降效和机械降效对结构造价的影响却未引起应有的重视。

（一）带型基础槽深限值

对于大多数多层住宅及公共建筑，由于荷载较轻，通常采用带型基础（如砖混结构中的条形基础），基底落在承载能力适宜的土层上。根据概预算计算规则的有关规定，带型基础槽深有三个限值：2m 以内、2.5m 以内、2.5m 以外。当基础槽深位于这三个限值交界处时，若结构设计者心中有这些限值意识，将基础槽深减少 0.05~0.10m，即可节约土方费用 40% 以上，如表 9-13 所示。

表 9 - 13　　　　　　　基槽深度对结构工程造价的影响[23]

定额编号	项　目		单位	概算单价（元）	其中			人工（工日）	主要工程量（m³）	
					人工费（元）	材料费（元）	机械费（元）		挖土	回填土
1－22	砖基础	槽深	m³	61.93	44.89		17.04	2.22	2.87	2.06
1－23			2.5m 以内 m³	107.8	32.08		75.72	1.59	3.15	2.33
1－24			2.5m 以外 m³	202.33	24.52		177.81	1.21	4.23	3.34
1－25	混合基础		2m 以内 m³	71.36	51.17		20.19	2.54	3.39	2.43
1－26			2.5m 以内 m³	129.37	38.51		90.86	1.91	3.78	2.8
1－27			2.5m 以外 m³	238.62	28.92		209.7	1.43	4.99	3.93

注　摘自北京市 1996 年《建设工程概算定期》（土建上册）。

（二）箱形和筏形基础槽深限值

对于大、中型公共建筑，特别是有地下室和人防工程的大中型建筑物，通常采用箱形和筏形基础。箱形和筏形基础基槽开挖深度也有三个限值：5m 以内、10m 以内、10m 以外。当基底标高为－5.05m 时，将其调整为－4.95m，也不是一件不容易的事，而基槽开挖费用却随之有明显的降低，如表 9 - 14 所示。

表 9 - 14　　　　箱形和筏形基础槽深对结构工程造价的影响[23]

定额编号	项　目			单位	概算单价（元）	其中			人工（工日）	主要工程量（m³）	
						人工费（元）	材料费（元）	机械费（元）		挖土	回填土
1－2	有地下室挖土方	深槽5m内	地下室外墙轴线内保面积在（m²）	500m 以内 m³	68.75	4.6		64.15	0.23	1.52	0.47
1－3				1000m 以内 m³	65.48	4.22		61.26	0.21	1.46	0.42
1－4				2000m 以内 m³	54.88	3.18		51.7	0.16	1.31	0.28
1－5				4000m 以内 m³	45.87	2.29		43.58	0.11	1.18	0.16
1－6				4000m 以外 m³	44.31	2.14		42.17	0.11	1.16	0.4
1－7		深槽10m内		500m 以内 m³	86.22	6.34		79.88	0.31	1.74	0.71
1－8				1000m 以内 m³	80.23	5.74		74.49	0.28	1.66	0.63
1－9				2000m 以内 m³	65.29	4.25		61.04	0.21	1.45	0.43
1－10				4000m 以内 m³	52.37	2.97		49.4	0.15	1.27	0.26
1－11				4000m 以外 m³	49.8	2.71		47.09	0.13	1.23	0.22
1－12		深槽10m外		500m 以内 m³	108.42	8.59		99.83	0.43	2.05	1.02
1－13				1000m 以内 m³	97.99	7.54		90.45	0.37	1.91	0.88
1－14				2000m 以内 m³	75.76	5.31		70.45	0.21	1.59	0.58
1－15				4000m 以内 m³	58.4	3.57		54.83	0.18	1.35	0.34
1－16				4000m 以外 m³	55.16	3.25		51.91	0.16	1.3	0.29

注　摘自北京市 1996 年《建设工程概算定期》（土建上册）。

此外，在确定基础埋深时，应仔细研究地质勘察报告和场地季节地下水位的变化，尽量避免将基础底面设置在地下水位以下，因为地下降水的费用是白白浪费掉的。

五、模板费用对结构工程造价的影响

对于现浇钢筋混凝土结构，结构设计人员对结构构件的断面及配筋考虑得较多，而对模板和脚手架等施工因素对造价的影响往往考虑得不够充分。模板方面的节约取决于构件设计的简化。例如在住宅工程中，平板比有梁板更为经济，所节省的梁的全部造价约为在平板中所增加钢筋造价的 2 倍。模板的节约主要通过构件形状的简单划一、各组成构件重复使用次数增多而获得。减少模板费用主要有以下途径：

（1）模板的设计应减少其组装时的劳动量，并且不需要锯割便能重复使用。结构设计时，为使构件尺寸符合模板的模数，应将结构构件作相应的调整，这种调整可能增加了一些混凝土用量，但可以保证模板的重复使用。

（2）柱子尺寸应尽可能标准化，为了适应荷载的变化，可调整钢筋用量或混凝土强度等级；在柱子尺寸必须变更的情况下，每次只减少一侧的尺寸，以减少模板的锯割加工量。

（3）构件截面形状简单规则使得模板容易脱模。

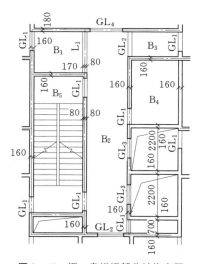

图 9-18 楼、电梯间部分结构布置

【实例 9-12】 某经济适用房为地上 18 层、地下 2 层全现浇钢筋混凝土剪力墙结构，1～18 层结构顶板楼、电梯间部分结构布置如图 9-18 所示，混凝土强度等级为 C20。原设计梁 L_1 断面为 250mm×350mm，根据定额有关平板和有梁板的规定，由于 L_1 截面的宽度超过墙体的宽度，与 L_1 相联系部分板 B_1、B_2 即为有梁板。有梁板分别执行有梁板及板底梁子目，定额 C20 有梁板单价为 71.95 元/m^2。

根据造价工程师的建议，结构设计阶段及时作了相应的设计变更，将 L_1 的宽度改为 160mm，与墙体厚度相同（L_1 相当于洞口过梁），则与 L_1 相联系部分的 B_1、B_2 就可以按平板定额计算，C20 平板定额单价为 64.33 元/m^2。考虑施工支模及现场经费等费用，改为平板后可以节省的工程造价达到 10.66 元/m^2（不包括梁断面减小所节省的费用）。

【实例 9-13】 国家"9404"重点工程，总建筑面积 35000m^2，

主楼为地上 13 层、地下 1 层框架-剪力墙结构。地基持力层为砂卵石层，地基承载力标准值 $f_{ak}=280$ kPa。基础设计时对基础型式进行多方案比选[56]如下。

方案 1：平板式筏板基础。按抗冲切验算，筏板厚度为 1500mm，混凝土等级 C30，基础混凝土用量为 3300m³。根据北京市 1996 年《建设工程概算定额》，按基础直接费为 506.73 元/m³ 计算，基础直接费共 167 万元。

方案 2：柱下双向交叉梁条形基础。按抗冲切验算，柱下双向交叉梁的最大梁高为 1800mm，混凝土等级 C30，基础混凝土用量为 2700m³。根据北京市 1996 年《建设工程概算定额》，按基础直接费为 716.25 元/m³ 计算，基础直接费共 193 万元（不含地下室地面的建筑做法）。

可见，虽然方案 2 的基础混凝土用量比方案 1 节省 600m³，但由于方案 2 柱下双向交叉梁基础的直接费比方案 1 平板式筏板基础的直接费高 209.52 元/m³，方案 2 反而比方案 1 的直接费高出 26 万元，即使考虑钢筋用量的调整，方案 2 比方案 1 的直接费也要高出约 10 万元。这说明施工支模等费用对工程造价的影响较大；在确定基础方案时，应以控制工程造价为依据，而不能以某项材料用量的多寡为准绳。经过方案比较，最后采用方案 1 进行施工图设计。该工程已于 1996 年竣工交付使用。

六、避免与其他专业的交叉和重复❶

【实例 9 - 14】 某职工宿舍为地上 6 层，地下 1 层砖混结构，基础设计时对基础型式进行多方案比选如下。

方案 1：带形基础和钢筋混凝土防水板做法，如图 9 - 19（a）所示。

❶《淮南子·主术训》："古之为车也，漆者不画，凿者不斫，工无二伎，士不兼官，各守其职，不得相奸，人得宜，物得其安。"

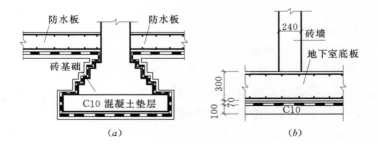

图 9 - 19　砖混结构两种基础型式
（a）方案 1；（b）方案 2

该方案的特点是：结构专业基础采用带形基础，而建筑专业地下室建筑做法为 200mm 厚 C20 抗渗钢筋混凝土防水板，内配 $\phi10@200$ 双层双向构造钢筋。结构和建筑两个专业各做各的，就产生重复。根据北京市 1996 年《建设安装工程概算定额计算规则》规定：有地下室结构基础挖土方，均按地下室外墙轴线（无轴线按中心线）内包水平投影面积乘以槽深（以 m^3 计算）。带形基础挖土方按基础断面面积乘以轴线长度（以 m^3 计算）。因此，该方案基础土方工程量计算分为两部分：

有地下室满堂基础挖土方 ＝地下室外墙轴线内包水平投影面积
×地下室槽深

带形基础挖土方 ＝ 带形基础断面面积×带形基础轴线长度

同样，基础工程量的计算也分为两部分：

C20 抗渗钢筋混凝土满堂基础 ＝地下室外墙轴线内包水平投影面积
× 底板厚度

带形基础 ＝ 带形基础断面面积 × 带形基础轴线长度

方案 2：钢筋混凝土平板基础，如图 9－19（b）所示。

该方案的特点是：结构采用 300mm 厚整板基础，将结构基础做法与建筑底板防水做法合二为一，既满足地基承载能力的需要，又使基础底板的配筋（一般为 $\phi14@200$ 双层双向）满足荷载作用下的承载力要求。

与方案 1 相比，方案 2 有以下两大优点：

（1）方案 2 可节省方案 1 下部带形基础部分挖土方、钢筋混凝土基础、防水以及垫层等项目所需费用（前提是与基础底板增加配筋所需费用相比是经济的）。

（2）节省建筑柔性防水层做法的造价，易于施工且施工质量更有保证。

经方案比较，最后采用方案 2 进行施工图设计。该工程已于 1998 年竣工交付使用。

综上所述，由于概预算定额的人工、材料、机械消耗量是根据"社会平均水平"综合测定的，取费标准是根据不同地区平均测算的，是一定时期工程量计算经验的合理总结，它反映了工程量计算的普遍性规律，但对于具体工程的某些特殊方面，尤其是由于人工降效和机械降效对结构造价的影响，定额计算结果与具体工程的实际消耗的工程量之间可能存在较大的偏差，因此，设计工程师和造价工程师之间的协调和配合是非常必要的。上述实例表明，通过结构工程师和造价工程师的及时交流和密切配合，依据概预算的编制原理进行工程造价控制，可明显降低结构工程造价和建筑物的总造价。

第四节
降低结构工程造价的技术措施与投资控制的比较

一、建设工程投资的特点

建设工程投资的特点是由建设工程的特点决定的，建设工程具有以下特点：

（1）建设工程投资数额巨大。建设工程投资数额巨大，动辄上千万元，数十亿元。建设工程投资数额巨大的特点使它关系到国家、行业或地区的重大经济利益，对国计民生也会产生重大的影响。

（2）建设工程投资差异明显。每个建设工程都有其特定的用途、功能和规模，每项工程的结构、空间分割、设备配置和内外装饰都有不同的要求，工程内容和实物形态都有其差异性。同样的工程处于不同的地区，在人工、材料和机械消耗上也有差异。因此，建设工程投资的差异十分明显。

（3）建设工程投资需单独计算。每个建设工程都有专门的用途，所以其结构、面积、造型和装饰也不尽相同。同时，建设工程的实物形态千差万别。再加上不同地区构成投资费用的各种要素的差异，最终导致建设工程投资的千差万别。因此，建设工程只能通过特殊的程序（编制估算、概算、预算、合同价、结算价及最后确定竣工决算等），就每个项目单独计算其投资。

（4）建设工程投资确定依据复杂。建设工程投资的确定依据繁多，关系复杂。在不同的建设阶段有不同的确定依据，且互为基础，互相影响。

（5）建设工程投资确定层次繁多。凡是按照一个总体设计进行建设的各个单项工程汇集的总体为一个建设项目。在建设项目中，凡是具有独立的设计文件、竣工后可以独立发挥生产能力或工程效益的工程为单项工程。各单项工程又可分解为各个能独立施工的单位工程。单位工程又可进一步分解为分部工程，进而更细致地分解为分项工程。因此，需分别计算分部分项工程投资、单位工程投资、单项工程投资，最后才形成建设工程投资。可见，建设工程投资的确定层次繁多。

（6）建设工程投资需动态跟踪调整。每个建设工程从立项到竣工都有一个较长的建设期，在此期间都会出现一些不可预料的变化因素对建设工程投资产生影响，必然要引起建设工程投资的变动。因此，建设工程投资在整个建设期内都属于不确定的，需随时进行动态跟踪、调整，直至竣工决算后才能真正形成建设工程投资。

二、建设工程投资控制原理

投资控制是项目控制的主要内容之一。投资控制原理如图 9 - 20 所示，这种控制是动态的，并贯穿于项目建设的始终。

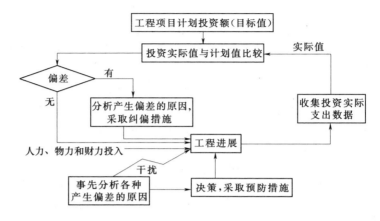

图 9 - 20　投资控制原理

这个流程应每两周或一个月循环进行，其表达的含义如下：

（1）项目投入，即把人力、物力和财力投入到项目实施中。

（2）在工程进展过程中，必定存在各种各样的干扰，例如恶劣天气、设计交图不及时等。

（3）收集实际数据，即对项目进展情况进行评估。

（4）将投资目标的计划值与实际值进行比较。

（5）检查实际值与计划值有无偏差，如果没有偏差，则项目继续进展，继续投入人力、物力和财力等。

（6）如果实际值与计划值有偏差，则需要分析产生偏差的原因，采取控制措施。

三、建设工程投资控制与降低工程造价的比较

（一）两者的区别

建设工程投资控制贯穿于工程建设的各个阶段、各个环节，是我国建设工程监理工程师的一项主要工作。而降低工程造价的技术措施由设计工程师来承担，这项工作发生在建设前期的机会研究、初步可行性研究、可行性研究、初步设计、施工图设计和施工配合阶段，通常只发生在施工图设计阶段。

建设工程投资控制原理是动态控制，通过分析比较投资目标的计划值与实际值存在的偏差，查找产生偏差的原因，根据产生偏差的原因采用事后控制措施，将实际投资控制在目标计划值以内，所以投资控制是事后被动控制。而降低工程造价的技术措施是设计工程师采用

新技术、新方法和新材料，改进原有技术的不足，这是设计工程师的主动创造，是主动控制。此外，在设计单位开展限额设计过程中，当出现设计概算超估算、预算超概算时，设计工程师将不得不采取技术改进措施，在保证功能的前提下进一步寻找节约投资的可能性，降低工程造价，在这种场合也属于事后被动控制。

（二）两者的联系

建设工程投资控制和设计阶段采取降低工程造价的技术措施，其目的都是为了降低工程造价，降低工程造价的技术措施是投资控制纠偏不可或缺的最有效的措施和途径之一；同时，建设工程投资控制的目标常常也是降低工程造价的技术措施的目标和发展方向之一。从某种意义上说，工程师的项目投资控制能力，是一名工程师的技术水平和一个设计单位的管理水平的直接体现。

第十章
"建筑医生"呼之欲出

> 任何事物里，都有未被发现的东西，因为人们观看事物时，只习惯于回忆前人对它的想法。最细微的事物里也会有一星半点未被认识的东西，让我们去发掘它。
>
> ——福楼拜

人有生、老、病、残，建筑物也有"生、老、病、残"，所不同的是，人的疾病有医生来诊断和治疗，而对建筑物的诊断和治疗却远未得到人们应有的认同和重视。

或许有人要说：人是自然的产物，所以人一旦有病、残等，需要医生来诊断和治疗是理所当然的。人类至今还难以从人类自身的再生产源头上控制疾病的产生，一生下来就与疾病无缘或者更进一步赋予人类与生俱来的抗病能力，免受疾病的困扰。而建筑物则不同，建筑物是人类设计、生产和制造出来的，所以人们应该在生产和制造它的时候，通过严格的质量管理程序，层层把关，不允许在生产过程中产生任何缺陷；而且，在设计的时候将建筑物在使用阶段的各种不利因素考虑进去，使得建筑物在使用阶段"完好无损"。这种想法听起来很有道理，其实则不然。作为一种美好的设想，也许人类终究有一天能创造出各类完美无缺的建筑物来，就像设想人类通过基因工程等先进技术创造出完美无缺的新人类一样。但至少凭借当今的科学技术手段，人们还难以甚至还不可能生产出完美无缺的实用建筑物来，存在于建筑物中的各类缺陷就像寄生于人身上的各类细菌和某些寄生虫那样多。

（1）建造建筑物的各种材料，例如混凝土、砖、瓦、石、砂浆、钢材和木材等，其自身存在着各种各样的裂纹、空隙等缺陷，而且每一建筑物都是由这些建筑材料中的几种组合建造而成的，而这些建筑材料之间不仅软硬不均，而且受力和变形性能更是千差万别。此外，建筑物的地基是由性质不同的土层（土是由土颗粒、水和气三相组成的）和岩石构成的，不同地点的土层变化较大，同一地点不同深度处的土层组成成分也各不相同，其受力性能也各异。总之，由于建造建筑物的材料和地基本身存在着各种各样缺陷，建筑物是生来有缺陷的而不是完美无缺的。

（2）建筑物在设计和施工过程中，或多或少总会产生一些人为失误，这些人为失误产生的缺陷若不及时修整和处理，将在不同程度上影响着建筑物的正常使用甚至危及建筑物的安全。

（3）建筑物的使用功能的变更、原先设计依据的欠缺和科学技术的进步等都可能使得设计阶段的设计水准不能满足现有使用功能需要，例如建设地点原为非抗震设防区，而现在为高烈度抗震设防区等。这类因设计水准过低而造成的先天不足，也同样降低了建筑物安全度而危及它的正常使用。

总之，引起建筑物内部缺陷的因素很多，这些缺陷大部分不会影响使用，对房屋的安全也不会产生不良的影响。但如果材料本身的缺陷与科技水平的相对落后、设计和施工过程中的人为失误交织在一起，就有可能发展成为影响使用甚至危及安全的重大隐患，须区别对待。

第一节
建筑医生的出现是社会发展的必然产物

人生病了可找医生诊断和治疗，那么建筑物有裂缝、渗漏等缺陷时，用户该找谁呢？建筑物的缺陷能修复吗？目前有以下三种选择：

（1）找维修人员来修理，"见缝就补，见漏就堵"。这种"头痛医头，脚痛医脚"的办法，很难解决根本性的问题，往往是过不了多长时间，又"旧病复发"，而且对那些有可能危及整体结构安全的裂缝，若不采取有效措施进行及时处理，将可能导致楼塌人亡的恶性事件发生。

（2）约请原设计和施工单位来检查并提出相应的处理方法。这种情况相当于邀请制药厂来解释病人服药后的副作用问题，对于信誉较好的设计和施工单位是能正确对待和处理好这类问题的，他们也具备处理这些问题的能力和丰富经验，并十分重视实际工程中的反馈信息。但那些不太讲究信誉的单位，往往采取敷衍态度，将其中的关键因素掩盖过去，大事化小，小事化了。此外，由于设计和施工人员是依据相关的规范进行设计和施工的，而建筑物的裂缝等的缺陷往往是规范条文规定之外的多种因素（温度和收缩作用等）相互作用引起的，因此，并不是所有具备设计和施工技能的人员都具有分析这些原因的能力和水平。由于缺乏中介机构的参与，各种技术的和非技术的因素交织在一起，目前要分析裂缝产生的原因和分辨其中的技术责任，是件相当困难的事。

（3）请权威的研究机构进行第三方论证和检测并提出相应的处理方法。这种方法可靠性相对较高，但由于所需费用较高，目前只有在那些缺陷较显著或引起较大争议等情况下才"不得已而为之"。

由此可见，目前情况下尤其是住宅商品化的今天，对住（用）户而言，一旦其所居住的建筑物产生不同程度的缺陷时，要确诊一下自己所居住的房屋是否存在安全隐患，或者想修复那些虽然不会影响整体结构的安全但已明显影响正常使用的渗漏等缺陷，还是相当不方便的，甚至是相当不容易的。因此，随着时代的发展，尤其是因住宅商品化发展的需要，以为建筑物诊断和治疗为己任的"建筑医生"，确已到了"呼之欲出"的时候了。从设计、科研和施工等相关行业中选拔一批业务素质较好的人员组建"建筑医生"队伍，具有以下优点：

（1）可按产业化的要求来规范建筑维修行业，培育并扶持建筑诊断和维修市场，带动相关行业（如检测、修补材料等）的发展。同时，极大地方便了用户，满足用户的各种正常需求。

（2）为建筑物缺陷性质的确定提供一中介机构，从而改变目前由设计和施工单位来分析其原因而可能产生的将其中的关键因素掩饰过去的不了了之现象，有助于厘清设计、施工和监理等各方对于建筑物缺陷所应承担的责任，维护用户和业主的正当权利。

（3）"建筑医生"没有设计和施工人员的思想顾虑，对建筑物的缺陷可以公平、公开、公正地进行相应的研究，从而极大地促进对建筑物缺陷的诊断和维修等学科的发展，有助于深化对裂缝、渗漏等缺陷的产生机理的认识，而且可反过来指导设计和施工，尽量避免出现设计和施工阶段的安全隐患。当然，在现阶段指望"建筑医生"一出现就能完全彻底地解决现有各种裂缝、渗漏等问题也是不现实的，常言道"为病把脉不易，要根治更难"。

（4）随着对建筑物缺陷的诊断和维修事业的发展，建筑物的缺陷可以得到及时的修复和处理，从而改善了建筑物的使用功能，延长了建筑物的使用寿命，同时可最大限度地避免楼塌人亡等恶性事件的发生，让老百姓安居乐业，利国利民。

（5）可以消除不必要的疑虑、化解不应有的纠纷。由于一些劣质工程相继发生楼塌人亡等重大而惨痛事件对公众的影响很大，而普通住户对建筑物裂缝等缺陷的危害程度缺乏应有的鉴别能力，往往是"见缝思危"，以为建筑物一旦有裂缝就是危房，就要塌楼。其实，建筑物中一些裂缝的产生是难以避免的，而且大部分裂缝对整体结构的安全不构成威胁，现阶段的科技水平还难以达到控制建筑物不出现裂缝，但可以控制裂缝对建筑物的危害程度，就像目前医学界难以控制人不带病菌但可以控制人不患传染病或即使得了病也不至于危及生命。因此，"建筑医生"的出现可对住户心存疑虑的裂缝等缺陷进行诊断，进而界定裂缝的危害程度，对那些危及整体结构安全的隐患进行及时处理，对那些不影响安全的缺陷可作简单处理或不作处理也无妨，从而可消除许多不必要的疑虑，让老百姓放心过日子。

医生队伍的形成是因为人们有病需要诊断和治疗，我们呼唤"建筑医生"及早来到我们身边，自然也是因为目前有大量的建筑物存在不同程度的缺陷而得不到应有的确诊和修复，而现有的房屋维修人员的技术水平和服务方式均不能满足用户对房屋缺陷的诊断和修复等的市场需求。"建筑医生"的出现是时代发展的客观需要，是社会发展的必然，是科学技术发展到一定阶段的必然产物。"建筑医生"的出现必将极大地推动和促进建筑物检测、诊断、修复、加固和改造等相关学科的发展。

第二节
结构物缺陷症治举要

结构物在使用寿命期内，由于各种原因常产生一些病变，例如木结构的腐朽、木材开裂，混凝土结构和砌体结构的开裂，以及钢筋和钢结构的锈蚀等，这些病变对结构的影响需要具体分析，现举三个实例予以说明。

一、砖木结构维修改造工程结构设计实例

某居住小区建成于 20 世纪 60 年代初期，单体建筑面积约 600～1200m²，为 1～2 层的砖木结构住宅小区，屋盖承重结构体系由人字形木屋架和硬山搁檩组成。由于小区室内装修水准及功能布局与小区的整体环境极不协调，建设单位决定对整个小区进行一次全面的维修改造。由于小区已使用 40 余年，木构件危害性缺陷检查和加固就成了该工程结构设计和施工的主要内容。

（一）木构件危害性缺陷检查要点及加固措施

1. 木构件危害性缺陷及检查要点

木材是有机材料，木材的裂缝等天然缺陷在木结构使用过程中仍可能继续发展，木材受潮后，结构或构件的变形会增大，还会受到菌、虫的侵害。因此，木结构在使用期间应定期对木构件进行必要的检查和维护。由于该工程已使用 40 余年，为确保主体结构的使用安全并延长其使用年限，屋面整修时应先对木构件进行全面的危害性缺陷检查。

（1）木结构危险性缺陷。对于居住建筑，木构件常见的损害如下[29]：

1）由木腐菌导致木材腐朽的危害。这类危害常见于易受潮、漏雨、周期性冷凝水使木材时干时湿及生产性温（湿）度较高等部位，因此检查时应重点检查立柱底部、屋架支座、天沟下的杆件和节点、檩条的上部及厨房、浴室的顶棚等部位。马尾松、云南松和桦木等耐

腐性很差的木材，也是重点检查的对象。检查的方法主要是以外观检查为主，判断木材是否腐朽的主要特征如下：

- 在木材初期腐朽阶段，通常是木材变色、发软和吸水等；在后期腐朽阶段，木材会出现翘曲、纵横交错的细裂纹等特征。
- 当木腐菌生长旺盛时，常散发出难闻的气味。
- 当木材表面的腐朽特征不明显时，可用小锤敲击法或小刀插入法来检查。用小锤敲击木材表面时，健康的木材响声清脆，腐朽的木材则声音沉闷不清；用小刀插入法来检查时，若小刀很容易插入木材表层且撬起时木纤维易折断，则木材已腐朽。

经检查，该小区 7 号楼 2 层北侧卧室有一斜木梁在支座节点处腐烂 [见图 10-1 (b)]；21 号楼北侧外挑檐有一木檩条端部因漏雨而腐蚀。由于大部分木梁已腐烂，原木材糟朽严重，已无多大的利用价值，对已腐朽的木构件按同材质等截面的原则更换，并预先做好防腐处理。

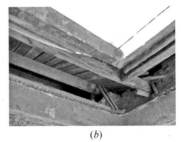

(a)　　　　　　　　　　　　　　(b)

图 10-1　木结构质量缺陷照片
(a) 屋架下弦剪面开裂；(b) 木梁腐烂

2）虫害。虫害主要是指白蚁、长蠹虫、粉蠹虫及天牛等对木材的蛀蚀。检查虫害时应区分蛀孔和蛀道的新旧情况，有的虫害发生在结构加工制作之前，甚至发生在树木生长期间，而制作成木结构后蛀虫已灭迹，对结构承载力影响不大，可不作处理。而在结构使用期间的虫害则必须做彻底的杀虫和防腐处理，详见《木结构设计规范》（GB 50005—2003）第 11 章及附录 D。当虫害已危及结构承载力时，还需采取相应的加固措施。经全面检查，该工程未发现虫害。

3）木材缺陷的危害。木料中的木节、裂缝 [见图 10-1 (a)]、翘曲和斜纹等缺陷及使用过程中的腐朽等都可能影响结构的安全，检查的主要内容如图 10-2 所示。

4）结构的变形和失稳。这类危害主要是屋面、屋架等部位因受潮而导致变形过大；屋架节点螺丝松弛等导致屋架平面内下垂过大等。受弯构件的容许挠度值、受压构件的容许长细比详见《木结构设计规范》（GB 50005—2003）表 4.2.7 和表 4.2.9。

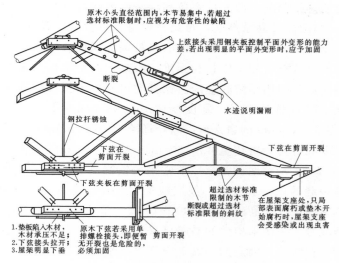

原木小头直径范围内,木节易集中,若超过选材标准限制时,应视为有危害性的缺陷

上弦接头采用钢夹板控制平面外变形的能力差,若出现明显的平面外变形时,应予加固

断裂

水迹说明漏雨

钢拉杆锈蚀

下弦在剪面开裂

下弦在剪面开裂

下弦夹板在剪面开裂

超过选材标准限制的木节断裂或超过选材标准限制的斜纹

在屋架支座处,只局部表面腐朽或垫木开始腐朽时,屋架支座会受感染或出现虫害

剪面开裂

1. 垫板陷入木材,木材承压不足;
2. 下弦接头拉开;
3. 屋架明显下垂

原木下弦若采用单排螺栓接头,即便暂无开裂也是危险的,必须加固

图 10-2　木屋架危害性缺陷示例[29]

（2）木结构危害性缺陷的定期检查。定期的维护和检查是保持木结构耐久性的重要措施，而维修改造期间是对木结构进行全面检查的好时机。检查时应注意以下几点：

1）检查鉴定要认真慎重，判断要准确，不能忽略掉有危害的缺陷，以消除安全隐患。

2）对木材中的裂缝要作具体的分析，木材在干缩过程中几乎都会产生新的裂缝或是原先的裂缝继续发展。判断某条裂缝是否有危害，往往不在于裂缝的长短、宽细和深浅，而在于裂缝所处的部位。对于受剪面上的裂缝，即使非常轻微也可能危及结构的安全，应采取加固措施。对于受压杆，当裂缝较宽、长度较长时，压杆一分二，在裂缝部位因杆件有效截面减小而致使受压杆件容许长细比超出规范的容许值，因而也需加固。对于不影响结构安全部位的裂缝，一般可不作加固。

该小区 1 号楼 2 层屋顶有两榀屋架斜杆严重开裂，裂缝宽 8～10mm，缝长分布于斜杆整跨，两榀屋架斜杆开裂部位完全对称，初步分析其主要原因是原木材含水量偏高，由于表层部分容易干燥，木纤维内外收缩不一致所致。根据有关试验资料，顺纹裂缝的深度和宽度大于构件直径（宽度），裂缝的长度大于构件本身长度的 1/2，以及斜纹裂缝在矩形构件中裂过两个相邻表面或在圆形截面裂缝长度大于周长的 1/3 的受压杆件，应考虑更换或采取其他有效措施进行加固。该工程考虑到原斜杆截面尺寸较大（160mm×220mm）且更换杆件时施工较麻烦，应优先采取措施对裂缝进行加固。根据《古建筑木结构维护与加固技术规范》（GB 50165—1992）第 6.7.2 条，对干缩裂缝采用嵌补的方法进行修整，即先用木条和耐水性胶黏剂（如苯酚甲醛树脂胶等），将缝隙嵌补黏结严实，再用铁箍箍紧，铁箍间距 500mm 且每条缝不少于两道。修复木结构构件的胶黏剂应保证胶缝强度不低于被胶合木材的顺纹抗剪和横纹抗拉强度，胶黏剂的耐水性及耐久性应与木构件的用途和使用年限相适应。铁箍的尺寸可根据被加固木杆件的尺寸确定。当木杆件直径（宽度）在 150～200mm 时，可用宽 35～45mm、厚 3～3.5mm 的扁铁箍，螺栓直径 $\phi16$；当木杆件直径（宽度）在 250～350mm 时，可用宽 45～60mm、厚 4～4.5mm 的铁箍，螺栓直径 $\phi16～\phi22$。应说明的是，以前常采取铁箍或捆绑铅丝的办法来防止木构件裂缝的产生和发展，但实践证明这种办法并无明显的效果，对此《木结构设计规范》（GB 50005—2003）作了专门的说明。从该工程现场情况看，一些木构件的裂缝已采用铁箍作了加固，可确有不少杆件的裂缝在铁箍加固后的一端甚至两端裂缝长度有所发展，说明铁箍对防止木构件裂缝的产生和发展的效果并没有想象的那么有效；但铁箍的箍紧作用增强了开裂部位木构件的整体性，提高了木构件的强度和稳定性，所以铁箍仍具有一定的加固作用。

2. 木构件危害性缺陷加固施工要点

维修或加固应遵循"先顶撑后加固"的程序进行施工，以保证所有更换或新加杆件在加固后的结构中能有效地参加工作并确保在整个维修加固施工期间的安全。维修或加固时应先集中解决影响结构安全的要害问题，在针对要害问题采取措施确保结构的安全和稳定后，再进行其他一般项目的施工。维修加固方案确定后，由于木材的特殊性，凡需要配料的部位均应逐个测绘，各节点处的孔眼都要实地准确测量，配料和钻孔均应依据实际尺寸进行，要尽力避免孔眼位置与实际尺寸不符而造成现场临时挖凿调整，从而伤害原结构或新加木部件[29]。

（二）原施工质量缺陷及相应的加固措施

1. 施工质量缺陷

该工程 21 号楼、7 号楼和 15 号楼全面拆除吊顶并剔开部分墙面抹灰后，发现现有墙体、钢筋混凝土及木构件都存在不同程度的施工质量问题和其他缺陷，主要有以下几方面[43]：

（1）15 号楼吊顶以上部分墙体，砌筑质量差，灰缝（尤其是竖缝）不饱满，吊顶标高以上部分与周围墙体无任何连接的独立墙体支承木梁，整体性差。21 号楼、7 号楼和 15 号楼硬山及其他墙体均未设钢筋混凝土卧梁或混凝土压顶，顶面砖块松动，马道洞口上方为无筋砖过梁。木屋架、木梁支座处墙体砌筑不规整、灰缝不饱满，有的甚至有孔洞。

（2）21号楼和7号楼原设备管道暗埋在墙中，如图10-3（a）所示。原设备安装位置处埋有不少木砖，墙体截面削弱较多且未采取任何加强措施。

（3）21号楼和7号楼纵、横向承重墙之间的连接较差。7号楼北外承重墙有一处约120mm宽、2000mm高范围用砖立砌，如图10-3（b）所示。

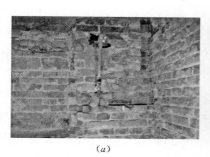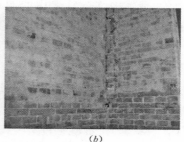

（a） （b）

图10-3 墙体施工质量缺陷照片

（a）设备管道暗埋在墙中；（b）承重墙交接处砖立砌

（4）21号楼车库屋面漏水，顶板有两条贯通裂缝。

（5）硬山搁檩的木檩条支承处未采用锚固措施与山墙连接，木梁支座节点支承混乱。

2. 加固措施

从现场所检查的原施工质量看，大部分墙体的灰缝饱满，存在不同程度的砌筑质量缺陷的仅为某些部位，可采取相应的措施进行加固。由于建设单位已正式来函暂不考虑抗震加固，下列加固措施仅是弥补原有墙体等的施工缺陷，具体的加固措施有以下几方面：

（1）15号楼吊顶以上砌筑质量差灰、缝不饱满的墙体，可采用单面钢筋网水泥砂浆进行加固以增强墙体的整体性，加固做法详见《建筑结构构造资料集》（下）第27页。图10-4为实际工程中在墙面上铺设钢筋网的照片。

图10-4 墙面及过梁铺设钢筋网的照片

21 号楼、7 号楼和 15 号楼墙体内埋设的木块、旧管道、松动的砖块、碎砖头和与周边墙体连接不好的墙体等应一律剔除,浇水充分湿润后重新砌砖或用 C20 干硬性混凝土挤压补实所削弱的墙面并加强混凝土的正常养护。

(2)与承重墙之间连接较差的非承重隔墙拆除重砌,新砌墙与两端承重墙之间设 1φ6@500 拉结筋并在转角处墙面抹灰层中设钢丝网。

(3)墙体中改造后无用的洞口,砌砖封堵;墙中的孔洞和缝隙,不便于砌砖时,浇水充分湿润后用 C20 干硬性混凝土挤压补实。

(4)洞口上方的无筋砖过梁、木过梁等一律用钢筋混凝土过梁或型钢替换。

(5)21 号楼车库顶板两条贯通裂缝用环氧树脂浆液灌注修补,环氧树脂浆液配方及施工技术要求见《混凝土结构加固技术规范》(CECS 25:90)。混凝土过梁中夹杂的木块等杂质一律剔除并将其周围凿毛,清洗干净,刷一层水泥砂浆界面剂,然后用 C25 细石混凝土进行修补,过梁露筋部位用 1:2 水泥砂浆修补。

(6)木檩条与屋架或山墙支承处采用檩卡板加强连接。

二、现浇板开裂原因分析

自 20 世纪 90 年代初以来,随着我国泵送流态混凝土的施工工艺的逐步推广,一些工程中,基础底板、地下室外墙及现浇楼板出现早期收缩裂缝的比例有较大幅度的增加。这些裂缝一般在拆模时就发现,常常是贯通缝(见图 10-5)。由于结构的破坏和倒塌往往是从裂缝的扩展开始的,所以裂缝常给人一种破坏前兆的恐惧感,对住户的精神刺激作用不容忽视。有无肉眼可见的裂缝是大部分住户评价住宅质量好坏的主要标准,而墙体和楼板裂缝是住户投诉住房质量的主要缘由之一。因此迫切需要分析裂缝产生的原因,并提出相应的改进措施。

(一)早期收缩裂缝与荷载作用的关系

拆模时就发现的裂缝,属于早期收缩裂缝,它与荷载作用没有关系或关系不大,其原因有以下三方面:

(1)裂缝呈板面宽、板底窄的规律。如果是荷载作用下受力裂缝,由于板在垂直于板中面的荷载作用下呈锅底状下垂,只要是贯通缝,裂缝一定是板面窄、板底宽的规律。因此,这类裂缝是在板还没有产生竖向变形的情况下出现的,是在板底模板支撑拆除前就出现的。其产生的原因是混凝土在凝结硬化过程中产生收缩变形,由于底部墙体或柱子以及模板的约束作用,收缩变形受到限制而产生收缩拉应力,当混凝土收缩拉应力达到或超过该部位混凝土的极限拉应力时,混凝土就开裂。混凝土收缩拉应力平行于板的中面,属于弹性力

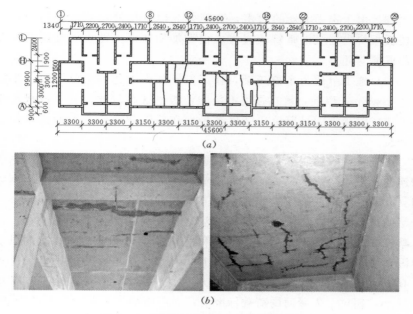

图 10-5　楼板裂缝分布情况及楼板开裂照片
(a) 某砖混结构楼板裂缝分布情况；(b) 咸阳某框架结构办公楼楼板开裂照片

学中的平面应力问题，理论上，其应力沿板的厚度等值，裂缝贯通且上下宽度一致。但实际上，由于板底模板的约束作用，板底裂缝宽度相对较窄，而板面没有约束，板开裂后裂缝自由扩张，裂缝相对较宽。

（2）裂缝出现的部位与荷载作用下薄板弯曲引起的裂缝分布规律不一致，如图 10-5 所示，所以它不是垂直于板中面的竖向荷载作用引起的。

（3）裂缝与混凝土浇筑的季节、混凝土配合比和混凝土养护措施等有一定的对应关系。在一些高层住宅建筑中，上下楼层板的跨度、板厚、混凝土等级和配筋等都是一样的，但却常出现底部几层楼板开裂，而上部几层不裂或裂缝要少得多。根据开工的季节不同，也有的工程底部几层楼板不裂或裂缝要少得多，而上部几层开裂或裂缝较多。这也说明裂缝的出现与受荷关系不密切。

（二）引起早期收缩裂缝的原因

引起现浇板早期收缩裂缝的主要原因有以下几方面：

（1）泵送流态混凝土（坍落度 120～200mm）的收缩变形值比过去流动性混凝土（坍落度 30～80mm）及低流动性混凝土（坍落度 10～30mm）增大 1 倍以上，而相应减少混凝土收缩变形的各类措施没跟上，设计、施工和管理工作均沿袭原有状况和水准。

（2）由于家用电器的增多，智能化、信息化使用功能的需要，局部楼板板块内埋机电暗管较过去成倍增加而造成局部板厚被削弱较多而形成薄弱环节。

（3）施工单位为了抢工期，在混凝土强度未达到文献［67］规定的 $1.2N/mm^2$ 以前，就在强度不足的楼板上踩踏放线或安装模板及支架，造成混凝土因早期抗压强度不足而在施工荷载的振动和挤压作用下开裂。

由于早期收缩裂缝常常是贯通裂缝，将楼板分割成几块只有钢筋相连的小板块，改变了板的传力途径，对板的承载力也产生了不利影响（此时受力钢筋的应力水平可能不大，即 $\sigma_s \ll f_y$），但据文献［27］介绍的试验结果，梁板开裂后仍能满足正常使用极限状态。例如，某市曙光 2 号办公楼，屋面板、次梁和框架主梁均出现不同程度的以变形因素为主的裂缝，梁腹部裂缝宽度一般为 0.2～0.3mm，最大的为 0.4mm。屋面现场进行过 3 次加水试验，水深 20～400mm，平均 210mm，超过上人屋面的荷载标准值，而屋面梁板均未发现新的裂缝。又如，某省新华书店赤岗冲基地在已建成的 9 栋住宅楼中发现各层住户的楼面板存在不同程度的开裂现象，最大裂缝宽度超过 0.5mm 且为贯通缝。现场选取了其中的两栋住宅的客厅楼板进行静载试验。虽然楼板裂缝已贯通，但在试验过程中裂缝无开展迹象。板底跨中实测挠度比理论计算值大，但实测挠度在规范允许范围内[27]。这两个实例的试验表明，梁板开裂后在正常使用荷载作用下，裂缝不发展、挠度在规范允许范围内，只需对裂缝进行处理，不必进行强度加固。

三、砖砌体结构顶层横墙斜裂缝开展机理分析及防治措施

20 世纪 90 年代末，北方地区 8 度抗震设防区一些多层砖砌体结构住宅和办公楼等顶层横墙常出现有规律的斜裂缝（八字缝）。虽然这些建筑的设计都符合有关的设计规范，有的长度也未超出规范中伸缩缝长度的规定，但顶层横墙开裂的现象仍较普遍。这些开裂建筑的建筑形式多样，看似规律性不明显，但统计了几栋这类建筑后发现有以下规律[50]：

（1）屋面保温性能越差，顶层横墙开裂的可能性越大。

（2）女儿墙越高，顶层横墙开裂的可能性越大；女儿墙高度相同时，混凝土女儿墙比砖砌女儿墙更易产生顶层横墙开裂。

（3）外纵墙与横墙交接处的构造柱越密，横墙间距越小，顶层横墙越易开裂。

（4）屋盖为装配式预制空心板比现浇板屋盖更易产生顶层横墙开裂，尤其是部分现浇部分预制屋盖，预制部分所对应的顶层横墙开裂的可能性更大。

（5）与结构封顶的季节有关，夏季和冬季结构封顶的结构顶层横墙易开裂。

关于这些裂缝开展的机理虽有文献作了分析，但机理分析仍不够透彻，建议的防治措施也不尽合理，例如，在屋盖上增设温度缝的做法[92]，削弱了屋盖的整体性，对抗震不利。因此，有必要进一步分析探讨裂缝开展的机理。

（一）典型实例分析

1. 典型实例概况

【实例 10-1】　北京某 5 层招待所，按 8 度抗震设防，外墙四角、楼梯间及会议室四角、横墙与外纵墙交接处以及各内墙与外墙交接处均设置了构造柱，屋盖除会议室顶板为现浇板外，其余为预制空心板，顶层砌体砂浆等级为 M5。冬季结构封顶，第二年夏季开始顶层所有与外纵墙交接的横墙均出现有规律的斜裂缝（八字缝）。裂缝从屋面板底距外墙 1.0~1.2m 处沿 40°~60° 角向下延伸至外纵墙内侧并与外纵墙内侧的水平裂缝相交，如图 10-6 所示。除会议室（现浇楼、屋盖）两侧横墙上的裂缝较短且缝宽较细外，房屋纵向每道横墙上的裂缝宽度大致相同，南北房间的横墙上裂缝宽度也大致相同，每道横墙上只在靠外纵墙侧有一条斜裂缝，横墙裂缝缝宽约 2.0mm。剔开墙面抹灰发现裂缝主要是沿灰缝从屋面顶板板底沿 40°~60° 角向下延伸，由于砌体立面的灰缝不完全成 40°~60° 角，裂缝延伸角与灰缝错位处砖被拉断。外纵墙的窗间墙内侧距屋面板板底 1.2m 左右有一条水平裂缝，缝宽约 0.5mm，内纵墙上无可见的裂缝。由于屋面施工不符合质量要求，屋面漏水较严重。

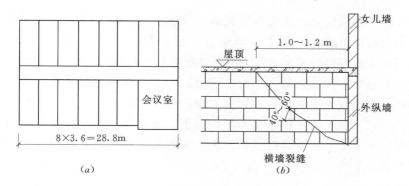

图 10-6　横墙裂缝
（a）平面图；（b）横墙斜裂缝

【实例 10-2】　北京某师职砖混宿舍，地下 1 层，地上 4 层，按 8 度抗震设防，构造柱设置同前，楼、屋盖为预制空心板，顶层砂浆等级 M2.5，夏季结构封顶，第二年顶层横墙开始出现斜裂缝 [见图 10-6 (b)]。裂缝分布规律是东南角的横墙斜裂缝最宽、南房比北房的裂缝宽、端单元比中间单元的裂缝宽。裂缝宽 0.5～2.0mm。后用 UEA 修补完好。次年，又在原斜裂缝部位开裂。内、外纵墙上均无肉眼可见的裂缝。

【实例 10-3】 北京某 9 层住宅为现浇小开间剪力墙结构，纵向长 39.96m，内墙厚 160mm，外墙厚 200mm，顶层内墙水平和竖向分布筋配筋率为 0.251%，外墙为 0.201%。楼、屋盖北半边为现浇，南半边为预制空心板。女儿墙高 1400mm，厚 200mm，配筋同顶层外墙。投入使用后不久，顶层南边横墙与外纵墙交接处出现斜裂缝（八字缝）。北半边横墙未裂。与之相邻的另一栋与该建筑完全一样的建筑，楼、屋盖全现浇，其顶层横墙未裂。

【实例 10-4】 保定某医院为 6 层砖混住宅楼，纵向长 63.5m，按 7 度抗震设防，外墙四角、楼梯间四角、隔开间横墙与外墙交接处设置了构造柱，屋顶利用挑檐做 300mm 的翻口而没做女儿墙，楼、屋盖为预制空心板。该建筑顶层横墙、纵墙均未发现裂缝。

2. 裂缝开展机理分析

建筑结构由于自然环境条件变化所产生的温度荷载一般可分为以下几种类型[94]：

（1）由于太阳辐射、气温变化和风速影响所产生的日照温度荷载，日照升温最大可达 10℃/h。

（2）强冷空气的侵袭和日照降温等所引起的骤然降温温度荷载，骤然降温最大可达 4℃/h。

（3）年温变化产生的年温荷载，屋面、女儿墙等在太阳辐射作用下最高温度可达 60～70℃，因而北方地区年温差在 70℃以上。此外，还有施工阶段混凝土水化热引起的温度荷载等人为造成的温度荷载等。

温差应力实际上是一种约束应力。取图 10-7 所示外纵墙上一构造柱及相邻两开间纵墙作为研究对象。由于混凝土的线膨胀系数是砖墙的 1 倍，在上述几种温度荷载作用下，砖墙与混凝土将发生不同的变形，由于变形的连续性条件，纵墙及女儿墙的变形受到构造柱及横墙的约束而产生温度应力，且 $\sigma_1 \neq \sigma_1'$，$\sigma_2 \neq \sigma_2'$，如图 10-7 所示。图 10-7 中水平力 T_1、T_1'、T_2 和 T_2' 为女儿墙及圈梁（含外纵墙侧的现浇板缝或板带）传来的作用力。对于非对称建筑平面或构造柱不位于对称建筑平面的中轴上，$\sigma_1 \neq \sigma_2$，$T_1 \neq T_2$，于是由构造柱的平衡条件可知，有一水平力 F_x 作用于构造柱，F_x 通过构造柱反作用于横墙。F_x 虽不太大，但由于 F_x 作用于横墙平面外，横墙平面外的抗剪能力弱，一般还是能使横墙产生剪切裂缝。这一作用产生的裂缝的宽度随 F_x 的大小而变化。在房屋的两端 F_x 最大，所以端部横墙首先开裂，随之产生结构内力重分布，中部横墙在后续温度荷载作用下也逐渐开裂。若屋面保温层的保温性能好，横墙上就不会出现肉眼可见的斜裂缝，或墙体虽开裂但墙面抹灰后，裂缝就不发展了。但若屋面保温层的保温性能较差，屋面及挑檐在上述几种温度荷载作用下胀缩而通过圈梁传至横墙一个外推力，致使横墙由于剪切产生的裂缝进一步扩张而形成较宽的斜裂缝。此外，温度荷载作用的反复而持续的特点也使裂缝不断发展。

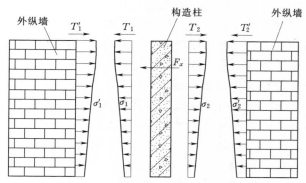

图 10-7 外纵墙及构造柱计算模型

［实例 10-1］由于屋面漏水较严重，憎水珍珠岩保温层潮湿后保温性能差，屋面伸缩而使横墙由于剪切产生的微裂缝进一步扩张而形成较宽的斜裂缝。该例纵向较短，纵向伸缩对顶层横墙裂缝开展不太明显，所以各道横墙裂缝宽度大致相同。

［实例 10-2］说明太阳辐射作用对裂缝开展有明显的影响，因而东南角的横墙裂缝最宽，南房比北房的裂缝宽。纵向较长时，纵向伸缩对顶层横墙裂缝开展有明显的影响，因而端单元比中间单元的横墙裂缝宽。补缝的同时应修补屋面保温层。

［实例 10-3］说明由于女儿墙较高且较厚时，温度作用可使抗裂能力较强的现浇剪力墙开裂。该例通过相邻两栋同类建筑的对比，说明增大屋盖的整体刚度对横墙开裂有明显的抑制作用。文献［35］的调查结果也表明，现浇剪力墙结构由于温度作用而产生墙体开裂的建筑占有一定的比例。设计类似于［实例 10-3］的工程时，应考虑女儿墙较高且较厚时温度作用的不利影响。

［实例 10-4］中，建筑纵向长 63.5m 而不裂，其主要原因如下：

（1）按 7 度抗震设防，构造柱较稀疏且没做女儿墙。

（2）结构设计时特地加强了顶层纵、横向圈梁的断面及配筋（外纵墙圈梁断面 370mm×430mm，上下各配 3ϕ12 纵筋；横墙圈梁断面

240mm×180mm，上筋配 3φ14，下筋配 2φ12）。文献［92］中半圈梁的墙体裂缝比整圈梁的墙体裂缝要严重得多，也说明圈梁断面对墙体裂缝有影响。

（二）防止横墙开裂的措施

目前，多层砖房顶层横墙开裂的现象所占比例还不大，不开裂的建筑仍占多数。分析这些不开裂的建筑特殊而有效的做法和开裂建筑的一些不足，可从中归纳出防止多层砖房顶层横墙开裂的措施，主要有以下几点[50]：

（1）改善屋面保温性能，确保施工质量以减少屋面的温差是防止多层砖房顶层横墙开裂最为有效的措施。对于采用憎水珍珠岩及聚苯板保温材料的屋面，目前其屋面做法有两种：一种方法是先用水泥焦渣找坡后铺保温材料；另一种方法是先铺保温材料后用水泥焦渣找坡。第一种做法的缺陷是保温板上做 20mm 厚水泥砂浆找平层不一定能将保温板压住，保温板翘曲而将防水层扯裂致使屋面漏水而影响屋面保温性能，前述［实例10-1］就属这一情况。第二种做法可有效地防止保温板的翘曲，屋面防水层施工质量有保证，但因水泥焦渣找坡是湿作业，须让水泥焦渣充分干燥后方可进行下道工序，否则保温板潮湿也影响屋面保温性能。在雨季施工时，就要采取相应措施，确保施工质量。

此外，还要特别注意外纵墙附近屋面的保温做法，此处的保温层往往最薄，而该部位又是现浇圈梁及现浇板缝（带）所在位置，受温度变化影响大。

（2）增强屋盖的整体刚度，例如采用现浇屋盖、加大顶层圈梁的断面和配筋及加长构造柱的墙体拉筋等，可有效地扩散温度应力从而避免顶层横墙开裂。对于部分现浇部分预制屋盖，其预制部分所对应墙体的圈梁断面和配筋必须加强。

（3）合理设计女儿墙，优先采用砖砌女儿墙。对混凝土女儿墙，尽量减小女儿墙的厚度且每隔12m左右设一道伸缩缝，缝内用油膏嵌缝。

（4）对现浇结构，采用后浇带等做法，以减少混凝土水化热。

（5）建筑平面在满足抗震和使用要求前提下，尽量避免外纵墙整齐划一的一字形平面，外纵墙在平面布局上适当错位，可减轻墙体的温度应力。构造柱的设置以满足抗震要求为度，不一定越多（大）越好，以减弱墙体间的相互约束。

第三节
不良地质现象的预防与整治

中国是医药文化发祥最早的国家之一，当文明的曙光在天幕上耀映亚细亚大地之时，遍及神州大地的簇簇史前文化篝火，由点到面连接起来，形成燎原之势，逐渐地融合在文明的光芒之中。从此，中国医药学的文明史开始了。作为一门至今仍傲然屹立于现代科学之林的传统学科，中医学不仅具有完整的理论体系和精深的科学内涵，而且具有独特的诊病手段和良好的治疗效果。中医学贯彻预防为主的思想，提出"不治已病治未病"的主张，并认为"防患于未然"要以内因为主导，可通过锻炼身体达到预防疾病的目的。除"未病先防"以外，还提出"既病防变"的一些措施，例如"见肝之病，知肝传脾，当先实脾"的防止病情传、变的原则。在结构设计活动中，同样也有"未病先防"和"既病防变"的设计思想及相应的技术措施，其中最为典型的就是崩塌、滑坡、泥石流和湿陷性黄土或膨胀土等不良地质现象的预防与整治。

一、崩塌的防治

在有崩塌危险的地区从事工程建设时，应首先查明山谷的地形地貌、地质构造和岩石性质，调查地表水和地下水对山坡有无影响，在地震区要查明地震对斜坡的稳定性的影响。选址时，最好避开山高坡陡、岩石破碎和崩塌范围大的地区。对于小型局部的崩塌[见图10-8(a)]，可采取以下防治办法[19]：

（1）爆破削坡、清除悬崖峭壁上可能坠落的岩石块，并加强山麓底部的稳定性，如图10-8(b)所示。

（a）　　　　　　　　　　　　　　（b）

图10-8　局部崩塌及削坡照片
（a）局部崩塌；（b）削坡

（2）用水泥灌浆堵塞裂隙和空洞，以增强岩石表面的联结力。

（3）砌石护面，以防岩石风化。

（4）用锚栓将可能崩落的岩块固定在稳定的岩层上，或在危石下设柱墩支撑。

（5）修筑排水沟，防止地表水渗入岩体内。

（6）造明洞或御塌棚。

二、泥石流的预防措施

由于泥石流来势凶猛、防治困难，因此，对于爆发频繁、规模较大的泥石流地区，严禁选为建设场地。对于爆发次数少、破坏作用轻微及已经衰亡的泥石流沟谷，可利用泥石流冲积扇作为建设场地，但注意冲积扇地基的不均匀性，并应按照具体的情况采取排导、拦挡及水土保持等措施。主要有以下几点[19]：

（1）在泥石流下游修筑排洪道，让泥石流顺利排走，排洪道尽可能直线布置，在其两侧修挡土墙、堤坝或护坡，在可能的情况下，应设置泥石流停淤场。

（2）在泥石流中游流过的区域修筑石坝、石堰，用来拦蓄泥沙、石块，以减少泥石流的规模和减小流速。

（3）在山坡上植树造林、种植草皮和修筑坡面排水系统，调节地表径流等水土保持工程。采取这些措施后，可从根本上防止泥石流的产生。

三、滑坡的预防与整治

（一）预防

在山区建设中，对滑坡必须采取预防为主的方针。在建设场区内必须加强地质勘察工作，认真地对山坡的稳定性进行分析和评价，并可采取下列预防措施防止滑坡的产生：

（1）选址要选在山坡稳定的地段（见图 10-9）。稳定性较差，易于滑动或存在古滑坡的地段，一般不应选为建设场地。

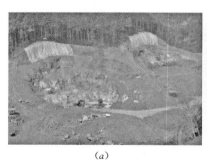 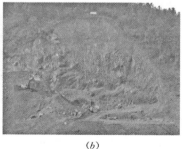

（a）　　　　　　　　　　　　　　　（b）

图 10-9　在山坡稳定地段建设

（2）场地规划时，一般应尽量利用原有地形条件，因地制宜地顺等高线布置建筑物，避免大挖大填而人为破坏场地及边坡的稳定性。

（3）为预防滑坡的产生，必须认真做好建筑场地的排水工作［见图 10-9（a）］，应尽可能保持场地的自然排水系统，并随时注意维修和加固，防止地表水下渗；山坡植被应尽可能加以保护和培育；在施工过程中，应先做好室外排水工程，防止施工用水到处漫流。

（4）在山坡整体稳定情况下开挖边坡时，若发现有滑动迹象，应避免继续刷坡，并尽快采取恢复原边坡平衡的措施。

（5）加强维修和养护。边坡的稳定性与工程勘察、设计、施工和使用均有密切的关系，各方面的工作必须密切配合，在每个阶段都应采取预防措施。例如，新出现的裂缝要及时填平夯实，排水沟开裂就须及时修复，以及沟渠淤积要经常疏通等。

（二）整治

滑坡如已产生，就应通过工程地质勘察判明滑坡的原因、类别和稳定程度；然后，分轻重缓急，因地制宜地采取相应的整治措施。滑坡的产生有一个发展过程，一般是由小到大，由浅入深，由简单到复杂。在活动初期，整治比较容易，否则由于情况的不断恶化，就会增加整治工作的困难。可见，整治滑坡贵在及时，并力求根治，以防后患。

目前，整治滑坡常用排水、支挡、减重与反压和护坡等措施。个别情况也采用通风疏干、电渗排水和化学加固等方法来改善岩土的性质，以达到稳定边坡的目的。由切割坡脚所引起的滑坡，则以支挡为主，辅以排水、减重等措施；由于水的影响所引起的滑坡，则应以治水为主，辅以以下适当的支挡措施[19]：

（1）排水。排除滑坡体内、外的地表水和地下水是整治各类滑坡的首要措施，治理时根据不同的情况采取不同的排水方法。目前，常用的排水方法有地表排水法和地下排水法。

（2）支挡。对于失去支撑而引起的滑坡，修建支挡构筑物，对迅速恢复其稳定具有积极意义。目前，常用的支挡构筑物有抗滑挡墙（或锚杆挡墙）和抗滑桩等。

（3）减重与反压。滑坡体若处于头重脚轻状态且坡脚有一抗滑地段，可采取在滑坡体上部减重［刷方，见图 10-10（b）]、在坡脚回填反压的办法，可使滑坡体的稳定性从根本上得到改善。若一个滑坡体的坡脚没有一抗滑地段，采用减重措施只能减小滑坡的下滑力，而不能增加被动土压力达到稳定滑坡的目的，因此通常采取减重与支挡相结合的措施。

（4）护坡措施。当边坡为土质、碎石土、破碎带或软弱岩层组成时，应尽快对坡面进行加固和防护。通常采用的方法有机械压实、铺设草皮、三合土抹面、喷水泥砂浆以及用混凝土或浆砌片石护坡等。采用这些措施后，可减少地表水下渗，防止坡面被冲刷，避免坡面风化或失水干缩龟裂等。以上保护措施费用少，对维护边坡的稳定有显著的效果。

(a)　　　　　　　　　　　　　　(b)

图 10 - 10　滑坡及减重照片

四、湿陷性黄土地基的工程措施

湿陷性黄土地区的工程建设，必须根据湿陷性黄土的特性和工程要求，综合考虑气候特点、地形地貌条件和土中水分的变化情况等因素，因地制宜，采取以地基处理为主的综合措施，防止地基湿陷对建筑物产生危害。对各类建筑采取设计措施，应根据场地湿陷类型、地基湿陷等级和地基处理后下部未处理湿陷性黄土层的湿陷起始压力值或剩余湿陷量，结合当地建筑经验和施工条件等综合因素确定。在湿陷性黄土层很厚的场地上，当甲类建筑消除地基的全部湿陷量或穿透全部湿陷性黄土层确有困难时，应采取专门措施；场地内的湿陷性黄土层厚度较薄和湿陷系数较大，经技术经济比较合理时，对乙类建筑和丙类建筑，也可采取措施消除地基的全部湿陷量或穿透全部湿陷性黄土层。

湿陷性黄土地基的设计和施工，除必须遵循一般地基的设计和施工原则外，还应针对湿陷性这个特点，采取以下适当的工程措施❶：一是采取地基处理措施，以消除产生湿陷的内在原因；二是采取防水、排水措施，以改变引起湿陷外界条件；三是采取结构措施，以改善建筑物对地基湿陷引起的不均匀沉降的适应性或抵抗能力[19]；四是采取维护管理措施。

（一）地基处理

常用的地基处理方法有以下几种[19]：

（1）土（或灰土）垫层。将基础下的湿陷性土层全部或部分挖出，再将基坑用就地挖出的黏性土料或用灰土料分层回填夯（压）实。这是一种以土治土的传统做法，其优点是施工简单、效果显著，可以消除垫层厚度（一般为 1~3m）以内的湿陷性。

（2）重锤表层夯实。地基表层的湿陷性黄土，若在最优含水量的状态下，经重锤反复夯打密实，在有效夯实厚度范围（约 1.0~1.5m）内不仅可以消除湿陷性，降低压缩性，而且形成了一层减少地表水渗

❶ 参见《湿陷性黄土地区建筑规范》(GB 50025 —2004)第 5.1.1~5.1.6 条。

入地基的弱透水层。这种方法适宜用于消除 1.0～1.5m 厚土层的湿陷性。

（3）土（或灰土）桩挤密。用机械、人力或爆扩成孔后填以最优含水量的素土或灰土并分层夯实。土桩的作用是使有效挤密范围内地基土的强度和压缩性得到改善。桩径以 35～45cm 较适合，桩长与施工条件有关，一般为 5～10m。

（二）防水措施

湿陷性黄土地基如能确保不受水浸湿，地基即使不处理，湿陷性也无从发生。具体的防水措施及要求如下：

（1）建筑场地的防水措施。尽量选择排水畅通或有利于组织场地排水的地形条件，避开受洪水威胁或新建水库等可能引起地下水上升的地段，合理规划场地，做好竖向设计，保证场地、道路和铁路等地表排水畅通，保证水池或管道等与建筑的间距满足防护距离的规定，确保管道和储水构筑物的工程质量，以免漏水。

（2）单体建筑物的防水措施。建筑物周围必须有一定宽度（不小于 1200mm）的散水，以排泄屋面水。建筑物中经常受水浸湿或可能积水的地面应严密不漏水。

（3）施工阶段的防水措施。基础施工前应完成场区土方、挡土墙、护坡、防洪沟及排水沟等工程，使排水畅通，边坡稳定。施工用水应妥善管理，防止管网漏水。临时水池、洗料场、淋灰池、防洪沟及搅拌控站等至建筑物外墙的距离，不应小于 10m。临时性生活设施至建筑物外墙的距离，应大于 15m，并应做好排水设施，防止施工用水流入基坑（槽）。堆放材料和设备的现场，应采取措施保持场地排水通畅。排水流向应背离基坑（槽）。需大量浇水的材料，应堆放在距基坑（槽）边缘 10m 以外。

（三）结构措施

采用适当的措施，增强建筑物适应或抵抗因湿陷性引起的不均匀沉降的能力。其措施主要有：采用体型简单的建筑平面布局，对于平面形状复杂的建筑、房屋高度或荷重有显著差异的部位、建筑结构或基础类型不同的部位、地基土分级处且计算沉降变形量之差大于 35mm 之处，应设置沉降缝将其分成若干结构单元；设置地圈梁、楼层圈梁，增设构造柱等加强整体性的措施；选择适宜的结构和基础形式，如采用铰接排架以适应基础不均匀沉降，采用框架结构和柱下条形基础，以增强建筑物抵抗不均匀沉降的能力等。

（四）维护管理

使用单位应对湿陷性黄土场区内的建筑、管道、地面排水、环境绿化、边坡和挡土墙等认真进行维护管理。给水排水和热力管网系统，应经常保持畅通，遇有漏水或故障应及时检修。经常检查排水沟、雨水明沟、防水地面和散水等的使用状况，若发现开裂、渗漏和堵塞等现象，应及时修补。除按规范规定应进行沉降观测的建筑物外，其他建筑物在使用过程中也应定期观察使用状况，发现有异常情况，例如墙柱裂缝、地面隆起开裂、吊车轨道变形、烟囱倾斜和窑体下沉等，应做好记录，及时研究处理。严禁破坏坡脚和墙基，严禁在坡肩大面积堆料，应经常观察有无出现水平位移的情况。当坡体表面出现通长水平裂缝时，应及时采取措施预防坡体滑动。建筑物周围的树木应定期修剪，管理好草坪等绿化设施。在既有建筑物的防护范围内，增添或改变用水设施时，应按有关规定采取相应的防水措施和其他措施。

膨胀土地区地基的工程措施，与湿陷性黄土地基相类似，详见《膨胀土地区建筑技术规范》（GBJ 112—1987）或《膨胀土地区营房建筑技术规范》（GBJ 2129—1994）。

第十一章
军事建设工程设计指导思想

用兵之法，无恃其不来，恃吾有以待之。

——《孙子兵法·九变》

军事建设工程与民用建筑的设计初看起来区别不大，因为两者所使用的建筑材料是相同的，都是根据设计规范的要求进行设计，建成后也都是需要满足使用功能的要求。但仔细分析，两者的差别还是很大的，原因是军事建设工程，既具有一般建筑物、构筑物的使用功能，又具有军事性质的功能，即为军事斗争服务的功能。因此，军事建设工程设计区别于民用建筑最主要的方面就是要确定工程的军事功能属性，即设计时必须明确在哪里打仗（建设地点）、要不要设防，如要设防，作战对象是谁，进攻的武器装备是什么，以及相应的军事战略战术是什么等战场建设的一系列问题。而这些问题已不全是技术问题，设计规范往往难以涉及，一两个文件也难以完全涵盖，因此，从事军事建设工程的设计必须有一个成熟的设计指导思想，而目前的文献中尚未对军事建设工程的设计指导思想有完整的论述，这是本章主要探讨的问题。

从对建设工程的破坏作用角度来分析，战争对建设工程的破坏作用与地震的破坏作用具有类似性。第一，一个地区何时爆发战争、何时发生地震，依据目前的科学技术水平还难以预测，从这个意义上说战争的爆发和地震的发生都具有一定的随机性。❶ 第二，战争和地震一旦发生，对建设工程的作用在短期内是反复的，地震有余震，战争则表现为重复打击。第三，战争和地震对建设工程作用的剧烈程度变化很大，8 度抗震设防区的地震作用强度是 7 度抗震设防区的 1 倍，7 度抗震设防区的地震作用强度则是 6 度抗震设防区的 1 倍。同样，对战争来说，常规武器对建设工程的破坏作用相对较小，而核武器等大规模杀伤性武器对建设工程的破坏作用则要大得多。

目前，国际上抗震设计有一个成熟的指导思想，那就是"小震不坏、中震可修、大震不倒"。既然地震作用与战争具有类似性，那么，军事建设工程的指导思想是否可以类似地表述为"小战不坏、中战可修、大战不倒"呢？回答是否定的。

首先，以信息化为核心和本质的世界新军事变革，使战争形态和作战样式发生了重大变化，其重要特征之一便是"首战即决战"，所以

❶ 恩格斯《自然辩证法》："确信一切都建立在牢不可破的必然性上面，这是一种可怜的安慰。"（《马克思恩格斯选集》第 3 卷,第 543 页）

很难区分"小战、中战和大战"。

其次，对于军事建设工程来说，即便是传统意义上的"小战"——局部冲突，处于前线的军事防御设施可能遭遇到敌方武器打击的强度和频度，与全面战争条件下（即"大战"）所可能遭遇的敌方武器打击难以作级别上的区分，在某些情况下"小战"所遭受的攻击甚至比"大战"更为强烈。

既然"小战"、"大战"不好区分，是否可将设计思想修改为"小当量武器作用下不破坏、中等当量武器作用下可修、大当量武器作用下不倒塌"呢？其实也不行，其原因有以下几点：

（1）对于重要的军事工程，要让其在战时发挥作用，是不允许破坏的，大当量武器作用或过饱和攻击下仅不倒塌还是不能满足军事需要的。

（2）在某一作战行动中，敌方可能在很短的时间内将小当量武器、中等当量武器和大规模杀伤性武器多梯次投放，仅小当量武器作用下不破坏并不能有效地保护军事目标，战场抢修难度也很大。

（3）军事建设工程在战争中是否损坏与战争的胜负没有必然的联系。第二次世界大战时期法国的"马其诺防线"在战争中"固若金汤"，可是由于"马其诺防线"没能挡住德国人的入侵，6 周之内，法国军事力量就分崩离析了，法国迅速败亡。

（4）地震设防是某一区域内的所有建设工程，而战场建设是"防线"建设，是"线"和"点"相结合构成的防护网，只对军事和重要目标设防，即使是处于前线的民用建筑也可以不设防。

（5）地震发生的概率在目前科技条件下可以进行数理统计，分析出它的超越概率，而战争是政治的继续，战争爆发的概率难以用纯技术手段进行分析。

总之，抗震设防的目标是在经济条件许可下尽量减少在强震作用下人员和生命财产的损失，而军事防御设施的建设是为了谋取战争的胜利，两者的区别十分明显，不能做简单的比较，其设计指导思想也截然不同。

第一节
"刻舟求剑"引发的联想

军事建设工程在建造阶段均依据当时的设计规范、建设标准进行设计和建设。因此，在它建成之初，其防护能力一般来说均能符合当时的军事防护要求。但由于军事建设工程建成之后，它的功能属性，尤其是军事防御水准在它的正常使用期内（一般是 50 年）是固定不变的，而武器装备及其攻击方式是不断发展变化的。随着时间的推移，原有军事建设工程的设计规范、建设标准所给出的军事技术指标逐渐落后于新型武器装备对军事防护的要求，在战时，已有的军事建设工程就有可能不能适应军事作战的需要。

"刻舟求剑"是中国一则著名寓言，出自《吕氏春秋·察今》，其原文为："楚人有涉江者，其剑自舟中坠于水，遽契其舟，曰：'是吾剑之所从坠。'舟止，从其所契者入水求之。舟已行矣，而剑不行，求剑若此，不亦惑乎？以此故法为其国，与此同。时已徙矣，而法不徙，以此为治，岂不难哉？"

成语"刻舟求剑"常用来讽刺固执而不知变化的愚蠢可笑行为。但用它来比喻军事建设工程的军事功能属性的固定性与武器装备及其攻击方式的不断发展变化之间的关系，还是比较贴切的。在军事建设工程建成之初，理论上可以做到它的坚韧性与攻击武器的锋锐性相当，即相当于"刻舟求剑"寓言中"剑自舟中坠于水"的时候。军事建设工程建成后它的功能属性是固定不变的，即它的坚韧程度和其他使用功能是固定不变的，而武器装备及攻击方式却在不断地改头换面，像"刻舟求剑"寓言中的舟行于水中。"刻舟求剑"用"舟已行矣，而剑不行"形象地指出宝剑与船之间距离产生的原因，以及对这一差距熟视无睹而导致的谬误。军事建设工程的军事功能属性的相对固定与武器装备及其攻击方式的不断发展变化之间，也存在一个对变与不变怎样认识的问题。从这个意义上说，如果军事建设工程建设阶段的防护目标仅仅是现行武器装备及攻击方式的话，那么，军事建设工程的军事功能属性将永远落后于武器装备及攻击方式的发展变化，这就是军事建设工程建设所面临的最大挑战。

既然军事建设工程这一"盾"永远落后于武器装备及攻击方式所构成的"矛"，那么，建造军事建设工程这一"盾"还有用吗？回答是肯定的，因为军事建设工程这一"盾"与武器装备及攻击方式所构成的"矛"之间，在大多数的情况下不是短兵相接的，或者说可以采取各种措施避免军事建设工程与攻击武器处于短兵相接状态，这是军事建设工程在军事防御方面的一个特点。正是因为军事建设工程具有这一特点，为我们采取各种措施来提高军事建设工程在战时的战场生存力提供了广阔的空间，也就成为我们研究军事建设工程建设指导思想的主要切入点。

避免"盾"与"矛"处于短兵相接状态的首要措施，也是最可靠的措施和最高境界，就是制止战争。只要不发生战争，军事建设工程就可以免遭攻击。而制止战争的方式和渠道是多方面的，从军事建设工程建设的角度来说就是要做好备战工作，通过备战来制战。明代军

❶《明太祖实录》
卷四八。

事家指出，制止战乱发生的手段之一就是加强武备。"治兵然后可言息兵，讲武而后可言偃武"，"当天下无虞之时，而常谨不虞之戒"❶。只有大力进行军队建设才有可能不动用军队，只有大讲武备才有可能不动武。《墨子·公输》记载的墨子救宋的故事就是备战能制战的一个典型例证。楚国的公输般发明并制作了攻城用的云梯，准备用来作为楚军进攻宋国的利器。楚国强大，宋国弱小。当墨子听说楚国要侵宋，急忙来到楚国，力劝楚王和公输般放弃侵宋计划，但楚王和公输般仍恃拥有新式攻城器具云梯，不为墨子的游说所动。墨子于是同公输般在楚王面前以衣带作城池，以木片作攻守城邑的武器，表演了一番楚攻宋守的"作战模拟"。结果"公输般之攻械尽，墨子之守御有余"，迫使楚王放弃了侵宋的计划。

弗洛伊德在《论非永恒性》中说："战争玷污了我们的科学所具有的崇高的纯洁性，让我们的本能冲动赤裸裸地暴露无遗；一百多年来我们不断受到崇高的思想家的教育，使得我们相信自己已经束缚了内心中那丑恶的幽灵，战争却放纵它。战争浩劫了我们许许多多心爱的东西，并向我们表明，在那些被我们所认为永恒的事物当中，有些已经急遽衰退。"自古知兵非好战，以备战来，制止战争，"希望毁灭性的战争不要再发生"，是人们美好的愿望，更是我们的职责所在。

要避免"盾"与"矛"处于短兵相接状态的第二个可行措施就是做好军事建设工程的隐蔽性。在战时，如果敌方发现不了目标，即使是目标的抗打击能力很差，也能安然无恙。

要避免"盾"与"矛"处于短兵相接状态的第三个可行措施就是做好军事建设工程的"隐真"和"示假"，使敌方攻击武器"打不准"和"打不中"，或诱使敌方攻击假目标，消耗敌方火力，使战局向有利于我方的方向发展。

要避免"盾"与"矛"处于短兵相接状态的第四个可行措施就是做好军事建设工程的综合防护，即采取主动防御与被动防护相结合措施。如美国构筑了强大的国家导弹防御系统（NMD）和战区导弹防御系统（TMD），其目的就是保护本国及盟国的领土不受敌方的导弹攻击。

海湾战争和科索沃战争表明，传统意义上的防御力量已经无法对抗精确制导武器的远程攻击力量。如同核武器的到来一样，精确制导武器的完善意味着阻吓和防守的进一步分离（特别是在常规战争中）。在此之前的战争中，一国即便不能主动对另一国造成多少伤害，但仍可以通过在战场上的寸土必争（比如芬兰对苏联的战略就是如此）而阻吓敌人的侵略（或是压力），这种战略是抗拒性的阻吓（deterrence by denial）。在精确制导武器的时代，因为双方并不在战场上真正接触，如果强大的一方并不想占据弱国的领土，抗拒性的阻吓战略将无法阻吓强大的一方只想迫使另一方就范的战略。因此，在精确制导武器的时代，一个国家要想阻吓类似的战争，必须拥有让对手付出足够代价的能力，即以报复相威胁的阻吓（deterrence by punishment）能力。阻吓力量尽管必须是攻击性的力量，但又不是纯粹的攻击力量，而是报复性的打击力量。如同核阻吓一样，常规阻吓力量也应该是不易被摧毁而又可以对敌方进行打击的力量。这样的力量将使弱国建立在防御上的阻吓迈向真正意义的阻吓，即建立在报复打击力量上的阻吓。阻吓的要点不是我们自己要秋毫无损，而是要保证对方的损失是其无法忍受的就行[124]。在这种战略背景下，通过备战来制战成为最有效的途径，而备战本身既包括攻击性力量的建设，也包括防御力量的加强和防护性能的提高。在当前就是要在"积极防御"战略的指导下，构筑主动防御与被动防御相结合的战略防线。

当然，要使军事建设工程在战时发挥应有的保障作用，还要提高军事建设工程的抗打击能力，使敌方"打不垮"。可以设想一下，如果所有的武器装备均打不中军事建设工程，那么攻击军事建设工程的武器装备就没有存在和发展的必要了。在实战状态下，总有一部分军事建设工程要遭受敌方攻击武器的袭击的。因此，战时抢修抢建不可或缺。

要提高军事建设工程的抗打击能力，其根本的措施就是全面分析研究国际政治和军事形势对军事建设工程建设的影响，研究世界新军事变革对未来战争形态和作战样式的影响，研究提高军事建设工程的抗打击能力的工程技术措施及途径，做到军事建设工程的抗打击能力与武器装备及攻击方式同步发展。船之所以能在水中漂浮而永不沉没，是因为随着水位的升高，船身也随之浮起，即"水涨船高"。军事建设工程的抗打击能力也应随着武器装备及攻击方式的发展而发展。凡事预则立，虽然军事建设工程建成之后它的功能属性不易改变，但军事建设工程建设方式是多种多样的，它的安全储备也是可以人为提高的，因此，提高和改善军事建设工程的抗打击能力以适应武器装备及其攻击方式的不断发展变化，不仅是可能的，而且途径和措施也是多种多样的。此外，某一武器装备及攻击方式的更新换代，并不一定对所有军事建设工程的防护能力均构成严重冲击。例如，一些地下洞库工程（如伊拉克修建的防空洞），在它建造的时候主要是为了防御核武器的攻击，但近几年的高技术局部战争实践表明，它在信息化战争条件下，仍然具有很强的战场生存力，也就是说对精确制导武器也有很好的防护能力，它的防护能力并没有因为精确制导武器的出现而丧失。

战争是由众多因素构成的整体，而科技变革是军事变革的前奏，科学技术必须超前准备，战场建设也必须超前准备。当前，由于信息技术在战争中的广泛应用，各种制胜因素之间的关联方式和层级关系正处于不断发展变化之中，使战争呈现出了前所未有的整体性，并由此衍生了一些新的战争特点和规律。面对这种变化，一方面，要看到武器装备及攻击方式是处于不断发展变化之中的，而且发展变化的形式是多种多样的，军事建设工程的战场生存力面临严重挑战；另一方面，军事建设工程的防御能力的提高及防御手段的改进也处于不断发展变化之中，只要我们对武器装备、战争方式、战争爆发的时机等进行充分的研究，做好军事建设工程的防御和防护措施，制止战争、打赢战争的措施和渠道也是多方面的。军事科技与军事力量对比的影响有突变性的，也有渐变性的，军事变革相应地也呈现出持续性和阶段性的特征。面对当前复杂国际政治和军事形势，重要的是我们要有准备，"没有准备就没有未来"，既要充分考虑武器装备及攻击方式的发展变化对军事建设工程防御性能的不利影响，也不要"草木皆兵"，对武器装备及攻击方式的发展变化反应过度，根据我国积极防御的战略方针，结合军事斗争的实际需要，有针对性地开展军事建设工程的建设指导思想的研究工作，这就是我们工作的着力点。

第二节
军事建设工程及其特点

军事建设工程是指直接或间接为军事斗争服务的工程建设项目，它有狭义和广义之分。狭义的军事建设工程是直接为作战服务的地下指挥中心、通信枢纽、军营、野战医院、军用机场和码头、武器弹药库和前线阵地等军事建筑。科索沃战争后，狭义的军事建设工程概念已难以涵盖军事建设工程在现代战争中的地位和作用了，必须用广义的军事建设工程概念来概括。广义的军事建设工程除了狭义的军事建筑外，已经延伸至国家政治领导中心、电力、化工、炼油、供水和医院等生命线工程，铁路、桥梁、公路和民用机场等交通线工程，即通常意义上的土木工程，具体内容就是美军"五环目标理论"中的"五条线"，即神经线、生命线、交通线、心理线和作战线。其中，第一线为神经线，是指国家指挥中心，包括国家政治领导中心、军事指挥中心、C^4ISR 系统和防空预警系统，这是一个国家的核心。第二线为生命线，是指一个国家的电力、化工、炼油、供水、医院和重要的军事工业等。第三线为交通线，是指铁路、桥梁、公路、机场和码头等交通基础设施，以及连接作战部队和战争补给的纽带。第四线为心理线，是指实施心理战术，企图瓦解民心，迫使敌国政府屈服的电台和电视台等传媒中心。由于长期处于和平环境，民众缺乏对信息化战争的深

刻认识，一旦发生战事，面对敌军高强度空袭，残酷性超出人的适应
能力时，特别是当出现停电、停水、停业和生活必需品紧张的严重局
面时，必将给民众带来巨大精神压力，极易产生焦虑恐慌和厌战情绪。
民众心理承受能力和对战争的支撑能力，将成为影响战争结局的一个
不可忽视的重要因素。因此，与心理线相关设施的抗打击能力非常重
要。第五线为作战线，包括军事目标及与军事目标有关的重点工业目
标、坦克、火炮、其他重型装备和运输车辆以及流动指挥中心、地面
作战部队等。

军事建设工程是军事与工程的有机结合，其特点主要表现在以下
几个方面。

一、国土防卫的全局性与主要作战方向的区域性的统一

《孙子·虚实》云："兵形象水，水之行避高而趋下，兵之形避实
而击虚。"战争实践表明，防御工事的可靠性，主要不在于它的稳固
性，而在于它的严密性。"兵形象水"，防御工事就必须像防水设施那
样严密无缝。"千里之堤，溃于蚁穴"，国土防御线也常常因为出现某
些薄弱部位，而使得整个防御作战功亏一篑。

第一次鸦片战争期间，1840 年 6 月，懿律率领的英国 40 余艘船舰
和 4000 名士兵到达中国海面，企图进犯广东。两广总督林则徐亲自到
虎门驻防，校阅水师，出其不意地用"火船"焚烧敌舰。英军无隙可
乘，于 1840 年 7 月北犯福建厦门，又被闽浙总督邓廷桢指挥的中国军
队击退。进而英军又北犯浙江，攻陷定海。8 月，英军抵达天津白河
口。定海失陷和英军抵达天津白河口的消息，震动了清政府。因为当
时的天津"仅有弁兵八百名，山海关一带连一尊合用的大炮也没有"。
虽然林则徐曾先后五次请旨饬沿海各省督布防，但直隶总督琦善却以
"水师不必设，炮台不必添"复奏，并散布"夷船不来则已，夷船若
来，天津海口断不能守"的抗战必败谰言[1]。虽然林则徐和邓廷桢在广
东和福建的防御坚不可摧，但定海的失陷和英军抵达天津白河口，使
得林则徐和邓廷桢等构筑严密国土防御线的努力功亏一篑，林则徐和
邓廷桢等主战派遭革职查办，以"天朝大国"自居的清帝国从此被洋
人的"坚船利炮"打开了一个缺口，成为清政府屈膝投降的开端，中
国也从此逐渐沦为半封建、半殖民地国家。

美国构筑了强大的国家导弹防御系统（NMD）和战区导弹防御系
统（TMD），然而"基地"组织却成功地策划了"9·11"恐怖袭击，
美国本土遭受了严重损失，暴露了美国在防御恐怖袭击方面存在漏洞，
从某种意义上说也是"千里之堤，溃于蚁穴"。虽然从技术上不能避免
恐怖袭击的发生，但工程技术可以做到纽约世贸大楼遭受袭击后不坍
塌。再进一步说，如果世贸大楼遭袭后仍然安然无恙，恐怖袭击策划

[1] 《中国近代史》，
中华书局，1977
年版，第 16 页。

者或许就不再采用这样一种袭击方式了，这就是通常所说的，备战在一定程度上能制战。《墨子·公输》记载了墨子救宋的故事就是一例证。

此外，由于武器装备一般均有有效作战半径和有效服役空间，而且一个国家四面受敌的可能性是很小的，所以对某一国家的某一时期，其可能发生战争的方向性是很明确的，也就是有明确的主要战争方向。为了使得武器装备发挥应有的效果，武器装备的配置必然向主要战争方向倾斜，相应的军事建设工程的主要建设项目也相对集中在主要战争方向上。

可见，军事建设项目的总体布局是国土防卫的全局性和主要作战方向的区域性的统一，呈现出中国园林式的"疏落有致"的布局。近几场高技术战争表明，新一代战争是非接触战争。随着武器装备杀伤作用距离的增大和打击精度的提高，短兵相接的传统作战方式逐步被远程精确打击所取代，战争将在战场的全纵深同时展开，传统的战线和前后方之分逐渐模糊。因此，构筑防御工事布局时，一方面，国土全局性和全维防卫越来越重要；另一方面，区域重点防御的地位和作用没有丝毫的放松，即呈现出防御的范围越来越大而设防重点反而越来越突出的趋势。

二、针对性

既然军事建设工程是为军事斗争服务的，在设计阶段必须明确在哪里打仗，作战对象是谁，进攻的武器装备是什么，以及相应的军事战略战术又是什么等一系列的问题。

目前，人类历史上的战争起于何时尚无定论。而历史上，最早见于文字记载的一次战争，是公元前 1469 年发生在巴勒斯坦麦吉多的巴勒斯坦和叙利亚的一些部落举旗反抗年轻的埃及法老图特摩斯三世统治的"麦吉多之战"。从第一次文字记载的战争，到第一、二次世界大战，再到近来的科索沃、伊拉克战争，人类历史上出现过的战争不可胜数。所有的战争离不开进攻和防守，也就是所谓的有矛必有盾。不同历史时期的"矛"（武器）总是会出现与之相对应的"盾"（如盾牌、城堡和中国长城等），而防空工程则是第二次世界大战以后发展起来用来对付飞机、火炮、导弹和核弹等攻击，保存战争实力及人民群众的生命财产安全而构筑的地下掩蔽体。自防空工程产生以来，战争的形式和特点也发生了一系列变化和发展，从常规战争到核战争，从核威慑下的常规战争到现代高技术条件下的局部战争。过去防御工事主要针对"核、生、化"这一类的武器，所采取的对策是"走、藏、消"，而随着"陆、海、空、天、电、磁"一体化战场的高技术化，使现代战争出现了许多新特点，对军事建设工程的建设提出了新的要求和挑战，即既要防"核、生、化"，又要防高技术条件下的精确武器打击。

1. 核生化对军事建设工程的威胁依然存在

核生化威胁是核生化武器和有毒有害核生化物质对人类社会和生态环境形成的威胁。与 20 世纪相比，21 世纪上半叶全球面临的核生化威胁呈多样化趋势，既有传统威胁，例如核生化战事、核生化威慑；也有非传统威胁，例如核生化扩散、核生化恐怖、次生核生化灾害、核生化工业事故和生物疫病等。所有核生化威胁都具有类似的大规模伤害人生命和破坏环境的效应，是现代国家安全的重大忧患。未来战争中使用核生化武器的可能性依然存在，并可能出现两个变化[90]：

（1）生化武器由战术使用、战役使用向战略使用转变，将生化武器作为对敌战略后方进行警告、威慑和骚扰的工具；核武器则由战略使用向战术使用转变，将核武器用于解决一些常规武器难以解决的战术目的，例如攻击地下坚固堡垒等。

（2）运载工具和方式的变化。以前的化学袭击有钢瓶吹放、化学炮弹袭击、化学航弹轰炸、飞机布洒毒剂和布设化学地雷等；生物袭击有特工布洒、飞机布洒和航弹轰炸等；核袭击有航弹轰炸。随着远距离精确制导武器技术的发展，未来核生化武器的战场使用将主要采取导弹发射的方式。

核生化军事防御有两个支点[90]：一个支点是核生化防护，即被动防御，核生化防护的目的是避免或减轻核生化军事袭击、恐怖袭击和次生核生化危害等造成的损失，及时消除可能造成的短期和长期后果；另一个支点是对核生化袭击的抗击反击，即主动防御。有的国家偏重前者，如瑞士、瑞典，实施总体防御战略，不谋求也不具备抗击反击能力，着重做好军民防护，避免和减轻核生化袭击造成的伤害。有的国家偏重后者，如俄罗斯、美国。美国政策更进一步，主张主动的核攻击。我国的核生化防御保持两个支点[90]，即实施"防护＋反击"战略。它符合中国的安全需求，也有国力和军事力量的保证，是我国"积极防御"的军事战略方针的具体体现。

因此，现阶段军事建设工程设计时仍然要考虑"核、生、化"威胁，并做好相应的防御措施。

2. 战场透明化和精确打击对军事建设工程构成严重威胁

从机械化战争到信息化战争，科学技术的进步推动了战争的样式、战争的规模、战法、军事理论、军事战略甚至军队的变化，引发了军事领域内的全面变革。信息化战争超越和打破了传统战争的界限，进攻一方不再专注于消灭对方的有生力量和大面积攻城略地，而主要是通过重点打击对方的侦察预警、指挥控制和防空作战系统，瘫痪对方的整个作战体系，摧毁对方的战争潜力、经济潜力和国家意志，达到战略目的。

信息化战争改变了机械化战争的传统模式，依靠 C⁴ISR 系统的自动化指挥控制，从发现目标到打击目标实现了一体化，软硬武器融合在一起，所有作战力量及民用资源融入到一起。"侦察—发现—指挥—打击—摧毁"成为典型的作战样式，作战效能具有亚核战争威力。这对军事建设工程的战场生存力构成了严重威胁。因此，研究信息化战争的特点及发展趋势，并针对我国的实际情况，采取应对措施，提高军事建设工程的防护能力，保护战争潜力，是当前加强军事建设工程建设的重要环节。

三、时效性和战时可使用性

1. 军事建设工程的时效性

一是指军事建设工程的建设和布局随作战对象、作战武器装备、作战地点和作战时间的改变而改变。人类战争的历史，是一部攻与防、矛与盾交替发展的历史，一直遵循着攻者利其器、守者坚其盾的相克相生的发展规律。冶炼技术的出现，使战争进入冷兵器时代，这个时代的军事建设工程主要是高筑墙、深挖壕抵御步骑兵进攻。我国的万里长城就是一个典范。火药的发明，使战争进入了热兵器时代，炮台、堡垒等要塞式工程成为抵御枪炮进攻的防护手段。内燃机和其他机械兵器的出现，使战争进入了机械化时代，永备工事与野战工事相结合的阵地工程体系成为迟滞和反击敌人机械化进攻的重要手段。第二次世界大战期间，在莫斯科、列宁格勒等地区，苏军依托阵地顽强抵抗，挫败了德军的进攻，并转入战略反攻。20 世纪 40 年代，核技术和火箭技术逐步成熟，产生了具有巨大破坏力的远程核武器，使地下防护工程成为军事建设工程的主要形式，产生了抗核爆的深地下坚固工程和地下指挥中心体系。如今，作为"坚盾"的军事建设工程，经历了冷兵器、热兵器和机械化战争时代的发展，已进入信息化战争时代。如何建设适应信息化战争要求的军事建设工程，是摆在我们面前的一个现实而紧迫的重大课题。

在信息化建设上，美军曾有深刻的教训。美军在 20 世纪 70 年代进行信息化建设时，走的是各军兵种自行设计、自行建设的路子，到 80 年代中期提出"空地一体战"理论时，发现各系统因互不兼容而不适应作战需要，不得不重新投资进行改造[91]。

二是指军事建设工程的建造时效性。军事建设工程的建设需要一定的建设周期和大量的资金，一些战时所需的工程不可能在和平时期建设，因此，在战时或临战状态下，为了满足作战的需要，一大批军事建设工程需要快速抢建抢修。进入 21 世纪后，美军为适应信息化战争要求，提出了"快速决定性作战"新理论，试图以其强大的信息作战能力为基础，充分发挥陆、海、空、天、电、特联合作战的整体威力，通过快速机动、快速突破和快速打击实现作战企图。信息化战争中，速战速决的特点更加凸显。高技术空袭兵器的发展，打击精度的提高，以及空袭弹药的智能化，使空袭破坏杀伤力成几何级数增长，大大增强了空袭的破坏威力。组织对重要目标的防护与抢修工作，已成为高技术局部战争条件下城市防空的一项重要而艰巨的任务。

2. 军事建设工程的战时可使用性

军事建设工程设计最难也最重要的是确定军事建设工程的针对性和确保战时的可使用性。当前世界范围正在发生的一场新军事变革对世界的未来与发展将产生重要影响。新军事革命使军事潜力的意义下降。由于军事对抗越来越趋于速战速决，由战争潜力转化为实力的时间越来越短，要求国防动员的速度必须加快。与此同时，新军事变革使实力的意义在上升。而在军事实力中，能战度是非常重要的。如果说，总体力量很强大，但可使用的力量很小，能战度就谈不到。这里说的能战度，与可使用度是一致的。可使用是针对目的、目标而言的。力量建造，重要的是可使用。目前对军事建设工程战时的可使用性研究还不够充分。据估计，全世界目前约有 70 多个国家拥有深层地下掩体，总数目高达 1 万多个，这么多的地下掩体在战时都能发挥作用吗？

1991 年海湾战争，以美国为首的多国部队猛炸伊拉克 38 天，绝大多数军事评论家都相信统计数字，认为伊军损失不大，兵力仍保持九成以上，武器装备也有七八成完好，一旦联军开打地面战，必有一场恶仗。可后来的战事结局表明，空袭破坏了伊军交通、通信和指挥系统，深藏地下的伊军只是保命，战斗力早被削弱过半，掌握制空权和战场主动权的多国部队对伊发起大规模地面进攻仅历时 100 小时，就以多国部队收复科威特、伊拉克军队败退而结束。

2003 年夏天，美军士兵在线人情报的指引下在伊拉克塔卡杜姆（Al Taqqadum）机场附近发现了一架被深深埋在沙土下面的米格－25 "狐蝠"战斗机（见图 11-1）。美国空军一支部队把这架战斗机从巨大的沙丘里挖了出来，据称它只是被萨达姆军队埋藏在沙漠中的二十多架战斗机中的一架。米格－25 "狐蝠"是一种俄制先进战机，其飞行速度可达 3 马赫，升限可达 2 万多米。这架米格－25 长 20 多米，重达 25 吨，是一种非常先进的侦察型改进型战斗机，装备着俄制和法制的尖端的电子作战系统。美军士兵不得不动用大型挖掘机械才让它露出"庐山真面目"。美军在沙漠中挖出的战斗机都盖着伪装网，机身上所有的缝隙都被严密地封住，有一些还被摘掉了机翼。从保存军事设施角度来看，萨达姆军队做得相当成功，但那么先进的战机没能在战场上发挥应有的作用，却成了美军的战利品，足以引起我们对军事装备

图 11-1 萨达姆军队的飞机是这样藏的（网络照片）

及其军事建设工程战时可使用性问题的思考。

四、先进性

第二次世界大战后期，随着希特勒法西斯德国的灭亡，当时世界上第二个法西斯大国日本陷入了世界反法西斯的滚滚洪流中，但是日本法西斯军国主义集团并没有从希特勒的失败中清醒过来，军国主义分子仍然蛊惑他们的人民进行所谓的"大东亚圣战"。在当时的中国东北驻扎着一支日本帝国的精锐部队，就是素有"皇军之花"之称的关东军。尽管从 1943 年到 1945 年 1 月关东军的很多部队被调走，但以山田乙三为司令的关东军仍有 3 个方面军、1 个独立军、2 个航空兵军和1 个内河舰队，共有 31 个师又 13 个旅 97 万多人；装备 5000 多门火炮、1200 辆坦克、1800 架飞机和大量的作战物资储备。而且关东军长时间侵占中国东北，在苏、蒙边境上修筑了无数坚固的防御工事。在全长 1000km 的边界上设有 17 处筑垒地域，共有 8000 多个永备工事和支撑点；每个筑垒地域正面宽 50~100km，纵深 50km，素有"东方的马其诺防线"之称。

1945 年 8 月 8 日，苏联对日正式宣战。8 月 9 日凌晨，苏军先遣支队未经火力准备，即越过中苏边境，主力部队随后分三路全线发起进攻。苏军对吉林、哈尔滨、长春和沈阳等中国东北主要城市进行了空袭，并对日本军舰实施袭击。8 月 11 日，苏军对萨哈林岛南部发起进攻。8 月 11~12 日，苏军先后攻占朝鲜北部港口雄基和罗津，13 日开始清津登陆战役。正当战场上打得热火朝天的时候，8月15日日本宣布无条件投降。8月16日，苏军解放清津，切断日军由朝鲜撤向本土的退路。8月18日，日本关东军开始投降。苏军于8月18～19日前通过了干涸的草原、戈壁沙漠与大兴安岭，向东北各大城市挺进。8月20日，苏军主力奉命进入沈阳、长春，而后南下大连、旅顺。苏军于8月18日到达张家口、承德一带，切断了关东军和华北日军的联系。8月19～24日，苏军向中国东北和朝鲜北部主要城市机降小分队，先后进占齐齐哈尔、沈阳、哈尔滨、长春和旅顺。日本关东军大部缴械投降，少数负隅顽抗的部队被歼灭。8月25日，苏军占领萨哈林岛南部，9月1日占领千岛群岛等岛屿。9月2日，同盟国在美国"密苏里"号战列舰上举行受降仪式，战争结束。

远东战役彻底粉碎了不可一世的日本关东军，从而迫使日本完全接受了同盟国的《波茨坦公告》的各项条款。战斗结束时，关东军伤亡67.7万人（其中8.3万人被击毙，59.4万人投降），苏军伤亡3.2万人。苏联解放中国东北的战斗是一场压倒性的胜利，苏军的胜利加速了日本法西斯的灭亡，对中国抗日战争的胜利起到了促进性的作用。

"多行不义必自毙"，正义必定战胜邪恶。"得道多助，失道寡助"，"人心的向背决定战争的胜负"。这是战争的基本规律。远东战役的结局实际上在战前就已经基本决定了。但日本关东军的战略失误和防御失策，加速了关东军的覆灭。对于苏军可能的进攻方向，当时关东军高层认为中国东北西部地区的沙漠和大兴安岭是苏军难以逾越的天然屏障，而苏军进攻最大可能是在海拉尔这个具有重要军事意义的方向。因为这个方向距离苏境最近，地形比较平缓，又有铁路从苏联境内赤塔直通中国齐齐哈尔和哈尔滨。基于上述的战略判断，日军进一步调整了部署：兵力最强的第一方面军担任东部防御，主力集中在牡丹江、延吉一线；第三方面军担任西部正面和南部的防御，主力集中于长春、沈阳；独立第四军担任北部的正面防御；第十七集团军担任预备队。如果边境工事防守失利可撤至长春、沈阳和锦州等地区，如果这一地区还不能固守，还可将关东军撤至朝鲜。然而事实上，战前苏军通过各种途径，获得了日本关东军的兵力布防情报，并以此制定了出乎日军预料的一个远东对日作战计划。苏军成功地运用了兵力优势，武器装备优势，完全掌握了战场的主动，战斗开始时苏军采取伪装、佯动，使得关东军耗费大量人力、物力和时间修筑的"东方的马其诺防线"成为废物，有的防御建筑也经不住苏军"喀秋莎"火箭炮的密集轰炸，战时初期苏军的突然进攻使得一部分日军在没进入碉堡时就被歼灭。

关东军耗费大量人力、物力和时间修筑的"东方的马其诺防线"没有在战争中发挥应有的作用这一反面教材告诫我们：军事建筑工程的建设必须顺应时代发展的潮流，必须与先进的军事战略思想、战术方针相结合，否则螳臂当车，只能在战争中成为废物，也就是说军事建设工程的建设必须坚持先进性。

五、存在军事战略思想和战术方针的变化性、不确定性与军事建设工程的工程技术的确定性之间的矛盾

从事军事建设工程的建设必须将战略上的谋划、战术上的针对性和工程技术的创新和灵活应变措施有机地结合起来。然而，军事战略战术与工程技术要求之间客观上是存在矛盾的。一方面，军事战略思想是发展变化的，"兵因敌而制胜"，战场瞬息万变，战术方针更是变化、不确定的。另一方面，工程技术设计指标是确定的，例如，对于防御工事，防什么、怎么防等问题，在设计阶段都是必须明确的。随着战争形态由机械化向信息化的转变，未来战争已不再是线性的可叠加，也不是在单一作战力量、武器平台之间展开的拼杀，而是以非线性的样式呈现，是体系与体系的较量，呈现出整体涌现性、非线性、自适应性和自组织性等特征。未来的地面攻防战斗必将是多方向、全纵深、多种样式和多手段并用的动态能量释放过程。信息化战争复杂性的加深，使得军事建设工程的军事战略思想和战术方针的变化性、不确定性与工程技术的确定性要求之间的矛盾越来越突出。

第三节
军事建设工程设计规范的固有局限性

建设工程设计一般均应满足设计规范的要求，军事建设工程设计阶段也要满足设计规范的要求。然而设计规范有其固有的局限性，我国的设计规范有局限，国外的设计规范同样也具有局限。设计规范的局限性大体上表现为以下几个方面：

（1）规范是成熟经验的总结。军事建设工程设计规范所涵盖的内容大体上包括战争经验与教训的总结、作战实验室中的模拟演习的结果和军事理论研究成果三个方面。而且，规范的修订有一个正常的周期，一般在 10 年左右。由于战争受到政治、经济、外交、军事、技术、地理和心理等诸多因素的制约和影响，任何国家和军队，都不可能用上一次战争的经验来完全指导打赢下一次战争，也不可能用对战争的预测作对未来战争的指导。而未来战争可以说是全新的战争形态。20 世纪 80 年代以来，我们看到的局部战争，一次一个样。21 世纪是一个不断变革的世纪，是一个军事变革的时代。在军事革命的潮流中，作战方式只有"一次性效应"。未来战争，不是按历史图纸设计，不是

按旧的剧本上演，而是军事技术专家的主动设计与创造，是在"预实战"中、在"战斗实验室"里进行设计。如果说战争经验与教训是对理论创新的"历史推动力"，那么作战模拟则可以称为"未来推动力"。过去，人们是"从战争中学习战争"，而现在将"从实验室中学习战争"；过去，人们是"从历史中学习战争"，而现在将"从未来中学习战争"。而这个"未来"，就是在作战实验室中创造出来的。美国有一位将军就曾直言：我们就是要在实验室创造出未来的战争，使得我们的将军和士兵在真正的战争中所遇到的，都是他们曾经在实验室中演练过的、似曾相识的东西。目前，美国许多军事院校和部队都建立了相应的作战实验室，主要从事战术、战役、战略层次的研究、教学和训练，包括对抗模拟演习、政治军事对抗和危机反应与分析等。这些实验室的设立，创造了一种鼓励进行创造性思考的教学和训练环境，可以使官兵在模拟的未来战场上探索和研究各种新的战术和战法等。因此，军事建设工程设计规范的规定很难跟得上军事变革的步伐。

（2）规范是原则性条款，针对性不足。除个别专业性很强的规范外，军事建设工程设计规范的条款大多是普遍性和原则性的要求（如哪些工程需要设防、哪些工程可以不设防、需要设防工程的防护标准如何确定等），不可能对特定对象提出很详细的要求。因此，军事建设工程设计规范很难包含具体工程战时特殊的使用和防护要求，也不可能考虑工程建设地点的地形地貌等特殊的自然条件，具体工程在战时能否发挥应有的战斗力、提高战场生存率，规范很难规定。

毛泽东同志在《中国革命战争的战略问题》中指出："战争情况的不同，决定着不同的战争指导规律，有时间、地域和性质的差别。""我们研究在各个不同历史阶段、各个不同性质、不同地域和民族的战争规律，应着眼其特点着眼其发展，反对战争问题上的机械论。"[1] 目前，世界一些国家和地区竞相调整军事战略，加速军队信息化进程，谋求战略上的主动地位，使军事领域发生了一场重大变革：军队知识化、武器智能化、战场数字化和战争信息化，已成为 21 世纪军事发展的重要趋势。这些国家都将信息化作为新世纪军队现代化建设的主要目标，认为信息化战争将成为 21 世纪的主要战争形态。而军事设施雷同化是信息化战争条件下最致命的弱点，雷同化军事设施的信息一旦被敌方掌握，这些军事设施将可能遭受敌方全面、彻底而毁灭性的打击。

（3）规范的主要功能是防止不合常规、不符合使用要求、不符合本学科基本理论和不合逻辑等不合理现象的出现，所以军事建设工程设计规范条款在一定程度上只是建立在军事和社会某种平均水准上的最低设计要求，不能反映武器装备的超常作用，以及武器装备、军事

[1]《毛泽东选集》第一卷，第 173 页。

思想、作战方法和军事训练等方面新进展对军事建设工程的影响。

世界新军事变革带来的最根本变化，将是战争形态由机械化时代向信息化时代加速变革与演进。在此过程中，战争样式、战争力量、战争空间、武器装备、作战手段和指挥通信等方面，都将发生前所未有的新变化。目前的军事建设工程设计规范还难以完全模拟和跟踪这些新变化。

（4）设计规范既有引导设计者正确而合乎规范要求地设计的正面效果，又有约束设计者个性发挥的负面效应。在我国设计规范是强制性的，对于设计人员来说，规范就是法律，按照规范的设计即使有问题，设计人员就有可能不负任何法律责任，而不按规范要求的设计，即使理论先进、经济合理，一旦出问题则责任自负。这种体制逐渐养成了设计者对规范的依赖，创新观念薄弱。

（5）军事建设工程设计规范的基本理论体系不能涵盖军事科学所涉及的理论、范畴。军事建设工程设计规范的基本理论体系属于工程学范畴，而军事科学理论涉及军事、政治、经济、科技和心理，是科学与艺术的有机结合。此外，在经济技术方面，一些军事建设工程的投资在相当长的一段时间内不一定有直接的经济利益方面的回报，所以对军事建设工程而言，经济技术指标优的方案，有时不一定就是好的方案，这也是与民用建筑的一大区别。因此，对于那些直接为军事斗争服务的军事建设工程，仅从技术层面考虑问题是不够的，其设计指导思想应是经济技术与军事作战要求的统一。

在军事科技日新月异的背景下，攻击武器的提升仍然高于防御性武器装备及相应设施的发展速度。越来越多未在实战中检验的新武器的出现让美军产生了强烈的忧患意识。美国《防务新闻》就曾刊出一条自炸航母做实验的消息[100]。该消息称，对退役的"美国"号航空母舰实施系列爆破试验，以分析航母在遭受各种类型攻击时的稳定性能，数百套传感器和摄像机用以记录所有的试验数据。第二次世界大战以后，美国航母舰队再没遇到过对手，为什么还要做这次试验？美海军司令部有着自己的考虑：造船业研制人员仍然在使用第二次世界大战时期的计算数据，早已不能适应现代战争的要求，这必将使美国在未来的战争中处于劣势。而我们目前的军事建筑设计实践中，一方面，仍强调设计必须符合设计规范的要求；另一方面，对规范与实际作战需要之间的差距没有一个清醒的认识，缺乏应有的忧患意识和战略生存观念。

军事建设工程设计规范的这些局限性，使得目前以满足设计规范为准则的设计与未来作战实际需要之间还存在一定的差距。历史给我们警示，更给我们营养。幅员辽阔的罗马帝国，是战马剑盾铸成的刚性社会。罗马军队凯旋时，罗马人倾巢出动，欢迎打了胜仗的将军。罗马的执政官总要派出一个"提醒者"，反复在将军的耳边重复同一句话："一切荣华富贵都是过眼云烟。"为什么？就是要提醒将军，不要觉得自己打一次胜仗就忘乎所以。我们曾经自豪地说，我们是从胜利走向胜利，其实这个过程是很漫长的。相反，从胜利走向失败，有时可能只因一念之差，只有一步之遥。不断增强忧患意识，是处于和平时期的国家和军队所必须时刻牢记的。今天，世界依然很不安宁，霸权主义和强权政治对我国的威胁依然存在，我国在全面建设小康社会、实现和平发展的征程中，必然要经受各种风险的考验，履行新世纪新阶段我军历史使命，也必然会遇到各种复杂问题。"明者见事于未萌，智者图强于未来"。当前，中国特色军事变革正在加速推进，军事工程的设计者要以与祖国风雨同舟的责任感，担负起神圣的使命。

第四节
军事建设工程设计指导思想管窥

"兵者，国之大事，死生之地，存亡之道，不可不察也"。战争作为一种极为复杂的社会现象，它是由政治、经济、军事、外交和文化等方面相互联系的统一整体。相应地，军事建设工程作为军事设施的一部分，关系到战争的成败，事关国家安危，民族的前途和命运，对一个国家的政治、军事、经济和外交等有着深远和广泛的影响。军事建设工程的建设与一个国家的军事战略和军事思想密不可分。我国明清之际杰出的思想家、诗人和历史地理学家顾炎武在《日知录》中"长城"一节的开头，提出了长城的出现是"春秋之世，因有封洫，故随地可以设关。而阡陌之间，一纵一横，亦非戎车之利也。观国佐之对晋人，则可知矣。至于战国，井田始废，而车变为骑。于是寇钞易而防守难，不得已而有长城之筑"。明确提出长城的出现首先在于经济发生了变化，引起军事兵法变化，兵法变而防御手段变的观点，指出了长城的建设与军事战略和军事思想之间的必然联系。

元朝末期朱元璋采纳儒士朱升"高筑墙，广积粮，缓称王"[1]的建策，"以聪明神武之资，抱济世安民之志，乘时应运，豪杰景从，戡乱摧强，十五载而成帝业。崛起布衣，奄奠海宇，西汉以后所未有也"[2]。战争是政治的继续，即使是在战争期间，军事建设工程的建设也应适应政治的需要。

[1] 《明史·朱升传》。

[2] 《明史·太祖本纪》。

一、军事建设工程是军事和国防战略思想、战术方针、国家建设方针和工程技术的有机统一

军事建设工程是技术地建造起来为军事斗争服务的工程项目，是

国防建设的重要组成部分，是保护国家和人民生命、财产安全的战略屏障，事关国家安危和人民福祉。

长城是中国古代最伟大的军事防御工程，同时长城堪称人类伟大的建筑工程，是军事建设工程的典型代表。据《史记·蒙恬列传》载："秦已并天下，乃使蒙恬将三十万众北逐戎狄，收河南；筑长城，因地形，用制险塞，起临洮，至辽东，延袤万余里。"秦朝开创的"因地形，用制险塞"成为修筑长城的一条重要经验，以后每一个朝代修筑长城都是按照这一原则进行的。凡是修筑关城隘口都是选择在两山峡谷之间，"堑山堙谷"，或是河流转折之处，或是平川往来必经之地，这样既能控制险要，又可节约人力和材料，以达"一夫当关，万夫莫开"的效果。修筑城堡或烽火台也是选择在"四顾要之处"。至于修筑城墙，更是充分地利用地形，如像居庸关、八达岭的长城都是沿着山岭的脊背修筑，有的地段从城墙外侧看去非常险峻，内侧则甚是平缓，收"易守难攻"之效。在辽宁境内，明代辽东镇的长城有一种名为山险墙、劈山墙的，就是利用悬崖陡壁，稍微将崖壁劈削一下就成为长城了。还有一些地方完全利用危崖绝壁、江河湖泊作为天然屏障，真可以说是巧夺天工了。

长城拒防功能在稳定民心、威慑敌对势力方面都起着十分重要的作用。明大学士商辂在给皇帝的奏疏中写道"边关严谨，内地人心不致警疑"。《杨一清传》中亦说："非创筑边墙，不足以御腹心之患。"可见没有了长城防务，从皇帝到大臣乃至于百姓就睡不好觉。

长城的修筑伴随着中国封建社会的兴衰，历时 2700 多年。而万里长城又何止万里，在中国东北、华北和西北地区及黄河流域的 16 个省（市、自治区）都有长城的遗迹。长城是人类世界的一大奇迹，若将各个朝代所修筑长城的长度加起来已超过 5 万公里。它的工程量之大是其他任何工程都无法比拟的。如果将这些工程的砖石、土方修筑一道宽 1m、高 5m 的墙，可绕地球 10 多周。

长城，又是一座历史的丰碑。长城代表一种创造性天才的杰作，无论是建筑规模，还是建筑持续时间，在世界上都是独一无二的。建筑形态的巨大让人震撼，更有许多人文的深刻内涵。对研究中国古代历史、经济、军事、文化和民族关系等方面都具有重要的参考价值。古代长城的修筑是有备无患、积极防御思想的反映。据《明史》记载，明中后期增修加固长城，"筑敌台三千，起居庸（关）至山海关，控守要害，……边防大饬，敌不敢入犯"。长城沿线"九边生齿日繁，守备日固，田野日辟，商贾日通，边民始知有生之乐"。可见在清朝以前，长城的修建对边地的开发和防卫起了积极的作用，但在满清入关后，长城就自然失去了其原有的军事价值。这充分说明军事建设工程的性质是随着军事和政治环境的改变而改变的。

古塞雄关存旧迹，九州形胜壮山河。今天，长城的军事防御价值已不复存在，各兄弟民族之间早已千年干戈化玉帛。长城已成为中国著名的旅游胜地，不到长城非好汉，世界各国人士到中国都把长城作为参观的重要项目。1987 年，长城被联合国教科文组织正式列入《世界遗产名录》，成为人类的共同财富。在军事工程建设史上，长城是国防战略思想、战术方针与工程技术的完美结合，是军事与技术的有机统一。

二、军事建设工程设计指导思想

军事建设工程的设计指导思想是在战略层次上对军事建设工程建设思想进行的科学阐述，对军事建设工程的建设具有重大指导意义。如明代在《筹海图编》中提出的"哨远海、御近海、固海岸、严城守"海防建设思想（这一思想是被动防御思想）、"三线"建设时期的建设方针等都是战略层次上的建设思想。作者作为工程的设计者，无论是对于军事建设工程意义的理解，还是对军事建设工程在军事斗争准备及国防现代化建设中的作用的了解和掌握，都不全面，要完整准确地描述这一思想，有一定的局限性。列宁在《哲学笔记》中说："正像同一句格言，从年轻人（即使他对这句格言理解得完全正确）的口中说出来时，总是没有那种在饱经风霜的成年人的智慧中所具有的意义和广袤性，后者能够表达出这句格言所包含的内容的全部力量。"❶作为一种理论探讨，作者根据自己对工程建设活动的理解，尝试着将军事建设工程的设计指导思想概括为：军事建设工程的设计指导思想就是将军事战略上的谋划、战术上的针对性、国家建设方针和工程技术有机地结合起来。

《2006 年中国的国防》白皮书指出：中国奉行防御性的国防政策。中国的国防，是维护国家安全统一，确保实现全面建设小康社会目标的重要保障。建立强大巩固的国防是中国现代化建设的战略任务。依据国家总体规划，国防和军队现代化建设实行三步走的发展战略，在2010 年前打下坚实基础，2020 年前后有一个较大的发展，到 21 世纪中叶基本实现建设信息化军队、打赢信息化战争的战略目标。新世纪新阶段中国的国防政策，主要包括以下内容：

（1）维护国家安全统一，保障国家发展利益。防备和抵抗侵略，确保国家领海、领空和边境不受侵犯。反对和遏制"台独"分裂势力及其活动，防范和打击一切形式的恐怖主义、分裂主义和极端主义。人民解放军坚决履行新世纪新阶段的历史使命，为中国共产党巩固执政地位提供重要的力量保证，为维护国家发展的重要战略机遇期提供坚强的安全保障，为维护国家利益提供有力的战略支撑，为维护世界和平与促进共同发展发挥重要作用，不断提高应对多种安全威胁、完

❶ 列宁，《哲学笔记》，人民出版社，1956 年 9 月第 1版，第 74 页。

成多样化军事任务的能力，确保能够在各种复杂形势下有效应对危机、维护和平，遏制战争、打赢战争。

（2）实现国防和军队建设全面协调可持续发展。坚持国防建设与经济建设协调发展的方针，将国防和军队现代化建设融入经济社会发展体系之中，使国防和军队现代化进程与国家现代化进程相一致。全面加强军队的革命化、现代化、正规化建设，科学统筹中国特色军事变革与军事斗争准备、机械化建设与信息化建设、诸军兵种作战力量建设、当前建设与长远发展、主要战略方向建设与其他战略方向建设。深化体制编制和政策制度调整改革，注重解决体制机制上制约军队发展的深层次矛盾和问题，着力推进军事组织体制创新和军事管理创新，提高军队现代化建设的效益。

（3）加强以信息化为主要标志的军队质量建设。坚持以机械化为基础，以信息化为主导，推进信息化机械化复合发展……

（4）贯彻积极防御的军事战略方针。立足于打赢信息化条件下的局部战争，着眼维护国家主权、安全和发展利益的需要，做好军事斗争准备。创新发展人民战争的战略思想，坚持军事斗争与政治、经济、外交、文化和法律等各领域的斗争密切配合，综合运用各种手段和策略，主动预防、化解危机，遏制冲突和战争的爆发。逐步建立集中统一、结构合理、反应迅速、权威高效的现代国防动员体系。以联合作战为基本作战形式，发挥诸军兵种作战优长……

（5）坚持自卫防御的核战略。中国的核战略贯彻国家的核政策和军事战略，根本目标是遏制他国对中国使用或威胁使用核武器。中国始终奉行在任何时候、任何情况下都不首先使用核武器的政策，无条件地承诺不对无核武器国家和无核武器地区使用或威胁使用核武器，主张全面禁止和彻底销毁核武器。中国坚持自卫反击和有限发展的原则，着眼于建设一支满足国家安全需要的精干有效的核力量，确保核武器的安全性、可靠性，保持核力量的战略威慑作用。中国发展核力量是极为克制的，过去没有、将来也不会与任何国家进行核军备竞赛。

（6）营造有利于国家和平发展的安全环境。按照和平共处五项原则开展对外军事交往，发展不结盟、不对抗、不针对第三方的军事合作关系。参与国际安全合作，加强与主要大国和周边国家的战略协作和磋商，开展双边或多边联合军事演习，推动建立公平、有效的集体安全机制和军事互信机制，共同防止冲突和战争。支持按照公正、合理、全面和均衡的原则，实现有效裁军和军备控制，反对核扩散，推进国际核裁军进程。遵守联合国宪章的宗旨和原则，履行国际义务，参加联合国维和行动、国际反恐合作和救灾行动，为维护世界和地区和平稳定发挥积极作用。

建设部部长汪光焘同志在中国建筑学会第十一次全国会员代表大会暨学术年会上的讲话中提出，我国现阶段的建设方针是适用、经济、美观。"适用"就是要突出以人为本。首要的是安全，包括结构安全，全寿命使用周期内的耐久性和安全度。使用安全是指建筑物内外对使用人的健康影响；场地安全是指防御自然灾害等。"适用"的本质是使用，包括使用舒适，要使用者满意；使用功能，要适度、适宜；使用价值，要有效能、效用。这涉及技术和工艺、材料和设备，直接体现在建设标准上。"经济"要强调投资效益、资源节约和保护环境。应当兼顾建造价格和使用维护费用，以全寿命使用为基本目标，为有机更新创造条件，崇尚节约，切忌奢华。"美观"是建筑艺术的美。应当使外观和内在空间相结合，与周围环境相协调；应当体现地域特点和民族文化，要处理好传统风貌和外来文化的关系，处理好开放型社会和民族精神的关系；要考虑新技术、新材料、新工艺以及新观念的综合，突出时代精神。美观并不是豪华，而是以适用、经济为前提。我国还是发展中国家，我们仍处于并将长期处于社会主义初级阶段，城乡差别、地区差别较大，环境和资源压力较大，在当前仍有必要重申在"在可能条件下注意美观"。

信息化战争战场空间大大拓展，任何一个有重要目标的地方都可能成为战场。军事建设工程的建设与打击武器的发展是矛与盾的统一体，在相生相克中发展。信息化战争的战场环境发生了重大变化，信息化战争对军事建设工程提出了更高的要求。防护专家周丰峻院士认为国防工程建设领域应对信息化战争应采取的对策措施可以概括为：隐蔽伪装、主动防护、结构加固、电磁屏蔽、系统集成[98]。

因此，军事建设工程的设计不能仅满足于符合规范，而应进一步研究军事建设工程的针对性和战时的可使用性。每一项军事建设工程的建设都有它的目的性和具体的使用功能要求。由于战争中的不确定性即通常所说的"战争迷雾"，是客观存在的。军事上从对抗互动、危机升级到战争爆发、战局转换，战场主动权的争夺，无一不是在解决不确定性中发展的。战争具有"盖然性"，使得确定军事建设工程的针对性和确保战时的可使用性难度越来越大。因此，在进行军事建设工程设计时，应根据国际、国内的政治和军事形势，对设防目标、防御措施等一系列复杂而不确定的因素进行综合分析，确定工程建设的针对性和时效性，确保战时的可使用性。

中华民族是爱好和平的民族，中国有一句谚语："一将功成万骨枯。"中国的兵家文化的根本精神是和合文化，从来都倡导亲仁善邻、积极防御。《晏子春秋》的论述是有代表性的："不侵大国之地，不耗小国之民，故诸侯皆欲其尊；不劫人以兵甲，不威人以众强，故天下皆欲其强。"❶在战争观上，兵家认为"自古知兵非好战"，儒家主张仁义安天下，墨家主张"非攻"，道家追求建立一种"虽有甲兵无所陈之"的理想社会，主旨都是相同的。被誉为"世纪智者"的英国大哲学家罗素，曾在1920～1921年，在中国进行了长时间的讲学，讲学完成之后，又根据在中国的所见所闻，写成了《中国问题》一书。书中说中国人向来以自己博大的文化为荣，而中国文化的核心精神，又在于追求自由而非支配别人，在这种文化熏染下的中国人，是非常骄傲的，骄傲到什么程度呢？"骄傲到不屑打仗"。他说他很少看到心胸这样宽广、对什么都能拿得起放得下的民族。在世界大民族中，没有一个民族的崛起会像中华民族这样具有文明的正义性和资本的正义性。中华民族没有文明历史的大血债，没有资本掠夺的大血债。几千年的历史沧桑，中华民族崇尚和睦、从不惧战而又从不轻易言战的品格历久弥坚，中国发明了火药，却没有首先用作战争工具。中国的崛起完全依靠着自己的力量，依靠自己的勤奋与智慧。中国力量的存在不对任何人构成威胁，这股力量是一股和平的力量、稳定的力量。只要中国稳定了，世界占五分之一的人口稳定了，周边地区就稳定了，亚洲地区就稳定了，对世界和平贡献的力量就大了。搞好军事建设工程的建设是新时期我军军事和后勤建设的一项战略任务，是上报国家下安民心、事关维护国家领土主权和安全的大事，必须将军事战略上的谋划、战术上的针对性和工程技术有机地结合起来，这就是军事建设工程的设计指导思想。

第十二章
结构设计的艺术性

　　从艺术的感性方面来说，它有意要造出只是一种由形状、声音和意象所组成的阴影世界，我们却不能因此就说，在创造艺术作品之中，人由于他的无能和局限性，才只会表现出感性事物的外表，只会拿出一种示意图。在艺术里，这些感性的形状和声音之所以呈现出来，并不只是为着它们本身或是它们直接现于感官的那种模样、形状，而是为着要用那种模样去满足更高的心灵的旨趣，因为它们有力量从人的心灵深处唤起反应和回响。这样，在艺术里，感性的东西是经过心灵化了，而心灵的东西也借感性化而显现出来了。

　　　　　　　　　　　　　　　　　——黑格尔《美学》

　　结构设计需要经过严密的计算才能得出应有的结果，从这个角度可以说结构设计是一门科学性很强的技术，然而结构设计中也自然内在地包含着艺术性，尽管其艺术性的确切含义目前在学术界和工程界还没有一个定论。大体上来说，结构设计的艺术性有三层含义。第一层含义是通过结构设计，设计出彰显建筑艺术特色的作品，是建筑实体塑造的过程和环节，是造型艺术的具体体现。"水晶宫"和埃菲尔铁塔在建筑史和设计史上享有重要的地位，不仅因为它们突破了当时传统的建筑式样，还因为其裸露的钢架暗合严谨的力学性能，构成了有效的秩序和有韵律感的结构。这些要素因符合审美规律而转化为一种体现使用功能的美，表现在合理性和构成的质感上。第二层含义是结构设计内涵的艺术性，即用艺术的手段进行结构设计，是设计技术的艺术化，属于软科学。第三层含义是借助于艺术对结构设计特征进行定位和评价，如设计风格、设计手法、设计特色等方面，是很难用科学和技术的手段予以表征和界定的❶。如果将结构设计比作一个生命体，那么，结构计算、结构构造和各类技术措施、技术手段，只是其骨骼和躯体，只有结构设计的艺术性才是它的生机和灵魂。结构设计的艺术性不像结构计算、结构构造那样有一定模式和成规，她是"心灵化"了的形象，是没有固定格式和模式的自由创造，是人类最高智慧的一种表现❷。黑格尔说："我们在艺术美里所欣赏的正是创作和形象塑造的自由性。无论是创作还是欣赏艺术形象，我们都好象逃脱了法则和规律的束缚。我们离开了规律的谨严和思考的阴森凝注，去在

❶ 唐代孙过庭的《书谱》中说"同自然之妙有，非力运之能成。"

❷ 海德格尔："诗意只是真理光明投射的一种方式"；克里斯托弗·马洛："不朽的诗歌之花犹如一面镜子，我们从中看到了人类最早卓越的才智。"

艺术形象中寻求静穆和气韵生动，拿较明朗较强烈的现实去代替观念的阴影世界……艺术不仅可以利用自然界丰富多彩的形形色色，而且还可以用创造的想象自己去另外创造无穷无尽的形象。在这种丰富无比的想象和想象的产品的面前，思考就好象不得不丧失它的勇气，不敢把这样丰富的东西完全摆在自己面前去研究，把它们纳入一些普遍公式里……对于美的看法是非常复杂的，几乎是各人各样的，所以关于美和审美的鉴赏力，就不可能得到有放皆准的普遍规律。"❶因此，结构设计的艺术性是一个很复杂的问题，它也存在创作和形象塑造的自由性，以及审美活动的多样性。也正因为复杂，就显得有探讨其内涵的意义和必要，"只有揭示艺术内容和表现手段的内在本质的发展，才能见出艺术形象构成的必然性"❷。

❶ 黑格尔，《美学》第一卷，朱光潜译，商务印书馆，1996 年 12月第 2 版，第8～9 页。

❷ 《美学》第一卷，第 16 页。

第一节
结构设计的缺憾

　　罗杰·斯克鲁登在《建筑美学》中说[120]："建筑学最重要的特征，即在我们生活的各个方面都为建筑确立一个特殊地位和意义的特征，就是建筑和装饰技术的连续性，以及和这个目标相适应的多样性。"建筑的多样性以及建筑物所受到的外界作用的多样性、复杂性和不确定性，决定了结构设计目标的广泛性、内容的多重性和复杂性，造成判别结构设计好坏标准的多样性和层次性。因此，什么是好的结构设计，目前还是一个难以有确切答案的问题，也没有一个权威的标准和解释。但有一点是肯定的，那就是结构设计存在很多遗憾和缺失，这不仅仅是设计者个人的能力和水平有限、事业心不强、责任心不够等因素造成的，而是设计工作自身特点的必然反映。类似于结构设计概念的模糊性和不确定性，其他事物也同样存在。20 世纪五六十年代，毛泽东外出考察时与一位领导同志谈天说地，突然问道[118]：你说说，什么叫政治？那位同志赶忙给出标准回答：政治是阶级斗争的最高表现形式。毛泽东说：不对，政治就是把拥护我们的人搞得多多的，把拥护敌人的人搞得少少的。稍后再问：你说说什么叫军事？那位同志不太有把握了，说：军事……应该是政治的最高表现形式吧？毛泽东说：不对，军事就是打得赢就打，打不赢就走。照此范式，如果有人问我，什么是结构设计？我想是否可以这样回答：结构设计是人类智力活动的一种表现，是历代世界各国建筑技术和建造工艺的延续和发展，是生产与管理、脑力与体力、平庸与创造的杂然组合，是结构设计技术和设计艺术的有机结合，而且是艺术性表现不充分的、有缺憾的一类设计活动。结构设计的缺憾，概而论之，表现在以下几个方面。

一、结构计算的不足

结构工程师几乎天天在计算结构的受力和变形，验算结构的强度和稳定性，然而，正如马克思《资本论》第一版序言中所指出："物理学家是在自然过程表现得最确实、最少受干扰的地方考察自然过程的，或者，如有可能，是在保证过程以其纯粹形态进行的条件下从事实验的。"❶结构工程师算来算去，只算主要的、我们会算的，那些次要的、我们目前还不会算的，就不计算了。我们可以列出如下几例：

（1）温度作用、混凝土的收缩徐变、结构施工误差的影响等一般均不作详细的计算。

（2）虽然《抗震规范》（GB 50011—2010）第 3.7.4 条要求："框架结构的围护墙和隔墙，应估计其设置对结构抗震的不利影响，避免不合理设置而导致主体结构的破坏。"但一般工程中框架结构填充墙的影响并没有得到很好的考虑。

（3）防止结构连续倒塌、框架结构"强柱弱梁"、地基与上部结构的相互作用等也很难准确计算。

（4）在地震作用下结构的实际地震反应即弹塑性反应，由于对建筑物实际作用的地震波、材料的弹塑性本构关系以及结构在地震作用下裂缝张开、闭合产生的刚度和强度的变化历程等，目前尚无一个理论能够准确地、理想地表达它们的实际情况，所以目前只对特别重大的工程采取简化的时程分析方法进行计算，其他项目干脆就不计算了，采取构造措施予以弥补。

总之，虽然结构设计离不开计算，但是有一点是很清楚的，无论我们怎么计算，均普遍存在算不准、算不全、算不清的问题，对于有大量工程经验的部分，经验公式、粗放式、包络式的计算往往适得其所，而追求计算的准确和完美，有时反而适得其反或使设计者不知如何是好，这就是我们目前面临的困境。

尽管结构计算有局限性，尽管结构计算不是万能的，但离开结构计算，现代结构设计将无从谈起。一方面，因为现代建筑规模越来越大、高度越来越高、结构体系越来越复杂；导致结构失效的因素越来越多、地震等引发的灾害对经济和社会影响越来越大；复杂结构体系表现出的复杂力学特性，使结构的地震反应、风振效应和荷载作用越来越复杂，已远远超出一般人的经验知识范围，而简化估算方法给出的结果越来越粗略。另一方面，只有具备科学有效的计算技术手段，才能设计出各类千奇百怪的建筑，才能使结构设计告别个人经验而日趋经济合理，工程建设技术才能不断提高。国外有一位学者说[120]："技术……从运动中驱除了所有的迟疑、谨慎和客套。技术已和它们互不相容，就好像它是客观事物的一种历史性要求。"技术之所以能够不

❶《马克思恩格斯全集》第 23 卷，第 8 页。

再"迟疑、谨慎和客套",就是因为有了现代计算技术的支撑。管理学上曾有著名的"木桶理论",说得是木桶的容量取决于最短的那块木板,将其运用于管理领域,便是把精力和工作目标着重放在加长"短板"上,以确保各项工作的均衡发展。但一味强调补齐"短板",也有可能削弱自身的工作特色,于是便诞生了与"木桶理论"不同的"反木桶理论"。"反木桶理论"认为[119],木桶最长的那块板决定了木桶的潜力、特色与优势。长板,可以理解为长处和亮点等,在竞争激烈的市场中,特色就是旗帜,凭借其鲜明的特色,有望独树一帜,开辟一个崭新的天地。在结构设计中,老工程师经验丰富,处理问题能力强,但刚毕业的本科生、研究生的数学和力学基础好,接受新技术、新知识的能力强,使用电脑及掌握大型有限元分析程序的能力是老一辈结构工程师不可及的。黑格尔说:"青年人所见的有似朝霞的辉映,而老辈的人则陷于白日的沼泽与泥淖之中。……老辈的人寄托其希望于青年人,因为青年人应该能够促进这世界和科学。但老辈所属望于青年人的不是望他们停滞不前,自满自诩,而是望他们担负起精神上的严肃的艰苦的工作。"[1]因此,对于年轻的结构工程师的成长进步来说,可以借鉴"反木桶理论",及时发掘自己身上的长处和"闪光点",激励其扬其所长[2]。结构设计技术是一项综合技术,计算、概念、制图、处理工程问题等样样都要通、都要精,不能以"单一"的计算一算了之。但提倡工程师的全面发展不等于抹煞自己的特色发展,而是要在补短的同时,打破思维定式,找准自己的特殊优势,使其长处更"长",以强项带动弱项,以特色优势提高自己的技术水平,以重点突破促进设计技术的全面发展。"反木桶理论"在一定条件下之所以行之有效,是因为它能帮助企业和个人着力发展自己的长处,形成自己的特色。

因此,我们不能把计算局限性极端化。否定结构计算的作用,或者不相信结构计算的可靠性,是十分有害的。现有的计算技术加上相应的技术措施,完全可以满足工程设计的需要,结构计算结果的有效性已得到大量实际工程的检验。我们应该在承认计算有局限的同时更加肯定结构计算不可或缺的地位和无可取代的作用。

二、理论的缺陷

结构设计是门技术,它的基础学科是结构力学、钢筋混凝土结构、钢结构、砌体结构、地基与基础等,其理论分析基础则是力学和偏微分方程,其构件设计则是基于半经验半理论的理论公式,有的则是纯经验公式。因此,结构设计的基础理论与数学、力学等严密的科学相比,结构设计理论的逻辑性不是很强,是经验性、概念性和半理论化的,其系统性不是很严密,规律性也不是很强。

[1] 《小逻辑》,第65页。

[2] 巴甫洛夫说:"在青年时代,生活是富于理想的:他想知道一切,研究一切,努力读书、争论、写作,他了解思想的暴风骤雨,可是有时由于认识、解题和解谜而高兴地跳起来……主要的是,青年人觉得这是生活的本质,不这样便不值得生活!"

（一）简化假定的局限性

平截面假定、圣维南原理，材料的弹性阶段、弹塑性阶段、塑性阶段等，离开这些我们耳熟能详的假定，结构设计真可说寸步难行。就以抗震设计来说，《抗震规范》（GB 50011—2010）第 3.6.6 条要求："计算模型的建立、必要的简化计算与处理，应符合结构的实际工作状况。"但要使计算模型符合结构的实际工作状况，不是件容易的事，目前也难以做到。地震波对结构物的作用来自结构物所在地在地震中所产生的地面运动，而强烈地震引起的地面运动，一般可用强震仪以加速度时程曲线（两个水平向、一个竖向）的形式记录，其中对结构产生作用的最重要特征是地面运动最大加速度（也称峰值加速度）、频率成分和强震的持续时间，简称地震三要素。由第二章表 2-1 可知，在距震中不远的范围内，不同地点的地面运动最大加速度变异性很大；从表 2-2 也可以看出，不同地点的强震记录具有不同的频率成分，其各自的主要频率（称为卓越频率，其倒数为卓越周期）也各不相同，土愈软则卓越周期愈长，并随震中距而异。强震的持续时间则从几秒至几十秒，随震级、震中距以及地表软土覆盖层厚度而变化。由于地震记录数据的差异性和离散性，根据实际地震记录进行设计是不现实的，随着人们对地震作用认识的逐步深化，相继产生了静力法和考虑地面运动加速度和结构动力特性的计算理论，其中最典型的有反应谱理论（Spectrum Analysis Method）和地震反应时程分析（Time History Analysis）。

1. 抗震设计方法的演变

结构地震作用的计算方法大致经历了以下几个阶段[70,71]：

（1）基于承载力设计方法。基于承载力设计方法又可分为静力法和反应谱法。静力法产生于 20 世纪初期，是最早的结构抗震设计方法。20 世纪初前后日本浓尾、美国旧金山和意大利墨西拿的几次大地震中，人们注意到地震产生的水平惯性力对结构的破坏作用，提出把地震作用看成作用在建筑物上的一个总水平力，该水平力取为建筑物总重量乘以一个地震系数。1900 年，日本学者大森房吉提出了震度法的概念，将地震作用简化为静力，取重量的 0.1 倍作为水平地震作用。意大利都灵大学应用力学教授 M. Panetti 建议，1 层建筑物取设计地震水平力为上部重量的 1/10，2 层和 3 层取上部重量的 1/12。这是最早将水平地震力定量化的建筑抗震设计方法。日本关东大地震后，1924 年日本都市建筑规范首次增设的抗震设计规定，取地震系数为 0.1。1927 年美国《统一建筑规范》（UBC）第一版也采用静力法，地震系数取 0.075～0.1，采用容许应力法进行构件的承载力设计。用现在的结构抗震知识来考察，静力法没有考虑结构的动力效应，即认为结构在地震作用下，随地基作整体水平刚体移动，其运动加速度等于地面运动加速度，由此产生的水平惯性力，即建筑物重量与地震系数的乘积，并沿建筑高度均匀分布。考虑到不同地区地震强度的差别，设计中取用的地面运动加速度按不同地震烈度分区给出。

事实上，根据结构动力学的观点，地震作用下结构的动力效应，即结构上质点的地震反应加速度不同于地面运动加速度，而是与结构自振周期和阻尼比有关。采用动力学的方法可以求得不同周期单自由度弹性体系质点的加速度反应。以地震加速度反应为竖坐标，以体系的自振周期为横坐标，所得到的关系曲线称为地震加速度反应谱，以此来计算地震作用引起的结构上的水平惯性力更为合理，这就是反应谱法。对于多自由度体系，可以采用振型分解组合方法来确定地震作用。

反应谱法的发展与地震地面运动的记录直接相关。1923 年，美国研制出第一台强震地震地面运动记录仪，并在随后的几十年间成功地记录到许多强震记录，其中包括 1940 年的 El Centro 和 1952 年的 Taft 等多条著名的强震地面运动记录。1943 年美国学者 M. A. Biot 首先提出从实测记录中计算反应谱的概念，并从实际地震记录的分析结果中推导出了无阻尼单自由度体系的反应加速度与周期的关系。1953 年美国学者 G. W. Housner 等人提出了有阻尼单自由度体系的反应谱曲线。接着，美国学者 R. W. Clough 在高层建筑地震反应中具体解决了高振型影响的计算方法。1954 年，美国加州工程师协会的房屋抗震设计规范首先采用了反应谱理论，并逐渐被各国抗震设计规范所接受。结构抗震设计理论和方法进入了反应谱阶段。

然而，静力法和早期的反应谱法都是以惯性力的形式来反映地震作用，并按弹性方法来计算结构地震作用效应。当遭遇超过设计烈度的地震作用，结构进入弹塑性状态，这种方法显然无法应用。同时，在由静力法向反应谱法过渡的过程中，人们发现短周期结构加速度谱值比静力法中的地震系数大 1 倍以上。这使得地震工程师无法解释以前按静力法设计的建筑物如何能够经受得住强烈地震作用。

（2）基于承载力和构造保证延性设计方法。为解决由静力法向反应谱法的过渡问题，以美国 UBC 规范为代表，通过地震力降低系数 R 将反应谱法得到的加速度反应值 a_m 降低到与静力法水平地震相当的设计地震加速度 a_d，$a_d = a_m/R$，地震力降低系数 R 对延性较差的结构取值较小，对延性较好的结构取值较高。尽管最初利用地震力降低系数 R 将加速度反应降下来只是经验性的，但人们已经意识到应根据结构的延性性质不同来取不同的地震力降低系数。这是考虑结构延性对结构抗震能力贡献的最早形式。然而对延性重要性的认识却经历了一个长期的过程。在确定和研究地震力降低系数 R 的过程中，G. W. Housner 和 N. M. Newmark 分别从两个角度提出了各自的看法。G. W. Housner 认为考虑地震力降低系数 R 的原因有：每一次地震中可能包括若干次大小不等的较大反应，较小的反应可能出现多次，而较大的地震反应可能只出现一次。此外，某些地震峰值反应的时间可能很短，震害表明这种脉冲式地震作用带来的震害相对较小。基于这一观点，形成了现在考虑地震重现期的抗震设防目标。随着研究的深入，N. M. Newmark 认识到结构的非弹性变形能力可使结构在较小的屈服承载力的情况下经受更大的地震作用。由于结构进入非弹性状态即意味着结构的损伤和遭受一定程度的破坏，基于这一观点，形成了现在的基于损伤的抗震设计方法，并促使人们对结构的非弹性地震反应的研究。而进一步采用能量观点对此进行研究的结果，则形成现在的基于能量的抗震设计方法。然而由于结构非弹性地震反应分析的困难，因此只能根据震害经验采取必要的构造措施来保证结构自身的非弹性变形能力，以适应和满足结构非弹性地震反应的需求。而结构的抗震设计方法仍采用小震下按弹性反应谱计算的地震力来确定结构的承载力。与考虑地震重现期的抗震设防目标相结合，采用反应谱的基于承载力和构造保证延性的设计方法成为目前各国抗震设计规范的主要方法。应该说这种设计方法是在对结构非弹性地震反应尚无法准确预知情况下的一种以承载力设计为主方法。

（3）基于损伤和能量的设计方法。在超过设防地震作用下，虽然非弹性变形对结构抗震和防止结构倒塌有着重要作用，但结构自身将因此产生一定程度的损伤。而当非弹性变形超过结构自身非弹性变形能力时，则会导致结构的倒塌。因此，结构在地震作用下非弹性变形以及由此引起的结构损伤就成为结构抗震研究的一个重要方面，并由此形成基于结构损伤的抗震设计方法。在该设计方法中，人们试图引入反映结构损伤程度的某种指标来作为设计指标。许多研究者根据地震作用下结构损伤机理的理解，提出了多种不同的结构损伤指标计算模型。从能量观点来看，结构能否抵御地震作用而不发生破坏，主要在于结构能否以某种形式耗散地震输入到结构中的能量。地震作用对体系输入的能量最终由体系的阻尼、体系的塑性变形和滞回耗能所耗散。只要结构的阻尼耗能与体系的塑性变形耗能和滞回耗能能力大于地震输入能量，结构即可有效抵抗地震作用，不发生倒塌。由此形成了基于能量平衡的极限设计方法。用基于能量平衡概念来理解结构的抗震原理简洁明了，但将其作为实用抗震设计方法仍有许多问题尚待解决，例如地震输入能量谱、体系耗能能力、阻尼耗能和塑性滞回耗能的分配，以及塑性滞回耗能体系内的分布规律。尽管基于损伤和能量的抗震设计方法在理论上有其合理之处，但直接采用损伤和能量作为设计指标不易为一般工程设计人员所采用，因此一直未得到实际应用。但关于损伤和基于能量概念的研究对实用抗震设计方法中保证结构抗震能力提供了理论依据和重要的指导作用。

（4）能力设计方法。20 世纪 70 年代后期，新西兰的 T. Paulay 和 R. Park 提出了保证钢筋混凝土结构具有足够弹塑性变形能力的能力设计方法（Capacity Design）。该方法是基于对非弹性性能对结构抗震能力贡献的理解和超静定结构在地震作用下实现具有延性破坏机制的控制思想提出的，可有效保证和达到结构抗震设防目标，同时又使设计做到经济合理。能力设计方法的核心如下：

1）引导框架结构或框架-剪力墙（核心筒）结构在地震作用下形成梁铰机构，即控制塑性变形能力大的梁端先于柱端出现塑性铰，即所谓"强柱弱梁"。

2）避免构件（梁、柱、墙）剪力较大的部位在梁端达到塑性变形能力极限之前发生非延性破坏，即控制剪切等脆性破坏形式的发生，即所谓"强剪弱弯"。

3）通过各类构造措施保证可能出现较大塑性变形的部位确实具备所需要的非弹性变形能力。

到 20 世纪 80 年代，各国规范均在不同程度上均采用了能力设计方法的思路。能力设计方法的关键在于将控制概念引入结构抗震设计，有目的地引导结构形成预估的、合理的破坏机制，避免出现不合理的破坏形态。该方法不仅使得结构抗震性能和能力更易于掌握，同时也使得抗震设计变得更为简便明确。

（5）基于性能/位移设计方法。通过世界各国几十年的研究和实践，人们基本掌握了结构抗震设计方法，并达到原来所预定的抗震设防目标。然而，1994 年 1 月美国西海岸洛杉矶地区的地震，震级仅为 6.7 级，死亡 57 人，而由于建筑物损坏却造成 1.5 万人无家可归，经济损失达 170 亿美元。1995 年 1 月日本阪神地震，震级为 7.2 级，死亡 6430 人（大多是旧建筑物倒塌造成），但经济损失却高达 960 亿美元。这些发生在发达国家现代化大城市的地震，人员伤亡很少，一些设备和装修投资很高的建筑物虽然并没有倒塌，但因结构损伤过大，所造成的经济损失却十分巨大，单纯强调结构在地震下不发生严重破坏和不倒塌，已不是一种完善的抗震思想，不能适应现代工程的结构抗震需求。在这样的背景下，美、日学者提出了基于性能（Performance Based Design，PBD）的抗震设计思想。基于性能抗震设计的基本思想就是使所设计的工程结构在使用期间满足各种预定的性能目标要求，而具体性能要求可根据建筑物和结构的重要性确定，包括结构、设备、装修、人员安全等诸多方面。基于性能抗震设计是比传统单一抗震设防目标推广了的新理念，它给了设计人员一定"自主选择"抗震设防标准的空间。

为了使基于性能目标的抗震设计方法能够用于结构设计，需要选择合适的指标来量化结构的性能。结构的承载力、位移、速度、加速度、累积滞回耗能和损伤等均可以明确描述结构性能状态的物理量。基于性能设计要求能够给出结构在不同强度地震作用下，这些结构性能指标的反应值（需求值），以及结构自身的能力值，尤其当结构进入非弹性阶段时，由于用承载力作为单独的指标难以全面描述结构的非弹性性能及破损状态，而用能量和损伤指标又难以实际应用，因此目前基于性能抗震设计方法的研究主要用位移指标对结构的抗震性能进行控制，称为基于位移抗震设计方法（Displacement Based Design，DBD）。基于位移抗震设计方法是指，在不同强度水准的地震作用下，以结构的位移响应为目标进行结构及构件设计，使结构达到预定的性能目标。

无论是基于性能还是基于位移，抗震设计的难点仍然是结构进入非弹性阶段后结构性态的分析。这一点与以往抗震设计方法一样，只是基于性能/位移抗震设计理念的提出，使研究人员更加注重对结构非弹性地震反应分析和计算的研究。在基于位移抗震设计方法的研究中，值得推荐的是能力谱法。该方法由 Freeman 于 1975 年提出。近几年，研究人员对能力谱曲线以及需求谱曲线的确定方法做了进一步的改进，使得该方法成为各国推进基于位移设计方法的一种主要方法。结构的能力曲线是由结构的等效单自由度体系的力-位移关系曲线转化为加速度-位移关系曲线来表示。

结构及其构件抗震性能化设计的参考目标和计算方法，可按《抗震规范》（GB 50011—2010）第 M.1 节的规定采用。

2. 反应谱理论及其优缺点

我国自 20 世纪 50 年代中期开始在抗震设计中采用了反应谱理论，将计算结果以地震反应随结构自振周期的变化规律曲线的方式表达，供设计时查用。反应谱曲线不仅可以直接提供单自由度体系的弹性地震力，对于多自由度体系，也可以通过振型分解把结构化为若干个单自由度以便利用同一谱曲线。反应谱理论有最大加速度反应谱、最大速度反应谱、最大位移反应谱等，目前常用的是最大加速度反应谱。图 12-1 为《抗震规范》（GB 50011—2010）中给出的地震影响系数曲线，该图中，α 为地震影响系数，α_{max} 为地震影响系数最大值，η_1 为直线下降段的下降斜率调整系数，γ 为衰减指数，T_g 为特征周期，η_2 为阻尼调整系数，T 为结构自振周期。

反应谱的特征是：①加速度反应随结构自振周期增大而减小；

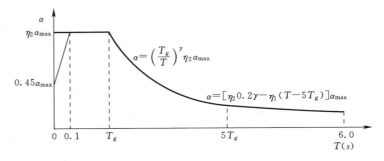

图 12-1 地震影响系数曲线

②位移随周期增大而增大；③阻尼比的增大使地震反应减小；④工程地质条件对地震破坏的影响很大，软弱的场地使地震反应的峰值范围加大。在地震灾害调查时常有地震烈度异常现象，即"重灾区里有轻灾，轻灾区里有重灾"。因此，规范引入与场地土条件相关的设计加速度反应谱，即地震影响系数 α 计算地震荷载。

考虑结构在地震作用下的弹塑性效应，《工业与民用建筑抗震设计规范》（TJ 11—78）采用结构影响系数 C 对弹性计算的地震荷载加以折减，结构底部剪力（即总水平地震力）为 $Q_0 = C\alpha_1 W$。《抗震规范》（GBJ 11—89）采用基于概率可靠度理论的极限状态设计方法，取消结构影响系数 C，通过系数 γ_{RE} 反映不同材料结构的延性。因此，实际记录到的地震峰值加速度数值并不直接等同于抗震设计规范给出的反应谱中的峰值加速度。《建筑抗震设计手册》（第二版）第 34 页指出：建筑抗震设计规范规定设计地震动采用弹性加速度反应谱。而《中国地震动参数区划图》（GB 18306—2001）对地震动峰值加速度的定义是：与地震动加速度反应谱最大值相应的水平加速度。也就是说不是直接采用实际记录到的加速度峰值。此外，抗震设计规范给出的地震力小于结构在实际地震作用下的弹性地震力是一普遍现象，而且满足规范规定的地震力要求的建筑，在大地震时并不一定导致严重破坏或倒塌，例如根据 1940 年 5 月 18 日 EL-Centro 地震记录的分析，由计算得到的地震力为 $0.6W$（W 为结构重量），而设计时采用静力法，设计取用的地震力为 $0.1W$，这些建筑物在这次地震中却未显示出明显的破坏[121]。究其原因，除了结构的非弹性性质外，还有一个重要的原因就是土与结构的相互作用。由于振型分解反应谱法估计的地震作用忽略了土与结构间的能量吸收与反馈，以及地基的柔性（振型分解反应谱法假定地基是刚性的盘体），而地基的柔性使结构体系的周期加长，但这个影响，根据上部结构的刚度以及地基的软硬不同，一般估计在 30% 以下[121]。

反应谱的优点有：①每一点都是非平稳反应时程的最大值，这正是抗震设计需要的，而平稳功率谱的"平稳"不合实际，而且需要复杂的换算才能得到最大值；②设计反应谱是大量同级、同类地震反应谱的母体平均值（中值），有一定的代表性。

反应谱的缺点有：①反应谱法的振型组合（包括CQC）原则都是基于平稳反应的假定，实际地震地面运动和结构反应都是非平稳的，造成振型组合的误差；②反应谱法一次计算只能针对一个方向的地震输入分析对一个方向地面运动分量的反应，而实际地震地面运动是三维的，于是三个方向地面运动分量的反应分析必须分三次进行，然后进行方向组合，从而产生方向组合的误差；③结构不同部位的基础可能坐落于不同场地，有不同的反应谱，而反应谱法只能使用一条谱，不能表示多点输入，需建立包络谱，或加权平均谱。这些缺点需要运用时程分析法进行弥补。抗震设计规范规定，对于特别不规则的和较高的高层建筑的抗震设计，要求采用时程分析法进行补充计算，同时对输入地震加速度时程要求满足一定的数量和反应谱特征，以计算结构底部总剪力作为评估输入地震动合理性的标准。在地震反应时程分析中，对刚度中心与质量中心不重合的结构，要考虑水平地面运动输入引起的结构扭转；对某些高耸结构，特别是质量分布不均并位于震中区附近的高耸结构，要考虑竖向地面运动的作用；对较长的结构还要考虑沿结构不同长度处的地面影响。对大震作用下的结构弹塑性计算分析，除动力时程分析法外，规范还引入静力非线性方法（Push-over Analysis）以确定弹塑性变形限。

计算扭转位移比时，楼层的位移不采用各振型位移的CQC组合计算，《抗震规范》（GB 50011—2010）第3.4.3根据国外的规定明确改为取"给定水平力"计算，可避免有时CQC计算的最大位移出现在楼盖边缘的中部而不在角部，而且对无限刚楼盖、分块无限刚楼盖和弹性楼盖均可采用相同的计算方法处理。该水平力一般采用振型组合后的楼层地震剪力换算的水平作用力，并考虑偶然偏心。结构楼层位移和层间位移控制值验算时，仍可采用CQC的效应组合。

复杂结构在多遇地震作用下的内力和变形分析时，《抗震规范》（GB 50011—2010）要求采用不少于两个合适的不同力学模型，并对其计算结果进行分析比较。复杂结构指计算的力学模型十分复杂、难以找到完全符合实际工作状态的理想模型，只能依据各个软件自身的特点在力学模型上分别作某种程度不同的简化后才能运用该软件进行计算的结构。例如，多塔类结构，其计算模型可以是底部一个塔通过水平刚臂分成上部若干个不落地分塔的分叉结构，也可以用多个落地塔通过底部的低塔连成整个结构，还可以将底部按高塔分区分别归入相应的高塔中再按多个高塔进行联合计算。因此，抗震设计规范对这类复杂结构要求用多个相对恰当、合适的力学模型，而不是截然不同、不合理的模型进行比较计算。

《抗震规范》（GB 50011—2010）还纳入了大跨度屋盖的抗震设计内容，其中第 5.1.2 特别规定，对于平面投影尺寸很大的空间结构，应根据结构形式和支承条件，分别按单点一致、多点、多向或多向多点输入地震作用进行验算，多点输入时应考虑地震行波效应和局部场地效应。平面投影尺度很大的空间结构是指跨度大于 120m，或长度大于 300m，或悬臂大于 40m 的结构。

历次地震震害表明，不同结构系统有不同的动力特性，导致不同震害，地震作用的动力学性质是客观存在的。目前世界各国地震预测的可靠性还不高，规范给出的反应谱是理论化的结果，不可能是结构实际可能遭遇到的地震作用，基于规范的各类计算也只是一种近似和简化。正是在这个意义上说，结构概念很重要，这些概念是大量灾害经验的总结，不是目前一些补充计算可以完全取代的。也正是基于结构抗震设计的这种现状，继续保持"小震不坏、中震可修、大震不倒"的三水准抗震设防目标很有必要。同样也是因为常规计算方法的缺陷，根据《抗震规范》（GB 50011—2010）第 3.10 节的要求对建筑结构进行抗震性能化设计是提高和改善结构抗震性能的有效途径。

（二）机械决定论的影响

以牛顿力学为代表的经典力学中，在牛顿或哈密顿运动方程意义上，因果关系是确定论的。保守系统以时间可逆（即对称性或不变性）和能量守恒为特征。法国数学家拉普拉斯在他的概率论导论中说："我们可以把宇宙现在的状态视为其过去的果以及未来的因。如果一个智能知道某一刻所有自然运动的力和所有自然构成的对象的位置，假如他也能够对这些数据进行分析，那宇宙里从最大的物体到最小的粒子的运动都会包含在一条简单公式中。对于这智者来说没有事物会是含糊的，而未来只会像过去般出现在他面前。"拉普拉斯这里所说的"智能"（intelligence）即后人所谓的拉普拉斯妖。拉普拉斯决定论凸显科学对待世界的一个基本信念：大自然本质上是简单的，复杂由简单构成，任何复杂现象及其运动都可化约为简单对象来处理。按照这种假定，宇宙中全部未来的事件都严格地取决于全部过去的事件，事件出现的不确定性或偶然性消失了，这其实是一种还原论。还原论是说把物质的高级运动形式（如生命运动）归结为低级运动形式（如机械运动）、用低级运动形式的规律代替高级运动形式的规律的形而上学方法。还原论认为，各种现象都可被还原成一组基本的要素，各基本要素彼此独立，不因外在因素而改变其本质。通过对这些基本要素的研究，可推知整体现象的性质。还原论是机械决定论的基础。概括机械论自然观，主要表现在以下几方面[122,123]：

（1）自然是简单的。这种简单性主要表现在：自然的清晰确定性、线性、周期运动等，它与复杂性相对应。此外，自然的简单性还表现在绝对的时空观，时间的外在性、非生命性和可逆性，以及自然的对称性、相似性、最优性等上。所有这些表明了自然在本体论意义上是简单的。

（2）自然的构成性。宇宙及其万物的运动、变化、发展都不是真正意义上"生成"的，而是宇宙中基本构成要素的分离、结合和外在作用。如此，世界就是机械决定论的，不具有随机性、历史性和创造性，在科学认识体系中的体现就是无时间性（无论是牛顿力学还是量子力学，方程两边的时间 t 都可消去）。

（3）自然的规律性。自然具有机械性的确定性、固有的秩序、决定性、必然性和单一因果关联等。它在古代就被人们所持有，并且植根于一神教的思想和社会管理的实践中。

（4）自然的外在分离性。这包括两个方面：一方面是自然与人是完全分离和独立的，只存在外在关系，而没有内在关联；另一方面是自然可以尽可能地还原成一组基本要素，其中一要素与另一要素仅有外在关系而无内在关联，它们不受周围环境中事物的内在影响。

（5）自然的还原性。这包含两个方面：一方面是以无限可分的思想探求物质的基本构成，如分子可以分成原子，原子可以分成原子核和核外电子，原子核又可分为质子和中子……由此走向无穷；另一方面是系统的性质等于各要素之和，整体的或高层次的性质可以还原为部分的或低层次的性质，通过认识后者也就可以认识前者。

（6）自然的祛魅（无经验性和无目的性）。自然界中的事物是没有经验的，也就是说没有情感、意志、思维和任何目的性等。一般而言，自然的经验性与复杂性是紧密关联的，也是人们难以认识的。近代科学正是在一定程度上消除自然的经验性的基础上产生和发展起来的。

在历史上，社会科学和人文学概念往往受到物理理论的影响。埃德加·莫兰（Edgar Morin）说："在科学的传统观点中一切都是决定论的，没有主体，没有意识，没有自主性。"在机械论时代，亚当·斯密用类似于牛顿的万有引力的"看不见的"力来解释市场机制。莱布尼茨则认为：如果我们把大脑想象为一台如碾磨机那样的大机器，我们可以进入其中的内部机制，我们将发现的只不过是如同嵌齿轮那样的一个个机器元件，而不可能找到什么精神，更不用说什么人的灵魂。托马斯·霍布斯则把国家描述成一台机器（"利维坦"），其公民就是机器中的嵌齿轮。在 18 世纪法国唯物主义最早的代表茹利安·拉美特利看来，人的灵魂归结为自动机的齿轮传动装置。由于传统科学关注于自然的简单性方面，因此在对自然进行认识时，关注的往往是简单性现象，较少关注复杂性现象甚至忽视了复杂性现象，并且在构建和选择科学理论对某一经验现象进行解释时，就遵循简单性原则，选择具有综合简明性的科学理论；由于相信自然具有确定性的规律，所以就将对自然进行研究的焦点放在探求自然的决定性的规律上，而不研究或很少研究非决定性规律的现象和非规律的现象；由于相信自然是可以分离的，只具有外在关系而不具有内在关联，所以在对自然进行认识时，只研究前者而不研究后者；由于相信自然是可以还原的，所以就不是通过认识整体来认识部分、认识高层次的来认识低层次的，而是遵循还原论的原则，通过相反的路径来进行认识；由于否定人与认识对象之间的内在关系，所以就不研究人与自然组成的系统和事物之间的内在关系，将人置于自然之外来对自然进行研究；由于坚持自然的构成性，所以也就着眼于实体论，不研究自然的生成性，探讨自组织系统的特性；由于相信自然的祛魅性，认为自然不具有经验性，从而也就不研究事物的经验方面，如动物的智能、情感、思想等，不研究某些事物的内在趋向性和目的性，将生命体还原为非生命物来认识等。

然而，正如波普尔（Karl Popper）所说的，"如果决定论是真的，那么世界就是一个完美无瑕的运行的钟，包括所有的云，所有的有机体，所有的动物，以及整个人类。"18 世纪，康德揭示了活系统的自组织不可能用牛顿物理学的机械系统来解释。他在一段著名的话中说，能够解释青草叶片的牛顿还没有出现。即使是在力学领域，亨利·彭加勒认识到，天体力学并非是一台可以透彻计算的机械钟，甚至在局限于保守性和确定论情况下亦如此。所有的行星、恒星和天体之间的因果相互作用，在其相互影响可以导致混沌轨迹的意义上，都是非线性的（例如三体问题）。在彭加勒的发现之后，大约过了 60 年，A. N. 科尔莫哥洛夫（1954 年）、V. I. 阿诺德（1963 年）和 J. K. 莫泽证明了所谓的 KAM 定理：经典力学的相空间轨迹既非完全规则的亦非完全无规则的，但是它们十分敏感地依赖于对起始条件的选择。在"蝴蝶效应"的意义上，起始条件的微小偏离，将引起轨迹途径的巨大变化。

随着科学技术的不断发展，人们认识到，对于一个群体事物来说，众多复杂现象"只用牛顿力学或统计力学是解释不清的"，能够用牛顿定律进行决定论性描述的，只有总体上的规律，而群体中的个体行为是不能按照机械决定论来进行描述的，它只能给出个体行为的概率。

对于结构设计来说，虽然我们的规范体系是基于概率论的极限状态设计方法，但力学计算方法本身是基于机械决定论的。英国 W. C. 丹皮尔在《科学史》中说："科学按其本性来说，是分析性的和抽象的，它不能不尽可能用物理学术语表述科学的知识，因为物理学是一切自然科学中最基本的和最抽象的科学。当人们发现可以用物理学术语来表述的东西愈来愈多的时候，人们也就更加信任这个方法了，结果就产生一种信念，以为对于一切存在都可以完全从物理和机械的角度加以解释，这从理论上来说是办得到的。"我们计算采用的结构力学公式本身是符合机械决定论的简单性、规律性、外在分离性和还原性等原则的，但计算所采用的参数，如荷载、材料特性等，却是变异性很大的，这就导致计算结果与实际情况不一致。还有，理论模型的一致性问题，如钢筋混凝土梁的裂缝宽度计算公式是基于连续梁试验结果得出的，对于单向板和预制空心板，其受力状况与试验模型基本一致，但对于钢筋混凝土双向板，简单套用钢筋混凝土梁的裂缝宽度计算公式就不合适了。虽然我国现行规范根据混凝土结构的工作条件和钢筋种类，对钢筋混凝土和预应力混凝土结构的裂缝控制等级和最大裂缝允许值进行了规定，也提供了混凝土结构的裂缝计算公式，然而，由于裂缝宽度计算公式本身离散性较大，而且影响结构物裂缝开展的因素较多，计算只考虑了荷载因素，其他因素则未考虑，致使实际工程中的裂缝分布及宽度与计算结果相差较大。休谟在《人性论》中说："虽然我们假设对于一种特定结果只有一次实验，可是我们有几万次实验使我们相信这个原则：相似的对象处于相似的环境下时，永远会产生相似的结果。这条原则既然是借着充分的习惯确立起来的，所以它不论应用于什么信念上，都会以明白性和稳固性赋予那个信念。"对于结构裂缝控制来说，困难在于相似的对象处于相似的环境下时，产生不完全相似的结果，实际工程的裂缝开展情况并不存在与规范规定和计算结果之间的简单对应关系。推而论之，对于一般的结构内力和变形计算分析，其计算精度不一定要求很高，对于复杂的计算方法，如时程分析法，要完全模拟结构在强震作用下的塑性铰区发展情况还很难。还是丹皮尔说得好，"力学所指明的决定论只不过是我们的处理方法和作为这门科学的基础的各种定义的结果而已"。

（三）关于三水准重现期的概念的严密性

根据保障生命安全，满足多遇地震下的正常运行的设防要求，我国从 1989 年版至 2010 年版的《建筑抗震设计规范》均规定了三水准设防目标。第一水准：当遭遇低于本地区抗震设防烈度的多遇地震影响时，建筑物一般不损坏或不需要修理仍可继续使用，简称小震不坏；第二水准：当遭受相当于本地区抗震设防烈度的地震影响时，建筑物可能损坏，经一般修理或不需修理仍可继续使用，简称中震可修；第三水准：当遭受高于本地区抗震设防烈度的预估罕遇地震影响时，建筑物不致倒塌或发生危及生命的严重破坏，简称大震不倒。汶川地震表明，我国"小震不坏、中震可修、大震不倒"的设防原则是正确的。但是，作者认为，我国抗震设计规范关于"小震"、"中震"、"大震"的超越概率和重现期的概念是不严密的，现说明如下。

（1）超越概率是人为设定的，与实际地震发生的概率几乎完全不相符。据有关资料介绍，我国抗震设计规范所给出的"小震"、"中震"、"大震"三个烈度水准，是依据我国华北、西北、西南三个地区 45 个城镇的地震发生概率的统计分析，50 年内超越概率约为 63%、重现期为 50 年的地震烈度为众值烈度，比基本烈度低一度半；50 年内超越概率约为 10%、重现期为 475 年的地震烈度为 1990 年地震烈度区划图规定的基本地震烈度；50 年内超越概率约为 2%～3%、重现期为 1641～2475 年的地震烈度为罕遇烈度，当基本烈度 6 度时为 7 度强，7 度时为 8 度，8 度时为 9 度弱，9 度时为 9 度强。其具体的计算过程如下。

地震重现期也称为回归期，英文为 recurrence interval 或 return period，即地震多少年发生一次，用来说明发生的概率，回归期越长，地震发生的概率越低。

设地震重现期为 n 年，则地震年均发生概率为 $\lambda=1/n$，则在年限 T 年内，地震发生的概率 P 近似为波松分布：

$$P=1-e^{-\lambda T}$$

$$n=\frac{1}{\lambda}=-\frac{T}{\ln(1-P)}$$

一般建筑的设计使用年限为 50 年，地震的发生概率也以 50 年为基准周期。基本设防烈度地震超越概率定为 10% 的地震重现期 n 为

$$P=10\%$$

$$n=\frac{1}{\lambda}=-\frac{50}{\ln(1-10\%)}=475（年）$$

"小震"重现期为 50 年的地震，在使用年限 50 年内的发生概率为 63%，通过下式可以看出：

$$P=63\%$$

$$n=\frac{1}{\lambda}=-\frac{50}{\ln(1-63\%)}=50.8（年）$$

用同样的算法，超越概率 2% 的大震重现期为 2475 年。

对于重要的建筑，其设计年限为 100 年，设计基准期也为 100 年，此时的设防烈度、罕遇烈度的重现期均为一般建筑的 2 倍，即 950 年和 4950 年，其算法不难，简介如下。

若将每年的地震的发生概率按二项分布计算：

$$P=1-(1-\lambda)^T$$

$$\lambda=1-\sqrt[T]{1-P}$$

$$n=1-\sqrt[T]{1-P}$$

T 为 50 年，P 分别为 63%、10% 和 2% 时，则 n 为 50.8 年、475 年和 2475 年。

T 为 100 年，P 分别为 63%、10% 和 2% 时，则 n 为 101 年、950

年和 4950 年。

因此，可知其计算与按波松分布计算的地震重现期相同。

上述计算结果只是一种理论分析结果，它与实际地震发生的概率相差较大。例如，江苏溧阳 1974 年 4 月 22 日发生里氏 5.4 级地震，震中烈度 7 度，5 年后，1979 年 7 月 9 日在原震中又发生里氏 6.0 级地震，震中烈度 8 度，由于原设防烈度为 6 度，则按上述超越概率来衡量，无论是"小震"、"中震"还是"大震"，其 5 年再现一次的概率均远远超过 63%、10% 或 2%～3%。

又如，1997 年 1 月 21 日在新疆维吾尔自治区伽师县发生了里氏 6.4 级和 6.3 级强烈地震。在其后的 3 个月内又接连发生了 5 次 6 级以上的地震，形成了世界上罕见的 6 级震群[127]，如表 12-1 所示。在 1 月 21 日第一次地震发生后，新疆地震局于 1 月 24 日在伽师县委宾馆布设了一台地震记录仪，这台仪器记录到了其后发生的 5 次 6 级以上的地震，文献 [127] 给出了其中的 4 次记录（见表 12-2）。依据现行抗震设计规范，伽师县为 8 度设防区，根据表 12-2 记录的实际加速度峰值，4 月 6 日的里氏 6.3 级、4 月 11 日的里氏 6.6 级、4 月 16 日的里氏 6.3 级三次地震的实际地震作用均已超过 8 度（0.2g），其几天之内再现一次的概率也远超过 63%、10% 或 2%～3%。

表 12-1　　新疆伽师 3 个月内的 7 次 6 级以上地震的基本参数

发震时间	时刻（时、分、秒）	震级（里氏）	震中位置		震源深度（km）
			东经	北纬	
1997 年 1 月 21 日	09：47：14	6.4	39.6	76.9	33
1997 年 1 月 21 日	09：48：33	6.3	39.6	76.9	33
1997 年 3 月 1 日	14：04：13	6.0	39.6	76.8	—
1997 年 4 月 6 日	07：46：16	6.3	39.2	77.0	13
1997 年 4 月 6 日	12：36：32	6.4	39.2	77.04	9
1997 年 4 月 11 日	13：34：43	6.6	39.3	76.5	17
1997 年 4 月 16 日	02：19：48	6.3	39.2	76.5	26

表 12-2　　　　新疆伽师地震 6 级以上地震的加速度记录

发震时间	震级（里氏）	震中距离（km）	南北			东西			竖向		
			加速度（mm/s²）	周期（s）	延时（s）	加速度（mm/s²）	周期（s）	延时（s）	加速度（mm/s²）	周期（s）	延时（s）
1997 年 4 月 6 日	6.3	25	250	0.3	50	280	0.5	50	197	0.1	50
1997 年 4 月 6 日	6.4	28	139	0.2	40	160	0.3	40	100	0.1	40
1997 年 4 月 11 日	6.6	23	278	0.4	40	360	0.8	40	328	0.1	40
1997 年 4 月 16 日	6.3	25	220	0.5	40	270	0.5	40	98	0.1	40

（2）重现期的起算年份不明确。既然是重现期就应有一个计算日期的起、止时间，如《建筑结构荷载规范》（GB 50009—2001）条文说明明确指出：规范所给出的基本雪压，是全国 672 个地点的气象台（站），从建站起到 1995 年的最大雪压或雪深资料，经统计得出 50 年一遇最大雪压，即重现期为 50 年的最大雪压。这一重现期与建筑物合理使用年限一致，且重现期的起、止时间比较明确。而对于抗震设防而言，"小震"的重现期为 50 年、"中震"的重现期为 475 年、"大震"的重现期为 1641～2475 年。虽然规范没有给出重现期计算日期的起、止时间，但按一般人对于重现期的理解，一次大地震发生后，经过一段时间（一般为 3 个月至 1 年）后余震趋于稳定，如果从大震后的第二年开始计算重现期的基准年，那么在我们合理使用年限为 50 年的建筑，设计时只需要考虑"小震"作用就可以了，因为"中震"的重现期为 475 年❶，早已超过房屋的正常使用年限，"大震"也同样可以不考虑。这一观点当然是错误的，因为实际的地震发生的频率并不是这样的。"夫天运，三十岁一小变，百年中变，五百载大变。"❷如新疆维吾尔自治区乌恰县，1955 年 4 月 15 日发生里氏 7.0 级地震，震中烈度 9 度；30 年后的 1985 年 8 月 23 日又发生里氏 7.4 级地震，震中烈度 8 度；23 年后的 2008 年 10 月 5 日，又发生里氏 6.8 级地震，我国境内的最大烈度为 7 度，等震线呈北东东走向，7 度区长半轴为 30km，短半轴为 22km，面积 1031km^2；6 度区长半轴为 130km，短半轴为 42km，面积 7354km^2。而江苏溧阳则在 5 年内发生两次震中烈度分别为 7 度和 8 度地震，其重现期度很短。再进一步说，由于地震是一种稀少的"非频发性"事件，据现有的地震历史资料，好像还没有哪一个地区地震发生的频率完全与规范所给出的"小震"、"中震"和"大震"的重现期相一致或基本一致，这与基本风压和基本雪压完全不同，因为 50 年一遇的最大风压和雪压，在很大程度上是能够"再现"的，它有一定的现实背景。

综上所述，抗震设计三个水准的超越概率和重现期仅仅是理论研究的结果，它没能模拟实际地震发生的频率及其强烈程度。作者认为虽然目前地震危险性分析的可靠性还有待于进一步的提高，但地震危险性分析无疑是很重要的。由于实际地震无论在发生强度、发生时间和发生地点上，都具有强烈的随机性，并不是"从统计数学观点出发的概率定义"所能够描述和处理的，机械地套用概率论的概念来理解和表述地震发生的超越概率和重现期将出现不合常理的结果。❸

三、实际作用的复杂性、不确定性及人为的过失

结构在正常使用年限内遭受的作用众多，而且内容很复杂，地震作用的不确定性，风振、温度、湿度的变异性和循环反复性，地基基

❶ 重现期不一定是在一个重现期的期限内只发生一次事件的概率，也可能是在若干个重现期的期限内事件多次发生的平均值，但因为地震是非频发事件，多次平均也无"以点带面"的普遍意义，只能说明特殊地区的地震发生的活跃程度。对非频发地区，这种平均更偏离人们的直观感觉。

❷ 《史记·天官书》。

❸ 统计结果仅仅在统计学内部有意义，一旦投入更广泛的应用，其解释需要慎之又慎。

础变形、混凝土收缩和徐变的长期性和不稳定性，荷载作用的不确定和变异性，材料组成成分的变异性、材料的非弹性和非线性，材料性能的不断劣化，环境影响、病害影响等均造成实际结构受到的作用与计算假设完全不一致。人为的错误也是常有的，设计差错、施工误差，材料供应的以次充优，使用阶段荷载超过设计指标，乱剔、乱凿等野蛮装修伤害主体结构等，这些因素虽然不全是结构设计本身引起的，但确实是结构设计不能回避，也不能左右的外在因素，而其中最难以解决的就是各类不确定性。

人们所研究的具有不确定性的事物实际上都不是针对已经客观存在和已发生的具体事物本身，这些不确定性主要针对以下两类事物[128]：第一类是未来事物发生和发展的不确定性，即随机性；第二类是人们对某些客观事物的主观认识的不确定性，即模糊性和未确定性。

1. 随机性

由于事物的发展过程受到多种偶然因素的干扰，未来的事物大多或多或少地具有随机性。工程结构在施工和服役过程中将遇到什么样的环境作用是不可预先确定的，必须考虑其随机性。对于任何一个具有随机性的事物，一旦试验完成，立即转化为已发生的事件，它就不再有任何的不确定性，而是一个确定性的结果，它是随机性的一个"实现"。因此，随机性只是针对未来将要发生的事物，已有的和已发生的事物都不具有随机性。

处理可以多次大量重复的随机现象的数学工具是统计数学，包括概率论、数量统计、随机过程理论。其目的是寻求随机现象的统计性的、总体的因果关系。

处理一次性未来随机事件的数学工具是决策论，其目的是决策出最佳的行动方案。决策的结果主要决定于两个因素：其一是决策者的素质、性格和知识水平；其二是决策者所掌握的权力和物质手段。

2. 主观认识的不确定性

（1）模糊性。这是一种人们共有的，在认识上的不确定性。模糊数学处理的事物是比较简单的。概括来说，目前人们所考虑的事物的模糊性，主要是指由于不可能给某些事物以明确的定义和评定标准而形成的不确定性。这时人们考虑的对象往往可以表现为某些论域上的模糊集合。从广义的角度来看，"模糊信息"具有更广泛的含义。高速度、高准确度地处理模糊信息是人类的天赋，绝不是目前模糊数学和计算技术能够比拟的。

（2）未确知性。这是一种决策者对所处理具体事物某些信息的主观认识上的不确定性，属于"不完整信息"的范围。"瞎子摸象"典出《大般涅槃经》卷三二，说的是一群瞎子想知道大象是什么模样，他们围着大象摸。摸到鼻子的说大象像一根管子，摸到耳朵的说像一把扇子，摸到牙的说像一根萝卜，摸到象身的说像一堵墙，摸到腿的说像一根柱子，摸到尾巴的说像一条绳子。于是，"瞎子摸象"成为一则成语，用来讽刺那些观察事物片面，只见局部不见整体的人。如将世人对于结构物在全寿命期内可能遭受的自然的和人为的各种不利作用的认识用"瞎子摸象"来比喻却是最恰当不过的了，因为结构物在全寿命期内可能遭受的地震、风灾、火灾、洪灾、战争、使用荷载的提高、使用功能的改变等，是不确定或不完全确定的，这些因素随时都可能发生，也可能在全寿命期内永远也不会发生，人们对它们的了解和掌握，也只能做到只见局部不见整体。近年来，世界范围内，巨灾频繁发生，如 2004 年印度洋地震及其引发的海啸、2004 年南亚地震、2005年美国"卡特里娜"飓风、2008 年汶川地震、2010 年海地发生的里氏7.3 级地震、2010 年智利中部发生的里氏 8.8 级特大地震、2011 年日本宫城县发生里氏 9.0 级特大地震等，都造成巨大的经济损失，在很大程度和很大范围内威胁到人们的生命和财产安全，引起社会恐慌并导致社会正常秩序与运转机制的瓦解。这些巨灾的出现，既与人们对地震、飓风、洪水等自然灾害发生规律性认识的不确定性有关，也与人们决策时主观认识上的不确定性，如设防水准偏低等有关。美国科罗拉多大学的一位专家曾经说过，"造成伤亡的是建筑物而不是地震"。资深地震专家、中国工程院院士谢礼立认为在人类遇到的无数次各种灾害中，有一类危害极大、影响极广且迄今尚未被人类所认识、所注意的灾害，这个灾害就是"土木工程灾害"。土木工程灾害产生机理是由于人们不当的知识或缺乏知识、不当的选址、不当的设计、不当的施工、不当的使用和不当的维护，而导致土木工程的失效和破坏乃至倒塌进而造成灾害。谢礼立院士认为土木工程灾害有两大特点：①造成灾害的主要载体是土木工程，即所有灾害必须首先使土木工程破坏或失效，再进一步酿成巨大损失，从这一特征看，地震灾害是典型的土木工程灾害；②减轻这种灾害的主要手段和方法，必须依靠包括选址、施工、设计、加固、维护和保养等土木工程方法，即减轻地震灾害的最有效措施是正确的设防、设计、施工、维护和使用，靠土木工程方法解决问题。

3. 从中小学校舍安全工程看结构加固的经济性

新修订的《中华人民共和国防震减灾法》明确规定，对学校、医院等人员密集场所的建设工程，应当按照高于当地房屋建筑的抗震设防要求进行设计和施工，采取有效措施，增强抗震设防能力；已经建成的学校建设工程，未采取抗震设防措施或者抗震设防措施未达到抗震设防要求的，应当按照国家有关规定进行抗震性能鉴定，并采取必要的抗震加固措施。2008年住房和城乡建设部等部门修订的《建筑工程抗震设防分类标准》（GB 50223—2008）和《农村普通中小学建设标准》，将其抗震设防等级提高到不低于重点设防类。

孩子们的事永远是最让人牵挂的，校舍的安全直接关系广大师生的生命安全。实施校舍安全工程意义重大，影响深远。2009年4月1日，国务院总理温家宝主持召开国务院常务会议，决定正式启动全国中小学校舍安全工程。

北京市按照国务院"突出重点、分步实施"的要求，根据对北京市1799所中小学、1470万平方米校舍的排查和鉴定情况，计划改造校舍面积共约655万平方米，从2009年开始，北京市计划用三年时间，投资约160亿元，对全市中小学存在安全隐患的校舍进行抗震加固、迁移避险，集中重建整体出现险情的D级危房、改造加固局部出现险情的C级校舍，提高综合防灾能力，使学校校舍达到重点设防类抗震设防标准。中小学校舍同时要符合对山体滑坡、崩塌、泥石流、地面塌陷和洪水、台风、火灾、雷击等灾害的防灾避险安全要求。

从北京市加固的校舍面积和加固所需要的投资两项数据可知，加固改造的平均造价为2500元/m^2。北京市自《工业与民用建筑抗震设计规范》（TJ11—1978）实施以来，一直按抗震设防烈度8度设计，那么，校舍安全工程只需要将丙类建筑加固为乙类建筑，即将8度计算、8度构造，加固改造成8度计算、9度构造，需要那么多钱吗？其实，加固改造还是很花钱的，有的工程略低于新建工程但与新建工程比较接近，有的甚至比拆除重建还贵，北京市的这个经济指标是有依据的。一般说来影响加固改造经济性的因素主要有以下几点：

（1）加固工作量和加固方法。以砌体结构为例，如果原结构承重墙体量较多且砌筑质量较好，则一般采取外加圈梁和构造柱，局部墙体采用钢筋水泥砂浆外加层加固法。这种加固方法，加固量相对较小，造价也比较低，进度也快。以北京市抗震设防烈度8度区为例，这类多层砌体结构加固的造价在350～450元/m^2，而新建同类建筑的土建造价在900～1200元/m^2，加固费用明显低于拆除新建。

如果原结构承重墙体量较少，或虽然墙体较多但砌筑质量不好需要加固处理，则一般采用单面或双面钢筋水泥砂浆外加层加固法，这种加固方法，加固量相对较多，造价也比较高。以北京市抗震设防烈度8度区为例，新砌240砖墙（含楼层圈梁及构造柱）的单方造价约为150元/m^2（墙体展开面），而单面钢筋水泥砂浆外加层加固法的造价约为200元/m^2（墙体展开面，含剔除原抹灰层），双面钢筋水泥砂浆外加层加固法的造价约为400元/m^2，这样，如果墙体加固量大，虽然每层的楼板可以利用，但楼板的造价只有 $100\sim150/m^2$，而且墙体展开面积约为楼层建筑面积的 $2\sim3$ 倍，所以楼板和基础的造价相对于墙体的加固费用来说还是小数。按其综合费用计，可能加固费用高于相应的新建费用，也可能与新建费用差不多。以北京市中小学抗震加固改造为例，由于教学楼大空间房屋较多，抗震墙量较少，一般均采用双面钢筋水泥砂浆外加层加固法加固，则其结构加固的造价大约在 $800\sim1300$ 元$/m^2$，与新建同类建筑的造价基本齐平，有的略低于新建，有的则略高于新建，但由于加固改造进度快，所以北京市中小学抗震加固改造工程一般均采用加固，即使是造价略高于新建也是采用加固方案，主要是为了满足教学需要。

（2）结构形式。对于框架结构，如果个别构件采用加大截面法和外部粘贴钢板加固法或粘贴纤维增强塑料加固法，则加固比新建要经济。如果大部分构件采用加大截面法和外部粘贴钢板加固法或粘贴纤维增强塑料加固法，则几乎所有的填充墙均要拆除，加固后还要恢复，则这类结构，加固往往比新建的费用还高。根据以往工程的经验，对于拆除所有墙体的空框架，加固和恢复墙体的造价约为 900 元$/m^2$。对于主要层间位移不满足规范要求（部分构件强度也可能不满足要求）的纯框架结构，如采用增设剪力墙并辅以粘贴钢板加固法或粘贴纤维增强塑料加固法，这样大部分填充墙可得以保留，则此时加固的造价可以降低，其综合造价可能低于新建。目前还有一种比较新颖的加固方法就是采用设置阻尼器和耗能支撑的方法，也可以起到减少加固量的目的，虽然阻尼器和耗能支撑本身的造价比较高，但只要所需要的阻尼器和耗能支撑的数量不是很多，其造价还是相对较低的。

对于框架-剪力墙结构，如果使用功能调整不大，且设防烈度不变，一般加固量不是很大，加固造价相对低于拆除重建。

对于剪力墙结构，只要存在可加固的条件，一般加固量均不是很多，其造价还是较低的。对于在地震或爆炸等作用下局部损毁很严重，加固修复比较困难的，可能要拆除重建。

（3）原有管线、设备的可利用率。以北京地区为例，对于办公楼，给排水的造价约为 50 元$/m^2$，采暖的造价约为 120 元$/m^2$，电气的造价约为 200 元$/m^2$，弱电的造价约为 130 元$/m^2$；对于集体宿舍楼，给排水的造价约为 80 元$/m^2$，采暖的造价约为 120 元$/m^2$，电气的造价约为 130 元$/m^2$，弱电的造价约为 60 元$/m^2$。因此，如果原有管线、设备可以利用或部分利用，则加固改造工程中设备和管线部分的造价就可以降低。

（4）恢复装修的工作量。加固改造时如果原有墙面、楼面的面层和装修均需要剔除，则仅剔除这部分的造价就需要 80～120 元/m²（建筑面积），而多层楼房的整体拆除费用为 100 元/m²（建筑面积）左右，与之相当。因此，如果加固本身造价与新建相当，则加固与拆除重建也相当，因为装修的量，加固与新建是一样的。但如果改造时，部分原有墙面、楼面的面层和装修可以保留，则加固造价一般均低于拆除重建。

（5）地域性。表现在三个方面，一是材料和人工价格的地域性，有些地区，如西部地区黄土资源丰富，砖的价格就低廉，相应的钢筋水泥砂浆外加层加固法造价相对就高，在这些地区某些情况下，拆除重建可能比加固还要经济些；二是抗震设防烈度，在 6 度设防区，加固量肯定比 7 度、8 度区要少些，其相应的加固费用就低，对于这些低烈度地区，一般而言加固优于拆除重建；三是某些加固方法，如设置阻尼器和耗能支撑的方法，在一些不发达地区，设计、施工均不具备相应的技术力量，其相应的加固方法就比较保守，只能采用传统的方法。

总之，影响加固改造经济性的因素是多重的，很难总结出一些共通的规律，只有对具体的工程进行具体的对比分析之后，才能比较准确判定加固方法的优劣和与拆除重建之间的经济差别。因此，结构抗震设计时，对客观存在的不确定的因素应该有一充分估计，尽量做到在结构设计使用年限内不对结构进行抗震加固。但这只是我们的主观愿望，实际上，种瓜不一定得瓜，随着我国市场经济的发展壮大，今后对结构进行改造加固将越来越普遍。

在《小逻辑》中，黑格尔将某事物的存在（Sein，也译作"有"）看作是"为他存在（Sein-für-anderes)"和"自在存在（Ansich-sein)"两个环节的统一。因为在黑格尔看来，"单纯的存在乃是纯全的空虚，同时又是不安定的"，黑格尔举例说，"我们常说到一个计划或一个目标的实在，意思是指这个计划或目标不只是内在的主观的观念，而且是实现于某时某地的定在。"[1] 就生命而言，"每个孤立的有生命的东西都处在这样一种矛盾里：一方面自己对自己是一个自禁排外的统一体，另一方面却又依存其他事物。为着要解决这种矛盾而进行的斗争总是跳不出试探的范围，成为继续不断的搏斗。"[2] 这是黑格尔的高明之处。列宁也指出："任何具体的东西、任何具体的某物，都是和其他的一切处于相异的并且常常是矛盾的关系中，因此，它往往既是自身又是他物。"[3] 我们考察某事物时，常习惯于分析事物的本身，而疏于考虑与该事物相关的"为他存在"这一环节，因为一事物如果没有"为他存在"这一环节，这一事物或目标就是空虚而不安定的，"为他"和"自在"两个环节缺一不可。

[1] 《小逻辑》，商务印书馆，1980 年第 2 版，第 203 页。

[2] 《美学》第一卷，第 193 页。

[3] 列宁，《哲学笔记》，人民出版社，1957 年版，第 118 页。

就工程技术而言，我们结构工程师只能做到根据设计任务书的要求设计满足规范和使用要求的建筑物，但不能限制、也不能预测用户提出的各种各样的使用功能变更需求，也很难把握政府政策上的变化，诸如"全国中小学校舍安全工程"，也很难预估规范中的安全度设定水平的变化和抗震设防标准的提高等因素。这充分说明，工程技术本身之外的决策失误、决策变化等"为他存在"这一环节更是问题的核心所在。

黑格尔认为，"有机体的各部分所获得的实在并不像建筑物中的石头或是行星系统中的各行星、月球、彗星所有的那种实在，而是不管它们实在与否，它们却获得一种在观念中在有机体以内设立的存在。"❶ 割下来的手就不像原来长在身体上时那样，失去了它的独立的存在，它的灵活性、运动、形状、颜色等都改变了，而且它就腐烂起来了，丧失它的整个存在了。因此，手这个差异面只有作为有机体的一部分，把它的独立自在性否定掉，受"生命"统辖，还原到观念性的统一，它才具有实在，手才获得它的地位。"凡是实在的肯定的东西都要以观念性的否定的方式来设立，同时，有了这种观念性，有机体的各差异面才能维持生命，也才能具有它们所特有的性质。"❷ 实在的、肯定的手只能依存于观念性的统一，即生命。结构在地震作用下的表现犹如生命有机体，构件之间不是孤立的，各自为战的，而是相互作用、相互支持、相互帮扶的一个系统。遗憾的是，目前的结构概念，如梁、板、柱、墙等，都没能做到以"观念性的否定的方式来设立"，很大程度上是各自独立的。这就决定了结构设计必然存在缺失和遗憾。

❶《美学》第一卷，第156页。

❷《美学》第一卷，第156页。

第二节
结构设计的艺术性及其特征

管理学和设计科学大师西蒙说，如果自然科学关心的是事物本来的样子，设计关心的就是事物应该是什么样子。在中文中，"设计"一词原意是设下计谋，现已转意为根据一定的要求对某项工作预先制订方案和图样。在英文中，一种说法认为与设计对应的"design"一词出自拉丁文"制造出"（designare）一词；另一种说法认为"design"来自十五六世纪的法语中两个不同的词，"dessein"是指切合目的性的计划，而"dessin"是指艺术中的设计。这些词源分析表明，设计体现了艺术性与功能性的统一[130]。现代的设计活动存在着强烈的目的性，从人能通过有目的地制造开始，艺术层面的需求便随之而来。精神的愉悦和思考常常戴着艺术的面纱出现，而这些都在人与艺术交流的过程中才能让人有所领悟并获得精神的升华。美学界有一种观点认为，本来以实用性为目的的产品若是能够在发挥功能的同时体现出一定的秩序和规律，就完全可以形成一种"独特的美"❶。根据这一观点，即便是物品在本质上是非美的，其生产和建造的根本目的就是为了有用而非审美，但是它所具有的"独特美"，实际上已经使美的范畴扩大了，它已不再是一个纯粹客观的概念，而是融入了存在的客体与受众之间的审美趣味和心灵感受。黑格尔说："外在的方面并不足以使一个作品成为美的艺术作品，只有从心灵生发的，仍继续在心灵土壤中长着的，受过心灵洗礼的东西，符合心灵的创造品，才是艺术作品。"❷使用功能是产品的特定用途，这些用途体现在具体的产品设计上，产品的功能美，包括产品样式、造型质感、色彩等，体现为豪华感、现代感、视觉美感等。功能美是与有用性在一定条件下相互转化而成的。因此，现代设计是无论如何都脱离不了艺术的元素，而且审美的规律、欣赏的心理思维规律都部分地作用和体现在设计的作品中。从这个意义上说，结构设计必然具有艺术性。

一、科学技术与艺术在设计中的融合

设计是人类有目的的造物活动，这种活动不仅是物质的创造活动，也是非物质的创造活动。设计从立意、构思到表达，是一个技术主体的意识逐渐外化的过程。立意可能还只是一个概念或意图；构思则把这个概念或意图具体化，有了细节和措施；表达则使用媒介替代物来展示技术主体的思考结果。这个过程具有多回路反馈的特征，开始的媒介替代物可能只是草稿纸上乱七八糟的数字和线条，到后来成为一个完整的技术方案、精美的图纸和模型。因此，设计是艺术的创造，因为"艺术的目的就被规定为：唤醒各种本来睡着的情绪、愿望和情欲❸，使它们再活跃起来；把心填满；使一切有教养的或是无教养的人都能深切感受到凡是人在内心最深处和最隐秘处所能体验和创造的东西，凡是可以感动和激发人心的最深处无数潜在力量的东西，凡是心灵中可以满足情感和观照的那些重要的高尚的思想和观念，例如尊严、永恒和真实那些高贵的品质；并且还要使不幸和灾难、邪恶和罪行成为可以理解的；使人深刻地认识到邪恶、罪过以及快乐幸福的内在本质；最后还要使想象在制造形象的悠闲自得的游戏中来去自如，在赏心娱目的观照和情绪中尽情欢乐。"❹这种艺术创造活动在建筑设计中得到充分的体现。2008年普立兹克建筑奖获得者尚·努维尔（Jean Nouvel）说："建筑是以你所拥有的资源，以更有情感、更完美、更自然的方法让一个地方更富有诗意。对我而言，建筑是一种改造，对地景或都市一角的轻微改造；建筑是对其他建筑的赞美，对时代的见证。建筑不是雕塑。"然而情感的表达、诗意的再现，不是设计者能够随意发挥的，斯克鲁登说[120]："建筑是一种实用学科的概念，它要与人们日常生活中存在的各方面东西相适应……没有任何成功的建筑学是建立在一般美学体系

❶ "器具也显示出一种与艺术作品的亲缘关系，因为器具也出自人的手工。……器具既是物，因为它被有用性所规定，但又不止是物；器具同时又是艺术作品，但又要逊色于艺术作品，因为它没有艺术作品的自足性……"（海德格尔，《艺术作品的本源》）

❷ 黑格尔，《美学》第一卷，朱光潜译，商务印书馆，1996年12月第2版，第36～37页。

❸ 柯林伍德说："艺术家企图做的，就是表现某一特定的情绪。表现它与令人满意地表现它，都是一回事。……我们每一个人发出的每一个声音、做的每一个姿势都是一件艺术品。"

❹ 《美学》第一卷，第57页。

上的。"建筑设计是一种复杂的、半科学性的、有功能作用的实践模式，是在一系列包括政治、经济、技术、人性、精神、美学、环境等的限制和约束条件下，寻求最佳解[130]。在这些限制和约束条件下创造出的作品之所以能体现造型艺术的形式美，没有出现错乱，而成为凝固的音乐，彰显出韵律和协调、庄重和威严，这就是艺术的力量。丹皮尔·惠商在《科学史》中指出："科学可以越出自己的天然领域，对当代思想的某些别的领域以及神学家用来表示自己的信仰的某些教条，提出有益的批评。但是，要想观照生命，看到生命的整体，我们不但需要科学，而且需要伦理学、艺术和哲学，我们需要领悟一个神圣的奥秘，我们需要有同神灵一脉相通的感觉。"也许正是基于这种观照生命的"领悟"，托尔斯泰在《艺术论》里把艺术定义为"能够把自己的感悟与别人分享的一种表达"。诗人、作家或者画家，他通过诗歌、文学作品和绘画，把自己的感悟表达出来，使得别人也能够分享他的感悟，这就是艺术。艺术的表达方式种类不同，但都是反映和描述事物及其价值关系的运动与变化过程，从而对人的情感、知识和意志进行交流、诱导、感化和训练。"虽由人作，宛自天开"的园林之所以有别于自然景观，那是因为"出自心灵的作品就要高于本来的自然风景。一切心灵性的东西都要高于自然产品。此外，艺术可以表现神圣的理想，这却是任何自然事物所不能做到的。"❶ 传统的中国园林创造了非常丰富的空间艺术，"移竹当窗，分梨为院；溶溶月色，瑟瑟风声；静扰一榻琴书，动涵半轮秋水。清气觉来几席，凡尘顿远襟怀；窗牖无拘，随宜合用；栏杆信画，因境而成。制式新番，裁除旧套；大观不足，小筑允宜。"❷ 这种诗意的境界，其所有的要素几乎都是人创造的，但是看不出人雕刻的痕迹，却营造出人与自然息息相关，人与自然相互共存的一种意境，它确实是一种艺术创造，而且是一种高超的艺术创造，因为"艺术的任务和目的就在于把一切在人类心灵中占地位的东西都拿来提供给我们的感觉、情感和灵感。"❸ 平凡的事物演绎至艺术层面，才将趋于完美。

设计重在施策（Prescription），设计不同于简单的创意，设计过程中产生的创意、设想等必须付诸实施，因此，设计也必须同时是科学和技术的，它处于艺术与科学之间的"中间地带"。设计的思维方式是一个综合性的思维方式，它需要艺术的感性形象思维，同时需要科学技术支撑的逻辑思维，而且这两者是不可分割的认识世界的方式。黑格尔认为："按照它的内容来说，科学所研究的是本身必然的东西。美学既然把自然美抛开，我们就不仅显然得不到什么必然的东西，而且离开必然的东西反而愈远了。因为自然这个名词马上令人想起必然性和规律性，这就是说，令人想起一种较适宜于科学研究、可望认识清楚的对象。但是一般地说，在心灵领域里，尤其是在想象领域里，比

❶ 《美学》第一卷，第 37 页。

❷ 《园冶·园说》。

❸ 《美学》第一卷，第 57 页。

起自然界来，显然是由任意性和无规律性统治着的，这些特性就根本挖去了一切科学的基础。从这些观点看来，美的艺术按照它的起源、效果和范围各方面来看，都不适宜于科学的努力，而且像是和思考的控制根本抵触，不宜作为真正科学研究的对象。"❶黑格尔在这里指出了科学与艺术在必然性、直观性和确定性等方面的区别，然而著名物理学家、诺贝尔物理奖获得者李政道说："艺术和科学事实上是一个硬币的两面，它们源于人类活动最高尚的部分，都追求着深刻性、普遍性、永恒和富有意义。"当我们把科学与艺术归入到以人类文化为依据的范畴，就不难理解：在作为人类劳作的体系中，科学与艺术都是人类创造文化的组成部分，它们因内在的相互联系而构成一个有机的整体。卡西尔说："对事物的深层的认识，总是需要我们在积极的建设性的能力方面作出努力。但是因为这些能力并不朝同一方面努力，并不趋向同样的目标，因此它们不可能给予我们实在的同一面貌。有着一种概念的深层，同样，也有一种纯形象的深层。前者靠科学来发现，后者则在艺术中展现。前者帮助我们理解事物的理由；后者则帮助我们洞见事物的形式。在科学中，我们力图把各种现象追溯到它们的终极因，追溯到它们的一般规律和原理。在艺术中，我们专注于现象的直接外观，并且最充分地欣赏着这种外观的全部事实性和多样性。在这里我们并不关心规律的齐一性而是关心直观的多样性和差异性。……美的真理性并不存在于对事物的理论描述或解释中，而毋宁说是存在于对事物的'共鸣的想象'之中。这两种真理观是彼此大不相同的，但并不是抵触的或矛盾的。因为艺术和科学是在完全不同的平面上行进的，所以它们不可能彼此相矛盾或相反对。科学的概念解释并不排斥艺术的直观解释。每一方都有它自己的观察角度，并且可以说都有它自己的折射角度。……艺术教会我们将事物形象化，而不仅仅将它概念化或功利化。艺术给予我们以实在的更丰富更生动的五彩缤纷的形象，也使我们更深刻地洞见了实在的形式结构。人性的特征正是在于，他并不局限于对实在只采取一种特定的唯一的态度，而是能够选择他的着眼点，从而能既见出事物的这一面样子，又见出事物的另一面样子。"❷黑格尔说："人们都承认科学按照它的形式来说，只能就无数个别事例进行抽象思考，因此，从一方面看，想象及其偶然性和任意性——这就是艺术活动和艺术欣赏的功能——是不能归入科学领域的；从另一方面看，艺术既灌注生气于阴暗枯燥的概念，弥补概念对现实所进行的抽象和分裂，使概念再和现实成为一体了，这时纯粹思考性的研究如果闯入，它就会把使概念再和现实成为一体的那个手段本身取消了，毁灭了，又把概念引回到它原有的不结合现实的简单状态和阴影似的抽象状态了。"❸这就是科学和艺术的不可分隔性和互补性。在

❶《美学》第一卷，第 9 页。

❷ 恩斯特·卡西尔，《艺术在文化哲学中的地位》。

❸《美学》第一卷，第 8 页。

我们的日常生活中，每一件产品或者称人造物品都是人类文化的结晶，都包含着科学技术与艺术的元素。

工程设计是一个技术过程，追求的是满足人类的需要。工程设计往往寻求最优化的结果，以期达到最适宜性（即费用最少，经济、社会、人文效益最优）和最协调性（即与自然协调、与人协调、与周围环境协调）的目的。然而好的工程设计一定是充分体现了科学要素与人文要素两方面，并不是最好的技术解答或经济解答，而是技术与艺术的统一[130]。费雷强调："从根本上说，技术是需要和价值的体现，通过我们制造和使用的器具，我们表达了自己的希望、恐惧、意愿、厌恶和爱好。技术一直是事实与价值、知识与目的的有效结合的关节点。"❶❷设计是从无到有的创造，它综合运用了人类创造的科学、技术和艺术成就，也在对人类的造物活动进行艺术再创造的同时创新和发展了科学技术。人类在设计活动中，不仅创造了物质文明，同时也创造了精神文明。

二、结构设计表达的艺术性

结构设计的成果主要有计算书和设计图纸，初步设计还有设计说明。结构计算书要求依据充分，内容全面，计算准确，分析详尽，但在其表达方面，要求概念准确，条例清晰，叙述完整，表达清楚，这是体现出设计者的个性与风格，能力和水平的主要方面。结构初步设计说明是全面展现设计方案的可行性、经济性和合理性的最重要内容。有的工程初步设计说明内容很多，罗列了一大堆材料，但该说的不详，不一定要说的反而洋洋洒洒；还有的内容前后不一致，甚至由于校对不严出现技术上的硬伤。有的初步设计说明虽然内容不是很多，但文字简练，该说的都交代了，没有太多的废话和套话，这样的设计说明应该是受欢迎的。

图面质量是设计表达艺术性的集中体现。无论是整栋建筑结构施工图的图面组织、每幅图的图面基本构成、图面内容的安排，还是线条的粗细及其搭配❸、字符和标注的简、繁得体等，可以说图纸中的任一元素及其组合，均体现设计者的能力、水平和素养。以前手工画图时，字体的书写也是一个重要的标志，现在计算机出图了，这部分内容就不是很重要了，相应的图面组织和安排就凸显个性和水准。在结构施工图中，梁、板、柱平面图，各类详图和必要的说明等是其有机组成部分，它们在图纸的布局很重要，也有一定的窍门。设计说明虽然可以集中在结构设计总说明中交代，但在每张图纸的空白处简明扼要地写上几句与本张主图有关的说明，如材料等级、构件抗震等级、引用的标准图集名称、特殊施工要求等，既方便阅读，也对图面起到点缀作用。如果图面空白处空间足够，将节点详图和大样布置在主图之外的空白处，也同样起到方便阅读和点缀图面的作用，如图12-2（a）所示。相比之下，一张图纸中只有孤零零的梁、板、柱平面

❶ 汉斯·约纳斯著，《责任原则——论技术文明的伦理》，第121页。

❷ 克劳塞维茨说：艺术既是一种发展了的能力，又是将目的和手段结合起来的创造性活动。

❸ 体现图面的张力。

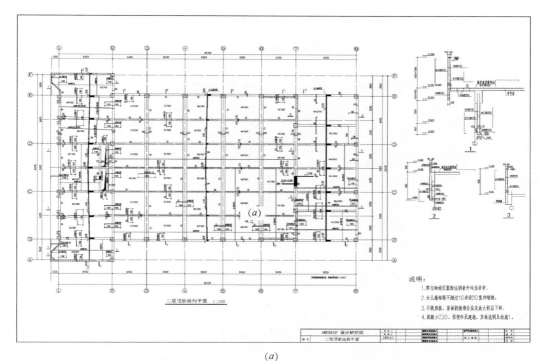

(a)

(b)

图 12-2　不同的图面构成要素组成产生不同的图面效果

（a）平面图、节点详图和文字说明相配合的设计图；

（b）只有平面图的设计图

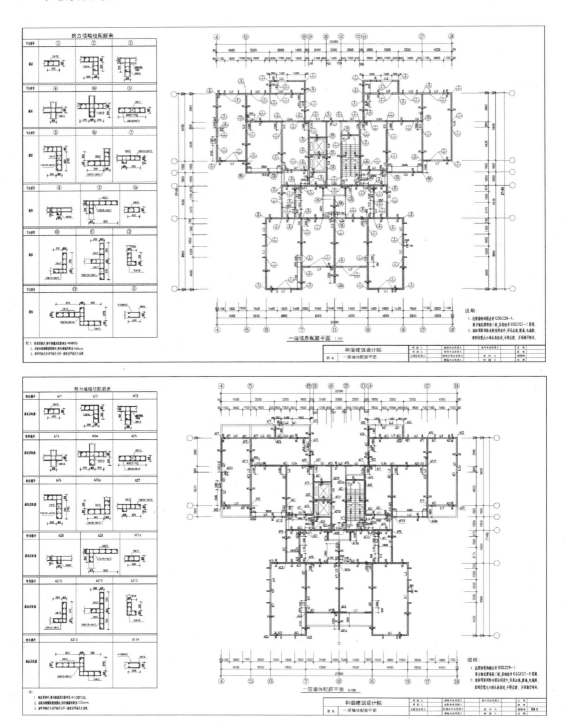

图 12 - 3 标注方式的繁与简产生不同的图面效果

图，既无说明，也无详图，虽然看似简洁，但实际上反而感觉有点呆
板，缺少生气，给人还没有画完的印象，如图 12-2（b）所示。其实，
每一幅图中均有一个气场，气息是否顺畅是图面效果的最重要标志。
传统的中国画，特别是其中的文人画，讲究诗、书、画、印的有机结
合，并且通过在画面上题写诗文跋语，表达画家对社会、人生及艺
术的认识，既起到了深化主题的作用，又是画面的有机组成部分。这一
布图原则和技巧在工程制图上也同样适用。在工程施工图中，图、文
字说明和签字结合起来，不仅是图面美学的需要，而且还有方便阅读
和确认著作权等方面的功能。需要特别说明的是，由于计算机绘图时
制图者只看局部，实际工程中往往出现节点详图和大样比例不当，或
因尺度过大而造成喧宾夺主，或因尺度过小而不可读，设计中应尽量
避免出现这种情况，不能为了点缀而失去图中各要素间的均衡。

此外，图中线条的粗细组合和对比、标注的繁与简等，对图面效
果也产生较大的影响，从图 12-3 中给出剪力墙暗柱常见的两种标注
形式，可以看出两者的图面效果还是有较大的差别，前者圆圈太多，
稍嫌累赘，后者就简洁得多。这方面的内容较多，在此不再细述。

总之，设计表达❶是结构设计者个性和设计风格的集中展现，文字
的凝练和俊爽，图面的均衡、清晰和气息的顺畅，无不展现设计者的
能力、水平、素养和个性。

三、结构设计的艺术特征

在本章第一节中，着重讨论了结构设计的缺憾，这些缺憾主要源自
结构计算的算不准、算不全和算不清，设计理论的半理论半经验性，以
及实际作用的复杂性、不确定性。这些缺憾的出现不完全是结构设计技
术不成熟、科学不发达的表现，而是科学技术普遍具有的内在缺陷的一
种反映。正如丹皮尔·惠商在《科学史》中所指出的："只要我们根据现
代科学哲学清晰地洞察到它的意义，我们就会知道，物理科学按照它固
有的本性和基本的定义来说，只不过是一个抽象的体系，不论它有多么
伟大的和不断增长的力量，它永远不可能反映实在的整体。"因此，仅仅
靠发展和充实结构设计中的科学和技术的内涵与水平，还不足以使结构
设计自身变得完美无缺。工程上处理这些复杂性、模糊性和不确定性的
最有效措施和手段就是哲学和艺术。此外，结构设计的特点、风格等的
表征和判别，也离不开艺术。由此可见，艺术是结构设计的本质内涵，
不仅仅是结构设计科学技术方面缺陷的补充，而是结构设计的有机构成。
黑格尔说："现在艺术品在我们心里所激发起来的，除了直接享受以外，
还有我们的判断，我们把艺术作品的内容和表现手段以及二者的合适和
不合适都加以思考了。所以艺术的科学在今日比往日更加需要，往日单
是艺术本身就完全可以使人满足。今日艺术却邀请我们对它进行思考，

❶ 海德格尔："虽然画家也使用颜料，但他的使用并不消耗颜料，倒是使颜料得以闪耀发光。虽然诗人也使用词语，但他不像通常讲话和书写的人们那样不得不消耗词语，倒不如，词语经由诗人的使用才成为并且保持为词语。"

目的不在把它再现出来，而在用科学的方式去认识它究竟是什么。"❶结构设计的确需要进行"艺术思考"，需要科学与艺术相结合的判断，来认识它的本质、认识它的成就，也认识它的不足和未来。

1. 从"艺术摹仿自然"说起

西晋文学家陆机（261～303 年）在《文赋》中就艺术和现实的关系问题，提出了一个创作本乎自然的命题："遵四时以叹逝，瞻万物而思纷。悲落叶于劲秋，喜柔条于芳春。心懔懔以怀霜，志眇眇而临云。"陆机以其锐敏的洞察力，看到了客观世界是文艺创作最深的根源。就绘画艺术来说，绘画中的可感形象，来自艺术家对于物象的描绘❷。西方传统绘画的基本创作法是"摹仿自然"，具体表现为微观透视和征服对象、再造自然。中国传统绘画的基本创作法则是"心师造化"❸，具体表现为宏观透视、身与物化和因心造境。二者的差异源于中、西方文化基本精神的差异。西方现代绘画的抽象性与中国绘画的写意性有相似之处，但二者仍有着本质的区别。

西方美学史上最早关于艺术的定义恐怕就是摹仿了，艺术对现实的摹仿。"艺术摹仿自然"这个观点是古希腊早期的哲学家研究艺术和美而提出的，是早期文艺思想中的一个重要观点。

首次明确提出"艺术摹仿自然"的哲学家是赫拉克利特（公元前530～前 470 年左右）。赫拉克利特认为艺术的本质就是"摹仿"，他说："最美丽的猴子与人类比起来也是丑陋的"，"最智慧的人和各神比起来，无论在智慧，美丽和其他方面，都像一只猴子"。由此可以看出他认为美和艺术具有相对性，而在这种相对性中，艺术似乎也摹仿了自然。例如，绘画就是白、黑与红黄混合起来，才创造出与自然物一致的作品。赫拉克利特主要是从艺术的角度来说明艺术摹仿自然，认为艺术摹仿自然不是再现现实，而是摹仿自然的生成规律。

第二个从"艺术摹仿自然"的论点出发，探求美和艺术本质的哲学家就是德谟克利特（公元前 460～前 370 年左右）。他说："在许多重要的事情上，我们是摹仿禽兽，做禽兽的小学生。从蜘蛛我们学会了织布和缝补；从燕子学会了造房子；从天鹅和黄莺等歌唱的鸟学会了唱歌。"德谟克利特之"艺术摹仿自然"说更深刻地提出了艺术起源的社会历史条件问题，他的"摹仿"说是根据人的生活需要对被摹仿对象的间接再现，体现出关注"人"的主观能动性特点。

"艺术摹仿自然"中"摹仿"的含义经赫拉克利特与德谟克利特的阐述，已有了极大的转向，那就是由表现性转向模拟性。而使"艺术摹仿自然"这个观点真正丰满起来的是苏格拉底（公元前 469～前 399 年）。苏格拉底认为艺术源于自然，摹仿美的形象和性格，摹仿生活。这种摹仿论在西方美学史上是第一次出现，它对希腊美学和以后的美学产生

❷ 德国文艺复兴画家丢勒："艺术存在于自然中，谁能把它从中取出，谁就拥有了艺术。"（海德格尔，《林中路》，第 54 页）

❸ 唐朝张璪提出"外师造化，中得心源"说；清朝戴醇士："吾心即造化耳"；石涛说："造化即吾心，吾心即造化"。

了重大的影响。苏格拉底的艺术摹仿生活理论的理解可以分为四个层次：

第一层，艺术摹仿生活应当逼真。雕塑家在创作赛跑者、摔跤者、练拳者、比武者时，摹仿活人身体的各部分俯仰、屈伸、紧张这些姿势，从而使人物形象更真实。

第二层，艺术摹仿生活而高于生活，艺术摹仿包括提炼、概括的典型化过程。苏格拉底问画家巴拉苏斯："如果你想画出美的形象，而很难找到一个人全体各部分都很美，你是否从许多人中选择，把每个人最美的部分集中起来，使全体中的每一部分都美呢？"巴拉苏丝的回答是肯定的，从中可以看出早期典型化理论的萌芽。

第三层，艺术摹仿现实不仅要做到形似，而且要做到神似。苏格拉底认为摹仿的精华是通过神色、面容和姿态特别是眼睛描绘心境、情感、心理活动和精神方面的特质。他强调画家和雕刻家要把人物高兴与忧伤、高尚与下贱、慷慨与鄙吝、谦虚与骄傲、聪慧与愚蠢的"心境"与感情恰当地表现在他的"神色与姿态"上，让他就像活的一样。

第四层，艺术只要成功的摹仿了现实，不管他摹仿的是正面的，还是反面的生活现象，它都能引起审美享受。"各种活动中的情感"也包括仇恨、威胁等情感。由艺术摹仿所引起的审美快感与摹仿对象无关。他对巴拉苏丝的提问："哪种画看起来使人更愉悦呢？一种画的是美的、善的、可爱的性格，另一种画的是丑的、恶的和可憎的性格？"这个提问隐隐约约地表明，艺术带来的审美享受与艺术描绘的对象的美和善有关。

经过这三位哲学家从不同角度、用不同方式对"艺术摹仿自然"理论的研究，"艺术摹仿自然"理论终趋成熟，并对后世产生了深远的影响。

对于"艺术摹仿自然"说，黑格尔作了深刻的分析，他认为："如果我们不承认艺术有一个客观的原则，如果美仍然要借个人主观趣味来决定，我们不久就会发现，即使从艺术本身来看，摹仿自然虽然像是一个普遍的原则而且是许多伟大权威人士拥护的原则，却至少是不能就它的这样一般的完全抽象的形式来接受的。因为我们如果看一看各门艺术，我们就会发现绘画和雕刻所表现的对象虽然象是逼肖自然的或是基本上是从自然假借来的，而建筑（这也属于美的艺术）和诗却都很难看作自然的摹仿，因为这两种艺术都不限于单纯的描写。无论如何，如果我们坚持这个摹仿观点也适用于建筑和诗，我们就势必绕些大弯路，替这个原则定出各色各样的条件，说在某些条件下它才适用，于是所谓摹仿的真实就至少要变成或然的。……尽管自然现实的外在形态也是艺术的一个基本因素，我们却仍不能把逼肖自然作为艺术的标准，也不能把对外在现象的单纯摹仿作为艺术的目的。"❶ 就本质来说，建筑设计不是纯粹地摹仿自然，结构设计也与"艺术摹仿自然"学说不存在必然的联系，但"艺术摹仿自然"学说对建筑设计和结构设计均有实际指导意义。

❶《美学》第一卷，第 56～57 页。

　　对建筑设计来说，其天赋使命就是创作出具有自己特色的作品。在当今计算机制图技术迅速发展的年代，设计普遍充斥我们的生活，但在艺术类设计中有一种借鉴，那就是对优秀艺术设计作品的"仿真"（simulation，又译"模拟"），艺术家将已经是文化产物的现成品如摄影图片、广告形象、电视、电脑画面、历史图像等当做自然来加以模仿、凑合，旨在模拟不曾发生过、并不存在的但看起来比真实还要真实的一个虚构世界。鲍德里亚（Jean Baudrillard）在《完美的罪行》中将此称为"超真实"（hyperreality）。他说："现在的问题不再是摹仿自然，也不是如何复制或抄袭现成品，而是如何用'真的'符号去取代真实事物。"这种"仿真"时代的真正危机，正是它作为一种表征形式，在摹仿的同时有一定改动的抄袭，在模棱两可之间摹仿，是是而非地表现在一些创作作品上，模糊了真实世界的存在与虚构世界的界限❶。卡西尔说："如果摹仿是艺术的真正目的，那么显而易见，艺术家的自觉性和创造力就是一种干扰性的因素而不是一种建设性因素：它歪曲事物的样子而不是根据事物的真实性质去描绘它们。"❷

　　对于艺术的真实性问题，黑格尔作了深刻的分析，他说："按照艺术的形式来说，艺术不免要局限于某一种确定的内容。只有一定范围和一定程度的真实才能体现于艺术作品；这种真实要成为艺术的真正内容，就必须依它本有的定性转化为感性的东西，使这感性的东西能恰好适合它自己，例如希腊的神就是这样。此外，对真实还有一种较深刻的了解，在这种了解中，真实对感性的东西就不再那样亲善，不再能被这种感性的材料很适合地容纳进去并且表现出来。"❸在当下技术主义全面统治的"世界黑夜的贫困时代"（海德格尔语），建筑创作也受到"仿真"时代艺术环境的巨大影响，千城一面，似曾相识的建筑比比皆是，不少亮丽的建筑尽管豪华，但没有特色和个性，"仿真"的痕迹明显。黑格尔在《美学》中说的一段话似乎直接就是为这种现象作注解的，他说："人们也可以把现时代的困难归咎于社会政治生活中的繁复情境，说这种情境使人斤斤计较琐屑利益，不能把自己解放出来，去追求艺术的较崇高目的，连理智本身也随着科学只服务于这种需要和琐屑利益，被迫流放到这种干枯空洞的境地……因此，我们现时代的一般情况是不利于艺术的。至于实践的艺术家本身，不仅由于感染了他周围盛行的思考风气，就是爱对艺术进行思考判断的那种普遍的习惯，而被引入歧途，自己也把更多的抽象思想放入作品里，而且当代整个精神文化的性质使得他既处在这样偏重理智的世界和生活情境里，就无法通过意志和决心把自己解脱出来，或是借助于特殊的教育，或是脱离日常生活情境，去获得另一种生活情境，一种可以弥补损失的孤独。从这一切方面看，就它的最高的职能来说，艺术对于

❶ 用鲍德里亚的话来说，现代技术的完美已经到了这样的程度，使得我们再也看不见实在（reality），不知道实在为何物了。而原来我们基于经验所形成的对世界的看法和观点，却都是对"世界根本性的幻觉"。

❷ 恩斯特·卡西尔，《艺术在文化哲学中的地位》。

❸ 《美学》第一卷，第13页。

我们现代人已是过去的事了。因此，它也已丧失了真正的真实和生命，已不复能维持它从前的在现实中的必需和崇高地位，毋宁说，它已转移到我们的观念世界里去了。"● 然而当今的建筑设计的确需要展现它的"真实"和个性。林语堂说："在艺术作品中，最富有意义的部分即技巧以外的个性"。"美的对象之所以是真实的，只是由于它的确定形式的客观存在与它的真正本质和概念之间见出固有的统一与协调。"● 国外有一种理论叫"即非理论"，指的是当以一种概念把握某种实体时，该实体便会立即变成非实体。例如，你在某项比赛中获得了冠军，但这个冠军只是属于这次的，而非永远实体的，你欲要保持这个纪录，只有确立更高的目标，才不会被后来者超过。这一理论对于建筑创作很有借鉴意义，一种建筑模式一旦被公认它便会立即变成"非实体"，留给摹仿者借鉴、拼凑和修改的余地并不多。黑格尔说："有人可能设想：画家应该在现实中的最好的形式中东挑一点，西挑一点，来把它们拼凑在一起，或是在铜盘或木刻上找些面貌姿势等等作为表现他的内容的适当形式。但是艺术的要务并不止于这种收集和挑选，艺术家必须是创造者，他必须在他的想象里把感发他的那种意蕴，对适当形式的知识，以及他的深刻的感觉和基本的情感都熔于一炉，从这里塑造他所要塑造的形象。"● 黑格尔这里所说的是绘画，但对建筑创造也同样适用。在当今电脑普及的时代，建筑创作要告别电脑制作，回到手工画图是不现实的。王国维说："纳兰容若● 以自然之眼观物，以自然之舌言情。此由初入中原，未染汉人风气，故能真切如此。北宋以来，一人而已。"● 说明一个人要摆脱时代风气对他潜移默化的影响是很难的。但作为一项创造性活动，建筑创作可以告别电脑的简单复制、拼凑和修改，回到创作的源头，就像达·芬奇所说的，"在源头汲水，而不是去水罐汲水"，通过属于建筑的"自然"● 而不是"真的符号"走向现实。

对结构设计来说，"艺术摹仿自然"学说有两层指导意义。一层是在尊重自然的同时，结构设计也要向自然学习。康德说："想象力（作为创造性的认识功能）有强大的力量，去根据自然现实所提供的材料，创造出仿佛是一种第二自然即超自然的东西。"蜘蛛结网、燕子衔泥筑巢等一直是结构工程师学习和摹仿的对象，现代空间结构的建设水平还远远没有达到蜘蛛和燕子的水平，仿生学在结构设计领域还有广阔天地。另一层是借助于"艺术摹仿自然"理论，处理结构设计与建筑设计之间的关系问题，详见下述分析。

2. 结构专业与建筑专业的关系问题

结构设计是建筑造型艺术的有机组成部分，结构设计如何适应建筑造型艺术的需要是一个很复杂的问题，也是结构设计艺术性最直接的表现。这可以从亚里士多德提出的"艺术摹仿自然"的三种方式中得到启发。

● 《美学》第一卷，第 14~15 页。

● 《美学》第一卷，第 147 页。

● 《美学》第一卷，第 222 页。

● 清代诗人纳兰性德（1655~1685 年）。

● 《人间词话》五二。

● 按文艺复兴时期的建筑理论家帕拉第奥的观点就是真、善、美的统一，即理性、简洁和古典。

在"艺术摹仿自然"问题上，亚里士多德从普遍与特殊的辩证之中，揭示出自然事物的现象和本质的统一关系，肯定艺术摹仿自然的真实性再现。他列举了三种摹仿方式：①照自然事物本来的样子去摹仿；②照自然事物为人们所说的样子去摹仿；③照自然事物应当有的样子去摹仿。也就是"本然"、"可然"与"应然"三种方式。亚里士多德更倾向于摹仿自然事物的"应然"。

我们常说结构设计应服从建筑，这种"服从"对应于上述艺术与自然的关系，也有"本然"、"可然"与"应然"的三种方式：①按照结构受力和经济性的本真要求设计建筑平面、立面和剖面，即"本然"，是建筑遵从结构；②按照建筑方案中的平面、立面和剖面去布置结构体系，以及依据程序计算结果和规范条文所说的样子去设计结构，即"可然"，是结构服从建筑，以及结构设计遵从规范；③照结构应当有的样子去设计结构，也就是"应然"。其中，"本然"是一种理想的自然状态；"可然"是目前结构设计事务的经常状态，目前许多结构设计就是这种模式；"应然"是我们应当追求的最佳状态。从这个角度可以看出，目前的结构设计还有很大的改进和发展空间。

（1）建筑遵从结构的"本然"状态。"艺术永远是人对自然的第一声回答"，建筑艺术的个性有很多种表现，其中与结构有机结合是其常见的一种表现形式（见图12-4）。在这种关系下，建筑即是结构❶，结构也自然就是建筑，是属于建筑与结构之间"本然"的那种关系。但如果建筑与结构之间都是这种关系，那么建筑与结构就自然合二为一了，就没必要区分建筑和结构两个专业，这就是现代建筑技术产生以前，工匠们建造房屋时，不分建筑和结构专业的那种"本然"状态。

❶ 赖特说："建筑是用结构表达思想的科学性的艺术。"正是以此理念为指导才诞生了他的不朽的"有机"经典——流水别墅。

图 12-4　结构自身与造型艺术的有机统一

在西方古典建筑时期，具有时代标杆意义的建筑都有其结构技术背景，结构形式成就了建筑动人的体量与空间。例如，万神庙采用空间环向拱结构，半圆形穹顶横跨中央内殿，并在穹顶中央开设直径8.9m的采光圆窗。整个结构单一又纯练，封闭而又统一，内部空间庄严肃穆，明朗和谐。圣索非亚教堂是拜占庭时期最辉煌的建筑，通过帆拱和穹顶的组合，获得水平伸展、复合式的空间。在穹顶设有40根拱肋作为骨架传力，在拱肋间开设40个窗洞。太阳光线透过窗洞弥漫开来，拱肋淡化在弥漫的光线中，穹顶显得轻巧剔透。而哥特式教堂的尖肋拱和飞扶壁，将结构和建筑艺术完美地结合起来，获得凌空腾跃的空灵形象，结构直接构成了建筑的特殊形态，并具有精神层面的意义[143]。黑格尔对哥特式教堂的特点作了详细的描述："尖顶一般是高惕式❶建筑的一个基本形式，所以在教寺内部，它采取了尖拱形这个特殊的形式。主要的结果是柱子获得了一种完全和原来不同的职能和形状。宽广的高惕式教寺为要有完全的围绕遮蔽，就要有一个屋顶，而这个屋顶由于建筑物的宽广，就有很重的压力，也就必然要在下面立支撑的东西。所以柱子在这里好像也有它们的正当功用。但是因为耸立上腾的姿态正是要把支持转化为具有自由上升的外貌，柱子在高惕式建筑里就不能按照古典型建筑的柱子的意义来运用。它们变成了方柱，所支撑的不是横梁而是拱，而且支撑的方式须显得拱仿佛就是方柱的继续，而左右两股仿佛无意地在上面相交于一点，成为尖顶。……还有一层，努力向上飞腾既然是高惕式建筑的基本性格，方柱的高度大于下部粗度的倍数就不是能用眼睛测定的。方柱变成细瘦苗条，高到一眼不能看遍，眼睛就势必向上转动，左右巡视，一直等到看到两股拱相交形成微微倾斜的拱顶，才安息下来，就像心灵在虔诚的修持中起先动荡不宁，然后超脱有限世界的纷纭扰攘，把自己提升到神那里，才得到安息。……这类建筑内部是由一系列封闭起来的阴暗的空间单位使它和外在自然隔开来的，它既是精雕细凿地造成的，而又崇高雄伟，表示出努力向上高举的精神。……没有哪一种建筑能象高惕式建筑这样，一方面把巨大笨重的石堆牢固地结合在一起，而另一方面又完全保持住轻盈秀美的印象。"❷

这种"本然"状态还表现在对于装修、装饰的极简主义风格上。国外有学者旗帜鲜明地提出"装修就是罪过"的主张，极力反对装修。作家和美术评论家约翰·罗斯金（John Ruskin）在《威尼斯之石》（*The Stones of Venice*）一书中，提出所有的建筑装饰都应该表现出自然。这些观点，未免有点"矫枉过正"，但确实有利于矫正奢华和过度的装修，这不仅在经济上，而且是在节能环保上，都有现实意义。据有关资料，我国仅墙体抹灰一项，每年要消耗约1亿吨水泥。过度装

❶ 即哥特式。

❷ 《美学》第三卷上册，第 92～100 页。

修，还造成室内空气质量的劣化，大量甲醛等对人体有害的气体长期滞留室内，伤害居住者的身体健康。

（2）结构服从建筑的"可然"状态。结构设计"服从"建筑方案是现代建筑业发展的一种必然趋势和要求，因为现代结构设计计算技术和工程施工技术的发展为建筑造型艺术的多样性提供了有力的技术支撑，建造奇形怪状的建筑不存在技术上的障碍，要求建筑师设计"四平八稳"的建筑是不现实的。结构设计在造型艺术的塑造上主要体现在建筑物的内在结构与建筑造型艺术不发生冲突，不能因为结构局限而牺牲建筑造型和使用功能，即使是结构设计费点事、结构布局不尽合理、结构造价有所增加，也在所不惜，因而结构设计往往是服务型的、被动的、将就的，对建筑方案的干预与修改比较少。这是当今设计实践中比较盛行的一种模式，其本质特征是结构设计以建筑方案为依据、以设计规范为准绳。这种模式有助于建筑设计的繁荣，然而在这种氛围下，无形中却催生了建设"新、奇、特"建筑的盛行。一些地方对密切关系百姓利益的市政公用设施建设、中低收入家庭住房问题、居住环境问题重视不够，不讲投资效益建设行政中心、豪华办公楼等"形象工程"、"政绩工程"。

对于"新、奇、特"建筑，国内外学者存在不同见解。美国建筑师查德·迈耶（Richard Meier）说[133]："形式的概念不是先天就反社会。实际上，只有形式的概念才能将建筑从普通的房子中提升起来，并且使它成为一个文明的产物（不管人们是否喜欢）——一件艺术品。"

面对记者的采访，两院院士吴良镛痛陈当前有些城市呈现出不健康的规划格局：好的拆了，烂的更烂，古城毁损，新的凌乱。他愤慨不少地方因为片面追求特色，使得一幢幢不讲究工程、不讲究结构、不讲究文化的"标志性"建筑拔地而起。这些"巨型结构的游戏"全然抛却建筑适用、经济的基本原则，追求"前所未有"的形式。他掷地有声地诘问："试问，如果东倒西歪、歪七斜八也算是一种美，那么震后的汶川不成了美的源泉？"

针对我国工程建设领域片面追求"新、奇、特"的状况，《建筑结构学报》2004年第6期发表由5位院士及35位国内知名结构专家共同署名的题为《强调科学发展观，重申我国基本建设方针，建立科学的建筑方案评审指标体系——〈建筑结构学报〉编委会专家的倡议》的文章，指出："在我国建设事业快速发展的同时，我们必须充分正视一些地方和一些工程项目中严重存在的非理性和有悖于科学发展观的种种倾向。……作为业内人士，我们对近期有关专家针对一些地方和一些项目'崇洋奢华'倾向所提出的批评意见感同身受，非常赞赏。而作为工程结构专业的技术人员，我们又不想过多加以评论，仅从专业角度分析其中的四个原因：第一个原因是某些建筑方案设计者结构设计概念淡薄。由于许多国家和地区是非地震区域，其建筑师抗震设计概念淡薄，经验不足，故建筑方案对抗震考虑不周，建筑体形、平面、立面随意发挥。而在评标过程中，一方面受到评标专家的限制（我们强烈要求，今后在重要建筑方案评审专家组中一定要有一定比例的结构、机电、经济等方面的专家，提倡各类专业共同分担负责）；另一方面受一些业主'崇洋奢华'思想的影响，往往被选中的建筑方案一般均未慎重考虑抗震性能。……第二个原因是某些业主特别是一些政府项目业主片面追求'新、奇、特'思想作祟。目前一些业主不把建筑的使用功能、内在品质、节能环保及经济实用性作为建筑追求的目标，而把'新、奇、特'的'视觉冲击'作为片面追求的目标，并且日甚一日，使近几年建筑界形成一股'克隆'风，似乎方案越怪诞，越夸张，越离奇，就越有可能在方案竞标中中标。难怪国外媒体讥讽我们的某些项目是世界建筑师的'实验场'。'实验场'的高昂代价是：牺牲功能，施工难度大，大量消耗建筑材料和能源，建筑价格大幅上升，维修成本加大，不利于可持续发展等。……有些项目的平面不规则、竖向不规则，多由'新、奇、特'所致，这也是超限建筑产生的又一主要原因。如某电视中心工程，外立面甚至达到6°倾斜，顶部超大悬臂，令全世界专业人士惊愕，是平面不规则、竖向不规则的典型代表。该工程为使结构水平位移、悬臂端竖向位移、楼层竖向构件最大弹性水平位移和层间位移等能够满足规范要求，其用钢量比规则结构增加25％以上，外围护结构构件种类增加，异型节点增多，非标构件繁杂，加工和施工难度增大等，其造价比规则结构大幅度增加。第三个原因是少数中标建筑师的固执。……第四个原因是某些项目结构工程师设计经验不足。……鉴于上述原因，从专业的角度，我们认为：1. 建筑方案要与经济基础相适应。我国总体来说还是一个发展中国家，财力有限，要办的事情很多，以人为本、经济适用、兼顾美观仍然是建筑方案设计的基本要求。2. 建筑方案设计要与自然环境相适应……在地震区域不考虑抗震的建筑方案是不合理和不完善的方案。3. 建筑方案设计要以节能环保、可持续发展思想为指导。……作为专业人员，我们一直在深入思考造成非理性倾向的深层次原因。我们认为，其根本原因就是在于主导思想违背了科学发展观，因此在方案决策体制上有必要重新强调我国基本建设的指导方针。鉴于此，与会专家一致强烈呼吁，应充分正视一些地方和一些项目非理性倾向的危害，坚持科学发展观，重新强调我国基本建设的指导方针，建立科学的建筑方案评价指标体系，促进我国建设事业健康、协调地可持续发展。"

林徽因认为[110]："建筑艺术是在极酷刻的物理限制之下，老实的创作。人类由使两根直柱架一根横楣，而能稳立在地平上起，至建成重楼层塔一类作品，其间辛苦艰难的展进，一部分是工程科学的进境，一部分是美术思想的活动和增富。这两方面是在建筑进步的一个总题之下，同行并进的。虽然美术思想这边，常常背叛他们共同的目标——创造好建筑——脱逾常轨，尽它弄巧的能事，引诱工程方面牺牲结构上诚实原则，来将就外表取巧的地方。在这种情形之下时，建筑本身常被连累，损伤了真的价值。"

因此，从根本上说，"新、奇、特"建筑的出现涉及的是如何认识建筑自由创作的问题。康德虽然把自由看作艺术的精髓，却也不把自由看成毫无拘束。康德认为，在一切自由的艺术里，某些强迫性的东西，即一般所谓"机械"（套规），仍是必要的（例如须有正确的丰富的语言和音律），否则心灵（在艺术里必须自由的，只有心灵才赋予作品以生命）就会没有形体，以致消失于无形。在艺术里自由须与必然统一，艺术虽有别于自然，却仍须妙肖自然，不要露出循规蹈矩，矫揉造作的痕迹："自然只有在貌似艺术时才显得美，艺术也只有使人知其为艺术而又貌似自然时才显得美"，自然貌似艺术，就是见出艺术的自由；艺术貌似自然，就是见出自然的必然。不单是艺术摹仿自然，自然也摹仿艺术；艺术向自然摹仿的是它的必然规律，自然向艺术摹仿的是它的自由和目的性。

康德关于艺术与自然关系的看法为我们认识和把握建筑自由创作的规律，提供了哲学和美学上的理论基础。根据这一原理，我们可以说建筑创作"摹仿"或"遵从"结构体系的需要是它的必然规律，因为只有当相应的结构方案成立时，建筑方案才能得以最终"实现"，否则建筑方案还只是一个设想而已；而结构"服从"建筑创作则是它的自由和目的性。这种"自由"是指对结构体系的适应性，也就是说能够从结构体系组成要素中，选取出其中的某些要素进行组合，并从中设计出最适合建筑方案的、经济合理的结构体系。

黑格尔说："人们往往把任性也叫做自由，但是任性只是非理性的自由，任性的选择和自决都不是出于意志的理性，而是出于偶然的动机以及这种动机对感性外在世界的依赖。"[1]因此，违背结构体系的"硬做"就不是自由[2]，也不符合建造的目的性。

"新、奇、特"建筑的出现是"科技异化"的一种表现。"科技异化"，最直白、最直观的界定，是指科学技术的发展破坏了"科技至真本性"，使得科学技术脱离了其本性。人们通常认为，科学技术是中性的工具，即它是价值中立的。随着科技的发展，科技中性论受到了挑战，科技不仅仅是一种中性的工具和手段，它负载着特定社会中人的价值。就科技的自然属性而言，它是人类认识世界和改造世界的知识体系，它的基本内容是客观的，是不以人的价值观念为转移的，就此而言它是中性的。但就科技的社会属性而言，它不仅是一种知识体系，

[1] 《美学》第一卷，第 126 页。

[2] 恩格斯："自由不在于幻想中摆脱自然规律而独立，而在于认识这些规律，从而能够有计划地使自然规律为一定的目的服务。"（《马克思恩格斯选集》第 3 卷，第 153 页）

还是人类的一种有目的的活动、一种社会建制，它必然要受到社会经济、政治、意识形态等诸多因素的影响，它不应该是也不可能是中性的。从马克思主义观点看，异化作为社会现象同阶级一起产生，是人的物质生产与精神生产及其产品变成异己力量，反过来统治人的一种社会现象。在异化活动中，人的能动性丧失了，遭到异己的物质力量或精神力量的奴役，从而使人的个性不能全面发展，只能片面发展，甚至畸形发展。"新、奇、特"建筑之所以能够建成，得益于现代计算技术，而现代计算技术的发展却促成了建筑造型艺术向畸形的方向发展，成为一种典型的、受技术奴役的"异化"现象。

我国"适用、经济，在可能的条件下注意美观"的建设方针，已经指导着我们进行了几十年的建筑设计。无论是在一穷二白的基础上建设社会主义的过程中，还是在改革开放奔小康的建设大潮中，这一方针客观地把握了建设的本质要素，表达出人们对于建筑的基本需求，体现了建筑创作的基本原则。继续强调适用、经济的建设方针不是摒弃发展，更不是束缚创新。建筑创新是摆在任何时代建筑师面前的共同课题，提倡建筑创新是推动建筑设计行业不断发展进取的原动力，没有创新就没有发展，也就无法适应变化的时代和多样的需求。问题的关键不是是否需要创新，而是如何创新，怎样才是好的创新，说到底是如何定位创新的价值观、创作观的问题。

因此，建筑工程的建设，应当在充分满足功能和讲究经济效益的前提下，注意形象设计，做到"适用、经济、美观"相结合。不能离开功能、适用、经济去片面追求城市形象，否则，就会堕入形式主义，造成浪费。特别是对于政府投资的大型公共建筑，更应该强调"适用、经济、美观"的建筑方针，为社会树立典范，作出贡献。

（3）结构设计的"应然"状态。结构与建筑造型艺术之间既是有差异的、不一致的，又在一定程度上是统一的。建筑造型是指用美学的基本原理对建筑进行形态塑造，构筑空间的三维物质实体的组合。建筑造型艺术有自己的形式美法则。这些法则就是为了使建筑具有整体的美感，同时又具有多样化与秩序性。相似、变形、对比和均衡是常用的基本手法❶。

相似是指物体的整体与整体、整体与局部、局部与局部之间存在着共通的因素。相似是形成整体感的重要条件。

变形是对基本造型要素作形态上的变化。在建筑造型中变形表现为许多方面，如变尺度、变形状、变位置、变角度、变虚实和变高度等。

在建筑设计中需要运用对比以克服单调。建筑造型的对比常指大小、高低、横竖、曲直、凹凸、虚实、明暗、繁简、粗细、轻重、软硬、疏密、具象与抽象、自然与人工、对称与非对称以及形状、方向、

❶ "对一个伟大的画家，一个伟大的音乐家，或一个伟大的诗人来说，色彩、线条、韵律和词语不只是他技术手段的一个部分，它们是创造过程本身的必要要素。"（卡西尔，《艺术在文化哲学中的地位》）

色彩、材料的质感与肌理、光影等。

均衡是处理建筑造型视觉平衡感的手段。体量、数量、位置和距离的协调安排是形成均衡的基本方法。对称均衡与非对称均衡是建筑造型中的两种相互补充的组合方式。对称的形式具有安定感、统一感和静态感，可以用于突出主体、加强重点、给人以庄重或宁静的感觉，非对称均衡是利用形和位置的不对称关系造成空间的不同强弱。

变化与统一、均衡与稳定、比例与尺度、节奏与韵律等均可以在符合力学原理及结构体系构成规律的前提下展开。其实，在受力与美观之间存在内在联系。大体来说，不美观的实体其受力性能往往就是不好的，而外观很漂亮的实体虽然不一定受力性能就必然是好的，但只要具备一定的条件，它往往就是受力性能良好的。在自然景观中，不符合力学原理的都被自然淘汰掉了，自然遗存均体现与力学原理的一致性。在图 12-5 中，砌筑得很顺直、很美观的砖墙同时也是受力性

(a)   *(b)*

图 12-5　实体外观与结构受力性能的直观比较

(a) 外观差的实体结构受力性能差；*(b)* 外观顺眼的实体结构受力性能较好

能很好的墙体。反之，砖砌得很凌乱，横不平、竖不直，不美观的砖墙同时也是受力性能较差的墙体。同样，钢筋绑扎中，粗一看很凌乱的，其结构受力性能肯定是不好的，而看上去很顺眼的，则有可能受力性能是好的（配筋数量上符合设计要求、锚固搭接满足规范要求、原材料符合材料强度标准等），也有可能受力性能不是很好的（材质较次、锚固搭接长度不够、钢筋间距过大等）。建筑立面造型也同样，简单地说立面不好看的，结构受力性能尤其是抗震性能肯定不好，而立面"好看"的，只要按规范要求作了正规设计的，其结构受力性能尤其是抗震性能往往就是好的。对这种现象，以"艺术摹仿自然"学说作为自己艺术创作和审美构思的行动纲领的达·芬奇作了深刻的分析，他认为[129]：由于整个自然领域都受到数量关系的支配（源自古希腊毕达哥拉斯学派的学说），世界就是一个合理的数学关系，因此艺术地再现自然也必须以这种数学关系为基础，数学关系的和谐统一是"美"的基本条件，而数学的规范性则构成了艺术表现所必须遵从的基本守则。不过，达·芬奇并没有将数学研究与艺术研究简单地画上等号。在他看来，数学研究事物的量，艺术研究事物的质，而事物的质等于"自然创造物的美和世界的装饰"。作为一名科学家，他尝试用数学方法去揭示自然的数量规律；作为艺术家，他又竭力用艺术的眼光去研究自然的质的形态。最终，他发现了质与量之间存在的某种"交集"——比例。"比例不仅存在于数和度量中，而且也存在于声音、重量、时间和位置中，也存在于任何力量中，不管它是怎样的。"由于比例几乎存在于自然界所有的形态与规律之中，因此，达·芬奇得出了美也是一种数量比例的结论。然而，并不是任何比例都可以认为是美的，只有那些符合和谐、均衡数学关系的比例才能被认为是美的。达·芬奇认为，"匀称产生了一种和谐"，"美感完全建立在各部分之间的神圣比例关系上，各特征必须同时作用，才能产生使观者如痴如醉的和谐比例"。达·芬奇的这些主张，与现行建筑抗震设计规范对建筑平、立面的"规则性"要求是一致的。同时，达·芬奇又主张"画家与自然竞赛，并胜过自然"。

因此，结构设计的"应然"状态就是结构与建筑的有机统一❶，其本质特征就是结构设计和建筑设计各自主动与对方的协调性、相互之间的有机构成性和包容性。建筑不一定是结构，结构也不一定完全是建筑，但建筑布局和立面造型能符合或蕴含结构体系的受力的基本原理，结构布置也满足建筑造型艺术和使用功能的需要，两者互为表里，相互协调。现代大型公共建筑和高层建筑，大多属于这种情况（见图12-6）。尤其是高层筒体结构、空间网架、网壳结构，将建筑造型和结构受力需要有机地结合起来了。这里的"应然"，既要应结构之

❶ 古人论书法："书之妙道，神采为上，形质次之，兼之者方可绍于古人。"所谓形质，是指书法艺术的基本构成：用笔、结字、章法。神采者，即今之意境，是指以形质为基础的书法作品及书家的审美情趣和审美理想，并能引发欣赏者某种想象和共鸣的情调和境界。

"然"，也要应建筑之"然"。黑格尔说："须认识到个别部门的科学，每一部门的内容既是存在着的对象，同样又是直接地在这内容中向着它的较高圆圈（kreis）［或范围］的过渡。"❶ 因此，无论是建筑设计还是结构设计，如果都能够将自己内部的设计内涵直接过渡到"较高范围"——方案的最终顺利实现上，那么就不存在建筑与结构的矛盾和冲突。黑格尔说："凡必然的事物，都是通过一个他物而存在的，这个他物，则分裂而成为起中介作用的根据（实质和活动），并分裂而成为一个直接的现实性，或一个同时又是条件的偶然事物。必然的事物，既是通过一个他物而存在的东西，故不是自在自为的而是一种单纯设定起来的东西。"❷ 在结构设计阶段，建筑方案的实施，通过"一个他物"即结构设计而存在；而结构设计则"分裂"成起中介作用的根据——结构体系的选择、结构计算、结构构造等，并分裂而成为一个直接的现实性——施工图，这就是一种"应然"状态。

❶《小逻辑》，第60页。

❷《小逻辑》，第312页。

图 12-6　结构与建筑造型有机统一的超高层建筑和空间结构

3. 结构设计的风格和特点上体现艺术特征

衡量结构设计好坏的指标除了技术、经济外，还有结构设计的风格。技术先进、经济合理也可以认作结构设计风格的一个显著特征，但最能体现结构设计特色的还是个性。同样一个建筑方案，不同的设计院、不同的设计者，所采用的结构形式可能不一样，即使结构体系是相同的，但结构布置及构件的尺寸、配筋直至图面表达等，肯定或多或少是有差别的。设计经常遇到的柱网的布置、楼盖设计等均可从细微处体现设计者的个性。这种个性或习惯，科学和技术的指标很难涵盖它的全貌，它直接反映的是设计者的设计风格，如同艺术家的艺术表现，它就是结构设计艺术性的直接表现。

以办公楼为例，一般的办公楼中间为走道，两边为办公室，开间尺寸 3.6～4.2m，则柱网和梁格布置有如图 12-7 所示的 4 种常见的方式。

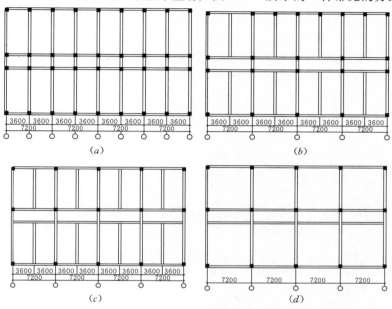

图 12-7 中间走道两边办公室的办公楼的柱网及梁格布置
(*a*) 密柱网 4 排柱；(*b*) 稀疏柱网 4 排柱；
(*c*) 稀疏柱网 3 排柱密梁格；(*d*) 稀疏柱网 3 排柱稀疏梁格

这 4 种柱网及梁格布置形式都是实际工程中常见的，从经济和方便使用上各有利弊。柱网密了，柱子断面尺寸和相应的配筋就小。反之，柱网稀疏，柱子断面尺寸和相应的配筋就大，梁格的布置也同样，梁间距小，楼板厚度就薄些，整体结构刚度就大些，框架结构的层间位移就小些，但梁布置多了，相应的主梁的断面及配筋却不一定就能减小，因为如图 12-7（*c*）所示的梁格布置中，由于次梁位于纵向框架梁的跨中，其纵向框架梁和连续梁的断面尺寸和配筋不一定比图 12-7（*d*）梁格布置中相应的纵向框架梁和连续梁小，这要看具体的计算情况。因此，从技术经济指标来看，这 4 种结构布置中，很难有一个定性的结论认定哪一种是绝对经济的布局，哪一种是绝对浪费的布局。就以图 12-7（*a*）和图 12-7（*b*）两种柱网来说明。图 12-7（*a*）中柱子多，但柱子断面和配筋小；图 12-7（*b*）中柱子少，但柱子断面和配筋相对要大些，而且在抗震设防高烈度区，每个房间内外墙交接处均设置构造柱，如果将框架柱与构造柱加起来，图 12-7（*b*）

中柱的总数实际上与 12 - 7 (a) 中的柱子总数几乎没有多大区别，如果内纵墙与横墙交接处也设构造柱的话，则两者的柱子总数完全相同，只是图 12 - 7 (b) 的柱总数中包含了构造柱。因此，从经济上来说，两者的差别不一定很大，当然仔细计算，两者之间肯定是有差别的，只是这种差别已超出设计者直观的判断。

实际工程中，结构工程师选取结构方案的时候，其决定因素首要的还是习惯，而不是先对几种可能的方案的经济性进行比较，然后根据经济性指标确定结构方案，现在的设计还做不到这么细致。之所以图 12 - 7 中的几种方案均有设计者选用，最有说服力的因素就是体现设计者的风格和个性习惯。不同的柱网和梁格布置所产生的效果是不一样的（见图 12 - 8）。

图 12 - 8　不同的柱网和梁格布置所产生的效果

类似的设计习惯和风格还有梁宽、梁高的选择，伸缩缝的设置，配筋习惯，以及混凝土等级的选取等。如有的工程师习惯于将不规则、小跨度的现浇板按双层双向配筋设计，就是一种风格而且是水平不高的风格体现。选取梁截面时，$250mm \times 600mm$ 与 $300mm \times 600mm$、$350mm \times 800mm$ 与 $400mm \times 800mm$ 之间虽然尺寸不同，但就单个梁来说对整体结构的受力影响很小，梁的配筋也往往不存在明显的区别。选取混凝土等级也同样，对梁和板的配筋来说，选 C25 与选 C30 之间几乎没有区别。在这种情况下，设计者所作出的选择，就无意中体现了他个人的设计风格。这种风格的形成，是理智和经验的体现。黑格尔说："理智和情绪本身都必须经过生活经验和思考的锻炼，经过丰富化和深湛化，然后天才才可以创造出成熟的，内容丰富的，完善的作品。"[●] 结构设计是经验性的，更需要智慧。好的结构设计往往就是经验与智慧的有机结合。古希腊哲学家赫拉克利特说[118]：博学并不能使人智慧。科学是整理过的知识，智慧是整理过的人生。正是在这个意义上，苏格拉底说[118]：一切正义和德行都是智慧。在苏格拉底那里，知识只是告诉我们事物是什么，智慧则指导我们应当如何去做。因为智慧是获取知识的方法，它源于知识，更是对知识的超越。知识能够明白表述，智慧基本隐而不显。知识可以按部就班地由别人给予，智慧却往往来自瞬间的顿悟。智慧包含着对现在和未来的体察，对生命和生活的透视。从结构设计本质上来说，结构设计是需要以智慧的方式来展现设计者的经验和水平。尤其是结构设计总说明，是概括性、准确性、条理性、叙述性和逻辑性的综合体现。所以睿智的结构工程师，往往在实际工程中闪现出灵性和智慧，由于他们的坚持，他们的设计做得越多，就越有信心，个性和风格就越突出，对结构设计的艺术性的理解也就越深刻。艺术使结构设计更加完美[❷]，结构设计使艺术更为丰富。"艺术用感性形式表现最崇高的东西，因此，使这最崇高的东西更接近自然现象，更接近我们的感觉和情感。"[❸]。只有展现结构设计的艺术性，才使结构工程师的思想和情感在得以充分表达的同时得到升华。

❶《美学》第一卷，第 36 页。

❷ 法国批评家加洛狄在《美学与未来的创造》中说："艺术对人来说是一种叫他超越自己的呼唤，一种具有超验性的不断提示。"

❸《美学》第一卷，第 10～11 页。

第十三章
由《安提戈涅》
联想到规范的人为局限性

> 大海拥有海面和海底，因而它成为人类灵魂的最佳隐喻。当它被搅动之际，隐藏在海底的黑暗将涌上海面。
>
> ——《安提戈涅》

三四千年前的古希腊人，在爱琴海诸岛创造了辉煌文明，其哲学、法学、神话文学至今还都是熠熠生辉的明珠。辉煌的戏剧艺术是古希腊文明的杰出代表。欧洲最早有关剧场的确实资料，以及世界上最早的伟大剧本，都来自古希腊。古希腊戏剧的杰出代表作集中于它的悲剧创作。公元前4世纪的亚里士多德说，悲剧是经由狄神颂的引导者发展而出的。古希腊伟大的戏剧家索福克勒斯（Sophocles）是与埃斯库罗斯、欧里庇得斯并称的古希腊三大悲剧家之一。他一生写了130部悲剧，留传至今的完整剧本只有7部。他的《俄狄浦斯王》和《安提戈涅》（Antigone）可以称得上古希腊悲剧中的代表作。

第一节
《安提戈涅》及其自然法精神

自索福克勒斯开始，古希腊戏剧渐进高潮。索福克勒斯鼓吹民主体制，英雄主义是他的基本信条。索福克勒斯着重写"人"，而不是写"神"。他的作品结构复杂，严密又和谐，情节发展扣人心弦。

索福克勒斯最打动读者的剧本首推《安提戈涅》。不仅在艺术感染力上，更重要的是引发人们对人性的一个最本质问题的思考：面对自然律和成文法的矛盾，人应该怎样选择。是按神明赋予的人之为人的自然禀性、伦理道义行事，还是恪守城邦制定的法律？当基于血亲关系的伦理道德与基于社会秩序的法律发生冲突时，我们应当站在哪一方？

该剧描述一个被诅咒的家族的悲剧[78]：俄狄浦斯客死他乡后，他的女儿安提戈涅返回家乡忒拜，不久，俄狄浦斯的次子波吕涅刻斯因长兄厄忒俄克勒斯不守诺言，不肯交出王位轮流执政，于是借岳父的兵力攻打忒拜争夺王位，最终兄弟二人双双战死，他们的舅父克瑞翁继承了王位，并宣布了一道命令：厄忒俄克勒斯维护了整个城邦，因此受到厚葬；而波吕涅刻斯使城邦受到威胁，因此不许任何人埋葬他，要让他暴尸三日，任鹰鹫叼噬他的五脏六腑，让大家看见他被作践得血肉模糊！这是非常残酷的一种惩罚，而且国王克瑞翁还派了士兵守护在尸体的旁边，一旦士兵们发现，有人以任何方式，偷偷地去哀悼他，甚至偷走这个尸体去安葬他，那么士兵们有权利当场用石头把偷盗尸体的人砸死，而且他还宣布，他的这样一个命令，是一道在全国都有效力的国家法令，他要求他的国民、他的臣民，必须严格地遵守这个法令，这是作为一个臣民的义务，谁要是违反禁令，谁就会在大街上被群众用石头砸死。

这时候，有一位美丽的少女——波吕涅刻斯的妹妹安提戈涅，勇敢地只身出宫为哥哥收尸祭奠，尽管她明知违背国王的法令意味着什么。

古希腊人认为，在人间的法律之上，还有天条（神律），神律才是真正至高无上的。他们将埋葬死者视为神圣的义务，特别是死者亲人的义务。死者得不到埋葬，便不能渡过冥间，前往冥土，就无法得到下界鬼魂的尊敬。在这里，埋葬死者就是神圣的天条（神律）。

在这部剧中，安提戈涅一出场就面临着生死抉择：是遵守人间的国王的命令，还是信守神律？遵守国王命令是生，信守神律，等待着她的将是死亡。为了遵守神律，安提戈涅毫不犹豫地选择了死亡之路，不惜牺牲自己的生命以维护天条的神圣地位。剧中当她决定冒死出去埋葬她的哥哥时，曾经和她的小妹伊斯墨涅之间有这样一段对话[77]：

伊斯墨涅："你真的要去埋葬我们的哥哥吗？"

安提戈涅："我要对哥哥尽我的义务，也是替你尽你的义务，我不愿意让人们看到我背弃我的哥哥。"

伊斯墨涅："可是克瑞翁的禁令已经颁布了啊！"

安提戈涅："他没有权力阻止我埋葬我的亲人。"

伊斯墨涅："姐姐啊，现在只剩下我们两个人了，如果我们触犯法律，违抗国王的命令，就将被人们乱石砸死，会死得比哥哥更凄惨。我们处在强权的控制下，只好服从这道命令，甚至更严厉的命令。因此我祈求鬼神原谅我，既然受压迫，我只好服从当权的人。"

安提戈涅："我不求你也这样做，你打算做什么人就做什么人吧，我却要去埋葬哥哥。我遵守神圣的天条而赴死，我将同我们亲爱的哥哥在一起，亲爱的人陪伴着亲爱的人，我将永远躺在那里。至于你，只要你愿意，你就藐视天神，藐视天条吧。"

伊斯墨涅："我并不藐视天条，只是没有力量和城邦对抗。"

安提戈涅："你可以这样推托。不说了，我现在要去埋葬我最亲爱的哥哥！"

于是，安提戈涅从人群中站出来了。她拨开众士兵的阻拦，来到兄长遗体前，跪在哥哥身边，抚摸着他，无助地哭泣着，她大声哭喊，像鸟儿看见窝儿空了，雏儿丢了，在悲痛中发出尖锐的声音。安提戈涅在众目睽睽之下，按照当时的一种宗教安葬仪式，在她哥哥的尸体上边，撒上了三副泥土，以示对她哥哥的安葬和祭奠。

看守尸体的士兵们没有认真地阻止安提戈涅这样做，也没有按照国王指令乱石砸死她，只是职责所在，拘捕了小姑娘，将她带到国王的面前。为什么呢，因为安提戈涅实际上是国王克瑞翁的外甥女，而且安提戈涅这个时候已经和国王的儿子海蒙订了婚，要不然的话，那些士兵们多半会当场砸死安提戈涅。

安提戈涅胆敢藐视人间的法令，"以身试法"，克瑞翁国王自然非常愤怒。剧本是这样描写的[77]：

克瑞翁："承认不承认这件事是你做的？"

安提戈涅："我承认是我做的，并不否认。"

克瑞翁："你知道有禁葬的命令吗？"

安提戈涅："当然知道，怎么会不知道呢？这是公布了的。"

克瑞翁："你敢违背我的法令吗？"

安提戈涅："我敢！你说的话也算是法律吗？宙斯从没有宣布过这样的法律，正义之神也没有制定这样的法令让人们遵守，一个凡人的命令就能废除天神制定的永恒不变的律条吗？它的存在不限于今日和昨日，是永久的！我不会因为害怕别人而违背天条，以致在神面前受到惩罚。我知道我会死的，我遭遇这命运并不感到痛苦，但是，如果哥哥死后得不到埋葬，我却会痛苦到极点！"

在与国王的另一段对话中，安提戈涅清楚地表达了自己的立场[77]：

克瑞翁："你不觉得自己的这种行动可耻吗？"

安提戈涅："尊敬一个同母兄弟，并没有什么可耻。"

克瑞翁："对方（指保卫国家战死的她的另一位兄弟）不也是你的兄弟吗？"

安提戈涅："他是我的同父同母的兄弟。"

克瑞翁："那么你尊敬他的仇人，不就是不尊敬他吗？"

安提戈涅："他不会承认；因为死去的不是他的奴隶，而是他的弟兄。"

克瑞翁："但一个是攻打城邦，一个是保卫城邦。"

安提戈涅："可是冥王哈德斯依然要求举行葬礼。"

克瑞翁："可是好人不愿和坏人平等，享受同样的葬礼。"

安提戈涅："谁知道下界鬼魂会不会认为这件事是可告无罪的？"

克瑞翁："仇人绝不会成为朋友，甚至死后也不会。"

安提戈涅："可是我的天性不喜欢跟着人恨，而喜欢跟着人爱。"

克瑞翁："那么你就到冥土去吧，你要爱就去爱他们。只要我还活着，没有一个女人管得了我。"

可以看出，安提戈涅誓死葬兄的理由是基于为人妹的天赋权利。因为"向我宣布这道法令的不是宙斯，那和下界神明同住的正义之神也没有为凡人制定这样的法令；我不认为一个凡人下一道命令就能废除天神制定的永恒不变的不成文律条"❶为葬兄而死，为遵守神圣的天条而获罪于法令，"是件光荣的事"，死得其所❷。

这可以理解成以自然人权挑战成文法的一个典型案例。表明索福克勒斯生活的公元前 5 世纪前后，古希腊城邦制度已明显从古老的宗族血亲制度中剥离出来，两者不时发生激烈冲突。当时希腊社会思想的一个焦点问题就是 Nomos (name) 和 Phusia (nature) 之争。一派支持成文法，认为城邦法律是人定的行为规则，是一种"命名" (nomos)。一派认为人性道义、传统习俗源于神权、秉承神性，反映了神圣的实体，具有永恒必然性 (phusia)。索福克勒斯本人显然站在维护自然法或不成文法的立场上，他笔下的安提戈涅立足人伦、以身殉道、头撞"命名" (nomos)。

以后的剧情是这样的[78]：安提戈涅的未婚夫海蒙劝告父亲要倾听民众的声音，放了安提戈涅，但克瑞翁不为所动，下令将她囚禁在墓室里。在"忒拜城的先知"忒瑞西阿斯和由忒拜城长老十五人组成的"歌队"的劝说之下，克瑞翁国王终于觉醒，决定"先葬尸体，后赦死囚"。可惜悲剧已经发生，克瑞翁悔悟后，前去释放安提戈涅，但为时已晚，安提戈涅已自缢身死。海蒙在墓室里看见父亲，拔剑想要杀他，但没有刺中，于是殉情而死。克瑞翁的妻子听到儿子的死讯后，也自杀而死。克瑞翁追悔莫及，这位终于良心发现的君主不得不懊悔而孤独地活在世上……

黑格尔说："兄弟与姐妹之间的关系，是一种彼此毫无混淆的关系。他们同出于一个血缘，而这同一血缘在他们双方却达到了安静和平衡。因此，他们并不像夫妻那样互相欲求，他们的这种自为存在既不是由一方给予另一方的，也不是一方得之于另一方的，他们彼此各是一个自由的个体性……弟兄，对姐妹说来，则是一种宁静的等同的一般本质，姐妹对它们的承认是纯粹伦理的，不混杂有自然的（快感的）关系……所以弟兄的丧亡，对于姐妹来说是无可弥补的损失，而姐妹对弟兄的义务乃是最高的义务。"❸周作人认为"安提戈涅之抗命收葬，则纯由天性，发乎自然；殉其义分，而不能自明其理所在；知生之可乐，而终甘就死，又复不自觉其死之可荣"❹。这一段评论可谓经典。确实，安提戈涅以遵循神律的名义而决定安葬哥哥，但她不自觉自己的行为是一种天性，这更多地是她心中亲情的驱使，是遵从她的良心的一种自然的行为，但同时也是对无理的法律的一种正义抗争；

❶ 见文献 [77]，第 308 页。

❷ 见文献 [77]，第 298 页。

❸ [德]黑格尔，《精神现象学》（下卷），贺麟、王玖兴译，商务印书馆，1979 年版，第 17～18 页。

❹ 周作人，《欧洲文学史》，河北教育出版社，第 25 页。

她只知道自己遵守了神律，却因违犯城邦的法律而受到不公正的惩罚，悲叹自己虔敬的行为得到了不虔敬的罪名，却不明白自己被判处死刑是光荣的、高尚的，那是对正义、对亲情的捍卫，对无理的法律的反抗，不明白在其他人慑于克瑞翁的权力而不敢出声的情况下，自己敢于站出来反抗这一违反常人感情的法律，确是勇敢而光荣的，不愧为古希腊人的典范；但她自己却没有发觉这一点。这让她的死，更加蒙上一层庄严与哀愁。

安提戈涅的死是一个悲剧，因为她不该死。事实上她并没有做错什么，而且她的勇敢、反抗，都是难能可贵的。但安提戈涅的命运悲剧无法避免，而她的死，是对无理法律的反抗，是对专制国王的控诉，这就是《安提戈涅》的不朽之处。

这部古希腊悲剧的故事情节并不复杂，但通篇渗透着对情理与法理、治权与民意的思考，深刻隽永，耐人寻味。安提戈涅的悲剧性在于她敢于藐视非法、挑战权威的那种悲壮和惨烈。她留给世人一个没有定论的悬案[78]：法律是什么？当法律涉及人的基本权利时，当城邦的律令或统治者的意志与当世所公认的"神律"之间发生冲突时，当人们面对着服从"神律"还是服从现存的律令的两难选择时，正义站在哪一边？

安提戈涅给出的答案其实很简单[78]：人间的法律必须符合"神律"，而神律就是天性和公理。她将国王的法令与"神律"、"天理良心"区别开来，告诉人们，国王制定的法律如果违反天性和公理，它就是恶法，甚至连恶法都算不上，而伤天害理的恶法，人民没有必要去服从。

在安提戈涅看来，死，已经是对人的最大的惩罚。克瑞翁让波吕涅刻斯暴尸荒野，不许收尸，就是违反了神律，也就是违反了人们公认的"天理良心"。人纵有千般恶、万般罪，只要罪不当死，剥夺其生命就是不正义的，即使你说得天花乱坠也是不正义的。而任意侵犯人的尊严，包括人死后遗体的尊严，哪怕此人是罪大恶极的囚犯，也是不正义的。不正义的恶法人民是可以不服从的。这就在统治者的法令之上放上了一个比他更高的神律，在统治者和人民之间放上了一个第三者，一个无所不能的统治者也不得不顾忌的天条。这就是古希腊的自然法精神，也是西方法学和政治学中所一再阐述的公民的一项极为重要的权利[78]："公民不服从"（civil disobedience）。

《吕氏春秋·情欲》篇中指出："秋早寒则冬必暖矣，春多雨则夏必旱矣。天地不能两，而况于人类乎？人之与天地也同。万物之形虽异，其情一体也。故古之治身与天下者，必法天地也。"但这里的"法天地"，是效法自然和尊重自然的意思，是天人合一思想的体现，与

"神律"的意义并不相同。

古希腊的自然法精神只出现于西方社会，它深刻地影响了后世的法律和政治制度。即使在黑暗的中世纪，这种精神在西方也是源源不断地流动着的、承袭着的。中世纪神学大师托马斯·阿奎纳就在他的著作里深刻地阐述了安提戈涅式的神法高于实在法、对世俗权力加以强有力制约的思想。他指出，人民有反抗政府的权利，政府的权力或统治者的权力在获得的过程中不能有瑕疵。正如要惩罚伪造货币的罪犯一样，也要惩罚那些通过不正当途径获得权力的人。对于这种人，人民有权不服从他，甚至可以反抗他、推翻他！

在中国，当执法和人情发生冲突时，传统社会有"亲亲相隐"的中国伦理法系精神[104]。原始儒家的仁爱，是从对亲人的爱开始的，一个人对父母、兄弟的感情，是人最为切近的一种感情，"亲亲"是儒家仁爱思想的立足点。《论语·子路》篇中叶公语孔子曰："吾党有直躬者，其父攘羊，而子证之。"孔子曰："吾党之直者异于是：父为子隐，子为父隐。——直在其中矣。"说的是，叶公告诉孔子，他们乡党中有个"直"人，他告发自己的父亲攘羊。"攘"字，有的注疏家讲，是顺手牵羊的意思；有人解释为：夜幕降临，赶羊归圈栏时，人家的羊随自家的羊进了自家的圈栏，自家没有及时归还。"而子证之"的"证"，是"告发"的意思。孔子对叶公的回答是，在自己的乡党中，"直"者与此相反，"父为子隐，子为父隐"。什么是"隐"呢？就是不宣扬亲人的过失。这里，孔子将亲情与家庭看得很重，非常害怕官府、"公家"或权力机构破坏亲情，不愿意看到父子相互告发、相互残杀成为普遍现象，因此，宁可认同维系亲情，亦即维系正常伦理关系的合理化、秩序化的社会。

安提戈涅慨然赴死，早就远离我们而去了，但"法律之内，应有天理人情在"、"恶法非法"、"公民不服从"的观念却在古希腊人、古罗马人和后世的欧洲人的心目中留下了深刻的烙印，孕育出一代又一代反抗王权专制的思想家和革命家，孕育出现代法学、政治学，孕育出具有普世价值的民主宪政制度。法国启蒙主义大师孟德斯鸠在《论法的精神》中商榷了两条法律条文[104]：一条是盗窃者的妻或者子，如果不揭发盗窃行为，便降为奴隶。孟德斯鸠评论道：这项法律违反人性。妻子怎么能告发自己的丈夫呢？儿子怎么能告发自己的父亲呢？为了对盗窃这一罪恶的行为进行报复，法律竟规定了另一更加罪恶的行为。另一条法律条文是允许与人通奸的妻子的子女或者丈夫的子女来控告他们，并对家中的奴隶进行拷问。孟德斯鸠评论道：这真是一项罪恶的法律。它为了保存风纪而破坏了人性，而人性却是风纪的源泉。孟德斯鸠一针见血地指出了貌似公正的法的条文对法理精神和人性的践踏。可见，人类要维护最重要最根本的东西，亲情就在其中。在如何对待"父子相隐"的问题上，孟子为舜设计出一种既符合人情，又代父受罪，让舜放弃权力背着犯杀人罪的父亲自我流放这样一种执法模式[104]。《孟子·尽心上》桃应问曰："舜为天子，皋陶为士，瞽瞍杀人，则如之何？"孟子曰："执之而已矣。""然则舜不禁与？"曰："夫舜恶得而禁之？夫有所受之也。""然则舜如之何？"曰："舜视弃天下犹弃敝蹝也。窃负而逃，遵海滨而处，终身欣然，乐而忘天下。"学生桃应问孟子：舜当天子，任命皋陶当大法官，假设舜的父亲瞽瞍杀人，皋陶应该怎么办呢？孟子答道：当然是把瞽瞍抓起来。桃应问：难道舜不会制止吗？孟子答道：舜怎么能制止呢？舜授命于皋陶，让他执法。桃应问：那么，舜接下来该怎么办呢？孟子做了一个巧妙的回答：在舜看来，放弃天下如扔破草鞋一样，他很可能偷偷背着父亲瞽瞍逃跑，沿海滨而住，终身高高兴兴地享受天伦之乐而忘却了掌握天下的权力。

安提戈涅的问题太沉重了。此类极端现象也许一辈子不易碰到。如果遭遇了，该如何选择？就是在 2400 年后的今天，如果现存的法律不能保障人民的权利，甚至肆意剥夺人民的权利，我们能不遵守这样的法律，不把它作为正义的标准、合法性的来源吗？我们能像安提戈涅那样指着统治者的鼻子质问他们："你说的话也能算是法律吗？"我们有这个胆量吗？

第二节
设计规范的人为局限性

古希腊，让我们惊叹，令我们着迷，也促使我们思考。对于结构设计者来说，虽然很多人都赞同林同炎的名言："献给不盲从规范而寻求自然规律的人们。"但当规范条文与实际需要之间产生矛盾时，有几个结构设计工程师敢于违背规范条文？当专家评审结果与结构设计工程师个人的设计理念不一致的时候，有几个人能够坚持个人的观点？

在我国设计规范具有一定的法律效力，既然设计离不开规范，我们就必须从法律和技术的角度来认识规范的实质。遵守设计规范，首要的是要充分理解规范。

一、立法语言的明确性与模糊性

我国目前的规范体系中，条文较多，内容也比较详细，但还是有一些含糊不清的地方。出现规范表述的模糊性，是规范编制者水平有限所致，还是一种必然现象？

语言是法律条文的载体，在成文法语境中，法律通过文字表达和公布。立法语言具有自身鲜明的风格和特质，明确性是立法语言最基本的要求，是作为法律活动载体的法律语言最重要的特征，但模糊性又是立法语言难以消解的属性，在立法司法等领域中，模糊词语的运用比比皆是。因此，应正确把握法律条文的明确性与模糊性二者之间的关系。

1. 明确性是立法语言最基本的要求

立法语言的明确性包含以下几个方面的含义[125]：

（1）明确。立法语言的"明确性"承载了安全、自由、效率等法律的基本价值。第一，明确的法律规范使得公民能够根据法律的规定判断自己行为在法律上的意义，预测行为所可能产生的法律后果，进而决定行为的取舍，从而具有安全感。第二，明确的法律等于在公权力和公民自由之间划定了一条泾渭分明的界限，可防止国家权力的扩张与滥用，保护公民的基本权利；避免行政机关和法院以一己之好恶恣意滥权，保证法律实施的统一性和权威性。第三，明确的法律有利于法律纠纷更快、更公正地解决，能够提高诉讼效率。

（2）准确。在立法中，准确意味着立法者应当用清楚、恰切、合适的立法文字表述法律的内容。每一个词语所表达的概念的内涵和外延应当是确定的，要做到一词一义，不同的概念绝不能用同一个词语来表达，同一个概念只能用一个词语来表达。如果所使用的词汇具有若干个涵义，应在立法的文本中指明该词汇的具体含义。立法的目的就是要建立或创设制度，规定主体的权利与义务、权力和职责，即立法的目的是设权定责、定纷止争。如果法律条文含义含混不清、模棱两可，则民众必然会进退失据、不知所从；执法和司法人员就会按照自己的理解和需要随意地、有差别地执行和适用法律。因此，立法语言应当字斟句酌、反复推敲、精雕细刻、准确无误，力求使阅读者能作出符合原意的理解。但目前的一些规范用语还不够准确。例如《抗震规范》2001年版和2010年版第六章均有一句话："柱的箍筋加密区范围应按下列规定采用：……一级及二级框架的角柱，取全高。"❶按照抗震理论理解，该条文应该是指"一级框架角柱和二级框架角柱"箍筋全高加密，但按照文字理解则为一级框架（所有的柱子）和二级框架的角柱箍筋均全高加密。这是用语的不严密之处。

（3）简约。法律是民众的行为准则，同时也是执法、司法机关执行和适用法律的标准。简洁易懂的法律条文容易为民众所理解和遵守，也有助于司法机关准确查找、引用和适用。立法要做到简洁，首先用词须符合语言经济原则，力求言简意赅，以简驭繁，避免冗长、烦琐、累赘和不必要的重复。当然，强调法律语言的简洁性，绝不能不顾及法律完整性的要求，否则，有可能会损害立法原意。其次，尽管立法

❶ 《抗震规范》（GB 50011—2010）第6.3.9条；《抗震规范》（GB 50011—2001）第6.3.10条。

需要一些特定的专业词汇，离开了这些特定的词汇，就难以准确表达法律的本意，但过分专业化的立法会令民众望文兴叹、不知所云，也为法律专业人士凭借其专业知识和技能而玩弄法律谋取私利提供了便利。因此，在不影响法律表述准确性的前提下，能不用专业术语的尽量不用。当然，通俗易懂并不意味着立法语言的口语化，而是说应当浅显平直，以便人人能理解。

（4）庄重。立法是一项理性的活动，而不是对社会生活中某些现象的感情冲动或美好想象。法律和法令是一种庄严慎重的东西，这就决定了立法语言要庄重严肃、威严冷峻，少用华丽辞藻而务求朴实无华。立法语言不同于文学、新闻、广告语言。从语言色彩的角度讲，如果说文学语言是五彩缤纷的，那么，法律文本就是黑白的，它冷静地传达立法思想，不显现语言的激情。立法语言不宜使用带有感情色彩的词汇，应摒弃带有道义色彩的褒义词和贬义词。不能以探究性、询问性、商榷性、讨论性、建议性以及其他不确定性的用语来表达法律规范的内容。这一点设计规范尚未完全做到，规范中的"宜"在一定程度上带有建议性的属性，在实际工程中不易得到执行。在表示组织机构、文件、时间时，都应冠以全称而不使用简称；此外，立法语言必须字斟句酌，力求严密周详，无懈可击，必须符合同一律、不矛盾律、排中律等形式逻辑规律，以体现法律语言的科学性。

2. 模糊性是立法语言难以消解的属性

产生立法语言模糊性的原因是多种多样的，其表现形式也极为复杂，总的来说可分为以下四个方面[125,126]：

第一，事物认识的不确定性和立法者认识能力的有限性。首先，世界上的事物比用于表现和描绘它们的词汇要丰富得多，无论人的认识如何深化，模糊性是永远存在的。其次，立法者并非全知全能的人，其理性能力以及知识水平具有一定的局限性，不可能预见一切可能发生的情况并据此为人们设定行为方案，其所制定的法律不可避免地存在缺漏和盲区，期望他们制定一部部囊括各种社会现象、覆盖全部社会过程、包罗一切社会事实的法律，不仅在客观上难以达到，而且会出现挂一漏万、以偏赅全的弊端，极有可能因为立法者的疏漏或因社会的发展，使得一些重要的社会关系得不到法律的规制。因此，立法者需要借助语言的模糊性来扩大法律涵盖的社会层面，以保持法律法规的稳定性，这就是涵盖的不全性。

第二，法律语言本身特点的规约。立法采用文字作为载体，而文字作为表达法律的一个不完善的工具本身具有模糊性，语言的模糊性是造成法律语言模糊性的主要因素。首先，许多法律术语缺乏具体的"语词对象"。法律语言中存在许多词，它们所指对象模糊，我们找不出它们与客观事物的一对一的、直接而明确的联系，具有永恒的"能指"与"所指"之间的矛盾，这就决定了用语言去精确传达立法的目的、意图、政策是非常困难的，这种表述只能不断地接近客观现象和事实。如法律术语的精神错乱、公正、自由、道德、权力等，抗震设计规范中的延性、不规则等，是非常抽象的，而要对这些抽象术语进行定义，必须借助于其他模糊概念。其次，法律语言中存在不少概念定义不统一的术语，这也导致了法律语言的模糊性。可以说，自成文法产生之日起，法律语言便存在模糊问题。

第三，法的普遍性本身蕴涵了模糊性。立法者立法时通常是以社会现象的典型情况为依据的。"法的对象永远是普遍的，它绝不考虑个别的人以及个别的行为。"而社会现象不仅千姿百态、复杂多样，而且变动不居，法律规范和具体事物之间不可能存在精确的对应关系。法律条文的有限性和人类社会行为的多样性迫使立法者对具体事物和行为进行"类型化"的概括，在抽象、概括、归纳、判断、推理的基础上，用概括性强的模糊语言去包罗具体的行为，将纷繁复杂的行为含摄于有限的法律规范之下。概括性有助于增强包容性，但同时也增强了模糊性。况且法律制定之后便具有一定的稳定性，不可能朝令夕改，而社会生活白云苍狗、变化靡常，要使法律具有较大的涵盖面和较强的适应性，以免在复杂多变的社会形势面前捉襟见肘、无能为力，就需要适度地使用一些具伸缩性的模糊语词。

第四，民族、文化、政治、地理等的差异。不同的民族在漫长的法律实践中，各自形成了一套概念体系，并在语言中固定下来。就个人之间的文化差异而言，人们相互之间得以交流，依赖于他们不同理解区的交叉，而文化背景中所形成的理解区的交际过程中产生的交叉总有一定的局限，这种局限在语言上会表现为模糊性。

3. 模糊法律用语的积极意义

汉语是一种宽式语言，模糊语言在汉语中有着不可忽视的积极功能。在法律实践中，长期以来，人们过多注重了立法语言文意的精确与严谨，而忽略了其模糊界面，结果"模糊"往往成了被抨击的对象，有时甚至将它和"含混"、"歧义"相混同。但是，对法律的明确性也不能作机械的、绝对的理解，明确并不意味着法律条文中不能有模糊的、弹性的词语存在。梁启超先生对此曾有深刻的洞见，他指出[125]："法律文辞有三要件：一曰明，二曰确，三曰弹力性。"对立法语言而言，明确与模糊不仅在本体上兼容，而且在功能上互补。

法律问题不同于自然科学问题，与其注重极端精确，毋宁注重妥当。故西方法谚云："极端确实，破坏确实。"在看到明确性的法律规范在增强法律的理解可能性和预见可能性的同时，也要对其负价值和局限性有清醒的认识。极度的明确性意味着绝对的僵化与刻板，极度明确的法律难免卷帙浩繁、烦琐冗长，令人无所适从；且极度明确的法律可能会使法官无法将规则适用于个案的解决。这种情形在工程规范及其执行过程中表现得尤为突出。适度使用模糊语词，使司法人员处理案件时具有"灵活性"，有助于司法人员用来弥补法律语言所表述内容上的欠缺，甚至能够用于克服法律语言的局限性。在某些情况下有意识地采用模糊方法，使得法律语言因此而显得更加周到（周延）和全面[125,126]。法律语言模糊性具有以下的积极功能[126]：

第一，使得法律与现实生活的发展更易达到一种契合，同时有助于司法机关在适用法律的时候能够从这种模糊性中寻求到有效维护法律运行、促进立法目的实现的途径。在这种情况下，法律语言的模糊性就成为保持法律的稳定性，最终成为维护法律权威性的重要保障。

第二，模糊语言能有效弥补人类语言表现力不足的缺陷，留给人们一个可供把握的空间，令表义更加严密周全。在法庭辩论中的控辩双方律师或合议庭中的法官出于对他人的尊重及体现自身的修养，也常使用委婉语或模糊用语以表述自己的不同意见。法庭辩论中往往情形复杂多变，模糊语和其他精确词汇一起使用，形成一个更加完整的表述，可达到辩论语言严谨准确，甚至滴水不漏的效果。

第三，体现法律的人文关怀。法律在适用过程中必须注意到法律本身对人的尊重和关怀。世界上绝大多数国家的法律都规定，法院在审理涉及个人隐私的案件时，一律不予公开。推而广之，一切悖于法律而有损国家利益、他人人格尊严的语言，都必须在法律语言中加以禁绝。若非交代不可，要应用模糊语言进行处理。如在涉及强奸、猥亵、侮辱、诽谤等行为的刑事或民事案件中，必然要涉及当事人隐私或其他有关社会风俗的内容。对这部分内容进行精细的描写，必然有悖于社会公德和风尚，是对受害人感情的再一次刺激和对其隐私权的严重侵犯。这时，模糊语言的使用就可以避免这种严重后果的出现，以体现法律的人文关怀。

第四，使执法者享有一定的自由裁量权。语言的有限性和模糊性使得几乎没有一部法律是完全明白准确的，而立法语言的模糊性恰恰使其具有一定的开放性，这种开放性使法官在面对不断发展变化的社会现实时能够在保持法律自身稳定性的前提下，通过补充模糊语言的内涵，将适应社会发展需要的新内容和新价值吸收到法律中来，法律因此而发展着，法律的变与不变这个两难命题也得到一定程度的均衡。这些模糊词语的运用使执法者有机会发挥自身聪明才智，让良知原则与"公平、公正"原则相结合，创造性地发展判例法，以弥补成文法的局限，不断完善法律制度。

第五，有利于提高语言表达效率。任何一种语言和符号系统都有局限性，其传达的信息和符号所寓指的对象之间永远不可能达成完全同一的关系。模糊语言能有效弥补人类语言表现力不足的缺陷，留给人们一个可供把握的空间。

综上所述，在众多造成模糊法律用语的因素中，作为语言本身的模糊性是法律语言模糊的根本原因，并且也是最为主要的原因。当然，立法语言的模糊性并非指语言的似是而非，模棱两可，含混不清，而是对明确性词汇所表达的事物或现象的种类与个体之间"过渡状态"的概括。尽管在特定情况下，使用模糊词语可以起到精确词语不可替代的作用，但一旦使用不当，则会影响到对行为性质的法律评价，容易引起法律纠纷。所以，立法者应遵循法理精神，对模糊词语不能不秉持一种谨慎和谦抑的态度，即模糊词语的运用，只能是有助于加强法律语言的明确性，而不是相反，这就要求模糊词语的运用必须是适度和积极的。保持法律语言中适量的模糊性与准确性，使之达到辩证统一，不仅能实现公正司法，更可以减少审判中引起的争议，使法律有效地为民众服务。

了解法律用语的模糊性与准确性的本质内涵有助于结构工程师理解设计规范的模糊性与准确性。

二、设计规范与自然法精神

亚里士多德在《政治学》中说："邦国虽有良法，要是人民不能遵守，仍然不能实现法治。"规范的最高境界就是能够让设计者遵守并自觉地执行规范。

规范是成熟的经验总结，因此，严格来说规范条文没必要区分强制性条文和非强制性条文。因为目前的强制性条文之所以重要，就在于它更成熟、更接近于真理，既然这样，设计者应该会自然接受的。例如，简支梁在均布荷载作用下跨中最大弯矩为 $ql^2/8$，虽然它没有进入规范条文，也自然不必列为强制性条文，但在实际工程中设计者都能严格遵守，因为它已被广为接受。但目前有些规范的强制性条文还没有达到让设计者广为接受的程度。例如，对于地下室墙体受力主筋保护层厚度，《混凝土规范》（GB 50010—2010）与《地下工程防水技术规范》（GB 50108—2008）的要求不一致，设计者该以哪本规范为准？因此，如果从"安提戈涅的问题"的角度分析，将规范条文区分强制性条文和非强制性条文的做法，模糊了自然法与人间法律的界限。

作为一个工程师，一方面必须熟悉、了解和吃透规范条文的真实含义，另一方面必须理性地对待规范，因为在实践中，主持设计和对具体工程负责的是结构工程师，而不是规范。在英国的规范和标准中都有唯一用黑体字标志的告示："遵守英国规范本身，并不意味给予豁免法律责任。"并都统一写在规范前言的最后一行,以强调其重要性。这充分说明,规范条文只是建筑物和构筑物所需的最低标准,而且是滞后的。设计人员必须根据业主的要求和结构行业的新发展去创造性地解决问题。

美国的《混凝土结构设计规范》(ACI318—1995)第一章的第一条就明确写道:"本规范提供……钢筋混凝土结构设计与施工的最低要求(This code provides minimum requirements for design and construction of structural concrete elements of any structure erected under requirements of the legally adopted general building code of which this code forms a part. In area without a legally adopted building code,this code defines minimum acceptable standards of design and construction practice.)。"美国 ASSHTO 桥梁设计规程也在第一章的第一节中明确写道:"本规程无法取代设计人员所应具有的专业教育和工程判断的训练,所以仅在规程中规定了为了保证公共安全的最低要求。"

在 2000 年年底的中国土木工程学会第 9 届年会上,关于规范和工程师职责这一主题,与会者达成共识[70]:工程师在进行结构安全控制时,应遵守规范的指导。但规范不可能取代设计人员所必需的理论知识、经验和判断力。设计人员必须自己承担设计的全部责任,针对不同的设计对象、环境和使用条件,创造性地选用规范中的数据。因为规范再详细,也不能包罗本来应由设计人员自己去解决的问题。瑞士的 Gertrude Stein 说[70]:"即使在电子计算机时代,设计人员仍应运用自身的结构概念、经验、判断力和最新的观念来主导设计。"结构工程师的创造力和开拓创新精神是对建筑师、业主和设计项目的最大贡献。这就是说结构设计应倡导科学精神。在我国,科学精神一词,可能最早见之于任鸿隽先生 1916 年发表的《科学精神论》一文。文中说[99]:"科学精神者何?求真理是矣。"又说:"真理之为物,无不在也。科学家之所知者,以事实为基,以试验为稽,以推用为表,以证验为决,而无所容心于已成之教,前人之言。""苟已成之教,前人之言,有与吾所见之真理相背者,则虽艰难其身,赴汤蹈火以与之战,至死而不悔,若是者吾谓之科学精神。"他又指出:言及科学精神,有不可不具之二要素,一是崇实,二是贵确。他对崇实解释说:"吾所谓实者,凡立一说,当根据事实,归纳群象,而不以称诵前言,凭虚构造为能。""故真具有科学精神者,未有不崇尚事实者也。"对于贵确,他说:"吾所谓确,谓于事物之观察,当容其真象,尽其底细,而不以模棱无畔岸之言为足是也。"从以上所引,可以看出,科学精神表现为追求真理和为捍卫真理而舍身的精神,而要追求真理就必须运用科学的方法:"以事实为基,以试验为稽,以推用为表,以证验为决",他所提倡的崇实和贵确，既是科学精神，也是科学方法。所以任鸿隽先生所论之科学精神是融科学方法于其中的，要依靠科学方法来实现科学精神。因此，结构设计实践中，结构工程师就必须对每一个工程项目设计都能做到不断地探索自然法则，不懈地追求相对的最佳和最优，不断地充实自己，使得自己的设计越来越顺从自然法则。

在我国结构设计活动中经常要遇到的一个现实问题就是如何应对各类专家的审查，例如施工图审查等问题。❶作者既被其他专家审查过，也曾以专家的身份审查过他人的设计作品。拿"安提戈涅的问题"来讨论如何对待专家审查问题是太严肃了，不妨以中国版的"明月"与"黄犬"的故事来说明更合适些。

"明月"与"黄犬"的故事[88]说的是北宋时期著名的政治家、文学家王安石，他的诗歌和文章都写得不错。也正因为王安石的学问与名声，所以当时一些读书人常请他指教，请他帮助修改诗文。

传说有一次，他在批阅一位广东读书人的诗稿，当读到"明月当空叫，黄犬卧花心"时，忍不住大笑起来，王安石心想，这诗句也太不合情理了。明月能光照大地，哪能发出叫声呢？黄犬要是能卧在鲜花心里，那花该长得多大呀！作者也写得太离谱、太荒唐了！笑过之后，王安石提笔加以修改。他先把"叫"字改为"照"字，接着又把第二句中的"心"字圈掉，改为"荫"字。这样诗句就变成了"明月当空照，黄犬卧花荫"。仅仅改动两个字，却使诗句表达的内容符合情理了，意思也明畅了。王安石读了读，觉得很满意。

事情过去不久，有一次，王安石来到了广东小住。一天傍晚，王安石在住地的花园林中散步，他一边慢慢地走，一边欣赏园中的花草。这里有很多的花草都是他从未见过的。这时，花丛中一位老花匠正在忙碌着，王安石走近花匠问道："老人家，你在忙什么呢？"花匠一边干活，一边回答说："捉黄犬呢，这虫子太可恶了，白天藏在花心里，夜里就爬出来吃花蕊。没两天，好好的鲜花就枯萎了。"花匠一边说，一边捉了一只虫子给王安石看。经花匠的解释，王安石这才明白，花匠捉的这种虫子叫"黄犬"，是鲜花的大敌。

没过几天，王安石晚饭后和当地官员在花园中的石凳上聊天，这时，太阳落山了，月亮也升起来了，皓月当空，清风轻拂，路边的花草散发出阵阵清香，王安石心情非常舒畅。就在这时，附近的树上传来了鸟的叫声，声音是那样的新奇、独特，似乎从来没有听过。于是他好奇地问陪同的当地官员这鸟叫什么名字。一问才知道这是当地独有的一种鸟，叫"明月鸟"。这种鸟常常对着月光鸣叫，月光越亮，它就叫得越响亮，所以当地人叫它为"明月鸟"。听到这鸟的名字，王安石不由得一惊，他猛然想起"明月当空叫，黄犬卧花心"的诗句来，

❶ 池田大作在《权力的魔性》中这样写道："人一旦有了权力，往往会产生一种错觉，以为自己因此变得伟大起来。在拥有权力的人当中，很少有人能摆脱傲慢，也很少有人能摆脱权力的魔性……他们迷恋权力的魔性，产生了一种错觉，把权力这一社会机能和自己的力量混同起来。"工程界能否"摆脱权力的魔性"？

这时他才恍然大悟！原来人家的诗句没有写错，而是自己无知，将人家对的诗句改错了。他哪里会想到"黄犬"是一种吃花蕊的虫子，而"明月"会是一种鸟呢！不亲自到这里来，再有学问也想不到啊。王安石开始自责起来，他想当时为何不与作者讨论一下呢？今后批改诗句可千万要慎之又慎啊！

有了"明月"与"黄犬"的故事做铺垫，再来说一下如何对待各类专家审查问题就比较自然了。首先，必须承认，大部分专家水平很高，也很敬业，所以他们提出的审查意见通常都能切中问题的要害，设计者应尽量尊重专家的意见修改设计，这是对工程负责。其次，专家水平尽管很高，由于工程设计没有唯一解，专家有时也偶尔有对类似于"明月"与"黄犬"的偏颇，在这种情况下，设计者就应大胆而主动地提出自己的反馈意见，坚持自己的正确主张，毕竟设计者最了解实际情况，在取得专家本人理解的基础上达成共识，将工程设计得更符合实际、更完美。

《马太福音》中基督说[1]："并不是所有向我叫主呀主呀的人都可以进入天国。在那一天有许多人将向我说：主呀主呀，我们不是曾用你的名字宣道吗？我们不是曾用你的名字驱走魔鬼吗？我们不是曾用你的名字做过很多奇迹吗？我必须明白告诉你们：我还不认识你们，全离开我吧，你们这些作恶的人！"黑格尔对此评论道："那些自诩并自信其独占有基督教，并要求他人接受他的这种信仰的人，并不比那些借基督之名驱逐魔鬼的人高明多少。"❶因此，规范不离手、熟背规范条文者，也未必是正确的化身和规范精神的守卫者。长城、故宫等著名的建筑在其设计建造时根本就没有现今意义上的规范，世界各地的一些标志性建筑大都超越了设计规范的限值。因此，无论是结构设计者，还是施工图审查人员，过分地依赖规范、过度地看重规范，甚至将规范看作"圣旨"的态度都是不可取的。

❶《小逻辑》，第26页。

如果有一天我有机会去雅典，我将前往狄奥尼索斯大剧场，当我站在剧场的中央、置身于一个人类最古老的民主、法治思想的摇篮中，仔细聆听，不知是否还能有幸听到安提戈涅的那一声慷慨激昂的千古天问："贵为国王，你说的话也能算是法律吗？"

如果有一天所有的设计规范都消失了，各种审查都没有了，我们这些结构工程师还有能力从事结构设计吗？我们还有勇气从事结构设计吗？克劳塞维茨说："虽然人的理智总是追求明确和肯定，可是人的感情却往往向往不肯定。人的感情不愿跟随理智走那条哲学探索和逻辑推论的狭窄小道，因为沿着这条小道他会几乎不知不觉地进入陌生的境界，原来熟悉的一切就仿佛离他很远了，他宁愿和想象力一起逗留在偶然性和幸运的王国里。在这里，他不受贫乏的必然性的束缚，而沉溺在无穷无尽的可能性之中。在可能性的鼓舞下，勇气就如虎添翼，像一个勇敢的游泳者投入激流一样，毅然投入冒险和危险之中。"❶ 我相信我们中的大多数人，还是能够做到"像一个勇敢的游泳者投入激流一样"，以我们的智慧和勇气摆脱设计规范的束缚，"澄其源而清其流，统于一而应于万"❷，将结构设计技术推向更高的水平。黑格尔说："人应尊敬他自己，并应自视能配得上最高尚的东西。精神的伟大和力量是不可以低估和小视的。那隐蔽着的宇宙本质自身并没有力量足以抗拒求知的勇气。对于勇毅的求知者，它只能揭开它的秘密，将它的财富和奥妙公开给他，让他享受。"❸ 只要我们是勇毅的求知者，定当享受求知的快乐和知识所给予我们的财富！

❶《战争论》，第 28 页。

❷ 韩愈，《为韦相公让官表》。

❸《小逻辑》，第 36 页。

参 考 文 献

[1] 黑格尔．小逻辑［M］．第 2 版．贺麟译．北京：商务印书馆，1980.

[2] ［俄］A. P. 尔然尼采．考虑材料塑性的结构计算［M］．赵超燮，等，译．北京：建筑工程出版社，1957：184－185.

[3] 斯图亚特．S. J. 莫易．钢结构与混凝土结构塑性设计方法［M］．北京：中国建筑工业出版社，1986.

[4] S. 铁摩辛柯．材料力学（高等理论及问题）［M］．汪一麟译．北京：科学出版社，1964.

[5] 丁大钧．现代混凝土结构学［M］．北京：中国建筑工业出版社，2000.

[6] 胡庆昌．建筑结构抗震设计与研究［M］．北京：中国建筑工业出版社，1999.

[7] 沈聚敏，等．钢筋混凝土有限元与板壳极限分析［M］．北京：清华大学出版社，1993.

[8] 中国建筑科学研究院．混凝土结构设计［M］．北京：中国建筑工业出版社，2003.

[9] 中华人民共和国国家标准．混凝土结构设计规范（GB 50010—2002）［S］．北京：中国建筑工业出版社，2002.

[10] 郭强．节约型社会［M］．北京：中国时代经济出版社，2005.

[11] 徐有邻，等．钢筋在混凝土中锚固和搭接的试验研究//混凝土结构研究报告集（3）［C］．北京：中国建筑工业出版社，1994.

[12] 浙江大学土木系，等．简明建筑结构设计手册［M］．北京：中国建筑工业出版社，1980.

[13] 建筑结构静力计算手册编写组．建筑结构静力计算手册［M］．北京：中国建筑工业出版社，1975.

[14] 北京市建筑设计研究院．结构设计手册（90JG）［M］．华北地区建筑设计标准化办公室，1990.

[15] 北京市建筑设计研究院．北京市建筑设计技术细则——结构专业［M］．北京市建筑设计标准化办公室，2004.

[16] 刘大海，等．高层建筑抗震设计［M］．北京：中国建筑工业出版社，1993.

[17] 何广乾，陈祥福，徐至钧．高层建筑设计与施工［M］．北京：科学出版社，1992.

[18] 王铁梦．工程结构裂缝控制［M］．北京：中国建筑工业出版社，1997.

[19] 华南工学院，等．地基及基础［M］．北京：中国建筑工业出版社，1981.

[20] 陈景栋，周承伦．建筑工程概预算编制实用手册［M］．北京：中国计划出版社，1992.

[21] 杨崇永，等．建筑工程施工及验收规范讲座：混凝土结构工程．第 2 版［M］．北京：中国建筑工业出版社，1993.

[22] 军队工程建设造价管理教材编写委员会．军队工程建设造价管理（试用教材）［M］．2000．

[23] 北京市城乡建设委员会．北京市建设工程间接费及其他费用定额［S］．1996．

[24] 北京市城乡建设委员会．北京市建设工程概预算定额．见：建筑工程．第1册［S］．1996．

[25] 王世昌，林鸿志，等．集集大地震之建筑灾害探讨（一）［J］．建筑师，2000（1）．

[26] 建设部工程质量安全监督与行业发展司，中国建筑标准设计研究所．2003全国民用建筑工程设计技术措施——结构［M］．北京：中国计划出版社，2003．

[27] 罗国强，罗刚，罗诚．混凝土与砌体结构裂缝控制技术［M］．北京：中国建材工业出版社，2006．

[28] 徐有邻，王晓峰，等．混凝土结构理论发展及规范修订的建议［J］．建筑结构学报，2007（2）．

[29] 中国建筑西南设计院．木结构设计手册［M］．北京：中国建筑工业出版社，1993．

[30] 徐有邻，周氏．混凝土结构设计规范理解与应用［M］．北京：中国建筑工业出版社，2002．

[31] 张雄．混凝土结构裂缝防治技术［M］．北京：化学工业出版社，2007．

[32] 武藤清．结构物动力设计［M］．腾家禄，等，译．北京：中国建筑工业出版社，1984．

[33] 现浇混凝土空心楼盖结构技术规程（CECS 175：2004）［S］．北京：中国计划出版社，2004．

[34] 中国建设监理协会．建设工程投资控制（全国监理工程师培训考试教材）［M］．北京：知识产权出版社，2003．

[35] 中国建筑科学研究院．钢筋混凝土结构设计与构造：1985年设计规范背景资料汇编［M］．1985．

[36] 天津大学，等．钢筋混凝土结构（下册）［M］．北京：中国建筑工业出版社，1980．

[37] Paulay T，Williams R L. The Analysis and Design of the Evaluation of Design Actions for Reinforced Concrete Ductile Shear Wall Structures. Bulletin of The Newzealand National Society for Earthquake Engineering，1980，13（2）．

[38] Hu Qingchang Xu Yunfei. A New Way for Improving the Seismic Behavior of Reinforced Concrete Short Column，Nineth World Conference on Earthquake Engineering. Japan：Tokyo - Kyoto，1998．

[39] 胡庆昌．钢筋混凝土框剪结构抗震设计若干问题的探讨//第十届高层建筑抗震技术交流会论文集［C］．2005．

[40] 周献祥，张辉．金属拱形波纹屋顶房屋围护结构设计［J］．工程力学，1999（增刊）．

[41] 周献祥，宋明军，等．双向板按塑性理论设计的可靠性和经济性［J］．工程力学，2001（增刊）．

[42] 周献祥，徐俊广．测绘学院 24 层经济适用房结构设计 [J]．工程设计与研究，2004 (4)．

[43] 常陆华，周献祥．砖木结构维修改造工程结构设计与施工 [J]．工程设计与研究，2001 (2)．

[44] 周献祥，徐俊广．混凝土设计规范若干问题的讨论 [J]．建筑结构，2005 (4)．

[45] 姜维山，白国良．配复合箍、螺旋箍、X 形钢筋混凝土短柱的抗震性能及抗震设计 [J]．建筑结构学报，1994 (1)．

[46] 孙金墀．剪力墙边缘构件配筋对结构抗震性能的影响//第 12 届全国高层建筑结构学术交流会论文集．第 3 卷 [C]．1992.

[47] 周献祥．品味钢筋混凝土——设计常遇的混凝土结构机制机理分析 [M]．北京：中国水利水电出版社、知识产权出版社，2006.

[48] 傅剑平，白绍良．钢筋混凝土框架顶层中间节点的设计与构造 [J]．建筑结构，2003 (2)．

[49] 周献祥．求解非线性方程的牛顿下山法及程序 [J]．工程设计与研究，1998 (3)．

[50] 周献祥．砖砌体结构顶层横墙斜裂缝分析及防治措施 [J]．工程力学，1998 (增刊)．

[51] 李曙光．做一个有良好声誉的科学家——从另一个角度谈科学研究职业道德 [N]．光明日报，2007 - 09 - 12.

[52] 廉慧珍，等．影响膨胀剂使用效果的若干因素 [J]．建筑科学，2000 (4)．

[53] 籍凤秋，等．改性轨枕用高性能混凝土的研制与应用 [J]．工程力学，2000 (增刊)．

[54] 周献祥，等．减少和控制混凝土早期收缩裂缝的综合技术研究//第 8 届高层建筑抗震技术交流会论文集 [C]．2001.

[55] 陈肇元，崔京浩，等．钢筋混凝土裂缝分析与控制 [J]．工程力学，2001 [增刊（第 1 卷）]．

[56] 周献祥．某内天井式高层科研楼的结构设计//第 6 届高层建筑抗震技术交流会论文集 [C]．1997.

[57] 周献祥，宋明军．降低结构工程造价的途径及技术措施 [J]．工程力学，2001 (增刊)．

[58] 张燕．剪力墙的抗震作用//第 6 届高层建筑抗震技术交流会论文集 [C]．1997.

[59] 周献祥．高层建筑柱下条形基础与扩底桩的经济技术性比较 [J]．工程设计与研究，1996. (1)．

[60] 吕文，钱家茹，等．高轴压比悬臂剪力墙延性性能的研究//第 6 届高层建筑抗震技术交流会论文集 [C]．1997.

[61] 谭泽先．钢筋混凝土结构含钢量的一般范围和合理控制方法 [J]．建筑结构，2007. (7)．

[62] 蓝宗建，江红军，等．冷轧双翼变形钢筋混凝土双向板受力性能试验研究．建筑结构 [J]．2007. (7)．

[63] 郁彦．高层建筑结构抗震概念设计（五）[J]．中京建筑事务所，1993.

［64］　中国人民大学哲学系逻辑教研室．形式逻辑（修订本）［M］．北京：中国人民大学出版社，1984.

［65］　王振铎，等．关于混凝土最小水泥用量的讨论［J］．混凝土，2005．（2）.

［66］　周献祥，王咏梅．养护措施对混凝土强度及收缩的影响［J］．工程力学，2002（增刊）.

［67］　混凝土结构工程施工及验收规范（GB 50204—1992）［S］．北京：中国建筑工业出版社，1992.

［68］　《建筑材料》编写组．建筑材料．第 2 版［M］．北京：中国建筑工业出版社，1985.

［69］　叶列平，等．简论结构抗震的鲁棒性//第 10 届高层建筑抗震技术交流会论文集［C］．2005.

［70］　高立人，方鄂华，钱稼如．高层建筑结构概念设计［M］．北京：中国计划出版社，2005.

［71］　方鄂华．高层建筑钢筋混凝土结构概念设计［M］．北京：机械工业出版社，2005.

［72］　杨建军，杨承惄，等．单向布置筒芯的混凝土空心板两向抗早弯刚度比较//全国现浇混凝土空心楼盖结构技术交流会论文集［C］．2005.

［73］　杨建军，成洁筠，等．现浇混凝土筒芯楼盖的塑性铰线分析法//全国现浇混凝土空心楼盖结构技术交流会论文集［C］．2005.

［74］　周献祥，汪绍西．现浇空心楼盖技术在汽车库工程中的应用//全国现浇混凝土空心楼盖结构技术交流会论文集［C］．2005.

［75］　白生翔．现浇混凝土楼盖设计中的几个问题//全国现浇混凝土空心楼盖结构技术交流会论文集［C］．2005.

［76］　邱则有．现浇混凝土空心楼盖［M］．北京：中国建筑工业出版社，2007.

［77］　罗念生．罗念生全集．第 2 卷［M］．北京：世纪出版集团/上海：上海人民出版社，2004.

［78］　guangli203．勇敢的安提戈涅．http：//work.cat898.com/dispbbs.asp?boardid＝2＆id＝945135，2006－01－14.

［79］　殷瑞钰．工程创新是技术进步的主战场［J］．学习时报，第 310 期.

［80］　李伯聪．工程创新是创新活动的主战场［N］．光明日报，2005－10-13.

［81］　朱高峰．自主创新：把技术与经济融为一体［N］．光明日报，2005－11-21.

［82］　张镈．我的建筑创作道路［M］．北京：中国建筑工业出版社，1994.

［83］　金忠民，李明强．二战军史：硫磺岛美军妙用水泥克日地堡［N］．中国国防报，2006－4－7.

［84］　周献祥，朱金泰，任亚丽．PHC 桩复合地基在大型油罐软土地基处理中的应用［J］．建筑结构，2007（增刊）.

［85］　王振海．土木专家代表团赴台湾学术交流与考察活动工作报告［R］．中国工程院，http：//www.cae.cn/15zh/2003/06－24.htm.

［86］　陈锡智，王孙旦．钢筋混凝土双向板的合理跨厚比//第 16 届全国高层建筑结构学术交流会论文集［C］．2000.

［87］　张立伟．土木工程概论——21 世纪建筑工程系列规划教材［M］．北京：机械工业出版社，2004.

[88] 伍玉成，伍琦．中外写作趣谈［M］．郑州：河南人民出版社，2003．

[89] 周献祥．建筑结构施工图示例及讲解［M］．北京：中国水利水电出版社、知识产权出版社，2007．

[90] 朱建新．全球面对的核生化威胁与防御［J］．学习时报，第391期．

[91] 李杭．顺应军事变革加强人民防空［J］．学习时报，第391期．

[92] 李德荣．砌体结构的温度裂缝特点、原因和防治方法［J］．建筑结构，1995（4）．

[93] 柯长华，薛慧立．抗震设计中一些问题分析和讨论//第10届高层建筑抗震技术交流会论文集［C］．2005．

[94] 刘兴法．混凝土结构的温度应力分析［M］．北京：人民交通出版社，1991．

[95] 周献祥．塑性理论下限定理在钢筋混凝土结构设计中的若干应用［J］．工程力学，2000（增刊）．

[96] 周献祥，汪绍西．建设节约型社会与实配混凝土的水泥用量//第10届高层建筑抗震技术交流会论文集［C］．2005．

[97] 周献祥，汪绍西．61580部队立体车库结构设计［J］．工程设计与研究，2005（4）．

[98] 周丰峻．加强国防防护工程建设迫在眉睫［N］．解放军报，2007-5-31（12）．

[99] 孙小礼．科学方法和科学精神［J］．学习时报，第398期．

[100] 李秋．美军担忧失败［J］．学习时报，第383期．

[101] 周献祥，汪绍西，徐俊广．框架节点核心区混凝土等级低于柱时的配筋补强措施//第五届结构减震控制学术研讨会［C］．2005．

[102] 周献祥．抗震概念设计与计算设计的逻辑关系//第7届高层建筑抗震技术交流会论文集［C］．1999．

[103] 郭齐勇．亲亲相隐［N］．光明日报，2007-11-01．

[104] ［英］约翰·S. 斯科特．科技英语读物：土木工程［M］．清华大学土木与环境工程系卢谦，罗福午，等，译注．北京：中国建筑工业出版社，1982．

[105] 周云，宗兰，等．土木工程抗震设计［M］．北京：科学出版社，2005．

[106] 阎维明，周福霖，等．土木工程结构控制的研究进展［J］．世界地震工程，1997（2）．

[107] 刘文锋．结构控制技术及最新进展［J］．世界地震工程，1997（3）．

[108] 李培林．建筑抗震与结构选型构造［M］．北京：中国建筑工业出版社，1990．

[109] 张立伟．土木工程概论——21世纪建筑工程系列规划教材［M］．北京：机械工业出版社，2004．

[110] 林徽因．林徽因建筑文萃［M］．北京：北京理工大学出版社，2009．

[111] 沈聚敏，周锡元，高小旺，刘晶波．抗震工程学［M］．北京：中国建筑工业出版社，2000．

[112] 覃力．日本高层建筑的发展趋势［M］．天津：天津大学出版社，2008．

[113] 吕西林．5·12汶川大地震城市房屋震害及初步分析．《汶川地震震害调查及对今后工程抗震的建议》报告会，2008年9月，南京．

[114] 王亚勇，王言诃．汶川大地震建筑震害启示［J］．建筑结构，2008（7）．

[115] 叶耀先，冈田宪夫．地震灾害比较学［M］．北京：中国建筑工业出版社，2008.

[116] 罗炳良．章学诚治学"持风气"而不"徇风气"［N］．光明日报，2006－4－18.

[117] 殷瑞钰，汪应洛，李伯聪．工程哲学［M］．北京：高等教育出版社，2007.

[118] 金一南．穿透时空的光芒［N］．光明日报，2011－1－7.

[119] 刘源，袁浩．"反木桶理论"与管理创新［N］．解放军报，2009－10－6.

[120] ［英］罗杰·斯克鲁登．建筑美学［M］．刘先觉译．北京：中国建筑工业出版社，1992.

[121] 龚思礼．建筑抗震设计［M］．北京：中国建筑工业出版社，1994.

[122] 刘大椿．科学技术哲学导论（第2版）［M］．北京：中国人民大学出版社，2005.88－93.

[123] 肖显静．从机械论到整体论：科学发展和环境保护的必然要求［J］．中国人民大学学报，2007.21（3）：10－16.

[124] 唐世平．再论中国的大战略［J］．战略与管理，2001，（4）．

[125] 张建军．立法语言的明确与模糊［N］．光明日报，2011－3－1.

[126] 伍巧芳．模糊法律用语的成因与积极作用［N］．光明日报，2011－2－19.

[127] 薛彦涛，乔占平，等．新疆伽师地震震害调查及分析［J］．工程抗震，1997（4）．

[128] 王光远，程耿东，等．抗震结构的最优设防烈度与可靠度［M］．北京：科学出版社，1999.

[129] 马岚，高胜难．浅析达·芬奇的美学思想［N］．光明日报，2008－10－6.

[130] 王炼，武夷山．情报研究的设计学视角［J］．情报理论与实践，2007（3）．

[131] "哲学研究"编辑部．逻辑问题讨论续集［M］．上海：上海人民出版社，1960.

[132] 邢玉瑞．中医思维方法［M］．北京：人民卫生出版社，2010.

[133] ［希腊］安东尼·C.安东尼亚德斯．建筑学及相关学科（原著第三版）［M］．崔昕，汪丽君，舒平译．北京：中国建筑工业出版社，2009.

[134] 孙小礼．模型：现代科学的核心方法（一）——天然模型和人工模型［J］．学习时报，2007（400）．

[135] 孙小礼．模型：现代科学的核心方法（二）——思维形式的科学模型［J］．学习时报，2007（402）．

[136] 孙小礼．模型：现代科学的核心方法（五）——模型的多样性和局限性［J］．学习时报，2007（412）．

[137] 方小舟，魏琏．关于建筑结构抗震设计若干问题的讨论［J］．建筑结构学报，2011（12）．

[138] 高达声．略论模型法［J］．哲学研究，1981（7）．

[139] 韩震．关于不确定性与风险社会的沉思——从日本"3·11"大地震中的福岛核电站事故谈起［J］．哲学研究，2011（5）．

[140] 苏恩泽．几根头发才算秃？［N］．解放军报，2011－12－1.

[141] 《哲学研究》评论员．谈谈逻辑科学的发展［J］．哲学研究，1981（2）．

[142] 陶春．罗素科学方法三阶段的启示［N］．学习时报，2006－12－4.

［143］ ［新西兰］Andrew W. Charleson. 建筑中的结构思维．李凯，边东洋，译．北京：机械工业出版社，2008.

［144］ 王晶，刘文锋，吕静．钢筋混凝土剪力墙位移角统计分析［J］．工程抗震与加固改造，2012（3）.

［145］ 王斌．对近年智利和新西兰地震中剪力墙破坏的认识［J］．建筑结构·技术通讯，2014（1）.

第一版后记

　　本书着重探讨了理论与实践、技术与经济、设计与施工、技术与军事的辩证关系。书中将这些容易概念化、空洞化和说理化的内容，融会到厚实的工程背景中，赋予其实实在在的内涵。书中表达了我从事设计和科研经历中感悟出的不极端看待问题的难能与具体分析问题的可贵，以及对圆融和品位的追求。结构设计者除了要有必需的结构理论素养之外，更重要的是要有一定的人文情怀，因为结构理论分析和工程制图只是结构设计活动的一小部分，结构设计的最终目的就是技术而经济地建设工程项目，是一项活生生的社会实践活动，是与人和人之间的相互理解、相互尊重和情感交流分不开的。

　　要技术地表达结构工程师的人文情怀，我认为工作热情是第一位的。从前有两个人在搬运砖头，一个人说，你看，多没劲啊，整天在一块接一块地搬运这些砖头；而在他旁边的另一个人则说，你瞧，我多自豪啊，我正在建造神殿！黑格尔说"艺术家心灵有多高，他的艺术作品就有多高"。人们只有热爱这项事业，才能执着地做到"昨夜西风凋碧树，独上西楼，望尽天涯路"，也才能甘于"衣带渐宽终不悔，为伊消得人憔悴"，也才能创造出有品位❶的作品。孔子曰："知之者，不如好之者；好之者，不如乐之者。"❷张敬夫对此条经典的注释是："譬之五谷，知者，知其可食也；好者，食而嗜之者也；乐者，嗜之而饱者也"。在当今社会分工很明显的时代，专业技术人员自觉地成为热爱本职工作的"乐之者"，可以获得心灵上的满足和精神上的愉悦。❸

　　第二是理解，要理解规范及设计理论的确切含义，也要理解他人。结构设计要与工程建设的建设、设计、施工、监理和质量监督五大建设行为主体打交道，建设单位的要求和用户的意见、设计单位内部其他专业的要求、本专业审核审定的意见和建议、施工或监理单位的意见和建议以及质量监督部门和施工图审查部门的意见等，都是我们必须考虑的，因此，我认为，理解他人的想法，理解他人的处境，理解他人的困难，理解他人的要求，比技术本身更重要。

　　第三是尊重，我们要尊重客观规律，也要尊重他人。客观规律是不能违背的，但真理是相对的。目前，我们的结构设计规范所规定的

❶ 古人云：治天下先治己，治己先治心。品以高尚为境，心以平常为佳。

❷ 《论语·雍也》。

❸ "真理是一个高尚的名词，而它的实质尤为高尚。只要人的精神和心情是健康的，则真理的追求必会引起他心坎中高度的热忱。"（《小逻辑》，第64页）

内容，不是绝对不能变通的，在多数情况下是可以变通的。我们的计算理论本身是正确的，但计算理论都是在一定的前提下提出的，应该说都是简化了的理论，其计算结果与实际受力状态、工作机理等方面不可能完全一致，这就为我们具体地分析具体情况提供了可操作的空间。尊重他人是具体分析具体情况的前提。人与人之间的差异性是很大的。有一个寓言故事，说的是从前有两个部落，一个部落主张吃鸡蛋要从鸡蛋的大头那一端开始吃，而另一个部落主张吃鸡蛋要从小头的那一端开始吃，双方互相争执不下，于是爆发了一场旷日持久的战争。即便是从平等的、没有利益冲突的角度考虑吃鸡蛋该从大头的那一端开始吃还是从小头的那一端开始吃，都有可能争执不下，更何况在不同地位、不同利益、不同专业、不同思维习惯和个人兴趣爱好等的人们之间，在具体事务中存在认识上的不一致或观点上的分歧是不可避免的。因此，我觉得尊重他人，尤其是尊重他人的劳动成果非常重要。

有一项针对农民工的社会调查指出，让建筑工地农民工最难以承受的是他们做得不对时所遭受到的训斥。训斥他们的一般都不是设计工程师，但缘由却往往来自设计图纸包括标准图所设定和隐含的技术要求超出他们的理解能力❶。凡是做过学生的人都知道，老师讲授的内容不可能百分之百地被学生理解和接受；凡是读过书的人也都明白，看过一本书后不可能对书中的所有内容都了然于胸。由此，就不难想象，指望施工单位在看了施工图纸之后、在交底的时候听了设计单位对工程的介绍之后，就能够准确无误地理解施工图的内涵，那是不现实的。客观地说，施工与设计之间存在理解上的不一致是正常的。因此，对于施工过程中的差错不宜一概而论❷，而应实事求是地分析差错所可能造成不利影响的程度，尽可能地在技术许可范围内宽容施工方和农民工的过失。也就是说，对于那些影响结构安全的差错，应毫不含糊地要求改进；对于那些可以变通一下就能达到设计要求的差错，我们应尽一些帮带的职责，尽可能地减少整改和大的返工；至于那些对结构安全和使用影响都不大的差错，我个人主张不一定要整改了。鲁迅在《中国人失掉自信力了吗》中说："我们从古以来，就有埋头苦干的人，有拼命硬干的人，有为民请命的人，有舍身求法的人……虽是等于为帝王将相作家谱的所谓'正史'也往往掩不住他们的光耀，这就是中国的脊梁。"农民工进城从事建筑施工，他们没有接受严格的技术培训就上岗，技术水平不高，但他们确实是"埋头苦干的人和拼命硬干的人"。农民工擅长干农活，也像闰土的父亲一样善于在雪天捕捉麻雀，却让他们背井离乡来到城里从事他们不熟悉的工作。他们不是阿Q的后人，却与阿Q具有同样的命运，他们自己还不能完全摆脱

❶ 伽达默尔说："一切理解的目的都在于取得对事情的一致性。理解的经常任务就是作出正确的、符合于事情的筹划，这种筹划就是预期，而预期应当是'由事情本身'才能得到证明。"

❷ 恩格斯："真理和谬误，正如一切在两极对立中运动的逻辑范畴一样，只是在非常有限的领域内才具有绝对的意义……因此，真正科学的著作照例要避免使用像谬误和真理这种教条式的道德的说法，而这种说法……强迫我们把空空洞洞的信口胡说当作至上的思维的至上的结论来接受。"（《马克思恩格斯选集》第3卷，第130～131页）

不幸与不争的阴影。坦率地说，我们这些技术人员，虽然也不屑于与孔乙己相提并论，但在很多场合，反思一下自己的言行，我们有意无意之中也没有完全摆脱孔乙己式的迂腐，我们对技术的执着有时也不亚于孔乙己对"茴"字的四种写法的偏爱。鲁迅常说，希望是靠苦楚中劳动的人们创造的。建筑工人和设计者都是光荣的劳动者，应该相互帮助而不应该"相煎太急"。但我们又要学会自我保护，因为根据《中华人民共和国合同法》，设计单位只与建设单位有合同关系，与施工单位之间没有合同关系，所以设计单位没有义务和责任替施工单位解决施工中所出现的技术问题，也就是说，我们可以帮助施工单位提出更合理的技术处理方案，但施工中所出现的技术问题的处理方案必须由施工方提出。诗人可以潇洒地说："轻轻地我走了，正如我轻轻地来；我轻轻地招手，作别西天的云彩。"我们技术人员可不一样，我们是有责任的，不可能像泰戈尔所说的那样"天空中没有飞鸟的痕迹，而我们已飞过"。我们技术人员所出具的技术资料是要归档备查的。因此，对于施工中所出现的技术问题，我们可以像医生一样去诊病，但我们没有处方权。

郑板桥曾写下了自己对于画竹的体会："江馆清秋，晨起看竹，烟光日影露气，皆浮动于疏枝密叶之间。胸中勃勃遂有画意。其实胸中之竹，并不是眼中之竹也。因而磨墨展纸，落笔倏作变相，手中之竹又不是胸中之竹也。总之，意在笔先者，定则也；趣在法外者，此机也。独画云乎哉！"在开始写作本书之前，我确实感到"胸中勃勃"，想一吐为快，所以在一周之内即完成本书的初稿，在一个月之内❶完成了定稿。这自然得益于平时的积累❷，其中的某些章节来自我以前写的论文，是我对于结构设计活动所思所想的真实再现。黑格尔说："我的哲学的劳作一般的所曾趋赴和所欲趋赴的目的就是关于真理的科学知识。这是一条极艰难的道路，但是唯有这条道路才能够对精神有价值、有兴趣。当精神一走上思想的道路，不陷入虚浮，而能保持着追求真理的意志和勇气时，它可以立即发现，只有（正确的）方法才能够规范思想，指导思想去把握实质，并保持于实质中。"❸在我小的时候，长辈们常教导我做事要"做一门习一门"，意思是从事一门行业要专注并通习这门行业的基本技能技巧，而不能虚浮❹。但愿我的长辈们看到这本书后，能为我在一条极艰难的道路上探索而没有陷入虚浮而欣慰。

2008 年元旦

❶ 俗语云：文章事业的圆成，有一个通例，就是"求之不必得，不求可自得"。

❷《淮南子·主术训》："积力之所举，则无不胜也；众智之所为，则无不成也。"

❸ 黑格尔著，贺麟译，《小逻辑》，商务印书院，1980年7月第二版，第5页。

❹ 古谚："人而无恒，不可以作巫医。"

第二版后记

❶ 引自《反杜林论》,《马克思恩格斯选集》第3卷, 第45页。

与第一版相比,第二版增加的内容侧重于概念和哲理性的探讨。这并不是我有意所为,也不是什么"内心激动"❶的结果,而是我对结构设计的含义及其概念性问题的理解和掌握有所深化,主要体现在以下三个方面。

第一,随着我本人学习列宁《哲学笔记》的逐步深入,对辩证逻辑的理解逐渐深化,对某些结构概念及其关系的理解更深入,更透彻了。对结构设计来说,概念是很重要的,也是易混淆的。目前一些工程概念的定义和区分都不是很严格。从哲学的角度分析和考察概念可以使概念更清晰,思路更宽广,思维更缜密,理解更全面。恩格斯在《反杜林论》第3版序言中说:自然科学家应当知道,自然科学的结论是一些概念,但运用概念的艺术不是天生的,"也不是和普通的日常意识一起得来的,而是要求有真实的思维。"❷工程概念与日常意识不完全

❷《马克思恩格斯选集》第3卷, 第54页。

一致。举例来说,对构件的环境类别,《混凝土结构设计规范》(GB 50010—2010)第3.5.2条及其条文说明中指出:"环境类别是指混凝土暴露表面所处的环境条件。"对于基础底板、地下室外墙来说,构件的两个表面分别处于不同的环境,外侧是与土或水直接接触的环境,而其内侧则是室内干燥环境。因此,有的设计将基础底板和地下室外墙划分为两个环境类别,外侧为"二b"类(严寒和寒冷地区)或"二a"类(非严寒和非寒冷地区),内侧则为"一"类,无意中将"构件的环境类别"等价于"构件表面的环境类别"。我认为这样的划分是不太恰当的,因为与环境类别相关的设计要求,该规范中主要有两条,即第3.5.3条中的混凝土材料的耐久性基本要求和第8.2.1条中的混凝土保护层的最小厚度。将一个构件划分为两个环境类别,对于确定混凝土保护层的最小厚度没有问题,构件两侧分别对待即可,但如何确定构件材料耐久性基本要求中的混凝土最大水胶比、最低强度等级、最大氯离子含量及最大碱含量就有问题了,因为一个构件只能有唯一的水胶比、强度等级、氯离子含量和碱含量。因此,我认为构件环境类别应以构件两侧表面中最不利的一面来确定环境类别。这正如列宁所指出的,"概念不是一种直接的东西(虽然概念是一种'单纯的'东

西，但这是'精神的'单纯性，观念的单纯性）——直接的只是那对'红色的'感觉（'这是红色的'）等。概念不是'仅仅意识中的东西'，而是对象的本质，是'自在的'东西。"❶ 概念的这种非直接性或综合性在结构中是常见的。例如，对于剪力墙中的连梁来说，一般均可以直观地将跨高比大于 6 的洞口梁认为是弱连梁，按框架梁设计，跨高比小于 5 的洞口梁则按连梁设计，其相应的承载力和延性要求均不同于框架梁。这种划分的实质在于区分洞口梁的破坏形式是以剪切破坏为主还是以弯曲破坏为主，同时还以跨高比 2.5 作为判别其连接的墙肢是否为联肢墙的界限。可见，连梁的受力特性，反映的不仅仅是它自身，还与墙肢的特性有本质的联系。列宁说："思辨思维的本性完全在于：在对立环节的统一中把握它们。"❷ 结构设计离不开思辨，而思辨能力的养成是工程复杂性和不确定性对工程师的必然要求。

　　第二，对技术自身的局限性有了新的认识。技术本身可以变得很纯粹、很成熟、很完善，但运用技术解决工程问题就是个复杂的问题，它不可能很纯粹，也不可能很完善。从汶川地震的震害可以看出，目前工程抗震技术在工程实践中得不到很好实施的主要影响因素，既有工程抗震技术本身的缺陷，又有技术之外的人的观念、思维方法及各种社会因素的制约。从这个意义上说，单凭工程本身解决不了技术上的关键问题。黑格尔说："不论在天上，在自然界，在精神中，不论在哪个地方，没有什么东西不是同时包含着直接性和间接性的……一切都是互为中介，连成一体，通过转化而联系的。"❸ 以工程技术手段完成既定的工程建设目标，无论是工程技术本身，还是完成技术所需的外界条件都是"直接性和间接性"的统一，都是"互为中介"的。就理论与实践关系来说，工程理论都是与工程实践息息相关的，规范更是与工程实践背景有千丝万缕的联系，完全脱离工程的理论是没有的。"人们最初把真理理解为：我知道某物如何存在着。然而这只是对意识而言的真理，或者是形式的真理——只是正确而已。按照更深的意义来说，真理就在于客观性和概念的同一。"❹ 既然真理是客观性和概念的同一，我们在从事结构设计时，就应当尊重客观现实，从理论与现实相结合的层次上理解结构计算理论的真实性、可靠性和相对性。虽然我在第四章中专门写了一节讨论结构设计中的正确性与真实性的逻辑关系，但由于这个问题过于复杂，几乎所有理论与实践的问题，都与这个问题有联系，辩证法中的三大规律及其范畴，也都与正确性与真实性有关，很多问题确实还没有完全说清楚，也很难说清楚。从中我体会到黑格尔所说的"真理还需要现实的其他方面，这些方面也只是表现为独立的和单个的（独立自在的）。真理只是在它们的总和中以及在它们的关系中才会实现"❺ 所包含的意义。作为一名技术人员，要在

❶《哲学笔记》，第 286～287 页。

❷《哲学笔记》，第 89 页。

❸《哲学笔记》，第 79 页。

❹《哲学笔记》，第 183 页。

❺《哲学笔记》，第 181 页。

结构设计领域取得某些理论成果是可能的，但我们要明白这些成果的价值及其相对性和阶段性。列宁指出："真理是过程。人从主观的观念，经过'实践'（和技术），走向客观真理。"[1] 科研人员从事科学研究工作，与足球球迷看比赛有类似之处，他们都在意结果，但更在乎过程。在追求真理的过程中，不仅有陷入迷茫和焦虑的困苦，也可以享受追求的快乐。

第三，受耕读文化和农禅双修思想的影响，我习惯于在从事设计和施工图审查的同时，思考一些理论性的问题[2]。在我断断续续的学习、思考过程中，得益于持续地学习列宁《哲学笔记》和黑格尔的哲学著作，如果没有系统学习这些著作，我的思维仍然局限于工程本身，乐于在狭隘的领域建立模型进行计算、比较，从而得出一些结论，而很难跨过哲学、美学这道"坎"，也很难对结构设计的艺术性等题材有所涉猎。

在"耕读"的过程中，我逐渐认识了一位智者——黑格尔。作为一名工程师，要评价黑格尔是困难的，也是不恰当的。但我认为，黑格尔是伟大的，是一位值得尊敬的学者。在写给学生的一封信中，黑格尔道出他自己从事科学研究的目的"不是好奇，不是虚荣，不是出于权宜的考虑，也不是义务和良心，而是不容妥协的一种无可遏止的、不幸的渴望，引导我们走向真理。"[3] 在《小逻辑》第三版序言中，黑格尔指出："哲学界浅薄无聊的风气快要完结，而且很快就会迫使它自己进到深入钻研。但以谨严认真的态度从事于一个本身伟大的而且自身满足的事业，只有经过长时间完成其发展的艰苦工作，并长期埋头沉浸于其中的任务，方可望有所成就。"[4] 反观我们自己，"浅薄无聊的风气"终结了吗？我们有多少"长期埋头沉浸于"理论研究的耐心和毅力？

列宁曾告诫我们："聪明的唯心主义比愚蠢的唯物主义更接近于聪明的唯物主义。"[5] 因此，如果我们因为黑格尔的哲学中有唯心主义成分而放弃对黑格尔哲学，尤其是辩证法和美学的学习，那是愚蠢的。在《哲学笔记》第 127 页和第 143 页，列宁对黑格尔给予了客观公正的评价："如果我没有弄错，那么黑格尔的这些推论中有许多神秘主义和空洞的学究气，可是基本的思想是天才的"，"黑格尔充分地用因果性来归纳历史，而且他对因果性的理解要比现在的许许多多'学者们'深刻和丰富一千倍。"客观地说，黑格尔在辩证法[6] 和美学领域的成就，的确比现在的许许多多学者们，尤其是某些批判黑格尔的学者们深刻和丰富得多。恩格斯说："近代德国哲学在黑格尔的体系中达到了顶峰，在这个体系中，黑格尔第一次……这是他的巨大功绩……把整个自然的、历史的和精神的世界描写为处于不断运动、变化、转化和发

[1] 《哲学笔记》，第 187 页。

[2] 程颢："闲来无事不从容，睡觉东窗日已红。万物静观皆自得，四时佳兴与人同。道通天地有形外，思入风云变态中。"

[3] 沃·考夫曼，《黑格尔——一种新解说》，第 220 页。

[4] 《小逻辑》，第 30 页。

[5] 《哲学笔记》，第二版，第 235 页。

[6] 列宁："黑格尔的辩证法是思想史的概括。"（《哲学笔记》，1993 年 7 月第二版，第 289 页）

展中，并企图揭示这种运动和发展的内在联系。"❶

马克思甚至在献给父亲的诗册中写道："我们已陷进黑格尔的学说。"❷作为集德国古典哲学之大成者，黑格尔追求精神的崇高，他认为"追求真理勇气，相信精神的力量，乃是哲学的第一条件。"❸他从不同的角度阐述精神的作用和力量，他说："精神的生活不是害怕死亡而幸免于蹂躏的生活，而是敢于承当死亡并在死亡中得以自存的生活。精神只当它在绝对的支离破碎中能保全其自身时才赢得它的真实性。精神是这样的力量，不是因为它作为肯定的东西对否定的东西根本不加理睬，犹如我们平常对某种否定的东西只说这是虚无的或虚假的就算了事而随即转身他向不再闻问的那样，相反，精神所以是这种力量，乃是因为它敢于面对面地正视否定的东西并停留在那里。精神在否定的东西那里停留，这就是一种魔力，这种魔力就把否定的东西转化为存在。"❹当然，他的宏旨大论过于夸大精神（概念、绝对精神）的作用："世界历史无非是自由概念的发展。"❺在《精神现象学》中，黑格尔形象地把绝对精神的自我运动比喻为"酒神的宴席"：所有人都加入了欢庆酒神节的宴席之中，每个人都在这场豪饮之中一醉方休，但是这场宴席却不会因为我或者你的醉倒而告终结，而且也正是因为我或者你以及我们大家的醉倒而成其为酒神的宴席。我们都是这场豪饮不可缺少的环节，而这场宴席本身则是永恒的："惟有从这个精神王国的圣餐杯里，他的无限性给他翻涌起泡沫。"❻"真理就是所有的参加者都为之酩酊大醉的一席豪饮，而因为每个参加豪饮者离开酒席就立即陷于瓦解，所以整个的这场豪饮也就同样是一种透明的和单纯的静止。"❼

黑格尔追求真理的普遍和正义，避免片面和机械，他说："我所认为是真理和正义的，就是我的精神产生的精神。但精神从自身中这样创造出来的东西，精神所认可的那种东西，应当是从作为普遍者的精神，即作为普遍者而活动的精神中产生出来的，而不是从它的欲望、兴趣、爱好、任性、目的、偏好等等中产生出来的。后面这些东西固然也是内在的，'自然安置在我们内部的'，但它们只是以自然的方式为我们所有。"❽黑格尔这种追求真理和正义的精神是永远值得我们尊敬和学习的。

正如胡塞尔所言，哲学对观念、真理的追求表面上不谈价值，实际上却有最高的价值，那就是一方面使哲人养成了理论习惯，另一方面使普通人养成了一种批判思维的习惯。久而久之，整个社会便发生了巨大的变化，它造就了一个理性的共同体。

对于科学研究中的理性，康德认为当伽利略进行重物斜面试验、托里彻利进行气体压强试验的时候，在这些自然科学家的心目中都闪现过一道亮光："他们恍然悟解到，理性所洞察到的东西，原来只是它

❶ 《反杜林论》，《马克思格斯选集》第3卷，第63页。

❷ 《马克思思格斯全集》，第40卷。

❸ 《小逻辑》，第36页。

❹ 《精神现象学》上卷，第21页。

❺ 《哲学笔记》，第二版，第276页。

❻ 张志伟，《西方哲学十五讲》。

❼ 《精神现象学》上卷，第34页。

❽ 《哲学笔记》，第二版，第235页。

❶ 《反杜林论》："宗教、自然观、社会、国家制度，一切都受到了最无情的批判；一切都必须在理性的法庭面前为自己的存在作辩护或者放弃存在的权利。"（《马克思恩格斯选集》第 3 卷，第 56 页）

❷ 康德，《纯粹理性批判》第二版序言，王玖兴译，原载《康德黑格尔研究》（第二辑），上海人民出版社，1986 年版。

自己按照自己的方案制造出来的那种东西；他们都理解，理性必须带着它自己的那些符合于恒定规律的判断的原则，走在前头，强迫自然回答它所提的问题，而绝不能完全让自然牵着自己的鼻子走❶；因为如果不这样，那些并非依照预定计划而观察到的种种偶然现象就根本不会在一条必然性的规律里联系到一起，而必然规律正是理性所寻求和需要的。理性必须一只手拿着惟一能使种种符合一致的现象结合成为规律的那些原则，另一只手拿着它按上述原则设计出来的那种实验，走向自然，向自然请教；不过作为求教者，理性并不是一个小学生，由老师愿意讲什么就只好听什么，而是一位承审法官，强迫证人问答自己提出的问题。所以即使物理学，也应当把它十分有利的思维方法的革命完全归功于这样一种突然闪现的创见；必须以理性本身放进自然的东西为依据，向自然本身寻找（而不是给它臆造）那种必然在自然本身才能认识到、而单在理性自身中一点也认识不到的东西。这样说来，自然科学是在它经历了好几百年纯粹的盲目摸索，方才被引上一门科学的可靠道路的。"❷康德的这一分析是非常深刻的，作者倡言工程中的理性，虽不指望在结构工程界成立"一个理性共同体"，但我愿意为结构工程师养成一种"批判的思维习惯"而努力。

周感祥

2013 年 6 月 1 日